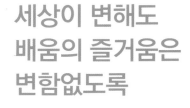

세상이 변해도
배움의 즐거움은
변함없도록

시대는 빠르게 변해도
배움의 즐거움은
변함없어야 하기에

어제의 비상은
남다른 교재부터
결이 다른 콘텐츠
전에 없던 교육 플랫폼까지

변함없는 혁신으로
교육 문화 환경의 새로운 전형을
실현해왔습니다.

비상은 오늘, 다시 한번
새로운 교육 문화 환경을 실현하기 위한
또 하나의 혁신을 시작합니다.

오늘의 내가 어제의 나를 초월하고
오늘의 교육이 어제의 교육을 초월하여
배움의 즐거움을 지속하는 혁신,

바로, 메타인지 기반 완전 학습을.

상상을 실현하는 교육 문화 기업 비상

메타인지 기반 완전 학습

초월을 뜻하는 meta와 생각을 뜻하는 인지가 결합한 메타인지는
자신이 알고 모르는 것을 스스로 구분하고 학습계획을 세우도록 하는
궁극의 학습 능력입니다. 비상의 메타인지 기반 완전 학습 시스템은
잠들어 있는 메타인지를 깨워 공부를 100% 내 것으로 만들도록 합니다.

내신 만점 유형서

만렙

중등수학 2/1

" 만렙으로 나의 수학 실력을 최대치까지 올려 보자! "

① 수학의 모든 빈출 문제가 만렙 한 권에!

너무 쉬워서 시험에 안 나오는 문제, NO
너무 어려워서 시험에 안 나오는 문제, NO
전국의 기출문제를 다각도로 분석하여 시험에 잘 나오는 문제들로만 구성

② 중요한 핵심 문제는 한 번 더!

수학은 반복 학습이 중요!
각 유형의 대표 문제와 시험에 잘 나오는 문제는 두 번씩 풀어 보자.
중요 문제만을 모아 쌍둥이 문제로 풀어 봄으로써 실전에 완벽하게 대비

③ 만렙의 상 문제는 필수 문제!

수학 만점에 필요한 필수 상 문제들로만 구성하여 실력은 탄탄해지고
수학 만렙 달성

구성

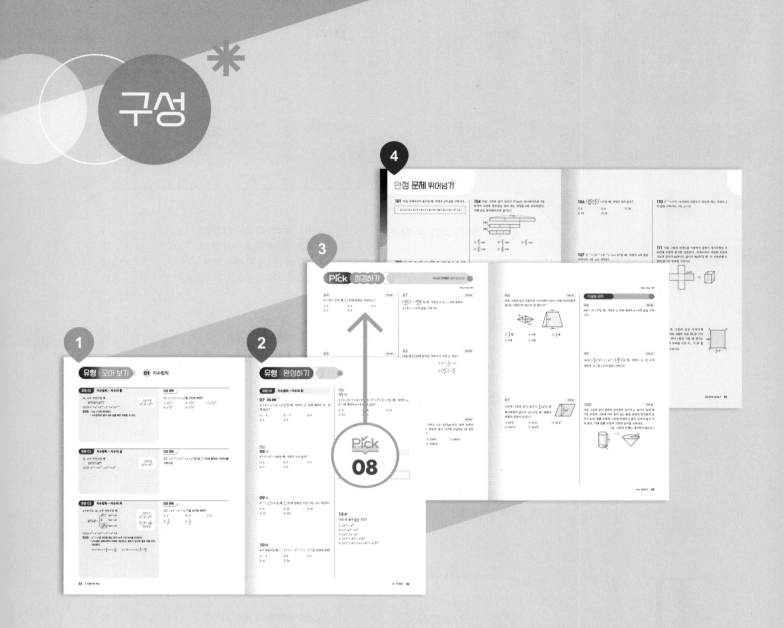

1 유형 모아 보기 > **2** 유형 완성하기 > **3** Pick 점검하기 > **4** 만점 문제 뛰어넘기

소단원별 핵심 유형의
개념과 대표 문제를
한눈에 볼 수 있다.

대표 문제와 유사한 문제를
한 번 더 풀고
다양한 최신 빈출 문제를
유형별로 풀어 볼 수 있다.

'유형 완성하기'에 있는
핵심 문제(Pick)의
쌍둥이 문제를
풀어 볼 수 있다.

시험에 잘 나오는 상 문제를
풀어 볼 수 있다.

차례

III

일차함수

1.

유리수와 순환소수

유형 01 유한소수와 무한소수

(1) **유한소수:** 소수점 아래에 0이 아닌 숫자가 유한 번 나타나는 소수

　예 0.4, 3.07

(2) **무한소수:** 소수점 아래에 0이 아닌 숫자가 무한 번 나타나는 소수

　예 0.1777…, 2.3478…

대표 문제

01 다음 보기 중 무한소수를 모두 고르시오.

보기
ㄱ. 0.34　　　　　　　ㄴ. 0.252525…
ㄷ. 0.777　　　　　　 ㄹ. 1.010010001…
ㅁ. −0.12345…　　　 ㅂ. 3.141592

유형 02 순환소수와 순환마디

(1) **순환소수:** 무한소수 중에서 소수점 아래의 어떤 자리에서부터 일정한 숫자의 배열이 한없이 되풀이되는 소수

(2) **순환마디:** 순환소수의 소수점 아래에서 일정한 숫자의 배열이 되풀이되는 한 부분

대표 문제

02 다음 중 순환마디가 바르게 연결된 것은?

① 0.757575… ⇨ 757
② 2.342342342… ⇨ 234
③ 0.5323232… ⇨ 32
④ 0.810810810… ⇨ 81
⑤ 0.146146146… ⇨ 46

유형 03 순환소수의 표현

순환소수는 순환마디의 양 끝의 숫자 위에 점을 찍어 나타낸다.

예

순환소수	순환마디	순환소수의 표현
0.555…	5	$0.\dot{5}$
1.232323…	23	$1.\dot{2}\dot{3}$
2.0417417417…	417	$2.0\dot{4}1\dot{7}$

주의 순환마디는 반드시 소수점 아래에서 찾고, 순환마디의 처음과 끝의 숫자 위에만 점을 찍는다.

$5.125125125… ➡ 5.\dot{1}\dot{2}$ (×)
　　　　　　➡ $5.\dot{1}2\dot{5}$ (×)
　　　　　　➡ $5.\dot{1}2\dot{5}$ (○)

대표 문제

03 다음 중 순환소수의 표현이 옳은 것을 모두 고르면?

(정답 2개)

① $11.7444… = 11.7\dot{4}$
② $0.05868686… = 0.05\dot{8}\dot{6}$
③ $3.1048048048… = 3.1\dot{0}4\dot{8}$
④ $4.132413241324… = \dot{4}.13\dot{2}$
⑤ $36.136136136… = 36.\dot{1}3\dot{6}$

유형 04 　소수점 아래 n번째 자리의 숫자 구하기 　중요

순환마디를 이루는 숫자의 개수를 이용하여 순환마디가 소수점 아래 n번째 자리까지 몇 번 반복되는지 파악한다.

예 $0.1\dot{7}58\dot{6}$의 소수점 아래 32번째 자리의 숫자 구하기
➡ 순환마디를 이루는 숫자는 5개이다.
➡ $32=5\times6+2$ ➡ 순환마디 17586의 두 번째 숫자인 7
└ 순환마디가 6번 반복된다.

대표 문제

04 분수 $\dfrac{10}{27}$을 소수로 나타낼 때, 소수점 아래 55번째 자리의 숫자를 구하시오.

유형 05 　10의 거듭제곱을 이용하여 분수를 유한소수로 나타내기

기약분수의 분모의 소인수가 2 또는 5뿐이면 분모를 10의 거듭제곱으로 고쳐서 유한소수로 나타낼 수 있다.
└ 분모, 분자에 2 또는 5의 거듭제곱을 곱하여 고친다.

예 $\dfrac{14}{40}=\dfrac{7}{20}=\dfrac{7}{2^2\times5}=\dfrac{7\times5}{2^2\times5\times5}=\dfrac{35}{10^2}=0.35$

대표 문제

05 다음은 분수 $\dfrac{27}{150}$을 유한소수로 나타내는 과정이다. (가)~(다)에 알맞은 수를 각각 구하시오.

$$\dfrac{27}{150}=\dfrac{9}{50}=\dfrac{9}{2\times5^2}=\dfrac{9\times\boxed{(가)}}{2\times5^2\times\boxed{(가)}}=\dfrac{\boxed{(나)}}{100}=\boxed{(다)}$$

유형 06 　유한소수로 나타낼 수 있는 분수 　중요

정수가 아닌 유리수를 기약분수로 나타냈을 때
(1) 분모의 소인수가 2 또는 5뿐이면 그 유리수는 유한소수로 나타낼 수 있다.
(2) 분모에 2 또는 5 이외의 소인수가 있으면 그 유리수는 유한소수로 나타낼 수 없다.
└ 순환소수로만 나타낼 수 있다.

대표 문제

06 다음 분수 중 유한소수로 나타낼 수 있는 것은?

① $\dfrac{1}{2\times3}$ 　② $\dfrac{1}{3\times5}$ 　③ $\dfrac{11}{2\times5\times33}$

④ $\dfrac{6}{2^2\times3\times5^2}$ 　⑤ $\dfrac{12}{2^2\times5^3\times7}$

유형 완성하기

유형 01 유한소수와 무한소수

07 대표 문제

다음 수 중 유한소수는 모두 몇 개인가?

$$0.02, \quad 0.545454\cdots, \quad 0.335,$$
$$-0.128, \quad 1.666\cdots, \quad 0.111\cdots$$

① 1개   ② 2개   ③ 3개

④ 4개   ⑤ 5개

08 하

다음 분수 중 소수로 나타낼 때, 무한소수가 되는 것을 모두 고르면? (정답 2개)

① $-\dfrac{8}{5}$ ② $\dfrac{9}{8}$ ③ $\dfrac{4}{9}$

④ $\dfrac{5}{16}$ ⑤ $\dfrac{17}{30}$

09 하

다음 보기 중 옳지 <u>않은</u> 것을 고르시오.

보기
ㄱ. $2.73535\cdots$는 무한소수이다.
ㄴ. 4.3은 유한소수이다.
ㄷ. $\dfrac{5}{6}$를 소수로 나타내면 무한소수이다.
ㄹ. $\dfrac{3}{20}$을 소수로 나타내면 무한소수이다.

유형 02 순환소수와 순환마디

10 대표 문제

분수 $\dfrac{11}{27}$을 소수로 나타낼 때, 순환마디는?

① 4   ② 47   ③ 74

④ 407   ⑤ 740

11 중

다음 분수 중 소수로 나타낼 때, 순환마디가 나머지 넷과 <u>다른</u> 하나는?

① $\dfrac{2}{3}$ ② $\dfrac{5}{3}$ ③ $\dfrac{5}{12}$

④ $\dfrac{4}{15}$ ⑤ $\dfrac{2}{33}$

12 중 서술형

두 분수 $\dfrac{7}{11}$과 $\dfrac{5}{13}$를 소수로 나타낼 때, 순환마디를 이루는 숫자의 개수를 각각 a, b라 하자. 이때 $a+b$의 값을 구하시오.

유형 03 순환소수의 표현

Pick
13 대표 문제

다음 보기 중 순환소수의 표현이 옳은 것은 모두 몇 개인가?

보기
ㄱ. $5.2888\cdots=5.28\dot{8}$
ㄴ. $4.010101\cdots=4.0\dot{1}\dot{0}$
ㄷ. $1.127127127\cdots=1.\dot{1}2\dot{7}$
ㄹ. $3.523523523\cdots=\dot{3}.5\dot{2}$
ㅁ. $6.8232323\cdots=6.8\dot{2}\dot{3}$

① 1개 ② 2개 ③ 3개
④ 4개 ⑤ 5개

14 하

분수 $\dfrac{41}{110}$ 을 순환소수로 바르게 나타낸 것은?

① $0.\dot{3}\dot{7}$ ② $0.3\dot{7}\dot{2}$ ③ $0.3\dot{7}2$
④ $0.37\dot{2}$ ⑤ $0.3\dot{7}2\dot{7}$

15 중

다음 그림은 각 음계에 숫자를 대응시켜 나타낸 것이다.

도 레 미 파 솔 라 시 도 레 미
0   1   2   3   4   5   6   7   8   9

이를 이용하여 $\dfrac{8}{33}=0.\dot{2}\dot{4}$는 과 같이 나타내어 '미솔'

의 음을 반복하여 연주한다고 할 때, 다음 중 분수 $\dfrac{15}{37}$ 를 나타

내는 것은?

① ② 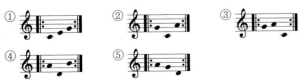 ③

④ ⑤

유형 04 소수점 아래 n번째 자리의 숫자 구하기 (중요)

16 대표 문제

분수 $\dfrac{26}{111}$ 을 소수로 나타낼 때, 소수점 아래 96번째 자리의
숫자를 구하시오.

17 중

분수 $\dfrac{4}{13}$ 를 소수로 나타낼 때, 순환마디를 이루는 숫자의 개
수를 a, 소수점 아래 100번째 자리의 숫자를 b라 하자. 이때
$a+b$의 값은?

① 8 ② 9 ③ 12
④ 13 ⑤ 15

Pick
18 중

순환소수 $1.3\dot{1}0\dot{5}$의 소수점 아래 99번째 자리의 숫자를 구하
시오.

19 ❀

다음 순환소수 중 소수점 아래 150번째 자리의 숫자가 가장 큰 것은?

① $0.5\dot{3}$ ② $0.\dot{7}\dot{6}$ ③ $0.4\dot{8}\dot{1}$

④ $0.\dot{9}6\dot{2}$ ⑤ $1.\dot{2}58\dot{6}$

Pick
20 ❀

분수 $\dfrac{1}{7}$ 을 소수로 나타낼 때, 소수점 아래 첫 번째 자리의 숫자부터 소수점 아래 80번째 자리의 숫자까지의 합을 구하시오.

유형 05   10의 거듭제곱을 이용하여 분수를 유한소수로 나타내기

21 대표 문제

다음은 분수 $\dfrac{4}{125}$ 를 유한소수로 나타내는 과정이다. 이때 $a+b+c$의 값은?

$$\frac{4}{125}=\frac{4}{5^3}=\frac{4\times a}{5^3\times a}=\frac{b}{1000}=c$$

① 10.008   ② 20.016   ③ 40.032

④ 20.16   ⑤ 40.32

---

22 ❀

다음 분수 중 분모를 10의 거듭제곱으로 나타낼 수 없는 것을 모두 고르면? (정답 2개)

① $\dfrac{12}{30}$ ② $\dfrac{7}{42}$ ③ $\dfrac{13}{65}$

④ $\dfrac{11}{80}$ ⑤ $\dfrac{21}{98}$

23 ❀

분수 $\dfrac{3}{20}$ 을 $\dfrac{a}{10^n}$ 꼴로 고쳐서 유한소수로 나타낼 때, 자연수 a, n에 대하여 $a+n$의 값 중 가장 작은 수는?

① 12   ② 17   ③ 23

④ 27   ⑤ 34

유형 06   유한소수로 나타낼 수 있는 분수

Pick
24 대표 문제

다음 보기의 분수 중 유한소수로 나타낼 수 있는 것을 모두 고르시오.

> **보기**
> ㄱ. $\dfrac{5}{12}$ ㄴ. $\dfrac{14}{27}$ ㄷ. $\dfrac{3}{2^3\times 3^2}$
>
> ㄹ. $\dfrac{55}{2\times 5\times 11}$ ㅁ. $\dfrac{35}{3\times 5^3\times 7}$ ㅂ. $\dfrac{63}{3^2\times 5\times 7}$

25 중

다음 분수 중 소수로 나타낼 때, 순환소수로만 나타낼 수 있는 것은?

① $\dfrac{3}{16}$ ② $\dfrac{13}{20}$ ③ $\dfrac{10}{75}$

④ $\dfrac{18}{225}$ ⑤ $\dfrac{21}{350}$

26 중

길이가 15 cm인 철사를 겹치지 않고 남김없이 사용하여 정다각형을 만들 때, 다음 중 그 한 변의 길이를 유한소수로 나타낼 수 없는 것을 모두 고르면? (정답 2개)

① 정육각형 ② 정칠각형 ③ 정팔각형
④ 정구각형 ⑤ 정십이각형

27 중

오른쪽 표는 어느 식품의 1회 제공량 70 g에 대한 영양 성분의 함량을 나타낸 것이다. 탄수화물, 단백질, 당류, 지방 중에서 $\dfrac{(영양\ 성분의\ 함량)}{(1회\ 제공량)}$ 을 유한소수로 나타낼 수 없는 것을 모두 구하시오.

영양 성분	함량(g)
탄수화물	40
단백질	14
당류	7
지방	5

28 중

수직선 위에서 0과 1을 나타내는 두 점 사이의 거리를 35등분 하는 점을 찍었을 때, 각 점이 나타내는 수를 작은 것부터 차례로 a_1, a_2, a_3, $\cdots$, a_{34}라 하자. 이 중에서 유한소수로 나타낼 수 있는 것은 모두 몇 개인가?

① 3개 ② 4개 ③ 5개
④ 6개 ⑤ 7개

Pick
29 상 서술형

두 분수 $\dfrac{2}{5}$와 $\dfrac{5}{6}$ 사이에 있는 분모가 30이고 분자가 자연수인 분수 중 유한소수로 나타낼 수 있는 분수는 모두 몇 개인지 구하시오.

30 상

분수 $\dfrac{1}{2}$, $\dfrac{1}{3}$, $\dfrac{1}{4}$, $\cdots$, $\dfrac{1}{50}$ 을 소수로 나타낼 때, 순환소수로만 나타낼 수 있는 것은 모두 몇 개인지 구하시오.

유형 07 $\dfrac{B}{A} \times x$ 가 유한소수가 되도록 하는 x의 값 구하기

❶ 분수 $\dfrac{B}{A}$ 를 기약분수로 나타낸다.

❷ ❶의 분모를 소인수분해한다.

➡ 분모의 소인수가 2 또는 5뿐이어야 하므로 x의 값은 분모의 소인수 중 2와 5를 제외한 소인수들의 곱의 배수이다.

대표 문제

31 $\dfrac{30}{252} \times x$ 를 소수로 나타내면 유한소수가 될 때, x의 값이 될 수 있는 가장 작은 자연수를 구하시오.

유형 08 $\dfrac{B}{A \times x}$ 가 유한소수가 되도록 하는 x의 값 구하기

❶ 분수 $\dfrac{B}{A}$ 를 기약분수로 나타낸다.

❷ ❶의 분모를 소인수분해한다.

➡ 분모의 소인수가 2 또는 5뿐이어야 하므로 x의 값은 소인수가 2나 5로만 이루어진 수 또는 분자의 약수 또는
  (i)   (ii)
이들의 곱으로 이루어진 수이다.
  (i)×(ii)

대표 문제

32 분수 $\dfrac{72}{32 \times x}$ 를 소수로 나타내면 유한소수가 될 때, 다음 중 x의 값이 될 수 없는 것은?

① 3   ② 5   ③ 6

④ 7   ⑤ 9

유형 09 기약분수의 분자가 주어질 때, 유한소수가 되도록 하는 미지수의 값 구하기

분수 $\dfrac{x}{A}$ 를 소수로 나타내면 유한소수가 되고, 기약분수로 나타내면 $\dfrac{B}{y}$ 가 되는 x, y의 값은 다음과 같은 순서로 구한다.

❶ x의 값은 A의 소인수 중 2와 5를 제외한 소인수들의 곱의 배수임을 이용하여 가능한 x의 값을 모두 구한다.

❷ ❶에서 구한 x의 값을 $\dfrac{x}{A}$ 에 대입하여 약분했을 때, 분자가 B가 되는 x의 값과 그때의 y의 값을 구한다.

대표 문제

33 분수 $\dfrac{x}{120}$ 를 소수로 나타내면 유한소수가 되고, 기약분수로 나타내면 $\dfrac{1}{y}$ 이 된다. x가 $20 < x < 30$인 자연수일 때, $x - y$의 값을 구하시오.

유형 10 순환소수가 되도록 하는 미지수의 값 구하기

순환소수가 되려면 분수를 기약분수로 나타냈을 때

➡ 분모에 2 또는 5 이외의 소인수가 있어야 한다.

대표 문제

34 분수 $\dfrac{21}{2^3 \times 3 \times x}$ 을 순환소수로만 나타낼 수 있을 때, x의 값이 될 수 있는 한 자리의 자연수를 모두 구하시오.

유형 07 $\dfrac{B}{A} \times x$가 유한소수가 되도록 하는 x의 값 구하기 ^{중요}

07-1 $\dfrac{B}{A} \times x$가 유한소수가 되는 경우

Pick
35 대표 문제

$\dfrac{12}{135} \times x$를 소수로 나타내면 유한소수가 될 때, x의 값이 될 수 있는 가장 작은 두 자리의 자연수를 구하시오.

36 하

$\dfrac{5}{2^4 \times 7} \times x$를 소수로 나타내면 유한소수가 될 때, 다음 중 x의 값이 될 수 없는 것은?

① 7   ② 14   ③ 24

④ 35   ⑤ 42

37 중

분수 $\dfrac{a}{2^2 \times 3 \times 11}$를 소수로 나타내면 유한소수가 될 때, a의 값이 될 수 있는 두 자리의 자연수는 모두 몇 개인가?

① 2개   ② 3개   ③ 5개

④ 6개   ⑤ 9개

38 중

분수 $\dfrac{n}{30}$을 소수로 나타내면 유한소수가 될 때, n의 값이 될 수 있는 30보다 작은 자연수는 모두 몇 개인가?

① 6개   ② 7개   ③ 8개

④ 9개   ⑤ 10개

39 중   서술형

x가 50 이하의 자연수일 때, 분수 $\dfrac{25 \times x}{420}$를 소수로 나타내면 유한소수가 되도록 하는 모든 x의 값의 합을 구하시오.

Pick
40 상

다음 조건을 모두 만족시키는 x의 값 중 가장 큰 자연수를 구하시오.

조건
㈎ 분수 $\dfrac{x}{2 \times 5^2 \times 7}$를 소수로 나타내면 유한소수가 된다.
㈏ x는 2와 3의 공배수이고, 두 자리의 자연수이다.

07-2 두 분수가 모두 유한소수가 되는 경우

41 중

두 분수 $\dfrac{x}{2^4 \times 13}$ 와 $\dfrac{x}{2^2 \times 5^3 \times 7}$ 를 소수로 나타내면 모두 유한소수가 될 때, x의 값이 될 수 있는 가장 작은 자연수는?

① 7 　　　　② 11 　　　　③ 13

④ 77 　　　　⑤ 91

42 중 　서술형

두 분수 $\dfrac{n}{55}$ 과 $\dfrac{n}{360}$ 을 소수로 나타내면 모두 유한소수가 된다고 한다. 이때 n의 값이 될 수 있는 가장 작은 세 자리의 자연수를 구하시오.

Pick
43 중

두 분수 $\dfrac{3}{70}$ 과 $\dfrac{17}{102}$ 에 각각 어떤 자연수 x를 곱하면 두 분수 모두 유한소수로 나타낼 수 있다고 한다. 이때 x의 값이 될 수 있는 가장 작은 자연수를 구하시오.

유형 08 　$\dfrac{B}{A \times x}$ 가 유한소수가 되도록 하는 x의 값 구하기

44 대표 문제

분수 $\dfrac{6}{2^3 \times 5 \times x}$ 을 소수로 나타내면 유한소수가 될 때, 다음 중 x의 값이 될 수 <u>없는</u> 것을 모두 고르면? (정답 2개)

① 3 　　　　② 5 　　　　③ 6

④ 7 　　　　⑤ 9

45 중

분수 $\dfrac{7}{5^2 \times x}$ 을 소수로 나타내면 유한소수가 될 때, x의 값이 될 수 있는 한 자리의 자연수는 모두 몇 개인지 구하시오.

46 중

x에 대한 일차방정식 $ax = 24$의 해를 소수로 나타내면 유한소수가 될 때, 다음 중 a의 값이 될 수 있는 것은?

① 18 　　　　② 36 　　　　③ 48

④ 56 　　　　⑤ 72

Pick
47 중

x가 $10 < x < 20$인 자연수일 때, 분수 $\dfrac{39}{65 \times x}$ 를 소수로 나타내면 유한소수가 되도록 하는 모든 x의 값의 합을 구하시오.

유형 09 기약분수의 분자가 주어질 때, 유한소수가 되도록 하는 미지수의 값 구하기

48 대표 문제

분수 $\dfrac{x}{144}$를 소수로 나타내면 유한소수가 되고, 기약분수로 나타내면 $\dfrac{3}{y}$이 된다. x가 40보다 크고 60보다 작은 자연수일 때, $x+y$의 값은?

① 53　　　　② 62　　　　③ 65
④ 70　　　　⑤ 74

49 중

다음 조건을 모두 만족시키는 자연수 p, q의 값을 각각 구하시오.

┌ 조건 ┐
(가) 분수 $\dfrac{p}{48}$를 소수로 나타내면 유한소수가 된다.

(나) 분수 $\dfrac{p}{48}$를 기약분수로 나타내면 $\dfrac{1}{q}$이 된다.

(다) p는 1보다 크고 6보다 작다.
└───────────────────┘

50 상 서술형

분수 $\dfrac{x}{280}$를 소수로 나타내면 유한소수가 되고, 기약분수로 나타내면 $\dfrac{11}{y}$이 된다. x가 두 자리의 자연수일 때, $x-y$의 값을 구하시오.

유형 10 순환소수가 되도록 하는 미지수의 값 구하기

51 대표 문제

분수 $\dfrac{27}{3^2 \times 5 \times x}$을 순환소수로만 나타낼 수 있을 때, x의 값이 될 수 있는 모든 한 자리의 자연수의 합은?

① 10　　　　② 13　　　　③ 16
④ 19　　　　⑤ 22

52 중

분수 $\dfrac{6}{5^2 \times x}$을 순환소수로만 나타낼 수 있을 때, x의 값이 될 수 있는 가장 작은 자연수를 구하시오.

Pick
53 중

분수 $\dfrac{14}{x}$를 순환소수로만 나타낼 수 있을 때, 다음 중 x의 값이 될 수 없는 것을 모두 고르면? (정답 2개)

① 18　　　　② 21　　　　③ 24
④ 32　　　　⑤ 35

54 상

분수 $\dfrac{x}{70}$를 순환소수로만 나타낼 수 있을 때, x의 값이 될 수 있는 30 이하의 자연수는 모두 몇 개인지 구하시오.

• 정답과 해설 6쪽

유형 11~12 순환소수를 분수로 나타내기 중요

방법① 10의 거듭제곱 이용하기

❶ 순환소수를 x라 한다.

❷ 양변에 10의 거듭제곱을 적당히 곱하여 소수점 아래의 부분이 같은 두 식을 만든다. ← 소수점이 첫 순환마디의 앞뒤로 옮겨지도록 10의 거듭제곱을 적당히 곱한다.

❸ ❷의 두 식을 변끼리 빼어 x의 값을 구한다.

예 순환소수 $0.1\dot{7}\dot{2}$를 분수로 나타내기

❶ $0.1\dot{7}\dot{2}$를 x라 하면 $x=0.1727272\cdots$ $\cdots$ ㉠

❷ ㉠×1000을 하면 $1000x=172.727272\cdots$ ⎤ 소수점 아래의 부분이
㉠×10을 하면 $-)\quad 10x=\quad 1.727272\cdots$ ⎦ 같은 두 식 만들기

❸ 두 식을 변끼리 빼면 $990x=171$ ∴ $x=\dfrac{171}{990}=\dfrac{19}{110}$

방법② 공식 이용하기

분모, 분자를 각각 다음 규칙에 따라 나타낸다.

(1) **분모**: 순환마디를 이루는 숫자의 개수만큼 9를 쓰고, 그 뒤에 소수점 아래에서 순환마디에 포함되지 않는 숫자의 개수만큼 0을 쓴다.

(2) **분자**: 전체의 수에서 순환하지 않는 부분의 수를 뺀 값을 쓴다.

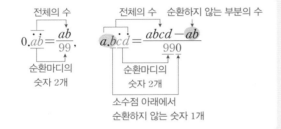

대표 문제

55 순환소수 $0.1\dot{5}\dot{3}$을 분수로 나타내려고 한다. $x=0.1\dot{5}\dot{3}$이라 할 때, 다음 중 가장 편리한 식은?

① $10x-x$ ② $100x-x$ ③ $100x-10x$

④ $1000x-x$ ⑤ $1000x-100x$

56 다음 중 순환소수를 분수로 나타낸 것으로 옳지 않은 것은?

① $0.\dot{2}\dot{7}=\dfrac{3}{11}$ ② $1.0\dot{5}=\dfrac{52}{45}$

③ $2.\dot{3}\dot{6}=\dfrac{26}{11}$ ④ $0.3\dot{2}\dot{7}=\dfrac{18}{55}$

⑤ $0.\dot{3}4\dot{5}=\dfrac{115}{333}$

유형 13 분수를 소수로 바르게 나타내기

기약분수를 소수로 나타낼 때

(1) 분모를 잘못 보았다. ➡ 분자는 제대로 보았다.

(2) 분자를 잘못 보았다. ➡ 분모는 제대로 보았다.

대표 문제

57 어떤 기약분수를 소수로 나타내는데 민아는 분자를 잘못 보아서 $0.3\dot{4}$로 나타내고, 준호는 분모를 잘못 보아서 $0.4\dot{7}$로 나타내었다. 두 사람이 잘못 본 분수도 모두 기약분수일 때, 처음 기약분수를 순환소수로 나타내시오.

유형 11 순환소수를 분수로 나타내기 (1) 중요

Pick
58 대표 문제

다음 중 순환소수를 분수로 나타내는 과정에서 주어진 순환소수를 x라 할 때, $100x - 10x$를 이용하는 것이 가장 편리한 것은?

① $0.4\dot{2}$ ② $2.5\dot{7}$ ③ $2.1\dot{7}\dot{6}$
④ $3.1\dot{2}\dot{5}$ ⑤ $1.40\dot{2}$

59 하

다음은 순환소수 $1.4\dot{3}\dot{6}$을 기약분수로 나타내는 과정이다.
☐ 안에 들어갈 수로 옳지 <u>않은</u> 것은?

> 순환소수 $1.4\dot{3}\dot{6}$을 x라 하면 $x = 1.4363636\cdots$ ⋯ ㉠
>
> ㉠의 양변에 ① 을(를) 곱하면
>
> ① $x = 1436.363636\cdots$ ⋯ ㉡
>
> ㉠의 양변에 ② 을(를) 곱하면
>
> ② $x = 14.363636\cdots$ ⋯ ㉢
>
> ㉡에서 ㉢을 변끼리 빼면 ③ $x =$ ④
>
> ∴ $x =$ ⑤

① 1000   ② 10   ③ 990
④ 1436   ⑤ $\dfrac{79}{55}$

Pick
60 중

다음 중 순환소수 $x = 0.30555\cdots$에 대한 설명으로 옳은 것을 모두 고르면? (정답 2개)

① 순환마디는 305이다.
② 순환마디를 이루는 숫자는 3개이다.
③ $x = 0.30\dot{5}$로 나타낼 수 있다.
④ $1000x - 100x = 302$이다.
⑤ 분수로 나타내면 $x = \dfrac{11}{36}$이다.

유형 12 순환소수를 분수로 나타내기 (2) 중요

61 대표 문제

다음 중 순환소수를 분수로 나타내는 과정으로 옳은 것을 모두 고르면? (정답 2개)

① $5.\dot{3} = \dfrac{53 - 5}{90}$ ② $0.7\dot{2} = \dfrac{72 - 7}{90}$
③ $4.\dot{3}\dot{8} = \dfrac{438 - 4}{90}$ ④ $1.9\dot{5}\dot{3} = \dfrac{1953 - 19}{990}$
⑤ $0.3\dot{6}\dot{1} = \dfrac{361}{900}$

62 하

다음은 순환소수 $1.4\dot{8}$을 분수로 나타내는 과정이다. a, b, c의 값을 각각 구하시오.

> $1.4\dot{8} = \dfrac{148 - a}{90} = \dfrac{b}{90} = \dfrac{67}{c}$

Pick
63 하

기약분수 $\dfrac{x}{6}$를 소수로 나타내면 $0.8333\cdots$일 때, 자연수 x의 값을 구하시오.

64 중

순환소수 $0.\dot{5}$의 역수를 a, 순환소수 $0.3\dot{6}$의 역수를 b라 할 때, ab의 값은?

① $\dfrac{27}{55}$ ② $\dfrac{3}{5}$ ③ $\dfrac{9}{2}$

④ $\dfrac{54}{11}$ ⑤ $\dfrac{27}{5}$

65 중

어떤 순환소수 $0.x\dot{y}\dot{z}$를 기약분수로 나타내는데 $0.y\dot{x}\dot{z}$로 잘못 보아서 $\dfrac{127}{990}$로 나타내었다. 이때 처음 순환소수 $0.x\dot{y}\dot{z}$를 기약분수로 나타내시오. (단, x, y, z는 한 자리의 자연수이다.)

66 상

다음을 계산하여 기약분수로 나타내면?

$$4+\frac{3}{10^2}+\frac{3}{10^3}+\frac{3}{10^4}+\cdots$$

① $\dfrac{13}{3}$ ② $\dfrac{13}{30}$ ③ $\dfrac{121}{30}$

④ $\dfrac{133}{30}$ ⑤ $\dfrac{133}{33}$

유형 13 분수를 소수로 바르게 나타내기

Pick
67 대표 문제

어떤 기약분수를 소수로 나타내는데 선우는 분모를 잘못 보아서 $1.1\dot{8}$로 나타내고, 보라는 분자를 잘못 보아서 $0.\dot{2}\dot{5}$로 나타내었다. 두 사람이 잘못 본 분수도 모두 기약분수일 때, 처음 기약분수를 순환소수로 나타내면?

① $2.\dot{5}$ ② $0.2\dot{5}$ ③ $0.\dot{0}2\dot{5}$
④ $1.\dot{0}\dot{8}$ ⑤ $0.1\dot{0}\dot{8}$

68 중 서술형

기약분수를 소수로 나타내는 문제를 푸는데 예진이는 분자를 잘못 보아서 $3.1\dot{4}$로 나타내고, 현수는 분모를 잘못 보아서 $4.\dot{1}$로 나타내었다. 두 사람이 잘못 본 분수도 모두 기약분수일 때, 다음 물음에 답하시오.

(1) 처음 기약분수의 분모와 분자를 차례로 구하시오.

(2) 처음 기약분수를 순환소수로 나타내시오.

69 중

어떤 기약분수 $\dfrac{q}{p}$를 소수로 나타내는데 윤희는 분모를 잘못 보아서 $0.01\dot{2}$로 나타내고, 정우는 분자를 잘못 보아서 $0.7\dot{4}$로 나타내었다. 두 사람이 잘못 본 분수도 모두 기약분수일 때, 처음 기약분수 $\dfrac{q}{p}$를 순환소수로 나타내시오.

• 정답과 해설 7쪽

유형 14 **순환소수를 포함한 식의 계산**

순환소수를 포함한 식의 덧셈, 뺄셈, 곱셈, 나눗셈은 순환소수를 분수로 나타내어 계산한다.

대표 문제

70 서로소인 두 자연수 a, b에 대하여 $1.3\dot{8}\times\dfrac{b}{a}=0.5\dot{1}$일 때, $a-b$의 값을 구하시오.

유형 15 **순환소수에 적당한 수를 곱하여 자연수 또는 유한소수 만들기** (중요)

(1) 순환소수에 적당한 수를 곱하여 **자연수** 만들기
 ❶ 순환소수를 기약분수로 나타낸다.
 ❷ ❶의 분모의 배수를 곱한다.

(2) 순환소수에 적당한 수를 곱하여 **유한소수** 만들기
 ❶ 순환소수를 기약분수로 나타낸다.
 ❷ ❶의 분모를 소인수분해한다.
 ❸ 분모의 소인수 중 2와 5를 제외한 소인수들의 곱의 배수를 곱한다.

대표 문제

71 순환소수 $0.2\dot{7}$에 어떤 자연수 a를 곱하면 자연수가 된다고 할 때, a의 값이 될 수 있는 가장 작은 자연수는?

① 3 ② 9 ③ 18
④ 45 ⑤ 90

유형 16 **순환소수의 대소 관계**

(방법 ❶) 순환소수를 풀어 써서 각 자리의 숫자를 비교한다.
 (예) $0.\dot{2}$, 0.2에서 $0.222\cdots>0.2$

(방법 ❷) 순환소수를 분수로 고친 후 통분하여 비교한다.
 (예) $0.\dot{2}$, $\dfrac{1}{3}$에서 $(0.\dot{2}=)\dfrac{2}{9}<\dfrac{3}{9}\left(=\dfrac{1}{3}\right)$

대표 문제

72 다음 중 두 수의 대소 관계가 옳은 것은?

① $0.\dot{1}\dot{0}>0.\dot{1}$ ② $0.83\dot{4}>\dfrac{5}{6}$

③ $0.7>0.\dot{7}$ ④ $0.\dot{4}\dot{6}<\dfrac{46}{99}$

⑤ $0.5\dot{2}<\dfrac{23}{45}$

유형 17 **유리수와 소수의 관계**

(1) 정수가 아닌 유리수는 소수로 나타내면 유한소수 또는 순환소수가 된다.

(2) **유한소수와 순환소수는** 모두 분수로 나타낼 수 있으므로 **유리수**이다. └ $\dfrac{\text{(정수)}}{\text{(0이 아닌 정수)}}$ 꼴

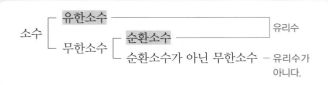

소수 ─┬─ 유한소수 ──────────────┐
   │   ├─ 유리수
   └─ 무한소수 ─┬─ 순환소수 ──────┘
          └─ 순환소수가 아닌 무한소수 ─ 유리수가 아니다.

(참고) 무한소수 중에는 원주율 $\pi=3.141592\cdots$, $0.1010010001\cdots$과 같이 순환소수가 아닌 무한소수도 있다.

대표 문제

73 다음 중 옳은 것을 모두 고르면? (정답 2개)
① 모든 유한소수는 유리수이다.
② 모든 무한소수는 유리수가 아니다.
③ 순환소수 중에는 유리수가 아닌 것도 있다.
④ 순환소수가 아닌 무한소수는 유리수가 아니다.
⑤ 모든 기약분수는 유한소수로 나타낼 수 있다.

유형 14 순환소수를 포함한 식의 계산

74 대표 문제

서로소인 두 자연수 a, b에 대하여 $1.2\dot{6}\times\dfrac{b}{a}=4.\dot{2}$일 때, $a+b$의 값은?

① 9 　　　② 11 　　　③ 13
④ 15 　　　⑤ 17

75 하

$3.\dot{2}$보다 $0.\dot{4}$만큼 작은 수는?

① $2.\dot{6}$ 　　　② $2.6\dot{8}$ 　　　③ $2.\dot{7}$
④ $2.7\dot{8}$ 　　　⑤ $2.\dot{8}$

Pick
76 중

$0.\dot{2}4\dot{1}=241\times\square$일 때, $\square$ 안에 알맞은 수를 순환소수로 나타내면?

① $0.\dot{1}$ 　　　② $0.0\dot{1}$ 　　　③ $0.\dot{0}\dot{1}$
④ $0.\dot{0}0\dot{1}$ 　　　⑤ $0.00\dot{1}$

77 중

$\dfrac{13}{30}=x+0.0\dot{4}$일 때, x를 순환소수로 나타내시오.

78 중 서술형

다음 일차방정식의 해를 순환소수로 나타내시오.

$$0.\dot{5}x-1.\dot{2}=0.\dot{1}\dot{4}$$

Pick
79 중

어떤 자연수에 $1.\dot{5}$를 곱해야 할 것을 잘못하여 1.5를 곱했더니 그 계산 결과가 바르게 계산한 결과보다 $\dfrac{1}{3}$만큼 작았다. 이때 어떤 자연수는?

① 6 　　　② 12 　　　③ 18
④ 24 　　　⑤ 30

80 상

순환소수 $0.4\dot{a}$에 대하여 $0.4\dot{a}=\dfrac{a+1}{15}$을 만족시키는 한 자리의 자연수 a의 값을 구하시오.

유형 15 순환소수에 적당한 수를 곱하여 자연수 또는 유한소수 만들기 (중요)

Pick
81 대표 문제

순환소수 $0.5\dot{2}$에 어떤 자연수 a를 곱하면 유한소수가 된다고 할 때, a의 값이 될 수 있는 가장 작은 자연수는?

① 3 　　　　② 6 　　　　③ 9
④ 11 　　　　⑤ 33

82 (중)

순환소수 $2.5\dot{4}$에 어떤 자연수 a를 곱하면 자연수가 된다고 할 때, a의 값이 될 수 있는 두 자리의 자연수는 모두 몇 개인가?

① 6개 　　　　② 7개 　　　　③ 8개
④ 9개 　　　　⑤ 10개

83 (중)

순환소수 $1.5\dot{3}$에 어떤 자연수 a를 곱하면 유한소수가 된다고 할 때, 다음 중 a의 값이 될 수 <u>없는</u> 것을 모두 고르면? (정답 2개)

① 3 　　　　② 5 　　　　③ 6
④ 8 　　　　⑤ 12

유형 16 순환소수의 대소 관계

84 대표 문제

다음 중 두 수의 대소 관계가 옳지 <u>않은</u> 것은?

① $\dfrac{9}{10} > 0.\dot{8}$ 　　　② $\dfrac{17}{45} < 0.4\dot{2}$
③ $1.\dot{2} > \dfrac{111}{90}$ 　　　④ $1.\dot{5}\dot{0} < 1.\dot{5}$
⑤ $\dfrac{1}{2} < 0.\dot{5}$

85 (하)

다음 보기의 수를 가장 작은 것부터 차례로 나열하시오.

┌보기┐
ㄱ. $3.25\dot{1}\dot{6}$ 　　　　ㄴ. 3.2516
ㄷ. $3.25\dot{1}6$ 　　　　ㄹ. $3.2\dot{5}1\dot{6}$

86 (중)

다음 중 $0.1\dot{6}$보다 크고 $0.4\dot{2}$보다 작은 수는?

① $\dfrac{1}{9}$ 　　　② $\dfrac{5}{11}$ 　　　③ $\dfrac{2}{15}$
④ $\dfrac{13}{33}$ 　　　⑤ $\dfrac{43}{99}$

87 (상)

$\dfrac{1}{3} \leq 0.\dot{x} \leq \dfrac{1}{2}$을 만족시키는 한 자리의 자연수 x의 값을 모두 고르면? (정답 2개)

① 3 　　　　② 4 　　　　③ 5
④ 6 　　　　⑤ 7

88 대표 문제

다음 보기 중 유리수와 소수의 관계에 대한 설명으로 옳은 것을 모두 고르시오.

┌보기┐
ㄱ. 모든 순환소수는 유리수이다.
ㄴ. 모든 무한소수는 순환소수이다.
ㄷ. 모든 무한소수는 분수로 나타낼 수 없다.
ㄹ. 모든 유한소수는 분모가 10의 거듭제곱인 분수로 나타낼 수 있다.

89 하

다음 보기의 수 중 유리수는 모두 몇 개인지 구하시오.

┌보기┐
ㄱ. 0   ㄴ. $3.\dot{5}$ ㄷ. $0.12345\cdots$
ㄹ. $\pi-2$ ㅁ. $1.232323\cdots$ ㅂ. $-\dfrac{2}{3}$

90 하

정수 a를 0이 아닌 정수 b로 나누었을 때, 다음 중 그 계산 결과가 될 수 없는 것은?

① 자연수   ② 정수
③ 유한소수   ④ 순환소수
⑤ 순환소수가 아닌 무한소수

91 중

다음 중 옳지 않은 것을 모두 고르면? (정답 2개)

① $0.316316316\cdots$은 유리수이다.

② $\dfrac{2}{7}$는 유한소수로 나타낼 수 있다.

③ 4는 분수로 나타낼 수 없다.

④ 1.57은 유한소수이다.

⑤ -8은 유리수이다.

Pick
92 중 多 보기

다음 중 옳은 것을 모두 고르면?

① 모든 유리수는 유한소수로 나타낼 수 있다.
② 무한소수 중에는 순환소수가 아닌 것도 있다.
③ 유한소수로 나타낼 수 없는 수는 유리수가 아니다.
④ 순환소수로 나타낼 수 있는 수는 모두 유리수이다.
⑤ 정수가 아닌 유리수는 모두 유한소수로 나타낼 수 있다.
⑥ 모든 소수는 $\dfrac{(정수)}{(0이\ 아닌\ 정수)}$ 꼴로 나타낼 수 있다.
⑦ 기약분수의 분모의 소인수가 2 또는 5뿐이면 유한소수로 나타낼 수 있다.

93 유형 02 + 03

다음 중 순환소수의 순환마디와 그 표현이 옳은 것은?

순환소수	순환마디	표현
① 3.444···	444	$3.\dot{4}$
② 0.606060···	6	$\dot{0}.\dot{6}$
③ 1.212121···	12	$1.2\dot{1}\dot{2}$
④ 2.113113113···	113	$2.\dot{1}1\dot{3}$
⑤ 4.050105010501···	0501	$4.\dot{0}50\dot{1}$

94 유형 04

분수 $\dfrac{3}{11}$ 을 소수로 나타낼 때, 소수점 아래 101번째 자리의 숫자를 a, 순환소수 $0.11\dot{3}\dot{6}$ 의 소수점 아래 100번째 자리의 숫자를 b라 하자. 이때 $b-a$의 값을 구하시오.

95 유형 06

다음 분수 중 유한소수로 나타낼 수 있는 것을 모두 고르면?
(정답 2개)

① $-\dfrac{7}{9}$ ② $\dfrac{16}{25}$ ③ $\dfrac{33}{180}$

④ $\dfrac{6}{3^2 \times 5}$ ⑤ $\dfrac{27}{2^2 \times 3^2}$

96 유형 06

다음 조건을 모두 만족시키는 유리수 x는 모두 몇 개인지 구하시오.

조건
(가) x는 $\dfrac{a}{28}$ (a는 자연수) 꼴인 분수이다.

(나) x는 $\dfrac{1}{4}$ 보다 크고 $\dfrac{6}{7}$ 보다 작다.

(다) x를 소수로 나타내면 유한소수가 된다.

97 유형 07

분수 $\dfrac{15}{216}$ 에 어떤 자연수를 곱하여 유한소수로 나타내려고 한다. 이때 곱할 수 있는 가장 작은 자연수는?

① 3 ② 7 ③ 9
④ 11 ⑤ 15

98 유형 07

두 분수 $\dfrac{11}{130}$ 과 $\dfrac{4}{105}$ 에 각각 어떤 자연수 x를 곱하면 두 분수 모두 유한소수로 나타낼 수 있다고 한다. 이때 x의 값이 될 수 있는 세 자리의 자연수는 모두 몇 개인지 구하시오.

99 유형 08

분수 $\dfrac{21}{30 \times x}$ 을 소수로 나타내면 유한소수가 될 때, x의 값이 될 수 있는 모든 한 자리의 자연수의 합을 구하시오.

100 유형 10

분수 $\dfrac{77}{2^2 \times 5 \times a}$ 을 순환소수로만 나타낼 수 있을 때, 다음 중 a 의 값으로 알맞은 것은?

① 2 ② 3 ③ 5
④ 7 ⑤ 11

101 유형 11

다음 중 순환소수를 분수로 나타내려고 할 때, 가장 편리한 식을 짝 지은 것으로 옳지 <u>않은</u> 것은?

① $x = 0.4\dot{1} \Rightarrow 100x - x$
② $x = 1.9\dot{2} \Rightarrow 100x - 10x$
③ $x = 0.1\dot{6}\dot{5} \Rightarrow 1000x - 10x$
④ $x = 1.23\dot{8}\dot{4} \Rightarrow 10000x - 10x$
⑤ $x = 0.50\dot{7}\dot{3} \Rightarrow 10000x - 100x$

102 유형 11

다음 중 순환소수 $x = 2.0434343\cdots$에 대한 설명으로 옳지 <u>않은</u> 것을 모두 고르면? (정답 2개)

① $x = 2.04\dot{3}$으로 나타낼 수 있다.
② 순환마디를 이루는 숫자는 3개이다.
③ $x = 2 + 0.0\dot{4}\dot{3}$이다.
④ 분수로 나타낼 때, 가장 편리한 식은 $1000x - 10x$이다.
⑤ 분수로 나타내면 $x = \dfrac{2041}{990}$이다.

103 유형 12

$3.545454\cdots = \dfrac{a}{11}$, $2.7333\cdots = \dfrac{41}{b}$ 일 때, 자연수 a, b에 대하여 $a - b$의 값은?

① 22 ② 24 ③ 26
④ 28 ⑤ 30

104 유형 13

어떤 기약분수를 소수로 나타내는데 명수는 분모를 잘못 보아서 $1.\dot{7}$로 나타내고, 재석이는 분자를 잘못 보아서 $1.1\dot{6}$으로 나타내었다. 두 사람이 잘못 본 분수도 모두 기약분수일 때, 처음 기약분수를 순환소수로 나타내시오.

105

유형 14

다음을 만족시키는 유리수 a, b에 대하여 ab의 값을 순환소수로 나타내시오.

$$0.\dot{1}3\dot{7}=a\times 137, \qquad 0.272727\cdots=b\times 0.\dot{0}\dot{1}$$

106

유형 15

순환소수 $0.3\dot{4}\dot{8}$에 어떤 자연수 a를 곱하면 유한소수가 된다고 할 때, a의 값이 될 수 있는 가장 작은 자연수는?

① 3 　　　　② 9 　　　　③ 11

④ 13 　　　　⑤ 33

107

유형 17

다음 중 옳은 것을 모두 고르면? (정답 2개)

① 0은 유리수가 아니다.
② 모든 무한소수는 유리수이다.
③ 유한소수 중에는 유리수가 아닌 것도 있다.
④ 유한소수로 나타낼 수 없는 정수가 아닌 유리수는 반드시 순환소수로 나타낼 수 있다.
⑤ 모든 순환소수는 $\dfrac{b}{a}$ (a, b는 정수, $a\neq 0$) 꼴로 나타낼 수 있다.

서술형 문제

108

유형 04

분수 $\dfrac{8}{27}$을 소수로 나타낼 때, 소수점 아래 n번째 자리의 숫자를 A_n이라 하자. 다음 물음에 답하시오.

⑴ 순환마디를 이루는 숫자는 모두 몇 개인지 구하시오.

⑵ $A_1+A_2+A_3+\cdots+A_{50}$의 값을 구하시오.

109

유형 07

다음 조건을 모두 만족시키는 모든 자연수 A의 값의 합을 구하시오.

조건
㈎ $\dfrac{A}{240}$는 유한소수로 나타낼 수 있다.
㈏ A는 13의 배수이다.
㈐ A는 두 자리의 자연수이다.

110

유형 14

어떤 자연수에 $5.\dot{8}$을 곱해야 할 것을 잘못하여 5.8을 곱했더니 그 계산 결과가 바르게 계산한 결과보다 $0.\dot{4}$만큼 작았다. 이때 어떤 자연수를 구하시오.

111 다음 분수 중 소수로 나타낼 때, 오른쪽 나눗셈의 결과를 이용하여 순환마디를 알 수 <u>없는</u> 것은?

① $\dfrac{1}{13}$

② $\dfrac{4}{13}$

③ $\dfrac{9}{13}$

④ $\dfrac{11}{13}$

⑤ $\dfrac{12}{13}$

```
        0.2 3 0 7 6 9
   13) 3
        2 6
        4 0
        3 9
          1 0
             0
          1 0 0
            9 1
            9 0
            7 8
          1 2 0
          1 1 7
                3
```

112 $\dfrac{18}{55}=\dfrac{x_1}{10}+\dfrac{x_2}{10^2}+\dfrac{x_3}{10^3}+\cdots+\dfrac{x_n}{10^n}+\cdots$일 때,

$x_1+x_2+x_3+\cdots+x_{25}$의 값을 구하시오.

(단, x_1, x_2, x_3, $\cdots$, x_n, $\cdots$은 한 자리의 자연수이다.)

113 분수 $\dfrac{3}{7}$을 소수로 나타낼 때, 소수점 아래 n번째 자리의 숫자를 $f(n)$이라 하자. 다음 중 옳지 <u>않은</u> 것은?

① $f(2)=2$

② $f(100)=5$

③ $f(n)=f(n+6)$

④ $f(n)=6$을 만족시키는 자연수 n의 값은 없다.

⑤ $f(1)+f(2)+f(3)+\cdots+f(20)=95$

114 다음 그림은 어느 해 4월 달력의 일부분을 나타낸 것이다. 연속된 세로의 두 칸에서 위 칸에 있는 수는 분자로, 아래 칸에 있는 수는 분모로 하여 하나의 분수로 생각한다고 하자. 예를 들어 색칠한 부분은 $\dfrac{3}{10}$으로 생각한다. 이때 유한소수로 나타낼 수 있는 분수는 모두 몇 개인지 구하시오.

(단, 달력은 보이는 부분까지만 생각한다.)

115 x에 대한 일차방정식 $2(8-14x)=a$의 해가 양수이고 유한소수로 나타내어질 때, 이를 만족시키는 모든 자연수 a의 값의 합은?

① 7 　　　　② 8 　　　　③ 9

④ 10 　　　　⑤ 11

116 분수 $\dfrac{1}{225}$에 어떤 자연수 x를 곱하면 $\dfrac{a}{10^n}$ 꼴로 나타낼 수 있다. a, n이 자연수일 때, $a+n+x$의 값 중 가장 작은 수는?

① 14   ② 15   ③ 16

④ 20   ⑤ 21

117 분수 $\dfrac{a}{140}$를 소수로 나타내면 유한소수가 되고, 기약분수로 나타내면 $\dfrac{3}{b}$이 된다. a가 두 자리의 자연수일 때, $a-b$의 값 중 가장 큰 수를 구하시오.

118 다음을 계산하여 기약분수로 나타내면 $\dfrac{1}{a}$이 된다. 이때 자연수 a의 값을 구하시오.

$$\frac{3}{5} \times \left(\frac{1}{10} + \frac{1}{100} + \frac{1}{1000} + \frac{1}{10000} + \cdots \right)$$

119 오른쪽 그림과 같이 세 직선이 한 점에서 만날 때, $\angle x$의 크기를 구하시오.

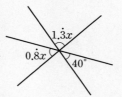

120 한 자리의 자연수 a, b에 대하여 두 순환소수 $0.\dot{a}\dot{b}$와 $0.\dot{b}\dot{a}$의 차가 $0.\dot{7}\dot{2}$일 때, 다음 물음에 답하시오. (단, $a>b$)

⑴ $a-b$의 값을 구하시오.

⑵ a, b의 값을 각각 구하시오.

⑶ 두 순환소수 $0.\dot{a}\dot{b}$와 $0.\dot{b}\dot{a}$의 합을 기약분수로 나타내시오.

121 순환소수 $2.1\dot{7}$에 자연수 x를 곱하여 어떤 자연수의 제곱이 되게 하려고 한다. 이때 x의 값이 될 수 있는 가장 작은 자연수를 구하시오.

2.

단항식의 계산

유형 01 지수법칙 – 지수의 합

m, n이 자연수일 때

$a^m \times a^n = a^{m+n}$

지수의 합
$2^2 \times 2^3 = 2^{2+3}$

주의 $a^m \times a^n \neq a^{m \times n}$, $a^m + a^n \neq a^{m+n}$

참고 • a는 a^1으로 생각한다.
• 지수법칙은 밑이 서로 같을 때만 이용할 수 있다.

대표 문제

01 $x^3 \times y^5 \times x^7 \times y^9$을 간단히 하면?

① $x^8 y^{16}$ ② $x^{10} y^{14}$ ③ $x^{15} y^{16}$
④ $x^{15} y^{63}$ ⑤ $x^{21} y^{45}$

유형 02 지수법칙 – 지수의 곱

m, n이 자연수일 때

$(a^m)^n = a^{mn}$

지수의 곱
$(2^2)^3 = 2^{2 \times 3}$

주의 $(a^m)^n \neq a^{m+n}$, $(a^m)^n \neq a^{m^n}$

대표 문제

02 $(a^{\square})^2 \times (a^4)^3 \times a = a^{25}$일 때, $\square$ 안에 알맞은 자연수를 구하시오.

유형 03 지수법칙 – 지수의 차

$a \neq 0$이고, m, n이 자연수일 때

$$a^m \div a^n = \begin{cases} a^{m-n} & (m > n) \\ 1 & (m = n) \\ \dfrac{1}{a^{n-m}} & (m < n) \end{cases}$$

지수의 차
$2^5 \div 2^3 = 2^{5-3}$

$2^3 \div 2^5 = \dfrac{1}{2^{5-3}}$
지수의 차

주의 $a^m \div a^n \neq a^{m \div n}$, $a^m \div a^m \neq 0$

참고 • $a^m \div a^n$을 계산할 때는 먼저 m과 n의 대소를 비교한다.
• 나눗셈은 앞에서부터 차례로 계산하고, 괄호가 있으면 괄호 안을 먼저 계산한다.

➡ $a \div b \div c = \dfrac{a}{b} \div c = \dfrac{a}{bc}$, $a \div (b \div c) = a \div \dfrac{b}{c} = \dfrac{ac}{b}$

대표 문제

03 $(x^4)^2 \div x^3 \div (x^2)^6$을 간단히 하면?

① x ② x^5 ③ x^7
④ $\dfrac{1}{x^5}$ ⑤ $\dfrac{1}{x^7}$

유형 04 지수법칙 – 지수의 분배

m이 자연수일 때

$(ab)^m = a^m b^m$

$\left(\dfrac{a}{b}\right)^m = \dfrac{a^m}{b^m}$ (단, $b \neq 0$)

지수의 분배 $(2x)^2 = 2^2 x^2$

지수의 분배 $\left(\dfrac{a}{3}\right)^3 = \dfrac{a^3}{3^3}$

대표 문제

04 다음 식을 만족시키는 자연수 a, b, c, d에 대하여 $a+b+c+d$의 값을 구하시오.

$$(-5x^a y)^2 = bx^{10}y^2, \qquad \left(\dfrac{2y}{x^c}\right)^3 = \dfrac{8y^d}{x^9}$$

유형 05 지수법칙 – 종합 중요

m, n이 자연수일 때

(1) $a^m \times a^n = a^{m+n}$

(2) $(a^m)^n = a^{mn}$

(3) $a \neq 0$일 때

$$a^m \div a^n = \begin{cases} a^{m-n} & (m>n) \\ 1 & (m=n) \\ \dfrac{1}{a^{n-m}} & (m<n) \end{cases}$$

(4) $(ab)^m = a^m b^m$, $\left(\dfrac{a}{b}\right)^m = \dfrac{a^m}{b^m}$ (단, $b \neq 0$)

대표 문제

05 다음 중 옳은 것은?

① $(x^3)^4 = x^7$

② $x \times x^6 \times x^3 = x^{18}$

③ $x^9 \div x^3 = x^3$

④ $\left(-\dfrac{y^2}{x^3}\right)^4 = \dfrac{y^8}{x^{12}}$

⑤ $(2x^3 y)^3 = 6x^9 y^3$

유형 06 지수법칙의 활용

거듭제곱으로 나타낼 수 있는 수의 계산은 지수법칙을 이용하면 편리하다.

예 $10^2 L$를 mL로 나타내면

➡ $1L = 10^3 mL$이므로

$10^2 L = 10^2 \times 10^3 mL = 10^5 mL$

대표 문제

06 컴퓨터에서 데이터의 양을 나타내는 단위에는 B(바이트), KiB(키비바이트), MiB(메비바이트), GiB(기비바이트) 등이 있다. 다음 표는 데이터의 양의 단위 사이의 관계를 나타낸 것이다. 이때 8 GiB는 몇 B인가?

1 KiB	1 MiB	1 GiB
2^{10} B	2^{10} KiB	2^{10} MiB

① 2^{30} B

② 2^{33} B

③ 2^{1000} B

④ 2^{1003} B

⑤ 2^{3000} B

유형 01 지수법칙 – 지수의 합

07 대표 문제

$x^4 \times y^6 \times x^7 \times y^4 = x^A y^B$일 때, 자연수 A, B에 대하여 $A - B$의 값은?

① -4　　　　② -1　　　　③ 0

④ 1　　　　⑤ 4

08 하

$2^3 \times 2^2 \times 2^x = 128$일 때, 자연수 x의 값은?

① 2　　　　② 3　　　　③ 4

④ 5　　　　⑤ 6

09 하

$5^{x+3} = \square \times 5^x$일 때, $\square$ 안에 알맞은 수는? (단, x는 자연수)

① 5　　　　② 15　　　　③ 25

④ 75　　　　⑤ 125

10 중

n이 자연수일 때, $(-1)^n \times (-1)^{n+1} \times (-1)^{2n}$을 간단히 하면?

① -1　　　　② 0　　　　③ 1

④ n　　　　⑤ $2n$

11 상

$4 \times 5 \times 6 \times 7 \times 8 \times 9 \times 10 = 2^a \times 3^b \times 5^c \times 7$일 때, 자연수 a, b, c에 대하여 $a + b + c$의 값은?

① 9　　　　② 10　　　　③ 11

④ 12　　　　⑤ 13

유형 02 지수법칙 – 지수의 곱

12 대표 문제

다음 식을 만족시키는 자연수 x의 값을 구하시오.

$$5^3 \times (5^2)^2 \times (5^4)^x = 5^{27}$$

13 중

다음 중 옳지 <u>않은</u> 것은?

① $(a^5)^4 = a^{20}$

② $a \times (a^3)^7 = a^{22}$

③ $(a^5)^5 \times a = a^{11}$

④ $(a^2)^6 \times (b^5)^3 = a^{12} b^{15}$

⑤ $(a^3)^4 \times (b^7)^2 \times a \times (b^2)^3 = a^{13} b^{20}$

14 중

$9^4 \times 25^2 = 3^a \times 5^b$일 때, 자연수 a, b에 대하여 $a+b$의 값은?

① 4　　　　　② 6　　　　　③ 8

④ 10　　　　　⑤ 12

15 중

$32^6 = (2^x)^6 = 2^{2y}$일 때, 자연수 x, y에 대하여 xy의 값을 구하시오.

유형 **03**　지수법칙 – 지수의 차

16 대표 문제

$5^{12} \div 125^3 \div 5^6 = \dfrac{1}{5^\square}$일 때, $\square$ 안에 알맞은 자연수를 구하시오.

17 중

다음 중 식을 간단히 한 결과가 나머지 넷과 <u>다른</u> 하나는?

① $x^7 \div x^2$　　　　　② $(x^2)^3 \div x$

③ $(x^{10})^2 \div (x^2)^2$　　　④ $x^{10} \div x \div x^4$

⑤ $x^8 \div (x^6 \div x^3)$

Pick
18 중

$a^{16} \div a^{2x} \div a = a^5$일 때, 자연수 x의 값은?

① 2　　　　　② 3　　　　　③ 4

④ 5　　　　　⑤ 6

19 상　서술형

$\dfrac{3^{4x+7}}{3^{x+8}} = 243$일 때, 자연수 x의 값을 구하려고 한다. 다음 물음에 답하시오.

(1) 우변을 소인수분해하시오.

(2) 지수법칙을 이용하여 좌변을 간단히 하시오.

(3) 일차방정식을 이용하여 자연수 x의 값을 구하시오.

유형 **04**　지수법칙 – 지수의 분배

Pick
20 대표 문제

$(xy^2)^a = x^7 y^b$, $\left(-\dfrac{3x^3}{y^4}\right)^2 = \dfrac{cx^6}{y^d}$일 때, 자연수 a, b, c, d에 대하여 $a+b+c+d$의 값은?

① 20　　　　　② 26　　　　　③ 28

④ 36　　　　　⑤ 38

21 중

다음 중 옳은 것은?

① $(a^3b^2)^3=a^6b^5$

② $(-ab^2)^2=-a^2b^4$

③ $\left(\dfrac{1}{5}ab\right)^3=\dfrac{1}{15}a^3b^3$

④ $-\left(\dfrac{2}{3x}\right)^2=-\dfrac{4}{9x^2}$

⑤ $\left(-\dfrac{a}{2}\right)^3=-\dfrac{a^3}{2}$

Pick
22 중

다음 식을 만족시키는 자연수 x, y의 값을 각각 구하시오.

(1) $24^3=2^x\times3^y$

(2) $\left(\dfrac{2}{9}\right)^x=\dfrac{64}{3^y}$

23 상

$(x^ay^bz^c)^d=x^{12}y^{18}z^{30}$을 만족시키는 가장 큰 자연수 d에 대하여 $a+b+c+d$의 값을 구하시오. (단, a, b, c는 자연수)

유형 05 지수법칙 – 종합

24 대표 문제

다음 보기 중 옳은 것을 모두 고른 것은?

┌ 보기 ┐

ㄱ. $a\times a^4=a^4$

ㄴ. $3^{10}\div(3^{10})^2=\dfrac{1}{3^{10}}$

ㄷ. $(-2a^2)^2=4a^4$

ㄹ. $(2x^2y)^3=6x^6y^3$

ㅁ. $x^{10}\div x^5\times x^3=\dfrac{1}{x^5}$

ㅂ. $a^{30}\div(a^6\times a^5)=1$

① ㄴ, ㄷ

② ㄷ, ㅁ

③ ㄱ, ㄹ, ㅁ

④ ㄴ, ㄷ, ㅂ

⑤ ㄹ, ㅁ, ㅂ

25 중

다음 중 $a^{10}\div a^4\div a^3$과 계산 결과가 같은 것은?

① $a^{10}\times a^4\div a^3$

② $a^{10}\div a^4\times a^3$

③ $a^{10}\times(a^4\div a^3)$

④ $a^{10}\div(a^4\times a^3)$

⑤ $a^{10}\div(a^4\div a^3)$

Pick
26 중

다음 중 □ 안에 들어갈 자연수가 나머지 넷과 <u>다른</u> 하나는?

① $a^{\square}\times a^2=a^8$

② $\dfrac{x^{\square}}{x^9}=\dfrac{1}{x^3}$

③ $\left(-\dfrac{y^5}{x^{\square}}\right)^2=\dfrac{y^{10}}{x^{12}}$

④ $(a^2b^{\square})^3=a^6b^{12}$

⑤ $x^{\square}\times x^2\div x^3=x^5$

27 중 서술형

다음 식을 만족시키는 자연수 a, b에 대하여 $a+b$의 값을 구하시오.

$$4^{a+2} = \frac{8^9}{2^b} = 2^{24}$$

28 상

지수법칙을 이용하여 다음을 계산하시오.

$$2^6 \div 4^2 \times 5^{32} \times (0.2)^{30}$$

유형 06 **지수법칙의 활용**

Pick

29 대표 문제

1광년은 빛이 초속 3×10^5 km로 1년 동안 나아가는 거리이다. 1년을 3×10^7초로 계산할 때, 지구에서부터 100광년 떨어진 행성과 지구 사이의 거리는?

① 3×10^{12} km ② 9×10^{12} km

③ 3×10^{14} km ④ 9×10^{14} km

⑤ 27×10^{14} km

30 중

다음 그림과 같이 한 사람이 2명에게 전자 우편을 보내고 그 2명이 각각 서로 다른 2명에게 전자 우편을 보내 상품을 홍보하는 바이럴 마케팅을 하려고 한다. 20단계에서 전자 우편을 받는 사람 수는 6단계에서 전자 우편을 받는 사람 수의 몇 배인지 2의 거듭제곱을 사용하여 나타내시오.

[1단계] [2단계]

31 중

다음 표는 수와 수의 단위를 나타낸 것이다. $2^{17} \times 5^{20}$을 바르게 읽은 것은?

수	10^{12}	10^{16}	10^{20}	10^{24}
수의 단위	조	경	해	자

① 2500조 ② 125경 ③ 1250경

④ 25해 ⑤ 5자

32 상

난쟁이를 뜻하는 고대 그리스어의 나노스(nanos)에서 유래된 나노(nano)는 10억분의 1을 나타내는 단위이다. 1 nm(나노미터)는 1 m의 10억분의 1인 $\frac{1}{10^9}$ m이고, 1 μm(마이크로미터)는 1 nm의 10^3배이다. 이때 구 모양의 먼지 입자의 지름의 길이 30 μm는 몇 m인가?

① $\frac{3}{10^2}$ m ② $\frac{3}{10^5}$ m ③ $\frac{30}{10^5}$ m

④ 3×10^2 m ⑤ 3×10^5 m

유형 07 **같은 수의 덧셈**

같은 수의 덧셈은 곱셈으로 바꾸어 나타낸 후 간단히 한다.

$$\Rightarrow \underbrace{a^m + a^m + a^m + \cdots + a^m}_{a\text{개}} = a \times a^m = a^{1+m}$$

(예) $\underbrace{2^5 + 2^5}_{2\text{개}} = 2 \times 2^5 = 2^{1+5} = 2^6$

대표 문제

33 $3^2 + 3^2 + 3^2 = 3^a$, $3^3 \times 3^3 \times 3^3 = 3^b$일 때, 자연수 a, b에 대하여 $a+b$의 값을 구하시오.

유형 08 **문자를 사용하여 나타내기** 〔중요〕

$a^n = A$라 할 때

(1) a^{mn}을 A를 사용하여 나타내면
$$\Rightarrow a^{mn} = (a^n)^m = A^m$$

(2) a^{m+n}을 A를 사용하여 나타내면
$$\Rightarrow a^{m+n} = a^m a^n = a^m A$$

(예) (1) $2^2 = A$라 할 때, $64 = 2^6 = (2^2)^3 = A^3$
(2) $2^x = A$라 할 때, $2^{x+2} = 2^x \times 2^2 = 4A$

대표 문제

34 $5^2 = A$라 할 때, 125^6을 A를 사용하여 나타내면?

① A^6 ② A^9 ③ A^{11}
④ A^{15} ⑤ A^{18}

유형 09 **자릿수 구하기** 〔중요〕

주어진 수를 $a \times 10^n$ 꼴로 나타낸다. (단, a, n은 자연수)
$$2^n \times 5^n = (2 \times 5)^n = 10^n$$

$\Rightarrow$ a가 k자리의 자연수이면 $a \times 10^n$은 $(k+n)$자리의 자연수이다.

2와 5의 지수를 같게 만든다.

(예) $2^{10} \times 5^8 = 2^2 \times 2^8 \times 5^8 = 2^2 \times (2 \times 5)^8$
$$= 4 \times 10^8 = 400\underbrace{\cdots0}_{8\text{개}} \Rightarrow \underset{1+8}{9\text{자리의 자연수}}$$

참고 주어진 수를 $a \times 10^n$ 꼴로 나타낼 때는 2와 5의 지수 중 큰 쪽의 지수를 작은 쪽의 지수에 맞춰 변형한다.

대표 문제

35 $2^7 \times 5^4$이 몇 자리의 자연수인지 구하려고 한다. 다음 물음에 답하시오.

(1) $2^7 \times 5^4$을 $a \times 10^n$ 꼴로 나타내시오.
(단, $1 \leq a < 10$, a, n은 자연수)

(2) (1)을 이용하여 $2^7 \times 5^4$이 몇 자리의 자연수인지 구하시오.

유형 07 같은 수의 덧셈

Pick
36 대표 문제
$2^{11}+2^{11}+2^{11}+2^{11}$을 2의 거듭제곱을 사용하여 나타내면?

① 2^{13} ② 2^{15} ③ 2^{17}
④ 2^{20} ⑤ 2^{22}

37 중
다음 중 옳은 것을 모두 고르면? (정답 2개)

① $5^3 \times 5^2 = 5^6$ ② $2^5 \div 2^7 = 2^2$
③ $3^4 + 3^4 + 3^4 = 3^{12}$ ④ $4^5 + 4^5 = 2^{11}$
⑤ $25^2 \times 25^2 = 5^8$

38 중
$3^6 \times (9^3 + 9^3 + 9^3) = 3^n$일 때, 자연수 n의 값을 구하시오.

39 중
$\dfrac{3^6 + 3^6 + 3^6}{4^6 + 4^6 + 4^6 + 4^6} \times \dfrac{2^6 + 2^6}{3^7}$을 간단히 하면?

① $\dfrac{1}{2^3}$ ② $\dfrac{1}{2^4}$ ③ $\dfrac{1}{2^5}$
④ $\dfrac{1}{2^6}$ ⑤ $\dfrac{1}{2^7}$

40 상
$2^{x+4} + 2^{x+2} + 2^x = 336$일 때, 자연수 x의 값을 구하시오.

유형 08 문자를 사용하여 나타내기 중요

08-1 문자를 사용하여 나타내기 (1)

41 대표 문제
$3^6 = A$라 할 때, $\dfrac{1}{27^8}$을 A를 사용하여 나타내면?

① $\dfrac{1}{A^8}$ ② $\dfrac{1}{A^6}$ ③ $\dfrac{1}{A^4}$
④ A^4 ⑤ A^6

42 중
$\dfrac{1}{5^5} = k$라 할 때, $\dfrac{1}{25^{10}} = k^{\square}$이다. □ 안에 알맞은 자연수를 구하시오.

43 중
$2^3 = a$라 할 때, $4^5 \div 8^6 \times 2^2$을 a를 사용하여 나타내면?

① $\dfrac{1}{a^2}$ ② $\dfrac{1}{a}$ ③ a
④ a^2 ⑤ a^3

44 중

$2^4=a$, $3^2=b$라 할 때, 48^2을 a, b를 사용하여 나타내면?

① ab^2 ② a^2b ③ a^2b^2

④ a^4b ⑤ a^8b^2

08-2 문자를 사용하여 나타내기 (2)

45 중

$A=2^x$일 때, 8^{x+2}을 A를 사용하여 나타내면?

(단, x는 자연수)

① $\dfrac{A^3}{64}$ ② $\dfrac{A^3}{8}$ ③ A^3

④ $32A^3$ ⑤ $64A^3$

Pick
46 중

$a=3^{x-1}$일 때, 9^{x+1}을 a를 사용하여 나타내면?

(단, x는 2 이상의 자연수)

① $9a^2$ ② $27a^2$ ③ $27a^3$

④ $81a^2$ ⑤ $81a^3$

47 상

$a=2^{x-1}$, $b=3^{x+2}$일 때, 6^x을 a, b를 사용하여 나타내면?

(단, x는 2 이상의 자연수)

① $\dfrac{2}{9}ab$ ② $\dfrac{1}{2}ab$ ③ $\dfrac{2}{3}ab$

④ $\dfrac{3}{2}ab$ ⑤ $2ab$

유형 09 자릿수 구하기   중요

Pick
48 대표 문제

$2^{10}\times3\times5^8$은 몇 자리의 자연수인가?

① 10자리   ② 11자리   ③ 12자리

④ 13자리   ⑤ 14자리

49 상   서술형

$\dfrac{2^{41}\times45^{20}}{18^{20}}$이 n자리의 자연수일 때, n의 값을 구하시오.

50 상

$(2^3+2^3+2^3)\times(5^4+5^4+5^4+5^4)$이 n자리의 자연수일 때, n의 값은?

① 4   ② 5   ③ 6

④ 7   ⑤ 8

• 정답과 해설 15쪽

유형 10 **단항식의 곱셈**

❶ 계수는 계수끼리, 문자는 문자끼리 곱한다.

❷ 같은 문자끼리의 곱셈은 지수법칙을 이용한다.

계수의 곱

예 $(-3x^2y) \times 2xy^2 = -6x^3y^3$

문자의 곱

참고 단항식의 곱셈과 나눗셈에서 부호는 다음과 같이 결정된다.

• 음수가 홀수 개 ➡ (−)
• 음수가 짝수 개 ➡ (+)

대표 문제

51 $(-3ab^2c)^2 \times 2ac \times \dfrac{4}{9}a^2b$를 계산하시오.

유형 11 **단항식의 나눗셈**

방법❶ 분수 꼴로 바꾸어 계산한다.

➡ $A \div B = \dfrac{A}{B}$

방법❷ 역수를 이용하여 나눗셈을 곱셈으로 고쳐서 계산한다.

➡ $A \div B = A \times \dfrac{1}{B}$ → 역수를 곱한다.

참고 다음의 경우에는 방법❷를 이용하는 것이 편리하다.

• 나누는 식이 분수 꼴인 경우 ➡ $A \div \dfrac{C}{B} = A \times \dfrac{B}{C} = \dfrac{AB}{C}$

• 나눗셈이 2개 이상인 경우 ➡ $A \div B \div C = A \times \dfrac{1}{B} \times \dfrac{1}{C} = \dfrac{A}{BC}$

대표 문제

52 $(-4x^3y^2)^2 \div \dfrac{4x^2y}{3} \div (-4xy^2)$을 계산하면?

① $-4x^3y$ ② $-4xy^3$ ③ $-3x^3y$

④ $-3xy^3$ ⑤ $-x^3y$

유형 12 **단항식의 곱셈과 나눗셈의 혼합 계산** (중요)

❶ 괄호의 거듭제곱은 지수법칙을 이용하여 괄호를 푼다.

❷ 나눗셈은 역수를 이용하여 곱셈으로 고친다.

❸ 계수는 계수끼리, 문자는 문자끼리 계산한다.

참고 곱셈과 나눗셈이 혼합된 식은 앞에서부터 차례로 계산한다.

대표 문제

53 $(x^3y)^4 \div \left(-\dfrac{2}{9}x^5y^2\right)^2 \times \left(-\dfrac{2}{3}x^2y\right)^3$을 계산하시오.

• 정답과 해설 16쪽

유형 13 | **어떤 식 구하기 – 단항식의 곱셈과 나눗셈** 중요

(1) $A \times \square = B \Rightarrow \square = B \div A$

(2) $A \div \square = B \Rightarrow A \times \dfrac{1}{\square} = B$

　　　　　　　$\Rightarrow \square = A \div B$

(3) $A \times \square \div B = C \Rightarrow A \times \square \times \dfrac{1}{B} = C$

　　　　　　　　　　　$\Rightarrow \square = C \times B \div A$

(4) $A \div \square \times B = C \Rightarrow A \times \dfrac{1}{\square} \times B = C$

　　　　　　　　　　　$\Rightarrow \square = A \times B \div C$

대표 문제

54 다음 $\square$ 안에 알맞은 식을 구하시오.

(1) $10a^2b^4 \div (-5ab^5) \times \boxed{} = 6a^2b^3$

(2) $12x^2y^2 \div \boxed{} \times (-2y)^2 = \dfrac{3}{5}xy^2$

유형 14 | **도형에서의 활용 – 넓이, 부피 구하기**

평면도형의 넓이 또는 입체도형의 부피를 구하는 공식을 이용하여
식을 세운 후 계산한다.

(1) (직사각형의 넓이)=(가로의 길이)×(세로의 길이)

　　(삼각형의 넓이)=$\dfrac{1}{2}$×(밑변의 길이)×(높이)

(2) (기둥의 부피)=(밑넓이)×(높이)

　　(뿔의 부피)=$\dfrac{1}{3}$×(밑넓이)×(높이)

대표 문제

55 오른쪽 그림과 같이 가로의 길이
가 $20a^3b^2$이고, 세로의 길이가 $\dfrac{1}{4}ab^7$
인 직사각형의 넓이를 구하시오.

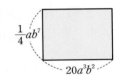

유형 15 | **도형에서의 활용 – 길이 구하기** 중요

평면도형의 넓이 또는 입체도형의 부피가 주어지면 공식을 이용하
여 등식을 세운 후 계산한다.

예 부피가 $24a^3b^4$인 직육면체의 밑면의 가로의 길이가 $2a$, 세로의 길이가 $3b^2$
일 때, 직육면체의 높이 구하기

　$\Rightarrow 2a \times 3b^2 \times$ (높이)$=24a^3b^4$이므로

　　$6ab^2 \times$ (높이)$=24a^3b^4$

　　$\therefore$ (높이)$=24a^3b^4 \div 6ab^2 = \dfrac{24a^3b^4}{6ab^2} = 4a^2b^2$

대표 문제

56 오른쪽 그림과 같이 밑면이 직각
삼각형인 삼각기둥의 부피가 $30a^5b^7$일
때, 삼각기둥의 높이를 구하시오.

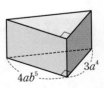

유형 완성하기

유형 10 단항식의 곱셈

57 대표 문제

$(a^4b^3)^2 \times (-a^2b)^3 \times (2ab^2)^2$을 계산하면?

① $-4a^{16}b^{13}$ ② $-4a^{13}b^{12}$ ③ $-2a^{16}b^{13}$

④ $2a^{13}b^{12}$ ⑤ $4a^{16}b^{13}$

58 중

다음 중 옳지 <u>않은</u> 것은?

① $7x^3y \times xy^5 = 7x^4y^6$

② $5ab^2 \times (-4a^2b) = -20a^3b^3$

③ $(-2a)^3 \times \frac{3}{2}a^2b^3 = -12a^5b^3$

④ $(-xy^2)^3 \times (x^2y)^2 \times 2x^7y^4 = -2x^{14}y^{12}$

⑤ $6x^2y \times (-2x^2y)^4 \times \frac{3}{4}xy^3 = 72x^5y^8$

59 중

$(2xy^2)^3 \times (-4xy^4) \times (-x^2y)^4 = ax^by^c$일 때, 상수 a, b, c에 대하여 $a+b+c$의 값을 구하시오.

60 중 서술형

다음 식을 만족시키는 자연수 a, b, c에 대하여 abc의 값을 구하시오.

$$(-5x^ay^2)^2 \times bxy^3 = 250x^9y^c$$

유형 11 단항식의 나눗셈

61 대표 문제

$(-3xy^2)^2 \div 2x^3y \div \left(-\frac{3}{2}xy^2\right)$을 계산하시오.

62 중

$A = 3x^4y \times (5y)^2$, $B = 3(xy)^3 \div (-x^2y)$일 때, $A \div B$를 계산하면?

① $-25x^4y$ ② $-25x^3y^3$ ③ $-25x^3y$

④ $25x^3y$ ⑤ $25x^4y$

63 중

$(6x^4y)^2 \div (-xy^2)^3 = \frac{Ax^B}{y^C}$일 때, 상수 A, B, C에 대하여 $A+B+C$의 값은?

① -45 ② -31 ③ -27

④ 32 ⑤ 45

64 중

$(2x^ay^4)^2 \div (xy^3)^b = \frac{cx^7}{y}$일 때, 자연수 a, b, c에 대하여 $a+b-c$의 값을 구하시오.

유형 완성하기 ✳

유형 12 | 단항식의 곱셈과 나눗셈의 혼합 계산 〔중요〕

65 대표 문제

$8x^4y^2 \times (-6xy^2)^2 \div \dfrac{12}{5}x^6y^3$을 계산하면?

① $40y^3$ ② $40x^2y^3$ ③ $120y^3$

④ $120x^2y^3$ ⑤ $120x^2y^5$

66 〔중〕

다음 중 옳은 것을 모두 고르면? (정답 2개)

① $2ab^2 \div 3ab \times 9ab^3 = 3ab^4$

② $15a^2b^2 \times (-b) \div (-3ab) = 5ab^2$

③ $2xy \times (5x^2y)^2 \div 10xy^3 = 5x^4y^3$

④ $49x^2y^3 \div (-7xy)^2 \times (-xy)^2 = 7x^2y^3$

⑤ $\dfrac{3}{4}xy \div \left(-\dfrac{3}{8}xy^2\right) \times 2x^2y = -4x^2$

67 〔중〕

$x=-1$, $y=2$일 때, $2x^3y^2 \div (-x^2y) \times \left(\dfrac{1}{2}xy\right)^2$의 값을 구하시오.

68 〔중〕 〔서술형〕

$(-3x^3y)^A \div 9x^By \times 3x^5y^2 = Cx^2y^3$일 때, 자연수 A, B, C에 대하여 $A+B+C$의 값을 구하시오.

유형 13 | 어떤 식 구하기 – 단항식의 곱셈과 나눗셈 〔중요〕

69 대표 문제

$\left(-\dfrac{1}{2}ab\right)^2 \times \boxed{} \div 3a^2b = -\dfrac{1}{3}ab^2$일 때, $\square$ 안에 알맞은 식은?

① $-4a^2b$ ② $-4ab$ ③ $-2ab$

④ $2a^2b$ ⑤ $4ab$

70 〔하〕

어떤 식에 $-12x^2y$를 곱했더니 $8x^5y^3$이 되었다. 이때 어떤 식을 구하시오.

71 〔중〕

$(-2ab^2)^3 \div A \div (-6a^4b^3) = \dfrac{2b^2}{3a}$을 만족시키는 식 A는?

① $-\dfrac{8b^5}{9a^2}$ ② $-\dfrac{2b^5}{3a}$ ③ $2b$

④ $3a^2$ ⑤ $24a^8b^{11}$

72 중 서술형

$(a^3b^2)^2$에 어떤 식을 곱해야 할 것을 잘못하여 그 식으로 나눴더니 $\dfrac{a^2b^2}{5}$이 되었다. 다음 물음에 답하시오.

⑴ 어떤 식을 구하시오.

⑵ 바르게 계산한 식을 구하시오.

Pi**ck**

73 중

다음 계산 과정을 만족시키는 식 A, B, C를 각각 구하시오.

$$\boxed{A} \xrightarrow{\times 3x^2y} \boxed{B} \xrightarrow{\times(-xy)^3} \boxed{C} \xrightarrow{\div(-3x^3y)^2} \boxed{-y^4}$$

74 상

오른쪽 표에서 가로, 세로, 대각선에 있는 세 단항식의 곱셈 결과가 모두 같을 때, ㈎, ㈏에 알맞은 식을 각각 구하시오. (단, ㈎, ㈏는 0이 아닌 단항식이다.)

$2ab^3$		㈎
	$2a^2b^2$	$4a^2b^2$
$4a^3b$		㈏

유형 14 도형에서의 활용 – 넓이, 부피 구하기

75 대표 문제

오른쪽 그림과 같이 밑변의 길이가 $2ab^2$이고, 높이가 a^2b인 삼각형의 넓이는?

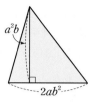

① a^2b^2 ② a^3b^3

③ $2a^2b^2$ ④ $2a^3b^3$

⑤ $4a^3b^3$

76 하

밑면의 가로의 길이가 $2a$, 세로의 길이가 $3b$이고, 높이가 b^2인 직육면체의 부피를 구하시오.

77 중

오른쪽 그림과 같이 밑변의 길이가 $2ab$이고, 높이가 $3ab^2$인 직각삼각형을 직선 l을 회전축으로 하여 1회전 시킬 때 생기는 회전체의 부피를 구하시오.

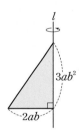

Pi**ck**

78 상

다음 그림과 같은 두 원기둥 A, B가 있다. 원기둥 B의 높이는 원기둥 A의 높이의 $\dfrac{1}{2}$배이고, 원기둥 B의 밑면의 반지름의 길이는 원기둥 A의 밑면의 반지름의 길이의 3배이다. 이때 원기둥 B의 부피는 원기둥 A의 부피의 몇 배인지 구하시오.

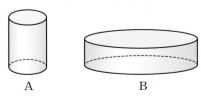

A   B

유형 15 도형에서의 활용 – 길이 구하기 [중요]

79 대표 문제

오른쪽 그림과 같이 밑면은 가로의 길이가 $2a$, 세로의 길이가 $3b$인 직사각형이고, 부피가 $24a^2b^2$인 사각뿔의 높이는?

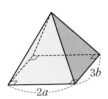

① $4ab$ ② $4a^2b$

③ $6ab$ ④ $12ab$

⑤ $12a^2b$

Pick 80 하

오른쪽 그림과 같이 가로의 길이가 $7a^5b^3$인 직사각형의 넓이가 $28a^6b^9$일 때, 직사각형의 세로의 길이를 구하시오.

$28a^6b^9$

$7a^5b^3$

81 중

오른쪽 그림과 같이 밑면의 가로의 길이가 $4ab$, 세로의 길이가 $5a$인 직육면체 모양의 물통에 들어 있는 물의 부피가 $40a^3b^3$일 때, 물의 높이를 구하시오.
(단, 물통의 두께는 생각하지 않는다.)

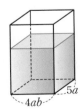

$5a$

$4ab$

Pick 82 상

다음 그림과 같이 가로의 길이가 $18ab^5$이고, 세로의 길이가 $\frac{2}{3}a^4b^2$인 직사각형의 넓이와 밑변의 길이가 $4a^4b^6$인 삼각형의 넓이가 같을 때, 삼각형의 높이 h는?

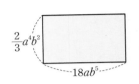
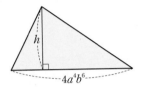

$\frac{2}{3}a^4b^2$

$18ab^5$

h

$4a^4b^6$

① $3a$ ② $6a^2$ ③ $3ab$

④ $6ab$ ⑤ $6a^2b$

83 상

다음 그림과 같이 모양과 크기가 같은 12개의 직사각형 모양의 조각으로 이루어진 초콜릿이 있다. 초콜릿 전체의 넓이는 $36a^3b^4\,\text{cm}^2$이고, 초콜릿 한 조각의 가로의 길이가 $3a^2b^3\,\text{cm}$일 때, 보기에서 옳은 것을 모두 고른 것은?

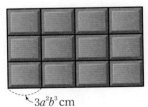

$3a^2b^3\,\text{cm}$

보기
ㄱ. 초콜릿 전체의 가로의 길이는 $12a^2b^3\,\text{cm}$이다.
ㄴ. 초콜릿 한 조각의 세로의 길이는 $3ab\,\text{cm}$이다.
ㄷ. 초콜릿 한 조각의 넓이는 $3a^3b^4\,\text{cm}^2$이다.

① ㄱ ② ㄱ, ㄴ ③ ㄱ, ㄷ

④ ㄴ, ㄷ ⑤ ㄱ, ㄴ, ㄷ

84 〔유형 01〕

$3^{\square} \times 81 = 3^8$일 때, $\square$ 안에 알맞은 자연수는?

① 2   ② 3   ③ 4

④ 5   ⑤ 6

85 〔유형 01〕

다음 식을 만족시키는 자연수 a, b, c, d에 대하여 $a+b+c+d$의 값은?

$$20 \times 30 \times 40 \times 50 \times 60 \times 70 = 2^a \times 3^b \times 5^c \times 7^d$$

① 16   ② 17   ③ 18

④ 19   ⑤ 20

86 〔유형 03〕

$a^{21} \div a^7 \div a^{3x} = a^2$일 때, 자연수 x의 값은?

① 2   ② 3   ③ 4

④ 5   ⑤ 6

87 〔유형 04〕

$\left(\dfrac{ax^3}{y^2z^b}\right)^c = \dfrac{125x^9}{y^dz^3}$일 때, 자연수 a, b, c, d에 대하여 $a+b+c+d$의 값을 구하시오.

88 〔유형 05〕

다음 중 $\square$ 안에 들어갈 자연수가 가장 큰 것은?

① $x^{\square} \times x^2 = x^7$

② $x^4 \times \dfrac{1}{x^{\square}} = x^2$

③ $(x^{\square})^2 \times x^3 = x^9$

④ $\left(\dfrac{y^{\square}}{x^2}\right)^2 = \dfrac{y^8}{x^4}$

⑤ $x^8 \div x^2 \div x^{\square} = x^3$

89 〔유형 06〕

태양과 지구 사이의 거리는 1.5×10^8 km이다. 빛의 속력이 초속 3×10^8 m일 때, 태양의 빛이 지구에 도달하는 데 걸리는 시간은 몇 초인가?

① 200초   ② 250초   ③ 500초

④ 750초   ⑤ 1000초

90 〔유형 07〕

다음을 만족시키는 자연수 a, b, c에 대하여 $a+b+c$의 값을 구하시오.

$$4^3+4^3+4^3+4^3=2^a$$
$$5^6\times5^6\times5^6\times5^6\times5^6=5^b$$
$$\{(7^3)^5\}^2=7^c$$

91 〔유형 08〕

$a=2^{x+1}$일 때, 32^x을 a를 사용하여 나타내면?

(단, x는 자연수)

① $\dfrac{a^5}{64}$ ② $\dfrac{a^5}{32}$ ③ $\dfrac{a^5}{16}$

④ $32a^5$ ⑤ $64a^5$

92 〔유형 09〕

$4^5\times5^4$은 n자리의 자연수이다. 이 자연수의 각 자리의 숫자의 합을 m이라 할 때, $n+m$의 값은?

① 14   ② 15   ③ 16

④ 17   ⑤ 18

93 〔유형 10 ⊕ 11 ⊕ 12〕

다음 중 옳지 <u>않은</u> 것을 모두 고르면? (정답 2개)

① $4x^3\times(-3x^2)=-12x^5$

② $(-2xy^2)^3\times(3x^2y)^2=-36x^7y^8$

③ $(-x^2y^3)^2\div\left(\dfrac{1}{2}xy\right)^3=8xy^3$

④ $27a^3b\div3a^2b\times6a=54a^6b^2$

⑤ $8a^2b^2\times\left(-\dfrac{1}{4}ab^3\right)\div\dfrac{5}{2}ab=-\dfrac{4}{5}a^2b^4$

94 〔유형 13〕

다음 □ 안에 알맞은 식을 구하시오.

$$\frac{1}{3}xy^2\div\boxed{}\times(-3x^3y)^2=-\frac{3}{5}x^3y$$

95 〔유형 13〕

두 식 A, B에 대하여 $A\times B$와 $A\div B$를 각각 [그림 1]과 같이 나타낸다고 하자.

[그림 1]

[그림 1]을 이용하여 [그림 2]의 ㈎에 알맞은 식을 구하면?

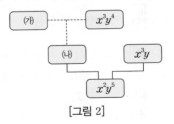

[그림 2]

① x^2y^8 ② x^3y^4 ③ x^4

④ x^5y^6 ⑤ x^8y^{10}

96
유형 14

다음 그림과 같은 마름모와 사다리꼴이 있다. 이때 사다리꼴의 넓이는 마름모의 넓이의 몇 배인가?

 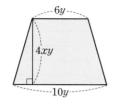

① $\dfrac{5}{2}$배   ② 3배   ③ $\dfrac{7}{2}$배

④ 4배   ⑤ 5배

97
유형 15

오른쪽 그림과 같이 높이가 $\dfrac{4}{3}xy^2$인 평행사변형의 넓이가 $12x^4y^5$일 때, 평행사변형의 밑변의 길이는?

① $9x^2y^3$ ② $9x^3y^2$ ③ $9x^3y^3$
④ $16x^2y^3$ ⑤ $16x^3y^3$

서술형 문제

98
유형 04

$648^5=2^a\times3^b$일 때, 자연수 a, b에 대하여 $a+b$의 값을 구하시오.

99
유형 12

$Ax^4y\div\dfrac{4}{3}x^By^C\times(-y)^2=\left(\dfrac{3y}{x}\right)^2$일 때, 자연수 A, B, C에 대하여 $A+B+C$의 값을 구하시오.

100
유형 15

다음 그림과 같이 밑면의 반지름의 길이가 a, 높이가 $3a$인 원기둥 모양의 그릇에 가득 들어 있는 물을 밑면의 반지름의 길이가 $2a$인 원뿔 모양의 그릇에 부었더니 물이 넘치지 않고 가득 찼다. 이때 원뿔 모양의 그릇의 높이를 구하시오.

(단, 그릇의 두께는 생각하지 않는다.)

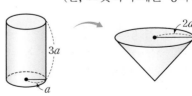

101 다음 식에서 b가 홀수일 때, 자연수 a의 값을 구하시오.

$$1 \times 2 \times 3 \times 4 \times 5 \times 6 \times 7 \times 8 \times 9 \times 10 \times 11 \times 12 = 2^a \times b$$

102 $A=2^{50}$, $B=5^{30}$, $C=7^{20}$일 때, 다음 중 A, B, C의 대소 관계로 옳은 것은?

① $A < B < C$
② $A < C < B$
③ $B < A < C$
④ $B < C < A$
⑤ $C < A < B$

103 $7^{64} \div 7^9$의 일의 자리의 숫자는?

① 1
② 3
③ 7
④ 8
⑤ 9

104 다음 그림과 같이 길이가 3^6 cm인 종이테이프를 3등분하여 오른쪽 끝부분을 잘라 내는 과정을 8회 반복하였다. 이때 남은 종이테이프의 길이는?

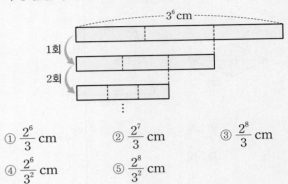

① $\dfrac{2^6}{3}$ cm
② $\dfrac{2^7}{3}$ cm
③ $\dfrac{2^8}{3}$ cm
④ $\dfrac{2^6}{3^2}$ cm
⑤ $\dfrac{2^8}{3^2}$ cm

105 다음 그림과 같이 정사각형의 각 변을 3등분하여 9개의 작은 정사각형으로 나누고 한가운데 작은 정사각형을 지우는 과정을 계속 반복하여 만든 도형을 폴란드의 수학자 시에르핀스키의 이름을 따서 시에르핀스키 양탄자라 한다. 한 변의 길이가 3^{10} cm인 정사각형을 10단계까지 반복하였을 때, 남아 있는 도형의 넓이는?

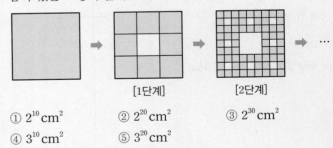

[1단계]　　　[2단계]

① 2^{10} cm^2
② 2^{20} cm^2
③ 2^{30} cm^2
④ 3^{10} cm^2
⑤ 3^{20} cm^2

106 $\left(\dfrac{16^6+4^9}{16^5+4^7}\right)^2=2^k$일 때, 자연수 k의 값은?

① 6 　　　　② 8 　　　　③ 10

④ 12 　　　　⑤ 14

107 $4^{x+1}\times(3^{x+1}+3^{x+2})=a\times12^x$일 때, 자연수 a의 값을 구하시오. (단, x는 자연수)

108 $5^{40}=x$라 할 때, $5^{39}+5^{41}$을 x를 사용하여 나타내면?

① $\dfrac{2}{5}x$ 　　　② $\dfrac{11}{5}x$ 　　　③ $\dfrac{26}{5}x$

④ $\dfrac{11}{2}x$ 　　　⑤ $10x$

109 $A=9^x$, $B=3^{2x+1}$일 때, 다음 중 $A+B$와 같은 것은?

(단, x는 자연수)

① $4A$ 　　　　② $4B$ 　　　　③ $5A$

④ $5B$ 　　　　⑤ AB

110 $2^{x-2}\times5^x$이 11자리의 자연수가 되도록 하는 자연수 x의 값을 구하시오. (단, $x>2$)

111 다음 그림의 전개도를 이용하여 밑면이 정사각형인 직육면체 모양의 용기를 만들었다. 전개도에서 색칠한 부분의 가로의 길이가 $8a^4b$이고 넓이가 $40a^6b^4$일 때, 이 직육면체 모양의 용기의 부피를 구하시오.

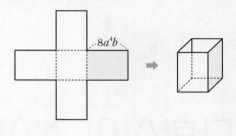

112 오른쪽 그림과 같은 직사각형 ABCD를 선분 AB와 선분 BC를 각각 회전축으로 하여 1회전 시킬 때 생기는 두 회전체의 부피를 각각 V_1, V_2라 할 때, $\dfrac{V_2}{V_1}$를 구하시오.

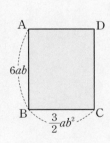

3.

다항식의 계산

유형 01 다항식의 덧셈과 뺄셈

(1) 다항식의 덧셈

　괄호를 풀고 동류항끼리 모아서 간단히 한다.

(2) 다항식의 뺄셈

　빼는 식의 각 항의 부호를 바꾸어 더한다.

　주의 괄호 앞에 $-$가 있으면 괄호를 풀 때, 모든 항의 부호를 반대로 바꾼다.

　　➡ $-(A-B)=-A+B$ (○)

　　　$-(A-B)=-A-B$ (×)

대표 문제

01 다음을 계산하시오.

(1) $3(5x+2y)+(2x-3y)$

(2) $2(3x+2y)-3(x-5y)$

유형 02 이차식의 덧셈과 뺄셈

(1) 이차식: 다항식의 각 항의 차수 중에서 가장 큰 차수가 2인 다항식

　예 $5x^2-3x+1$ ➡ x에 대한 이차식

　　$-y^2+4$ ➡ y에 대한 이차식

(2) 이차식의 덧셈과 뺄셈

　괄호를 풀고 동류항끼리 모아서 간단히 한다.

　참고 보통 차수가 높은 항부터 낮은 항의 순서로 정리한다.

대표 문제

02 $(9x^2-2x-7)-2(2x^2+3x-5)$를 계산했을 때, x^2의 계수와 x의 계수의 합을 구하시오.

유형 03 여러 가지 괄호가 있는 식의 계산

여러 가지 괄호가 있는 식은

　(소괄호) ➡ {중괄호} ➡ [대괄호]

의 순서로 풀어서 계산한다.

이때 괄호 안에 동류항이 있으면 괄호를 풀기 전에 정리한다.

대표 문제

03 $6x-4y-[2x-y-\{5x-2y-3(x-y)\}]=ax+by$ 일 때, 상수 a, b에 대하여 $a-b$의 값은?

① 4　　　　② 8　　　　③ 10

④ 12　　　　⑤ 14

유형 04   어떤 식 구하기 – 다항식의 덧셈과 뺄셈   ⑧중요

어떤 식을 A라 하고 문장을 등식으로 나타낸 후 등식의 성질을 이용한다.

참고 $A+B=C \Rightarrow A=C-B$
$\quad\quad A-B=C \Rightarrow A=C+B$
$\quad\quad B-A=C \Rightarrow A=B-C$

대표 문제

04 어떤 식에 $-2x^2+5x-4$를 더했더니 $3x^2+2x-3$이 되었다. 이때 어떤 식은?

① x^2-3x+1 ② x^2+7x-7

③ $5x^2-3x-7$ ④ $5x^2-3x+1$

⑤ $5x^2+7x-7$

유형 05   바르게 계산한 식 구하기   ⑧중요

(1) 어떤 식에 X를 더해야 할 것을 잘못하여 뺐더니 Y가 되었다.
$\Rightarrow$ (어떤 식)$-X=Y$ ∴ (어떤 식)$=Y+X$
$\Rightarrow$ (바르게 계산한 식)$=$(어떤 식)$+X$

(2) 어떤 식에서 X를 빼야 할 것을 잘못하여 더했더니 Y가 되었다.
$\Rightarrow$ (어떤 식)$+X=Y$ ∴ (어떤 식)$=Y-X$
$\Rightarrow$ (바르게 계산한 식)$=$(어떤 식)$-X$

대표 문제

05 어떤 식에 $2x^2+3x-2$를 더해야 할 것을 잘못하여 뺐더니 $-6x^2+4x-3$이 되었다. 이때 바르게 계산한 식을 구하시오.

유형 06   다항식의 덧셈과 뺄셈의 응용

주어진 규칙에 맞게 식을 세워 계산한다.

대표 문제

06 다음 표에서 가로 방향으로는 덧셈을, 세로 방향으로는 뺄셈을 할 때, ①~⑤에 들어갈 식으로 옳지 <u>않은</u> 것은?

$5x-4y$	$3x-2y$	①
$x+2y-1$	$y-x+3$	②
③	④	⑤

① $8x-6y$ ② $3y+2$ ③ $4x-6y+1$

④ $4x-3y-3$ ⑤ $8x-3y+2$

다항식의 덧셈과 뺄셈

07 대표 문제

$4(a-3b)+3(2a-b)=ma+nb$일 때, 상수 m, n에 대하여 $m-n$의 값은?

① -25 ② -15 ③ -5

④ 15 ⑤ 25

08 하

$(-3x+4y-1)-(2x-3y+7)$을 계산했을 때, x의 계수와 상수항의 합은?

① -13 ② -12 ③ -1

④ 1 ⑤ 5

Pick
09 중

$\dfrac{a-3b}{3}+\dfrac{3a-5b}{5}$ 를 계산하면?

① $\dfrac{4a-30b}{5}$ ② $\dfrac{4a-8b}{5}$ ③ $\dfrac{14a-30b}{15}$

④ $\dfrac{14a-8b}{15}$ ⑤ $\dfrac{20a-24b}{15}$

이차식의 덧셈과 뺄셈

10 대표 문제

$-3(x^2-3x+4)+(-2x^2+5x+1)$을 계산했을 때, x^2의 계수와 상수항의 합을 구하시오.

11 하

다음 중 이차식이 아닌 것을 모두 고르면? (정답 2개)

① $3-2x^2$ ② $a^2+7-3a+2$

③ $2x^2-5x+3+5x$ ④ $3a^2+2a^2+6-5a^2$

⑤ $(x^2+2x)-(x^2-3)$

12 중

다음 보기의 다항식 중 합이 $2x^2+x+4$인 두 식을 바르게 짝지은 것을 모두 고르면? (정답 2개)

보기
ㄱ. $3x^2+4x+3$ ㄴ. $5x^2+4$
ㄷ. $-x^2-3x+1$ ㄹ. $-3x^2+x$

① ㄱ, ㄴ   ② ㄱ, ㄷ   ③ ㄴ, ㄷ

④ ㄴ, ㄹ   ⑤ ㄷ, ㄹ

• 정답과 해설 21쪽

13 중

$\dfrac{4x^2+8x-3}{2}-\dfrac{3x^2+3x-1}{3}$을 계산했을 때, x의 계수를 a, 상수항을 b라 하자. 이때 $a+6b$의 값은?

① -6 ② -4 ③ -2
④ 10 ⑤ 12

14 중 서술형

$(2x^2+x-9)+5(ax^2-3x+1)$을 계산하면 x^2의 계수와 상수항의 합이 8일 때, 상수 a의 값을 구하시오.

유형 03 여러 가지 괄호가 있는 식의 계산

15 대표 문제

$7x-[x+4y-\{-2x+3y-(5x-2y)\}]$를 계산하면?

① $-x+y$ ② $-x+9y$ ③ $x+5y$
④ $7x-5y$ ⑤ $13x-9y$

Pick
16 중

$6x^2-[5x-\{4x^2+3-2(x-2)\}]=ax^2+bx+c$일 때, 상수 a, b, c에 대하여 $a-b-c$의 값은?

① 8 ② 10 ③ 12
④ 14 ⑤ 16

유형 04 어떤 식 구하기 – 다항식의 덧셈과 뺄셈 중요

Pick
17 대표 문제

어떤 식에서 x^2-2x-1을 뺐더니 $3x^2-3x+5$가 되었다. 이때 어떤 식을 구하시오.

18 중

$(4x-2y+5)-(\boxed{})=-6x-3y+2$일 때, $\boxed{}$ 안에 알맞은 식은?

① $-10x-y-3$ ② $-2x+3y-3$
③ $2x-5y+3$ ④ $10x-5y+3$
⑤ $10x+y+3$

19 중

다음 $\boxed{}$ 안에 알맞은 식을 구하시오.

$$4x-[5x-4y-\{3x+2y-(\boxed{})\}]=x+8y$$

20 중

$x+2y$의 3배에 어떤 식 A의 2배를 더했더니 $x-8y$가 되었다. 이때 어떤 식 A를 구하시오.

유형 05 바르게 계산한 식 구하기 ^{중요}

Pick
21 대표 문제

어떤 식에서 $-2x^2+7x-5$를 빼야 할 것을 잘못하여 더했더니 $3x^2-x+1$이 되었다. 이때 바르게 계산한 식을 구하시오.

22 중 서술형

다음을 읽고, 물음에 답하시오.

> 어떤 식에 $3x+2y-5$를 더해야 할 것을 잘못하여 뺐더니 $-4x-3y+1$이 되었다.

(1) 어떤 식을 구하시오.

(2) 바르게 계산한 식을 구하시오.

23 중

$2x^2-5x+1$에서 어떤 식을 빼야 할 것을 잘못하여 더했더니 $6x^2+x-3$이 되었다. 바르게 계산한 식이 ax^2+bx+c일 때, 상수 a, b, c에 대하여 $a+b+c$의 값은?

① -8 ② -6 ③ -4
④ 6 ⑤ 8

유형 06 다항식의 덧셈과 뺄셈의 응용

24 대표 문제

다음 표는 가로 방향으로는 덧셈을, 세로 방향으로는 뺄셈을 한 결과를 나타낸 것이다. 이때 X에 알맞은 식을 구하시오.

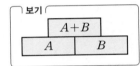

$2a+5b$		$7a-4b$
$-3a+4b$		X
	$-6a+8b$	

（가로 방향: $+$, 세로 방향: $-$）

25 중

오른쪽 보기와 같은 규칙으로 다음 그림의 빈칸을 채울 때, X에 알맞은 식은?

보기

	$A+B$	
A		B

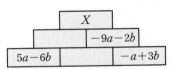

	X	
	$-9a-2b$	
$5a-6b$		$-a+3b$

① $-12a-13b$ ② $-8a-5b$ ③ $-5a-5b$
④ $-3a-11b$ ⑤ $6a-9b$

26 상

다음 그림과 같은 전개도로 정육면체를 만들었을 때, 마주 보는 두 면에 적힌 두 다항식의 합이 모두 같다고 한다. 이때 A, B에 알맞은 식을 각각 구하시오.

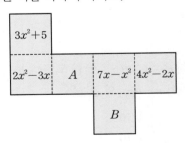

전개도: $3x^2+5$ / $2x^2-3x$, A, $7x-x^2$, $4x^2-2x$ / B

• 정답과 해설 23쪽

유형 07 | (단항식) × (다항식)

(1) (단항식) × (다항식)
분배법칙을 이용하여 단항식을 다항식의 각 항에 곱한다.

(2) **전개:** 단항식과 다항식의 곱을 괄호를 풀어 하나의 다항식으로 나타내는 것

예 $2x(3x+y) = 2x \times 3x + 2x \times y = 6x^2 + 2xy$
전개식
전개

대표 문제

27 $-2x(5x^2+3x-1) = ax^3 + bx^2 + cx$일 때, 상수 a, b, c에 대하여 $a-b+c$의 값은?

① -14 ② -8 ③ -6
④ -4 ⑤ -2

유형 08 | (다항식) ÷ (단항식)

방법 1 분수 꼴로 바꾸어 다항식의 각 항을 단항식으로 나누어 계산한다.

➡ $(A+B) \div C = \dfrac{A+B}{C} = \dfrac{A}{C} + \dfrac{B}{C}$

방법 2 역수를 이용하여 나눗셈을 곱셈으로 고쳐서 계산한다.

➡ $(A+B) \div C = (A+B) \times \dfrac{1}{C} = \dfrac{A}{C} + \dfrac{B}{C}$

참고 나누는 단항식이 분수 꼴이면 **방법 2**를 이용하는 것이 편리하다.

대표 문제

28 다음을 계산하시오.

(1) $(20x^3y^2 - 12xy) \div (-4xy)$

(2) $(x^2y^2 - 2xy^2) \div \dfrac{1}{3}xy$

유형 09 | 어떤 식 구하기 – 다항식의 곱셈과 나눗셈

어떤 식을 A라 하고 문장을 등식으로 나타낸 후 등식의 성질을 이용한다.

참고 $A \times B = C$ ➡ $A = C \div B \longrightarrow A = C \times \dfrac{1}{B}$
       $A \div B = C$ ➡ $A = C \times B$
       $B \div A = C$ ➡ $A = B \div C \longrightarrow A = B \times \dfrac{1}{C}$

대표 문제

29 어떤 다항식에 $-\dfrac{2}{3}x$를 곱했더니 $2x^2 - 4xy^2$이 되었다. 이때 어떤 다항식을 구하시오.

• 정답과 해설 23쪽

유형 10 중요 | **덧셈, 뺄셈, 곱셈, 나눗셈이 혼합된 식의 계산**

❶ 지수법칙을 이용하여 괄호의 거듭제곱을 계산한다.
❷ 분배법칙을 이용하여 곱셈, 나눗셈을 한다.
❸ 동류항끼리 모아서 덧셈, 뺄셈을 한다.

참고 괄호는 (소괄호) ➡ {중괄호} ➡ [대괄호]의 순서로 푼다.

대표 문제

30 $2x(11+3x)-(2x^3+4x^2)\div\dfrac{2}{3}x$를 계산하시오.

유형 11 **식의 값 구하기**

❶ 주어진 식을 계산한다.
❷ ❶의 식의 문자에 주어진 수를 대입하여 식의 값을 구한다.

주의 음수를 대입할 때는 괄호를 사용한다.

대표 문제

31 $x=2$, $y=-3$일 때, 다음 식의 값을 구하시오.

$$\frac{4x^2+8xy}{2x}-\frac{6y^2-9xy}{3y}$$

유형 12 **식의 대입**

❶ 주어진 식을 간단히 한다.
❷ 대입하는 식을 괄호로 묶어서 대입한다.
❸ ❷의 식을 간단히 정리한다.

대표 문제

32 $A=2x-3y$, $B=x+2y$일 때, $4(2A-3B)-6A$를 x, y에 대한 식으로 나타내면?

① $-16x-30y$ ② $-16x-18y$ ③ $-8x-30y$

④ $8x+30y$ ⑤ $16x+18y$

유형 13 중요 | **도형에서의 활용**

평면도형의 넓이 또는 입체도형의 부피를 구하는 공식을 이용하여 식을 세운 후 계산한다.

(1) (직사각형의 넓이)=(가로의 길이)×(세로의 길이)

　(삼각형의 넓이)=$\dfrac{1}{2}$×(밑변의 길이)×(높이)

(2) (기둥의 부피)=(밑넓이)×(높이)

　(뿔의 부피)=$\dfrac{1}{3}$×(밑넓이)×(높이)

대표 문제

33 오른쪽 그림에서 색칠한 부분의 넓이를 구하시오.

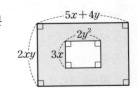

유형 07 (단항식) × (다항식)

34 대표 문제

$12x\left(\dfrac{1}{3}x^2-2x+\dfrac{1}{4}\right)=ax^3+bx^2+cx$일 때, 상수 a, b, c에 대하여 $a+b+c$의 값은?

① -17 ② -15 ③ -13
④ -11 ⑤ -9

35 하

다음 중 옳은 것은?

① $a(-2a+3)=-2a^2+3$
② $-3x(x+7)=-3x^2+21x$
③ $(a^2-2ab)\times b=a^2b-2ab$
④ $-y(x^2+2x+1)=-x^2y-2xy+y$
⑤ $(a+2b-1)\times5a=5a^2+10ab-5a$

36 중

$-3x(-2x+5)$를 전개한 식의 x^2의 계수를 a, $-2x(5x-2y+1)$을 전개한 식의 xy의 계수를 b라 할 때, $a+b$의 값은?

① -9 ② 0 ③ 2
④ 10 ⑤ 12

유형 08 (다항식) ÷ (단항식)

Pick
37 대표 문제

다음을 계산하시오.

(1) $\dfrac{-6x^5y^3+9x^2y^2+12x^2y}{3x^2y}$

(2) $(8x^2y-4xy^2)\div\left(-\dfrac{4}{3}xy\right)$

38 하

다음은 미소와 성재가 각각 다항식을 단항식으로 나누는 계산을 한 과정이다. 물음에 답하시오.

미소	성재
$(6a^2+9a)\div3a$ (가) $=\dfrac{6a^2+9a}{3a}$ (나) $=2a^2+9a$	$(6x^2-12xy)\div\dfrac{1}{2}x$ (다) $=(6x^2-12xy)\times2x$ (라) $=12x^3-12x^2y$

(1) 미소가 처음으로 틀린 곳을 찾고, 바르게 계산한 결과를 구하시오.

(2) 성재가 처음으로 틀린 곳을 찾고, 바르게 계산한 결과를 구하시오.

39 중

$(-6x^2y+4xy-2xy^2)\div\left(-\dfrac{2}{5}xy\right)=ax+by+c$일 때, 상수 a, b, c에 대하여 $a+b+c$의 값은?

① -10 ② -5 ③ 0
④ 5 ⑤ 10

유형 09 어떤 식 구하기 – 다항식의 곱셈과 나눗셈

40 대표 문제

어떤 다항식 A를 $\dfrac{1}{2}xy$로 나누었더니 $-2y+2$가 되었다. 이때 어떤 다항식 A를 구하시오.

41 중 (Pick)

$\left(\boxed{}\right)\times\left(-\dfrac{1}{3}x\right)=x^3y+5x^2y-2xy$일 때, □ 안에 알맞은 식은?

① $-3x^2y-15xy+6y$
② $3x^2y+15xy-6y$
③ $-x^4y-\dfrac{5}{3}x^3y+\dfrac{2}{3}xy$
④ $x^4y+\dfrac{5}{3}x^3y-\dfrac{2}{3}xy$
⑤ $x^4y-\dfrac{5}{3}x^3y+\dfrac{2}{3}xy$

42 중

어떤 다항식에 $2a$를 곱해야 할 것을 잘못하여 나누었더니 $2a+4ab$가 되었다. 이때 바르게 계산한 식을 구하시오.

43 상

x에 대한 이차식 A가 다음 조건을 모두 만족시킬 때, 상수 a, b에 대하여 $a+b$의 값을 구하시오.

┌ 조건 ┐
(가) A를 $3x$로 나누면 $-x+a-\dfrac{4}{x}$이다.

(나) A에 x^2+5x+3을 더하면 $-2x^2+11x+b$이다.
└───┘

유형 10 덧셈, 뺄셈, 곱셈, 나눗셈이 혼합된 식의 계산 (중요)

44 대표 문제 (Pick)

다음을 계산하시오.

(1) $\dfrac{6x^2y+8xy^2}{2xy}-\dfrac{xy-5y^2}{y}$

(2) $(9b-6b^2)\div(-3b)+(16b^3-12b^2)\div(-2b)^2$

45 중

다음 중 옳은 것을 모두 고르면? (정답 2개)

① $3x(-x+2y-4)=-3x^2+6xy+12x$
② $(-9x^2+21xy)\div(-3x)=3x+7y$
③ $-2x(3x-5y)-(x-2y)\times(-7x)=x^2-4xy$
④ $(27x^3y-54x^2y)\div(-3x)^2\times\left(-\dfrac{2}{3}xy\right)=-2x^2y^2+4xy^2$
⑤ $(12x^2-15xy)\div3x-2(x-y)=6x-7y$

46 중 (Pick)

$\left(\dfrac{8}{3}x^3-4x^4\right)\div2x^2-\left(\dfrac{3}{2}x^3-6x^2\right)\div\dfrac{9}{2}x$를 계산했을 때, x^2의 계수를 a, x의 계수를 b라 하자. 이때 $a+b$의 값은?

① $-\dfrac{7}{3}$
② $-\dfrac{4}{3}$
③ $-\dfrac{1}{3}$
④ $\dfrac{1}{3}$
⑤ $\dfrac{4}{3}$

유형 11 식의 값 구하기

P:ck
47 대표 문제

$x=-5$, $y=2$일 때, $(-x^2y)^2 \div (-x^3y^2) - \dfrac{4x^2y-8xy^2}{2xy}$의 값은?

① 22　　　　② 23　　　　③ 24

④ 25　　　　⑤ 26

48 중

$x=-1$, $y=2$일 때, $4x-\{2(x-y)-6\}-3y$의 값은?

① -2　　　　② -1　　　　③ 0

④ 1　　　　⑤ 2

49 중

$x=2$, $y=-\dfrac{1}{3}$일 때, $3x(2x-y)-(x+3y)\times(-2x)$의 값을 구하시오.

50 중 서술형

$\left(\dfrac{4}{3}x^3-2x^4\right) \div \left(-\dfrac{2}{3}x\right) - \left(\dfrac{3}{2}x^2-3x\right) \times \dfrac{2}{9}x$에 대하여 다음 물음에 답하시오.

(1) 주어진 식을 계산하시오.

(2) $x=-3$일 때, 주어진 식의 값을 구하시오.

유형 12 식의 대입

51 대표 문제

$A=x-2y$, $B=-3x+y$일 때, $-3(A-3B)+(2A-5B)$를 x, y에 대한 식으로 나타내면?

① $-13x-6y$　　② $-13x+6y$　　③ $-6x-13y$

④ $-6x+13y$　　⑤ $6x+13y$

52 하

$y=2x-3$일 때, $5x-2y+7$을 x에 대한 식으로 나타내면?

① $x+1$　　② $x+4$　　③ $x+13$

④ $9x+1$　　⑤ $9x+13$

P:ck
53 중

$A=\dfrac{3x-y}{4}$, $B=\dfrac{-5x+2y}{2}$일 때, $3(A-2B)+5A$를 x, y에 대한 식으로 나타내시오.

유형 13 도형에서의 활용 [중요]

13-1 넓이, 부피 구하기

Pick

54 대표 문제

오른쪽 그림과 같이 가로의 길이가 $6y$, 세로의 길이가 $4x$인 직사각형에서 색칠한 부분의 넓이는?

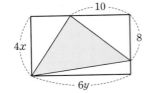

① $10x+12y-20$

② $10x+12y+20$

③ $20x-24y+40$

④ $20x+24y-40$

⑤ $20x+24y+40$

55 [중]

오른쪽 그림과 같이 밑면의 가로의 길이가 $3y$, 세로의 길이가 $2x$, 높이가 $3x-y$인 직육면체에 대하여 다음 물음에 답하시오.

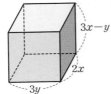

(1) 직육면체의 겉넓이를 구하시오.

(2) 직육면체의 부피를 구하시오.

56 [중]

오른쪽 그림과 같이 직사각형 모양의 도서관 열람실 안에 자료 검색실을 만들려고 한다. 이때 자료 검색실을 제외한 열람실의 넓이는?
(단, 벽의 두께는 생각하지 않는다.)

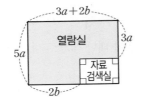

① $16a+4b$

② $16a+10ab$

③ $9a^2+10ab$

④ $9a^2+15ab$

⑤ $15a^2+10ab$

13-2 길이 구하기

57 [중] [서술형]

오른쪽 그림과 같이 아랫변의 길이가 $3a+2b$, 높이가 $2ab^2$인 사다리꼴의 넓이가 $5a^2b^2+ab^3$일 때, 이 사다리꼴의 윗변의 길이를 구하시오.

Pick

58 [중]

오른쪽 그림과 같이 밑면의 반지름의 길이가 $2a$인 원뿔의 부피가 $\frac{2}{3}\pi a^3+4\pi a^2 b$일 때, 이 원뿔의 높이는?

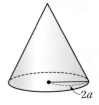

① $\frac{1}{2}a-3b$

② $\frac{1}{2}a+3b$

③ $2a-3b$

④ $2a+3b$

⑤ $3a+2b$

59 [상]

오른쪽 그림은 밑면의 가로, 세로의 길이가 각각 $4a$, 3이고, 부피가 $24a^2+36ab$인 큰 직육면체 위에 밑면의 가로, 세로의 길이가 각각 $2a$, 3이고, 부피가 $12a^2-6ab$인 작은 직육면체를 올려놓은 것이다. 이때 두 직육면체의 높이의 합을 구하시오.

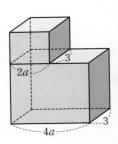

• 정답과 해설 26쪽

60　유형 01

$\dfrac{2(2x-y)}{3}-\dfrac{3(x-3y)}{2}=ax+by$일 때, 상수 a, b에 대하여 $a-b$의 값은?

① -4　　　② $-\dfrac{11}{3}$　　　③ -3

④ $\dfrac{11}{3}$　　　⑤ 4

61　유형 03

다음 식을 계산했을 때, x^2의 계수를 a, x의 계수를 b, 상수항을 c라 하자. 이때 $a+b+c$의 값은?

$$4x^2-3x-\{-2x^2+6x-(x^2-x+3)\}$$

① -2　　　② -1　　　③ 0

④ 1　　　⑤ 2

62　유형 05

어떤 식에 $8x^2-9x+5$를 더해야 할 것을 잘못하여 뺐더니 $-5x^2+3x-2$가 되었다. 이때 바르게 계산한 식은?

① $3x^2-15x+8$　　　② $3x^2-6x+3$

③ $11x^2-15x+8$　　　④ $11x^2-3x+2$

⑤ $11x^2+15x+8$

63　유형 07 ⊕ 08

다음 중 옳은 것을 모두 고르면? (정답 2개)

① $x(-3x+2)=-3x^2+2$

② $(4x^2-10xy)\div(-2x)=-2x-5y$

③ $\dfrac{12x^3y^2-8xy}{6xy}=2x^2y-8xy$

④ $-y(x^2+2x-1)=-x^2y-2xy+y$

⑤ $\left(\dfrac{1}{3}x^4y^3+\dfrac{1}{2}xy^2\right)\div\left(-\dfrac{1}{6}xy^2\right)=-2x^3y-3$

64　유형 09

$(\boxed{})\div 3ab=5a^2b-4b+3$일 때, $\square$ 안에 알맞은 식은?

① $\dfrac{5}{3}a-\dfrac{4}{3a}+\dfrac{1}{ab}$　　　② $\dfrac{5}{3}a+\dfrac{4}{3a}-\dfrac{1}{ab}$

③ $15a^2b^2+12ab^2-9ab$　　　④ $15a^3b^2-12ab^2+9ab$

⑤ $15a^3b^3-12a^2b^2-9ab$

65　유형 10

$\dfrac{12x^2-16xy}{4x}-\dfrac{15y^2+30xy}{5y}$를 계산하면?

① $-9x-y$　　　② $-3x-7y$　　　③ $-3x+7y$

④ $3x-7y$　　　⑤ $9x-7y$

• 정답과 해설 26쪽

66 (유형 11)

$x=2$, $y=-3$일 때, 다음 식의 값은?

$$(-2x^3)^2 \times 3y^2 \div x^5y^2 - (6x^2 - 3xy) \div \frac{3}{2}x$$

① -10 ② -4 ③ 10

④ 12 ⑤ 18

67 (유형 12)

$A = \dfrac{5x+2y}{3}$, $B = \dfrac{-x+4y}{5}$일 때, $5(A-2B)+(4A+5B)$

를 x, y에 대한 식으로 나타내면?

① $14x+2y$ ② $14x+10y$ ③ $16x+2y$

④ $16x+10y$ ⑤ $21x-3y$

68 (유형 13)

오른쪽 그림과 같이 가로의 길이가 $6x$, 세로의 길이가 $5y$인 직사각형에서 색칠한 부분의 넓이는?

① $-18x^2 + 60xy - 10y^2$

② $-9x^2 + 30xy - 5y^2$

③ $4x^2 + 15xy + 6y^2$

④ $8x^2 - 6y^2$

⑤ $18x^2 + 10y^2$

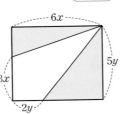

69 (유형 04)

$2x^2-x-3$에 다항식 A를 더하면 $-3x^2+2x-3$이 되고, $4x^2-3x+1$에서 다항식 B를 빼면 $-5x+2$가 된다. 이때 $A+B$를 계산하시오.

70 (유형 10)

다음 식을 계산했을 때, x^2의 계수와 xy의 계수의 합을 구하시오.

$$\{3y-(3x-9y)\} \times \frac{2}{3}x - (8xy^2 - 2x^2y) \div \frac{2}{3}y$$

71 (유형 13)

오른쪽 그림과 같이 밑면의 반지름의 길이가 $3a$인 원기둥의 부피가 $\dfrac{3}{2}\pi a^3 + 9\pi a^2 b$일 때, 이 원기둥의 높이를 구하시오.

만점 문제 뛰어넘기

• 정답과 해설 27쪽

72 다음 표의 가로, 세로, 대각선에 있는 세 다항식의 합이 모두 $9x^2-3x+3$이 되도록 하는 다항식 A, B, C를 각각 구하시오.

$-3x^2-4x$	A	B
	$3x^2-x+1$	
C	$-x^2-3x-3$	

73 다음 표는 어느 미술관의 입장료와 지난 한 달 동안의 입장객 수를 나타낸 것이다. 이때 지난 한 달 동안의 1인당 입장료의 평균을 구하시오.

	성인	청소년	어린이
입장료(원)	a	b	$\dfrac{a}{2}$
입장객 수(명)	$4n$	$2n$	n

74 자연수 x, y가 $8^{x+3}=2^{15}$, $\dfrac{81^2}{3^y}=3^5$을 만족시킬 때, $\dfrac{8xy^2-16x^2y}{4xy}-\dfrac{9x^2-15x}{3x}$의 값은?

① -5 ② -3 ③ -1

④ 3 ⑤ 5

75 다음 그림과 같은 도형의 둘레의 길이를 구하시오.

76 오른쪽 그림과 같은 직사각형에서 색칠한 세 직사각형의 넓이의 합은?

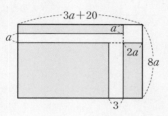

① $19a^2+120a$

② $19a^2+122a$

③ $20a^2+120a$

④ $20a^2+122a$

⑤ $22a^2+120a$

77 다음 그림과 같이 밑면이 직각삼각형인 삼각기둥 모양의 그릇에 가득 들어 있는 물을 부피가 더 큰 직육면체 모양의 그릇에 모두 옮겨 담았다. 이때 직육면체 모양의 그릇에 담긴 물의 높이를 구하시오.

(단, 그릇의 두께는 생각하지 않는다.)

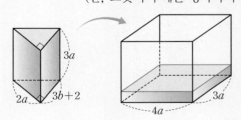

4.

일차부등식

유형 01 부등식의 뜻

부등식: 부등호 $<$, $>$, $\leq$, $\geq$를 사용하여 수 또는 식 사이의 대소 관계를 나타낸 식

$$\underset{\substack{\text{좌변} \quad \text{우변} \\ \text{양변}}}{3x+1 < 10}$$

예 $-x+2 \leq 5$, $3 > -4$ ➡ 부등식이다.
$2(x-3)=4$, $3x-1$ ➡ 부등식이 아니다.

대표 문제

01 다음 중 부등식인 것은?

① $x+1=0$　　② $-x+4$　　③ $3+x<8$
④ $7x-5$　　⑤ $2x-1=-1+2x$

유형 02 부등식으로 나타내기

(1) a는 b보다 작다. / a는 b 미만이다.
　➡ $a<b$
(2) a는 b보다 크다. / a는 b 초과이다.
　➡ $a>b$
(3) a는 b보다 작거나 같다. / a는 b 이하이다.
　➡ $a \leq b$ └ 크지 않다.
(4) a는 b보다 크거나 같다. / a는 b 이상이다.
　➡ $a \geq b$ └ 작지 않다.

대표 문제

02 다음 보기 중 문장을 부등식으로 바르게 나타낸 것을 모두 고르시오.

보기
ㄱ. x의 10배에 50을 더하면 x의 3배보다 크다.
　⇨ $10x+50 \geq 3x$
ㄴ. 한 변의 길이가 x cm인 정삼각형의 둘레의 길이는 30 cm를 넘지 않는다. ⇨ $3x \leq 30$
ㄷ. 한 봉지에 60 g인 과자 x봉지의 무게는 1600 g보다 가볍다. ⇨ $60x < 1600$

유형 03 부등식의 해

(1) **부등식의 해**: 부등식을 참이 되게 하는 미지수의 값
(2) $x=a$를 부등식에 대입했을 때
　① 부등식이 참이면 ➡ $x=a$는 부등식의 해이다.
　② 부등식이 거짓이면 ➡ $x=a$는 부등식의 해가 아니다.
　예 부등식 $5x-3<4$에서
　　$x=1$일 때, $5 \times 1-3<4$이므로 참 ➡ $x=1$은 부등식의 해이다.
　　$x=2$일 때, $5 \times 2-3>4$이므로 거짓 ➡ $x=2$는 부등식의 해가 아니다.
(3) **부등식을 푼다**: 부등식의 해를 모두 구하는 것

대표 문제

03 다음 중 [　] 안의 수가 부등식의 해인 것은?

① $4x+5<-3$　　[4]
② $3x-7>2x$　　[3]
③ $x \leq 12-5x$　　[-3]
④ $3x+4<x+1$　　[-1]
⑤ $3+2x \geq 7+4x$　　[1]

유형 04 부등식의 성질 (중요)

(1) 부등식의 양변에 같은 수를 더하거나 양변에서 같은 수를 빼어도 부등호의 방향은 바뀌지 않는다.

$\Rightarrow a>b$이면 $a+c>b+c$, $a-c>b-c$

(2) 부등식의 양변에 같은 양수를 곱하거나 양변을 같은 양수로 나누어도 부등호의 방향은 바뀌지 않는다.

$\Rightarrow a>b$, $c>0$이면 $ac>bc$, $\dfrac{a}{c}>\dfrac{b}{c}$

(3) 부등식의 양변에 같은 음수를 곱하거나 양변을 같은 음수로 나누면 부등호의 방향이 바뀐다.

$\Rightarrow a>b$, $c<0$이면 $ac<bc$, $\dfrac{a}{c}<\dfrac{b}{c}$

참고 부등식의 성질은 부등호 $<$를 $\leq$로, $>$를 $\geq$로 바꾸어도 성립한다.

대표 문제

04 $x>y$일 때, 다음 중 옳지 <u>않은</u> 것은?

① $x+3>y+3$

② $x-2>y-2$

③ $5x>5y$

④ $3x-1<3y-1$

⑤ $4-\dfrac{x}{2}<4-\dfrac{y}{2}$

유형 05 부등식의 성질을 이용하여 식의 값의 범위 구하기

(1) x의 값의 범위를 알 때, $ax+b$의 값의 범위 구하기

❶ 주어진 부등식(x의 값의 범위)의 각 변에 a를 곱한다.

❷ ❶의 부등식의 각 변에 b를 더한다.

예 $-1\leq x<2$일 때, $2x+1$의 값의 범위

$\Rightarrow -1\leq x<2$에서 $-2\leq 2x<4$

$\therefore -1\leq 2x+1<5$

(2) $ax+b$ $(a\neq0)$의 값의 범위를 알 때, x의 값의 범위 구하기

❶ 주어진 부등식($ax+b$의 값의 범위)의 각 변에서 b를 뺀다.

❷ ❶의 부등식의 각 변을 a로 나눈다.

주의 부등식의 각 변에 같은 음수를 곱하거나 각 변을 같은 음수로 나눌 때는 부등호의 방향이 바뀐다.

대표 문제

05 $-1\leq x<4$이고 $A=3x-5$일 때, A의 값의 범위는?

① $-7\leq A<10$

② $-7<A\leq10$

③ $-8\leq A<7$

④ $-8<A\leq7$

⑤ $-8\leq A<10$

06 대표 문제

다음 중 부등식이 <u>아닌</u> 것을 모두 고르면? (정답 2개)

① $x-6\leq 0$

② $3-10<0$

③ $3x^2-x+1$

④ $x-7=7-x$

⑤ $2x-5>1-3x$

07 하

다음 보기 중 부등식인 것은 모두 몇 개인가?

┌ 보기 ┐
ㄱ. x^2+3x-2 ㄴ. $\dfrac{x}{4}\leq 20$

ㄷ. $2\times 6-5=7$ ㄹ. $5x+3=8$

ㅁ. $-3<-\dfrac{1}{2}$ ㅂ. $3x-1\geq 3x-3$

① 1개   ② 2개   ③ 3개

④ 4개   ⑤ 5개

08 하

다음 표에서 부등식이 있는 칸을 모두 색칠할 때 나타나는 알파벳을 말하시오.

$\dfrac{x}{6}>15$	$x-3<7x$	$8x-2\geq 8x-7$
$2x+9=5x$	$5x-6<0$	$x-\dfrac{1}{5}$
$2\times 3-1=5$	$-2>-4$	$x(x-1)=0$

09 대표 문제

다음 중 문장을 부등식으로 바르게 나타낸 것은?

① x의 8배에서 1을 빼면 x의 2배보다 작거나 같다.
     ⇨ $8x-1\leq x+2$

② x를 5로 나누고 2를 더하면 3 미만이다. ⇨ $\dfrac{x+2}{5}<3$

③ 어떤 놀이 기구에 탑승할 수 있는 사람의 키 x cm는
     140 cm 이상이다. ⇨ $x>140$

④ 시속 6 km로 x시간 동안 달린 거리는 20 km 이하이다.
     ⇨ $6x\leq 20$

⑤ 현재 x세인 동생의 20년 후의 나이는 현재 나이의 3배보다
     많다. ⇨ $x+20<3x$

10 하

'x의 2배에 3을 더한 수는 x의 4배보다 작지 않다.'를 부등식으로 나타내면?

① $2x+3>4x$ ② $2x+3\geq 4x$

③ $2x+3<4x$ ④ $2x+3\leq 4x$

⑤ $2x+3=4x$

11 중

다음 중 부등식 $2x+4>60$으로 나타내어지는 상황을 바르게 말한 학생을 고르시오.

┌─────────────────────────┐
나연: 매일 2시간씩 x일 동안 운동하고 4시간 더하면 전체 운동 시간은 60시간이다.

서준: 2점짜리 문제를 x개, 4점짜리 문제를 1개 맞히면 전체 점수는 60점이 넘는다.

태형: 어떤 수 x의 2배에 4를 더한 수는 60 이상이다.
└─────────────────────────┘

유형 03 부등식의 해

12 대표 문제

x의 값이 -3, -2, -1, 0, 1일 때, 다음 중 부등식 $5x+3 \geq 3x-1$의 해가 아닌 것은?

① -3 ② -2 ③ -1

④ 0 ⑤ 1

13 하

다음 보기의 부등식 중 $x=1$일 때 참인 것을 모두 고른 것은?

보기
ㄱ. $1-x \leq 0$ ㄴ. $3x-2 < 0$
ㄷ. $5-2x \geq 3$ ㄹ. $1+3x > 3$
ㅁ. $2(x+1) > 5$ ㅂ. $4-4x < 0$

① ㄱ, ㄷ ② ㄴ, ㅂ ③ ㄱ, ㄷ, ㄹ
④ ㄴ, ㄷ, ㅁ ⑤ ㄷ, ㄹ, ㅂ

14 중

x의 값이 자연수일 때, 부등식 $-2x+1 \geq -5$의 해는 모두 몇 개인지 구하시오.

15 중

다음 중 방정식 $3x-4=2$를 만족시키는 x의 값이 해가 되는 부등식은?

① $x+1 > 3$ ② $2x+5 \geq 9$
③ $-x+1 > x+2$ ④ $4-x < -7$
⑤ $3x-5 \leq x-2$

유형 04 부등식의 성질

16 대표 문제

다음 중 □ 안에 들어갈 부등호의 방향이 나머지 넷과 다른 하나는?

① $a+2 < b+2$이면 a □ b
② $4-a > 4-b$이면 a □ b
③ $\dfrac{a}{7}-3 < \dfrac{b}{7}-3$이면 a □ b
④ $2a-5 < 2b-5$이면 a □ b
⑤ $\dfrac{4}{3}a+\dfrac{3}{2} > \dfrac{4}{3}b+\dfrac{3}{2}$이면 a □ b

17 중

$5-4a < 5-4b$일 때, 다음 중 옳은 것은?

① $a < b$ ② $-2a > -2b$
③ $\dfrac{a}{7} < \dfrac{b}{7}$ ④ $1-\dfrac{a}{5} > 1-\dfrac{b}{5}$
⑤ $9a+2 > 9b+2$

18 중

다음 중 옳지 않은 것은?

① $a < b$이면 $a \div (-1) > b \div (-1)$
② $a > b$이면 $\dfrac{a}{3}+2 > \dfrac{b}{3}+2$
③ $\dfrac{a}{2} < \dfrac{b}{2}$이면 $a-(-1) > b-(-1)$
④ $-\dfrac{a}{5} < -\dfrac{b}{5}$이면 $-6a < -6b$
⑤ $1-a < 1-b$이면 $3a+4 > 3b+4$

19 중

$a<0<b$일 때, 다음 중 옳은 것을 모두 고르면? (정답 2개)

① $1-a<1-b$ ② $a-b<0$

③ $\dfrac{5a-5}{3}<\dfrac{5b-5}{3}$ ④ $\dfrac{b}{a}>1$

⑤ $a^2<ab$

유형 05   **부등식의 성질을 이용하여 식의 값의 범위 구하기**

20 대표 문제

$-3<x\leq6$일 때, $2-\dfrac{1}{3}x$의 값의 범위는?

① $0<2-\dfrac{1}{3}x\leq3$ ② $0\leq2-\dfrac{1}{3}x<3$

③ $-3<2-\dfrac{1}{3}x\leq0$ ④ $-3\leq2-\dfrac{1}{3}x<0$

⑤ $-3\leq2-\dfrac{1}{3}x<3$

P⁴ck
21 중

$-1<x<2$일 때, 다음 중 $2x-1$의 값이 될 수 <u>없는</u> 것은?

① -3 ② -2 ③ 0

④ 1 ⑤ 2

---

22 중

$-3<x\leq1$일 때, $-2x+5$의 값의 범위가 $a\leq-2x+5<b$이다. 이때 상수 a, b에 대하여 $a+b$의 값을 구하시오.

23 중

$-1<2x-3\leq9$이고 $A=6-x$일 때, A의 값의 범위는?

① $-5\leq A<0$ ② $-1\leq A<2$

③ $0<A\leq5$ ④ $0\leq A<5$

⑤ $1\leq A<6$

24 중   서술형

$-5\leq x<3$이고 $A=5x+2$일 때, A의 값이 될 수 있는 수 중 가장 큰 정수를 m, 가장 작은 정수를 n이라 하자. 다음 물음에 답하시오.

(1) m, n의 값을 각각 구하시오.

(2) $m+n$의 값을 구하시오.

유형 06 일차부등식의 뜻

일차부등식: 부등식의 모든 항을 좌변으로 이항하여 정리한 식이

(일차식)<0, (일차식)>0, (일차식)≤0, (일차식)≥0

중 어느 하나의 꼴로 나타나는 부등식

예 $2x \geq 3$ $\xrightarrow{\text{이항}}$ $2x-3 \geq 0$ ➡ 일차부등식이다.

$3x-1 < 3x$ $\xrightarrow{\text{이항}}$ $-1 < 0$ ➡ 일차부등식이 아니다.

대표 문제

25 다음 중 일차부등식인 것은?

① $x-3 < x$ ② $x^2+5 \geq x^2+3$

③ $4x-1 \leq 4x+5$ ④ $5x+4 < 2x-10$

⑤ $-2(x+1) > -2x^2+1$

유형 07 일차부등식의 풀이 〔중요〕

❶ 일차항은 좌변으로, 상수항은 우변으로 이항한다.

❷ 양변을 정리하여 $ax<b$, $ax>b$, $ax \leq b$, $ax \geq b$ $(a \neq 0)$ 중 어느 하나의 꼴로 고친다.

❸ 양변을 x의 계수 a로 나누어 $x<(수)$, $x>(수)$, $x \leq (수)$, $x \geq (수)$ 중 어느 하나의 꼴로 나타낸다.

〔주의〕 x의 계수 a가 음수일 때, 양변을 a로 나누면 부등호의 방향이 바뀐다.

대표 문제

26 일차부등식 $5x-2 < 7x+18$을 푸시오.

유형 08 일차부등식의 해를 수직선 위에 나타내기

(1) $x < a$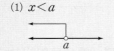

(2) $x > a$

(3) $x \leq a$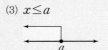

(4) $x \geq a$

〔참고〕 수직선에서

○에 대응하는 수 ➡ 부등식의 해에 포함되지 않는다.

●에 대응하는 수 ➡ 부등식의 해에 포함된다.

대표 문제

27 다음 중 일차부등식 $-4x+3 \leq 7-6x$의 해를 수직선 위에 바르게 나타낸 것은?

①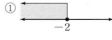

②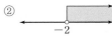

③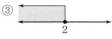

④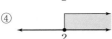

⑤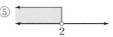

• 정답과 해설 30쪽

유형 09 **괄호가 있는 일차부등식의 풀이**

❶ 분배법칙을 이용하여 괄호를 푼다.
❷ 식을 간단히 하여 부등식의 해를 구한다.

참고 $a(b+c)=ab+ac,\ (a+b)c=ac+bc$

대표 문제

28 다음 일차부등식을 푸시오.

(1) $4(x+1) \geq 3(x-1)$

(2) $x-3(x+4) < 2(x-3)$

유형 10 **계수가 소수 또는 분수인 일차부등식의 풀이** 중요

양변에 적당한 수를 곱하여 계수를 모두 정수로 고쳐서 푼다.

(1) 계수가 소수이면
➡ 양변에 10의 거듭제곱을 곱한다.

(2) 계수가 분수이면
➡ 양변에 분모의 최소공배수를 곱한다.

주의 양변에 수를 곱할 때는 모든 항에 빠짐없이 곱해야 한다.

참고 계수에 소수와 분수가 모두 있는 경우, 소수를 분수로 나타낸 후 푸는 것
이 편리하다.

대표 문제

29 다음 일차부등식을 푸시오.

(1) $0.2x+0.6 \geq 1+0.3x$

(2) $\dfrac{x-2}{3} - \dfrac{5x-3}{4} < 1$

유형 11 **계수가 문자인 일차부등식의 풀이**

❶ 주어진 일차부등식을 $ax<b,\ ax>b,\ ax\leq b,\ ax\geq b$ 중 어느
하나의 꼴로 고친다.
❷ x의 계수 a의 부호를 확인한 후 양변을 a로 나눈다.
➡ $a>0$이면 부등호의 방향은 바뀌지 않는다.
   $a<0$이면 부등호의 방향이 바뀐다.

대표 문제

30 a의 값의 범위가 다음과 같을 때, x에 대한 일차부등식
$ax-1>0$을 푸시오.

(1) $a>0$

(2) $a<0$

유형 06 일차부등식의 뜻

31 대표 문제

다음 보기 중 일차부등식인 것을 모두 고르시오.

┌ 보기 ┐
ㄱ. $6x-4<8-x^2$
ㄴ. $x+5x<7$
ㄷ. $(x+4)x\geq x^2-2$
ㄹ. $\dfrac{1}{x}-3\leq 2$

32 중

다음 중 문장을 부등식으로 나타낼 때, 일차부등식이 <u>아닌</u> 것은?

① x의 3배에서 5를 뺀 수는 2보다 크다.
② x km의 거리를 시속 60 km로 달리면 1시간보다 적게 걸린다.
③ 한 변의 길이가 x cm인 정사각형의 넓이는 100 cm²보다 작지 않다.
④ 전체 학생 250명 중 여학생이 x명일 때, 남학생은 120명보다 많다.
⑤ 무게가 2 kg인 상자 1개에 한 개당 무게가 3 kg인 멜론 x개를 담아 전체의 무게를 재었더니 20 kg 이하가 되었다.

Pick
33 중

부등식 $3x-7\geq ax-4+5x$가 x에 대한 일차부등식이 되도록 하는 상수 a의 조건을 구하시오.

유형 07 일차부등식의 풀이

Pick
34 대표 문제

다음 일차부등식 중 해가 $x<-4$인 것은?

① $x-5<1$
② $-3x-8<4$
③ $-2x>-8$
④ $2x-9<-1$
⑤ $3-4x>19$

35 하

다음은 일차부등식 $-4x-3\leq 9$의 풀이 과정이다. (가), (나)에 이용된 부등식의 성질을 보기에서 찾아 차례로 나열하시오.

$$-4x-3\leq 9 \xrightarrow{\text{(가)}} -4x\leq 12 \xrightarrow{\text{(나)}} x\geq -3$$

┌ 보기 ┐
ㄱ. $a>b$이면 $a+c>b+c$, $a-c>b-c$
ㄴ. $a>b$이고 $c>0$이면 $ac>bc$, $\dfrac{a}{c}>\dfrac{b}{c}$
ㄷ. $a>b$이고 $c<0$이면 $ac<bc$, $\dfrac{a}{c}<\dfrac{b}{c}$

36 중

다음 중 일차부등식의 해가 나머지 넷과 <u>다른</u> 하나는?

① $\dfrac{x}{2}>-1$
② $-x>2x+6$
③ $6x-4<8x$
④ $5x+1>4x-1$
⑤ $7x-5<11x+3$

Pick
37 중

일차부등식 $2x+5<-3x-10$을 만족시키는 x의 값 중 가장 큰 정수는?

① -6　　　② -5　　　③ -4

④ -3　　　⑤ -2

38 중 서술형

x의 값이 자연수일 때, 일차부등식 $-3x+8>x$를 만족시키는 x의 개수를 a, 일차부등식 $2x-8>5x-20$을 만족시키는 x의 개수를 b라 하자. 이때 $b-a$의 값을 구하시오.

39 중

일차방정식 $-5x+6=1$의 해가 $x=a$일 때, 일차부등식 $ax-1\leq2x-10$의 해를 구하시오.

유형 08 일차부등식의 해를 수직선 위에 나타내기

40 대표 문제

다음 중 일차부등식 $3x-7>2x-2$의 해를 수직선 위에 바르게 나타낸 것은?

①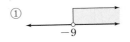
②
③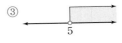
④
⑤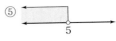

41 중

다음 중 일차부등식의 해를 수직선 위에 바르게 나타낸 것은?

① $2-x>x$ ⇨

② $3-5x<-12$ ⇨

③ $4x+1\geq21$ ⇨

④ $3x-2<x+6$ ⇨

⑤ $6x+1\leq7x+9$ ⇨

42 중

다음 일차부등식 중 그 해를 수직선 위에 나타냈을 때, 오른쪽 그림과 같은 것은?

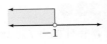

① $x+2>1$　　　② $2x>x-1$

③ $3x+6>x+4$　　　④ $-x+2>2x+5$

⑤ $-3x+3>x-1$

유형 09 괄호가 있는 일차부등식의 풀이

P'ick

43 대표 문제

일차부등식 $3(x-1) \geq -2(x-6)$을 풀면?

① $x \leq -3$ 　② $x \geq -3$ 　③ $x \geq -1$
④ $x \leq 3$ 　⑤ $x \geq 3$

44 중

일차부등식 $5(x+2) > 7x-6$을 만족시키는 자연수 x는 모두 몇 개인가?

① 4개 　② 5개 　③ 6개
④ 7개 　⑤ 8개

P'ick

45 중 서술형

다음 일차부등식을 만족시키는 모든 자연수 x의 값의 합을 구하시오.

$$2(x+3)+7 \geq 4(x+1)$$

46 중

$2(3x-1) > -(x-4)$이고 $A=7x+3$일 때, A의 값 중 가장 작은 정수를 구하시오.

유형 10 계수가 소수 또는 분수인 일차부등식의 풀이 중요

P'ick

47 대표 문제

일차부등식 $\dfrac{1}{2}x+1 \geq \dfrac{4}{5}(x-1)$을 만족시키는 x의 값 중 가장 큰 정수를 구하시오.

48 중

다음 중 일차부등식 $0.5x-1 < 0.1(x+2)$의 해를 수직선 위에 바르게 나타낸 것은?

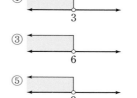

49 중

다음은 유미와 지호가 각각 일차부등식 $\dfrac{x}{4}-2 < \dfrac{x}{2}$를 푼 과정이다. 유미와 지호가 처음으로 틀린 곳을 각각 찾고, 일차부등식을 바르게 푸시오.

유미	지호
$\dfrac{x}{4}-2 < \dfrac{x}{2}$ (가) $x-8 < 2x$ (나) $-x < 8$ (다) $\therefore x < -8$	$\dfrac{x}{4}-2 < \dfrac{x}{2}$ (라) $x-2 < 2x$ (마) $-x < 2$ (바) $\therefore x > -2$

• 정답과 해설 32쪽

Pick
50 중 서술형

일차부등식 $x - \dfrac{3x-6}{2} > -3$의 해를 $x < a$라 하고, 일차부등식 $1.3x + 0.8 > 0.4x - 1$의 해를 $x > b$라 할 때, 상수 a, b에 대하여 $a + b$의 값을 구하시오.

51 중

일차부등식 $0.5(x-2) \le x - \dfrac{2x+1}{3}$ 을 푸시오.

Pick
52 중

일차부등식 $\dfrac{1}{6}x + 2.5 > 0.3x - \dfrac{3}{4}$ 을 만족시키는 자연수 x는 모두 몇 개인가?

① 21개   ② 22개   ③ 23개
④ 24개   ⑤ 25개

53 상

일차부등식 $2(0.6x - 0.4) < 0.\dot{6}x$를 푸시오.

유형 11   **계수가 문자인 일차부등식의 풀이**

Pick
54 대표 문제

$a > 0$일 때, x에 대한 일차부등식 $5 - ax < 8$을 푸시오.

55 중

$a < 0$일 때, x에 대한 일차부등식 $ax + a > 0$을 풀면?

① $x < 1$ ② $x > 1$ ③ $x > a$
④ $x < -1$ ⑤ $x > -1$

56 중

$a < 0$일 때, x에 대한 일차부등식 $-2ax < 4$를 풀면?

① $x < \dfrac{2}{a}$ ② $x > \dfrac{2}{a}$ ③ $x \le -\dfrac{2}{a}$
④ $x < -\dfrac{2}{a}$ ⑤ $x > -\dfrac{2}{a}$

57 상

$a < 2$일 때, x에 대한 일차부등식 $(a-2)x - 3a + 6 \ge 0$을 푸시오.

• 정답과 해설 33쪽

유형 12   **일차부등식의 해가 주어진 경우** 🔺중요

일차부등식 $ax > b$의 해가

(1) $x > k$이면 ➡ $a > 0$이고, $x > \dfrac{b}{a}$이므로 $\dfrac{b}{a} = k$

(2) $x < k$이면 ➡ $a < 0$이고, $x < \dfrac{b}{a}$이므로 $\dfrac{b}{a} = k$

대표 문제

58 일차부등식 $3x + a > x - 4$의 해가 $x > 5$일 때, 상수 a의 값은?

① -14 ② -9 ③ 9
④ 11 ⑤ 14

유형 13   **두 일차부등식의 해가 서로 같은 경우**

❶ 계수와 상수항이 모두 주어진 부등식의 해를 먼저 구한다.
❷ 나머지 부등식의 해가 ❶의 해와 같음을 이용하여 상수의 값을 구한다.

대표 문제

59 두 일차부등식 $-x + 3 > 2x + 1$, $3(x - 2) + a < 5$의 해가 서로 같을 때, 상수 a의 값을 구하시오.

유형 14   **부등식의 해 중 가장 작은(큰) 수가 주어진 경우**

일차부등식 $ax \geq b$의 해 중

(1) 가장 작은 수가 k이면 ➡ $x \geq k$이므로 $a > 0$, $\dfrac{b}{a} = k$

(2) 가장 큰 수가 k이면 ➡ $x \leq k$이므로 $a < 0$, $\dfrac{b}{a} = k$

대표 문제

60 일차부등식 $-3 + 2x \geq a$의 해 중 가장 작은 수가 1일 때, 상수 a의 값은?

① -2 ② -1 ③ 0
④ 1 ⑤ 2

유형 15   **부등식의 자연수인 해의 조건이 주어진 경우**

주어진 부등식의 자연수인 해가 n개일 때

(1) 부등식의 해가 $x \leq a$이면
➡ $n \leq a < n + 1$

(2) 부등식의 해가 $x < a$이면
➡ $n < a \leq n + 1$

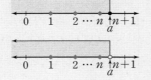

대표 문제

61 일차부등식 $4x - a \leq 2x + 1$을 만족시키는 자연수 x가 3개일 때, 상수 a의 값의 범위를 구하시오.

62 대표 문제

일차부등식 $7x+a \leq 10x-5$의 해를 수직선 위에 나타내면 오른쪽 그림과 같을 때, 상수 a의 값을 구하시오.

Pick

63 중 서술형

일차부등식 $3x-(2a-5)<4x+3+a$의 해가 $x>-4$일 때, 상수 a의 값을 구하시오.

64 상

일차부등식 $ax-2 \geq 3x-7$의 해가 $x \leq 1$일 때, 상수 a의 값은?

① -1　　　② -2　　　③ -3

④ -4　　　⑤ -5

Pick

65 상

일차부등식 $3a-4x<8-ax$의 해를 수직선 위에 나타내면 오른쪽 그림과 같을 때, 상수 a의 값을 구하시오.

66 대표 문제

다음 두 일차부등식의 해가 서로 같을 때, 상수 a의 값은?

$$x-4<2x+2, \qquad 5x-a>3(x-1)+4$$

① -13　　　② -11　　　③ -9

④ 9　　　⑤ 11

Pick

67 중 서술형

두 일차부등식

$$2x-1<3x+a, \quad \frac{x-2}{2}-\frac{2x-1}{3}<\frac{1}{6}$$

의 해가 서로 같을 때, 다음 물음에 답하시오. (단, a는 상수)

(1) 일차부등식 $\dfrac{x-2}{2}-\dfrac{2x-1}{3}<\dfrac{1}{6}$의 해를 구하시오.

(2) a의 값을 구하시오.

68 중

두 일차부등식

$$\frac{x-13}{4} \leq \frac{x-6}{3}, \ 0.8(x-a) \leq x-0.2$$

의 해가 서로 같을 때, 상수 a의 값을 구하시오.

유형 14 부등식의 해 중 가장 작은(큰) 수가 주어진 경우

Pick
69 대표 문제

일차부등식 $9-2x \geq a$의 해 중 가장 큰 수가 6일 때, 상수 a의 값을 구하시오.

70 중

일차부등식 $\dfrac{x-a}{4} \geq 1.5-x$를 만족시키는 가장 작은 x의 값이 3일 때, 상수 a의 값은?

① -11 ② -6 ③ -1
④ 4 ⑤ 9

71 상

일차부등식 $\dfrac{x+3}{2} \leq \dfrac{ax+2}{3}$의 해 중 가장 큰 수가 -1일 때, 상수 a의 값은?

① -3 ② -2 ③ -1
④ 1 ⑤ 2

유형 15 부등식의 자연수인 해의 조건이 주어진 경우

Pick
72 대표 문제

일차부등식 $5x-3(x+2)<a$를 만족시키는 자연수 x가 4개일 때, 상수 a의 값의 범위는?

① $-2<a \leq 0$ ② $0<a \leq 2$
③ $0 \leq a<2$ ④ $2<a \leq 4$
⑤ $2 \leq a<4$

73 중

일차부등식 $3x-a \leq \dfrac{5x+1}{2}$을 만족시키는 자연수 x가 1, 2뿐일 때, 상수 a의 값의 범위를 구하시오.

74 상

일차부등식 $-6x+7 \geq 4x-3a$를 만족시키는 자연수 x가 존재하지 않을 때, 상수 a의 값의 범위는?

① $a>-1$ ② $a \geq -1$ ③ $a>0$
④ $a<1$ ⑤ $a \leq 1$

75 （유형 02）

다음 보기 중 문장을 부등식으로 바르게 나타낸 것을 모두 고른 것은?

> **보기**
> ㄱ. 한 권에 800원인 공책 x권과 한 개에 300원인 지우개 2개를 합한 가격은 6500원 미만이다.
> $\Rightarrow 800x+600<6500$
> ㄴ. x에서 2를 뺀 수의 3배는 20보다 크지 않다.
> $\Rightarrow 3x-2\leq20$
> ㄷ. x와 75의 평균은 78보다 작지 않다.
> $\Rightarrow \dfrac{x+75}{2}\geq78$
> ㄹ. 시속 x km로 3시간 동안 이동한 거리는 15 km 초과이다.
> $\Rightarrow \dfrac{x}{3}>15$

① ㄱ, ㄴ ② ㄱ, ㄷ ③ ㄴ, ㄹ
④ ㄷ, ㄹ ⑤ ㄱ, ㄷ, ㄹ

76 （유형 03）

다음 부등식 중 $x=-1$이 해가 <u>아닌</u> 것은?

① $2x+3\leq1$ ② $x+2>-2$ ③ $3x-5<-1$
④ $-x+4\geq3$ ⑤ $-5x-3\leq0$

77 （유형 04）

$a<b$일 때, 다음 중 □ 안에 들어갈 부등호의 방향이 나머지 넷과 <u>다른</u> 하나는?

① $-2+a\ \square\ -2+b$ ② $3+5a\ \square\ 3+5b$
③ $\dfrac{a}{4}-1\ \square\ \dfrac{b}{4}-1$ ④ $-6a+3\ \square\ -6b+3$
⑤ $-(1-a)\ \square\ -(1-b)$

78 （유형 05）

$-4\leq x<2$일 때, $\dfrac{1}{2}x-3$의 값이 될 수 있는 정수는 모두 몇 개인가?

① 1개 ② 2개 ③ 3개
④ 4개 ⑤ 5개

79 （유형 06）

부등식 $\dfrac{1}{4}x+5>ax+7-\dfrac{3}{4}x$가 x에 대한 일차부등식일 때, 다음 중 상수 a의 값이 될 수 <u>없는</u> 것은?

① -2 ② -1 ③ 0
④ 1 ⑤ 2

80 （유형 07）

다음 일차부등식 중 해가 $x\geq1$인 것을 모두 고르면?
(정답 2개)

① $-4x+5\leq1$ ② $-3x-2\geq2x+3$
③ $-x+3\geq5x-3$ ④ $2x+3\geq-2x-1$
⑤ $3x-3\geq2x-2$

81 유형 07

일차부등식 $5x-6\leq2x+11$을 만족시키는 모든 자연수 x의 값의 합은?

① 3   ② 6   ③ 10

④ 15   ⑤ 21

82 유형 08 ⊕ 09

다음 중 일차부등식 $3(2x+1)<8x+1$의 해를 수직선 위에 바르게 나타낸 것은?

①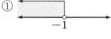
 ②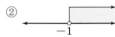

③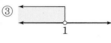
 ④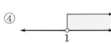

⑤

83 유형 10

일차부등식 $\dfrac{x-2}{2}-\dfrac{2x-1}{3}<-1$을 만족시키는 x의 값 중 가장 작은 정수는?

① 1   ② 2   ③ 3

④ 4   ⑤ 5

84 유형 10

일차부등식 $\dfrac{2}{3}x+2>\dfrac{x-2}{4}$의 해를 $x>a$라 하고, 일차부등식 $0.3(x+6)>0.5x+1.4$의 해를 $x<b$라 할 때, 상수 a, b에 대하여 ab의 값은?

① -12 ② -10 ③ -8

④ 10   ⑤ 12

85 유형 11

$a<0$일 때, x에 대한 일차부등식 $1-ax<6$을 풀면?

① $x>-\dfrac{5}{a}$ ② $x<-\dfrac{5}{a}$ ③ $x<\dfrac{5}{a}$

④ $x>-5a$ ⑤ $x<-5a$

86 유형 12

일차부등식 $2x-a>5$의 해가 $x>4$일 때, 일차부등식 $3(x+2)<5x+a$의 해를 구하시오. (단, a는 상수)

• 정답과 해설 35쪽

87 〔유형 13〕

두 일차부등식

$$3x+2 \leq -x+3, \quad \frac{x}{3} + \frac{2-x}{6} \leq \frac{a}{2}$$

의 해가 서로 같을 때, 상수 a의 값을 구하시오.

88 〔유형 14〕

일차부등식 $x-4 \leq 3x+a$의 해 중 가장 작은 수가 -3일 때, 상수 a의 값은?

① -6 ② -4 ③ -2

④ 2 ⑤ 4

89 〔유형 15〕

일차부등식 $4(x+1)+a < -3x$를 만족시키는 자연수 x가 2개일 때, 상수 a의 값의 범위는?

① $-25 < a \leq -18$ ② $-25 \leq a < -18$

③ $-25 \leq a \leq -18$ ④ $18 < a \leq 25$

⑤ $18 \leq a < 25$

서술형 문제

90 〔유형 09〕

일차부등식 $9-2(x+1) > 3(x-2)$를 만족시키는 x의 값 중 가장 큰 정수를 구하시오.

91 〔유형 10〕

일차부등식 $\dfrac{3x-1}{4} \leq 0.3x - \dfrac{x-9}{2}$를 만족시키는 자연수 x는 모두 몇 개인지 구하시오.

92 〔유형 12〕

일차부등식 $3x-5 < a-bx$의 해를 수직선 위에 나타내면 오른쪽 그림과 같을 때, 상수 a, b에 대하여 $a-b$의 값을 구하시오.

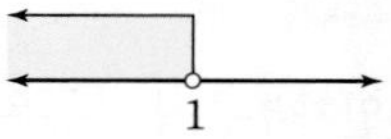

• 정답과 해설 36쪽

93 다음 그림은 서로 다른 세 수 a, b, c에 대응하는 점을 수직선 위에 나타낸 것일 때, 옳은 것을 모두 고르면? (정답 2개)

① $a+c>b+c$ ② $-a>-c$

③ $ab<ac$ ④ $\dfrac{a}{c}>\dfrac{b}{c}$

⑤ $ac+a<bc+a$

94 $5<3a+2\leq8$일 때, 방정식 $4x-a+3=0$을 만족시키는 x의 값의 범위를 구하시오. (단, a는 상수)

95 $x+y=5$일 때, $-3\leq3x+y<7$을 만족시키는 x의 값의 범위는?

① $-8\leq x<2$ ② $-8\leq x<4$

③ $-4\leq x<1$ ④ $-4<x\leq2$

⑤ $-2\leq x<4$

96 일차부등식 $(a-b)x+2a-7b>0$의 해가 $x<\dfrac{1}{2}$일 때, 일차부등식 $(2b-a)x+a+b<0$의 해를 구하시오.

(단, a, b는 상수)

97 일차부등식 $\dfrac{2x-1}{3}>a$의 해 중 가장 작은 정수가 6일 때, 상수 a의 값의 범위는 $m\leq a<n$이다. 이때 $m+3n$의 값을 구하시오.

98 일차부등식 $6x-2(x+a)\geq3x+5$를 만족시키는 음수 x가 존재하지 않을 때, 상수 a의 값의 범위를 구하시오.

99 일차부등식 $\dfrac{x}{3}+a\geq\dfrac{3x+15}{4}$를 만족시키는 자연수 x가 3개 이상일 때, 상수 a의 값 중 가장 작은 수를 구하시오.

5

일차부등식의 활용

유형 01 수에 대한 문제

(1) 일차부등식을 활용하여 문제를 해결하는 과정
  ❶ 문제의 상황에 맞게 미지수를 정한다.
  ❷ 문제의 뜻에 따라 일차부등식을 세운다.
  ❸ 일차부등식을 푼다.
  ❹ 구한 해가 문제의 뜻에 맞는지 확인한다.
(2) 수에 대한 문제
  ① 어떤 정수 ➡ x로 놓는다.
  ② 차가 a인 두 정수 ➡ x, $x+a$ 또는 $x-a$, x로 놓는다.
  ③ 연속하는 세 자연수
    ➡ $x-1$, x, $x+1$ 또는 x, $x+1$, $x+2$로 놓는다.
  ④ 연속하는 두 짝수(홀수) ➡ x, $x+2$로 놓는다.

대표 문제

01 어떤 정수의 4배에 15를 더한 수는 72보다 크다고 한다. 이와 같은 정수 중에서 가장 작은 수는?

① 12 　　　　② 14 　　　　③ 15
④ 24 　　　　⑤ 32

유형 02 평균에 대한 문제

(1) 두 수 a, b의 평균 ➡ $\dfrac{a+b}{2}$
(2) 세 수 a, b, c의 평균 ➡ $\dfrac{a+b+c}{3}$

대표 문제

02 윤희는 두 번의 수학 시험에서 각각 86점과 91점을 받았다. 세 번째 시험까지의 평균 점수가 90점 이상이 되려면 세 번째 시험에서 몇 점 이상을 받아야 하는지 구하시오.

유형 03 최대 개수에 대한 문제 – 포장비가 드는 경우

물건 x개를 사는데 포장비가 드는 경우
➡ (물건 x개의 가격)+(포장비) ☐ (이용 가능 금액)
    └ 문제에 맞게 부등호를 넣는다.

대표 문제

03 한 송이에 2500원인 카네이션으로 꽃다발을 만들어 부모님께 선물하려고 한다. 꽃다발의 포장비가 1500원일 때, 전체 가격이 25000원 이하가 되게 하려면 카네이션을 최대 몇 송이까지 넣을 수 있는지 구하시오.

유형 04　최대 개수에 대한 문제
– 물건의 가격이 다른 경우 중요

가격이 다른 두 물건 A, B를 합하여 k개를 살 때, 물건 A를 x개 산다고 하면 물건 B는 $(k-x)$개 살 수 있다.

➡ (물건 A의 전체 가격)+(물건 B의 전체 가격) ☐ (이용 가능 금액)
　　　　　　　　　　　　　문제에 맞게 부등호를 넣는다.

대표 문제

04 한 개에 800원인 빵과 한 개에 600원인 우유를 합하여 13개를 사려고 한다. 전체 가격이 9000원을 넘지 않으려면 빵을 최대 몇 개까지 살 수 있는지 구하시오.

유형 05　예금액에 대한 문제

다음 달부터 매달 일정 금액을 예금할 때, x개월 후의 예금액

➡ (현재 예금액)+(매달 예금하는 금액)×x

대표 문제

05 현재 서진이의 저금통에는 5000원, 도윤이의 저금통에는 3000원이 들어 있다. 내일부터 매일 서진이는 500원씩, 도윤이는 900원씩 각자의 저금통에 저금한다면 도윤이의 저금통에 들어 있는 금액이 서진이의 저금통에 들어 있는 금액보다 많아지는 것은 며칠 후부터인지 구하시오.

유형 06　도형에 대한 문제

평면도형의 넓이 또는 입체도형의 부피의 범위가 주어지면 공식을 이용하여 부등식을 세운다.

(1) (사다리꼴의 넓이)

$\quad = \dfrac{1}{2} \times \{(\text{윗변의 길이})+(\text{아랫변의 길이})\} \times (\text{높이})$

(2) (기둥의 부피)=(밑넓이)×(높이)

(3) (뿔의 부피)=$\dfrac{1}{3} \times$(밑넓이)×(높이)

주의 도형의 변의 길이는 양수이다.

대표 문제

06 오른쪽 그림과 같이 윗변의 길이가 6 cm, 아랫변의 길이가 x cm이고, 높이가 7 cm인 사다리꼴의 넓이가 56 cm² 이상일 때, x의 값의 범위를 구하시오.

유형 07　여러 가지 일차부등식의 활용 문제

금액, 개수, 나이 등에 대한 문제는 구하는 것을 x로 놓고 일차부등식을 세운다.

참고 현재 x세인 사람의 ┌a년 전의 나이 ➡ $(x-a)$세
　　　　　　　　　　　└b년 후의 나이 ➡ $(x+b)$세

대표 문제

07 30000원을 형과 동생에게 나누어 주려고 하는데 형의 몫의 2배가 동생의 몫의 3배보다 크지 않게 하려면 형에게 최대 얼마를 줄 수 있는지 구하시오.

유형 01 수에 대한 문제

08 대표 문제

주사위를 던져 나온 눈의 수를 4배 하면 그 눈의 수에 4를 더한 것의 2배보다 크다고 한다. 이를 만족시키는 주사위의 눈의 수를 모두 구하시오.

09 하

어떤 두 자연수의 차는 4이고, 합은 18 이하라고 한다. 이 두 자연수 중에서 작은 수를 x라 할 때, x의 값이 될 수 있는 가장 큰 수는?

① 7   ② 8   ③ 9
④ 10   ⑤ 11

10 중

연속하는 세 자연수의 합이 84보다 작다고 한다. 이와 같은 수 중에서 가장 큰 세 자연수를 구하시오.

Pick
11 중

연속하는 두 짝수가 있다. 이 두 짝수 중 작은 수의 5배에서 4를 빼면 큰 수의 2배보다 클 때, 이를 만족시키는 가장 작은 두 짝수의 합은?

① 6   ② 10   ③ 14
④ 18   ⑤ 22

유형 02 평균에 대한 문제

Pick
12 대표 문제

한솔이는 3월, 6월 영어 듣기 평가에서 각각 20개, 13개를 맞혔다. 3월, 6월, 9월 영어 듣기 평가에서 맞힌 개수의 평균이 17개 이상이 되려면 9월 영어 듣기 평가에서 몇 개 이상을 맞혀야 하는가?

① 14개   ② 15개   ③ 16개
④ 17개   ⑤ 18개

13 중

어떤 권총 사격 경기에서 아홉 번의 사격 점수의 평균은 9.6점이었다. 10번째까지의 사격 점수의 평균이 9.5점 이상이 되려면 10번째 사격에서 최소 몇 점을 얻어야 하는가?

① 8.3점   ② 8.4점   ③ 8.5점
④ 8.6점   ⑤ 8.7점

14 중

은서네 반 여학생 20명의 평균 몸무게는 46 kg, 남학생의 평균 몸무게는 58 kg이다. 이 반 학생 전체의 평균 몸무게가 50 kg 이상일 때, 남학생은 최소 몇 명인가?

① 8명   ② 9명   ③ 10명
④ 11명   ⑤ 12명

유형 03 최대 개수에 대한 문제 – 포장비가 드는 경우

15 대표 문제

진주는 인터넷 쇼핑몰에서 1개에 1500원인 아보카도를 사려고 한다. 배송료가 3000원일 때, 배송료를 포함한 전체 가격이 21000원 이하가 되게 하려면 아보카도를 최대 몇 개까지 살 수 있는가?

① 9개 ② 10개 ③ 11개
④ 12개 ⑤ 13개

16 ⑧

성범이는 열대어를 키우기 위해 한 마리에 2000원인 열대어 몇 마리와 9000원짜리 어항 한 개를 사려고 한다. 전체 가격이 30000원 미만이 되게 하려면 열대어를 최대 몇 마리까지 살 수 있는지 구하시오.

17 ⑧ 서술형

한 권에 700원인 공책 몇 권을 사는데 한 장에 100원인 종이봉투 3장에 나누어 담아서 전체 가격이 8000원 이하가 되게 하려고 한다. 이때 공책을 최대 몇 권까지 살 수 있는지 구하시오.

Pick
18 ⑧

한 번에 최대 600 kg까지 운반할 수 있는 엘리베이터가 있다. 몸무게가 80 kg인 한 사람이 한 개에 20 kg인 상자를 여러 개 실어 운반하려고 할 때, 상자를 한 번에 최대 몇 개까지 운반할 수 있는가?

① 24개 ② 25개 ③ 26개
④ 27개 ⑤ 28개

유형 04 최대 개수에 대한 문제 – 물건의 가격이 다른 경우 중요

Pick
19 대표 문제

어느 과학 연구소의 1인당 체험 학습비가 어른은 1000원, 어린이는 800원이라고 한다. 어른과 어린이를 합하여 25명이 체험하는 데 드는 전체 비용이 24000원을 넘지 않게 하려면 어른은 최대 몇 명까지 체험할 수 있는가?

① 19명 ② 20명 ③ 21명
④ 22명 ⑤ 23명

20 ⑧

1개당 무게가 15 g인 젤리와 20 g인 초콜릿을 합하여 30개를 사는데 전체 무게가 520 g 이하가 되게 하려고 한다. 이때 초콜릿을 최대 몇 개까지 살 수 있는가?

① 12개 ② 13개 ③ 14개
④ 15개 ⑤ 16개

21 중 서술형

한 개에 500원인 사탕과 한 개에 700원인 아이스크림을 합하여 전체 가격이 20000원 이하가 되게 사려고 한다. 사탕의 개수가 아이스크림의 개수의 2배가 되게 할 때, 아이스크림을 최대 몇 개까지 살 수 있는지 구하시오.

22 중

한 개에 2500원인 도넛과 한 개에 4500원인 샌드위치를 합하여 10개를 주문하여 배달시키려고 한다. 배달비 3000원을 포함한 전체 가격이 42000원 미만이 되게 하려면 샌드위치를 최대 몇 개까지 주문할 수 있는가?

① 4개   ② 5개   ③ 6개
④ 7개   ⑤ 8개

유형 **05** 예금액에 대한 문제

23 대표 문제

현재 형의 통장에는 25000원, 동생의 통장에는 40000원이 예금되어 있다. 다음 달부터 매달 형은 5000원씩, 동생은 3000원씩 예금한다면 형의 예금액이 동생의 예금액보다 많아지는 것은 몇 개월 후부터인가? (단, 이자는 생각하지 않는다.)

① 4개월 후   ② 5개월 후   ③ 6개월 후
④ 7개월 후   ⑤ 8개월 후

Pick
24 중

현재 연수의 저금통에는 20000원이 들어 있다. 매일 같은 금액을 25일 동안 저금하여 저금통에 있는 금액이 35000원 이상이 되게 하려고 한다. 이때 연수가 매일 저금해야 하는 금액은 최소 얼마인가?

① 300원   ② 400원   ③ 500원
④ 600원   ⑤ 700원

25 중

현재 유진이의 예금액은 50000원, 승우의 예금액은 35000원이다. 다음 달부터 매달 유진이는 7000원씩, 승우는 2000원씩 예금한다면 유진이의 예금액이 승우의 예금액의 2배보다 많아지는 것은 몇 개월 후부터인지 구하시오.

(단, 이자는 생각하지 않는다.)

유형 **06** 도형에 대한 문제

26 대표 문제

오른쪽 그림과 같이 밑변의 길이가 8 cm이고, 높이가 h cm인 삼각형의 넓이가 20 cm^2 이상일 때, h의 값의 범위는?

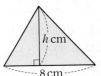

① $h \geq 3$ ② $h \geq 4$
③ $h \geq 5$ ④ $0 < h \leq 4$
⑤ $0 < h \leq 5$

Pick
27 하

가로의 길이가 14 cm인 직사각형이 있다. 이 직사각형의 넓이가 252 cm² 이상이 되도록 할 때, 세로의 길이는 몇 cm 이상이어야 하는지 구하시오.

28 중

밑면의 반지름의 길이가 5 cm인 원뿔의 부피가 100π cm³ 이상이 되게 하려면 이 원뿔의 높이는 최소 몇 cm이어야 하는가?

① 10 cm ② 11 cm ③ 12 cm
④ 13 cm ⑤ 14 cm

29 상 서술형

오른쪽 그림과 같은 직사각형 ABCD를 $\overline{CD}$를 회전축으로 하여 1회전 시킬 때 생기는 입체도형의 부피가 225π cm³ 이하가 되게 하려면 $\overline{AB}$의 길이는 몇 cm 이하이어야 하는지 구하시오.

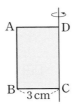

유형 07 여러 가지 일차부등식의 활용 문제

30 대표 문제

현재 준호와 선재는 사탕을 각각 25개, 5개 가지고 있다. 준호가 선재에게 사탕을 몇 개 주어도 선재가 가진 사탕의 2배보다 많을 때, 준호는 선재에게 사탕을 최대 몇 개까지 줄 수 있는가?

① 3개 ② 4개 ③ 5개
④ 6개 ⑤ 7개

31 중

현재 아버지의 나이는 47세이고, 딸의 나이는 15세일 때, 몇 년 후부터 아버지의 나이가 딸의 나이의 2배 이하가 되는지 구하시오.

32 중

어떤 다람쥐가 도토리를 비가 오지 않는 날에는 하루에 18개씩, 비가 오는 날에는 하루에 11개씩 모은다고 한다. 다람쥐가 15일 동안 200개 이상의 도토리를 모으려면 비가 오지 않는 날은 적어도 며칠이어야 하는지 구하시오.

Pick
33 중

기름통에 들어 있던 기름을 2 L 사용한 후, 그 나머지의 $\dfrac{3}{4}$을 더 사용하였더니 15 L 이상이 남았다고 한다. 처음 기름통에 들어 있던 기름의 양은 최소 몇 L인가?

① 60 L ② 61 L ③ 62 L
④ 63 L ⑤ 64 L

• 정답과 해설 39쪽

유형 08 **추가 요금에 대한 문제**

k개의 가격이 a원이고, k개를 초과하면 1개당 b원이 추가될 때, x개의 가격 (단, $x>k$)

➡ $\underset{\text{기본요금}}{\underline{a}} + \underset{\text{추가 요금}}{\underline{b(x-k)}}$(원)

대표 문제

34 어느 공영 주차장에서는 주차 시간이 30분 이하이면 주차 요금이 1000원이고, 30분이 지나면 1분마다 50원씩 요금이 추가된다고 한다. 주차 요금이 7000원 이하가 되게 하려면 최대 몇 분 동안 주차할 수 있는지 구하시오.

유형 09 **정가, 원가에 대한 문제**

(1) 원가가 x원인 물건에 $a\%$의 이익을 붙인 가격

➡ $x+x\times\dfrac{a}{100}$(원), 즉 $x\left(1+\dfrac{a}{100}\right)$원

(2) 정가가 x원인 물건을 $b\%$ 할인한 가격

➡ $x-x\times\dfrac{b}{100}$(원), 즉 $x\left(1-\dfrac{b}{100}\right)$원

예 (1) 원가가 x원인 물건에 10 %의 이익을 붙인 가격 ➡ $1.1x$원
　　 (2) 정가가 x원인 물건을 10 % 할인한 가격 ➡ $0.9x$원

참고 (이익)=(판매 가격)-(원가)

대표 문제

35 원가가 12000원인 물건을 정가의 20 %를 할인하여 팔아서 원가의 30 % 이상의 이익을 얻으려고 한다. 이때 정가를 최소 얼마로 정해야 하는가?

① 18000원 　② 18500원 　③ 19000원
④ 19500원 　⑤ 20000원

유형 10 **유리한 방법을 선택하는 문제 – 가격 조건이 다른 경우**

방법 A가 방법 B보다 유리한 경우

➡ (방법 A에 드는 비용)<(방법 B에 드는 비용)

주의 '유리하다'는 것은 비용이 더 적게 든다는 뜻이므로 등호가 포함된 부등호 ≤, ≥는 사용하지 않는다.

대표 문제

36 집 앞 문구점에서 한 자루에 1000원인 볼펜을 할인 매장에서는 한 자루에 700원에 살 수 있다고 한다. 할인 매장에 다녀오려면 왕복 3000원의 교통비가 든다고 할 때, 볼펜을 몇 자루 이상 사야 할인 매장에서 사는 것이 유리한지 구하시오.

유형 11 **유리한 방법을 선택하는 문제 – 단체 입장권을 사는 경우**

x명이 입장할 때, a명의 단체 입장권을 사는 것이 유리한 경우

➡ (x명의 입장료)>(a명의 단체 입장료) (단, $x<a$)

참고 a명 이상의 단체는 입장료를 $p\%$ 할인해 줄 때, a명의 단체 입장료

➡ (1명의 입장료)$\times\left(1-\dfrac{p}{100}\right)\times a$(원)

대표 문제

37 어느 동물원의 입장료는 한 사람당 500원이고, 50명 이상의 단체인 경우에는 입장료의 20 %를 할인해 준다고 한다. 이 동물원에 50명 미만의 단체가 입장할 때, 몇 명 이상부터 50명의 단체 입장권을 사는 것이 유리한지 구하시오.
　　 (단, 50명 미만이어도 50명의 단체 입장권을 살 수 있다.)

유형 08 · 추가 요금에 대한 문제

38 대표 문제

어느 민속촌에 단체 관광객이 입장할 때, 입장료가 4명까지는 1인당 1000원이고, 4명을 초과하면 초과된 인원에 대하여 1인당 800원이라고 한다. 9000원 이하의 금액으로 이 민속촌에 입장하려면 최대 몇 명까지 입장할 수 있는가?

① 8명 ② 9명 ③ 10명
④ 11명 ⑤ 12명

39 중

기본요금이 35000원인 어떤 휴대전화 요금제에 가입하면 100 MB(메가바이트)의 데이터를 무료로 사용할 수 있고, 100 MB를 초과하면 1 MB당 100원의 추가 요금을 내야 한다. 이 요금제에 가입하였을 때, 전체 요금이 60000원 이하가 되게 하려면 데이터를 최대 몇 MB 사용할 수 있는지 구하시오. (단, 추가되는 다른 요금은 생각하지 않는다.)

Pick
40 중

증명사진 6장을 뽑는 데 드는 비용은 4000원이고, 6장을 초과하면 한 장당 200원씩 추가된다고 한다. 증명사진 한 장당 평균 가격이 400원 이하가 되게 하려면 증명사진을 최소 몇 장 뽑아야 하는가?

① 10장 ② 11장 ③ 12장
④ 13장 ⑤ 14장

유형 09 · 정가, 원가에 대한 문제

41 대표 문제

어느 제과점에서는 마감 직전 한 시간 동안 호두파이를 할인하여 판매한다고 한다. 원가가 15000원인 호두파이를 정가의 50 %를 할인하여 팔아서 원가의 10 % 이상의 이익을 얻으려고 할 때, 정가를 얼마 이상으로 정해야 하는가?

① 25000원 ② 27000원 ③ 29000원
④ 31000원 ⑤ 33000원

Pick
42 중

어떤 상품에 원가의 30 %의 이익을 붙여서 정가를 정하였다. 이 상품을 정가에서 1500원을 할인하여 팔아서 원가의 20 % 이상의 이익을 얻으려면 원가가 얼마 이상이어야 하는지 구하시오.

43 상

어느 운동화에 원가의 60 %의 이익을 붙여서 정가를 정하였다. 이 운동화를 할인하여 판매하려고 할 때, 손해를 보지 않으려면 정가의 최대 몇 %까지 할인하여 판매할 수 있는가?

① 30 % ② 32.5 % ③ 35 %
④ 37.5 % ⑤ 40 %

유형 10 | 유리한 방법을 선택하는 문제
– 가격 조건이 다른 경우 ^{중요}

44 대표 문제

집 앞 상점에서 한 개에 2000원인 치약을 도매 시장에서는 한 개에 1700원에 살 수 있다고 한다. 도매 시장에 다녀오려면 왕복 1800원의 교통비가 든다고 할 때, 치약을 몇 개 이상 사야 도매 시장에서 사는 것이 유리한지 구하시오.

45 ⓒ

동네 서점에서 한 권에 8000원인 책을 인터넷 서점에서는 이 가격에서 10 % 할인된 금액으로 판매하고 있다. 이 책을 여러 권 사려고 하는데 인터넷 서점에서 구입하면 2500원의 배송료를 내야 한다고 할 때, 책을 최소 몇 권 사야 인터넷 서점을 이용하는 것이 유리한가?

① 3권 ② 4권 ③ 5권
④ 6권 ⑤ 7권

46 ⓒ 서술형

창엽이네는 집에 공기청정기를 들여놓으려고 한다. 공기청정기를 구입할 경우에는 56만 원의 구입 비용과 매달 12000원의 유지비가 들고, 공기청정기를 대여할 경우에는 매달 3만 원의 대여비가 든다고 한다. 공기청정기를 몇 개월 이상 사용해야 공기청정기를 구입하는 것이 유리한지 구하시오.

47 ⓢ

다음 표는 어느 통신 회사의 두 요금제 A, B를 비교하여 나타낸 것이다. B 요금제를 이용하는 것이 경제적인 것은 통화 시간이 몇 분 초과일 때인가?

(단, 추가되는 다른 요금은 생각하지 않는다.)

	A 요금제	B 요금제
기본요금	12000원	18000원
통화 요금	10초당 40원	10초당 20원

① 30분 ② 35분 ③ 40분
④ 45분 ⑤ 50분

유형 11 | 유리한 방법을 선택하는 문제
– 단체 입장권을 사는 경우

48 대표 문제

오른쪽 그림은 어느 놀이공원에서 판매하는 청소년 자유 이용권의 가격을 나타낸 것이다. 10명 미만의 청소년이 이 놀이공원을 자유 이용권으로 이용한다고 할 때, 몇 명 이상부터

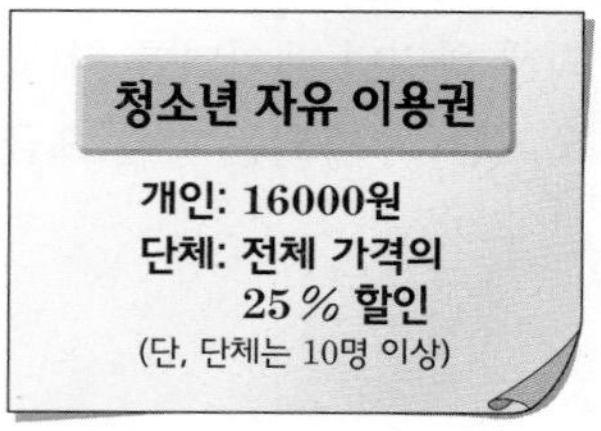

> **청소년 자유 이용권**
> **개인: 16000원**
> **단체: 전체 가격의**
> **25 % 할인**
> (단, 단체는 10명 이상)

10명의 단체 자유 이용권을 사는 것이 유리한지 구하시오.
(단, 10명 미만이어도 10명의 단체 자유 이용권을 살 수 있다.)

49 ⓒ

어떤 연극의 티켓 가격은 한 사람당 30000원이고, 40명 이상의 단체인 경우에는 티켓 가격의 10 %를 할인해 준다고 한다. 이 연극을 40명 미만의 단체가 관람할 때, 몇 명 이상부터 40명의 단체 티켓을 사는 것이 유리한지 구하시오.

(단, 40명 미만이어도 40명의 단체 티켓을 살 수 있다.)

• 정답과 해설 41쪽

유형 12 **거리, 속력, 시간에 대한 문제 – 도중에 속력이 바뀌는 경우**

A 지점에서 B 지점까지 가는데 도중에 속력이 바뀔 때

$$\Rightarrow \binom{\text{시속 } a \text{ km로}}{\text{갈 때 걸린 시간}} + \binom{\text{시속 } b \text{ km로}}{\text{갈 때 걸린 시간}} \square \binom{\text{전체}}{\text{걸린 시간}}$$

문제에 맞게 부등호를 넣는다.

참고 (거리)=(속력)×(시간), (속력)=$\dfrac{\text{(거리)}}{\text{(시간)}}$, (시간)=$\dfrac{\text{(거리)}}{\text{(속력)}}$

주의 주어진 단위가 다를 경우, 부등식을 세우기 전에 먼저 단위를 통일한다.
➡ 1 km=1000 m
➡ 1시간=60분, 1분=$\dfrac{1}{60}$시간

대표 문제

50 A 지점에서 36 km 떨어진 B 지점까지 자전거를 타고 가는데 처음에는 시속 10 km로 달리다가 도중에 시속 8 km로 달려서 4시간 이내에 B 지점에 도착하였다. 이때 시속 10 km로 달린 거리는 최소 몇 km인가?

① 16 km ② 17 km ③ 18 km
④ 19 km ⑤ 20 km

유형 13 **거리, 속력, 시간에 대한 문제 – 왕복하는 경우** (중요)

(1) 왕복하는 데 걸린 시간
➡ (갈 때 걸린 시간)+(올 때 걸린 시간)
(2) 중간에 물건을 사거나 쉴 때, 왕복하는 데 걸린 시간
➡ (갈 때 걸린 시간)+(중간에 소요된 시간)
　 +(올 때 걸린 시간)

대표 문제

51 어느 버스 터미널에서 버스가 출발하기까지 1시간 15분의 여유가 있어서 상점에 가서 물건을 사 오려고 한다. 걷는 속력은 시속 4 km로 일정하고, 물건을 사는 데 15분이 걸린다고 하면 버스 터미널에서 최대 몇 km 떨어진 곳에 있는 상점까지 다녀올 수 있는지 구하시오.

유형 14 **거리, 속력, 시간에 대한 문제 – 반대 방향으로 출발하는 경우**

A, B 두 사람이 같은 지점에서 반대 방향으로 동시에 출발할 때, A, B 사이의 거리
➡ (A가 이동한 거리)+(B가 이동한 거리)

대표 문제

52 지민이와 태형이가 같은 지점에서 동시에 출발하여 서로 반대 방향으로 직선 도로를 따라 걷고 있다. 지민이는 시속 4 km로, 태형이는 시속 6 km로 걸을 때, 지민이와 태형이가 3.5 km 이상 떨어지려면 몇 분 이상 걸어야 하는지 구하시오.

• 정답과 해설 41쪽

| 유형 15 | 농도에 대한 문제 |

소금물의 농도가 $a\%$ 이하이면 $\dfrac{(소금의\ 양)}{(소금물의\ 양)} \times 100 \leq a$

➡ $(소금의\ 양) \leq \dfrac{a}{100} \times (소금물의\ 양)$

(1) $a\%$의 소금물 $A\,\mathrm{g}$에 물 $x\,\mathrm{g}$을 더 넣으면 농도가 $k\%$ 이하가 된다. → $\left(\dfrac{a}{100} \times A\right) \times \dfrac{1}{A+x} \times 100 \leq k$

➡ $\dfrac{a}{100} \times A \leq \dfrac{k}{100} \times (A+x)$

(2) $a\%$의 소금물 $A\,\mathrm{g}$에서 물 $x\,\mathrm{g}$을 증발시키면 농도가 $k\%$ 이상이 된다. → $\left(\dfrac{a}{100} \times A\right) \times \dfrac{1}{A-x} \times 100 \geq k$

➡ $\dfrac{a}{100} \times A \geq \dfrac{k}{100} \times (A-x)$

참고 $(소금물의\ 농도) = \dfrac{(소금의\ 양)}{(소금물의\ 양)} \times 100\,(\%)$

$(소금의\ 양) = \dfrac{(소금물의\ 농도)}{100} \times (소금물의\ 양)$

주의 소금물에 물을 더 넣거나 소금물에서 물을 증발시켜도 소금의 양은 변하지 않는다.

대표 문제

53 8%의 소금물 $500\,\mathrm{g}$이 있다. 이 소금물에 물을 더 넣어 소금물의 농도를 5% 이하로 만들려면 최소 몇 g의 물을 더 넣어야 하는가?

① $100\,\mathrm{g}$ ② $150\,\mathrm{g}$ ③ $200\,\mathrm{g}$
④ $250\,\mathrm{g}$ ⑤ $300\,\mathrm{g}$

| 유형 16 | 성분의 함량에 대한 문제 |

(1) 식품에 대한 문제
식품 A의 $100\,\mathrm{g}$당 단백질의 양이 $a\,\mathrm{g}$일 때

➡ $(식품\ A의\ 1\,\mathrm{g}당\ 단백질의\ 양) = \dfrac{a}{100}\,\mathrm{g}$

(2) 합금에 대한 문제
합금 A의 구리의 비율이 $a\%$일 때

➡ $(합금\ A에\ 포함된\ 구리의\ 양) = \dfrac{a}{100} \times (합금\ A의\ 양)$

대표 문제

54 오른쪽 표는 두 식품 A, B의 $100\,\mathrm{g}$당 열량을 나타낸 것이다. 두 식품 A, B를 섭취하여 열량을 $500\,\mathrm{kcal}$ 이상 얻으려고 할 때, 식품 A를 $80\,\mathrm{g}$ 섭취하였다면 식품 B를 몇 g 이상 섭취해야 하는지 구하시오.

식품	열량(kcal)
A	150
B	200

유형 12 거리, 속력, 시간에 대한 문제
– 도중에 속력이 바뀌는 경우

Pick
55 대표 문제

진희가 집에서 8 km 떨어진 은우네 집까지 가는데 처음에는 스케이트보드를 타고 시속 10 km로 가다가 도중에 스케이트보드가 고장 나서 그 지점부터 시속 3 km로 걸어갔더니 1시간 30분 이내에 도착하였다. 이때 스케이트보드를 타고 간 거리는 최소 몇 km인지 구하시오.

56 중

이슬이가 집에서 9 km 떨어진 도서관까지 가는데 처음에는 분속 60 m로 걷다가 도중에 분속 80 m로 걸어서 2시간 이내에 도서관에 도착하였다. 다음 중 분속 60 m로 걸은 거리가 될 수 없는 것은?

① 1.2 km ② 1.4 km ③ 1.6 km
④ 1.8 km ⑤ 2 km

57 중

지연이는 집에서 6 km 떨어진 학교까지 가는데 처음에는 분속 50 m로 걸어가다가 늦을 것 같아 도중에 분속 150 m로 뛰어가서 1시간 20분 이내에 학교에 도착하였다. 이때 지연이가 걸어간 거리는 최대 몇 km인가?

① 2 km ② 2.5 km ③ 3 km
④ 3.5 km ⑤ 4 km

유형 13 거리, 속력, 시간에 대한 문제
– 왕복하는 경우 중요

13-1 왕복하는 경우

58 대표 문제

혜나가 제주 올레길을 걷는데 갈 때는 시속 3 km로, 올 때는 같은 길을 시속 2 km로 걸어서 2시간 15분 이내로 돌아오려고 한다. 이때 최대 몇 km 떨어진 곳까지 갔다 올 수 있는가?

① 2.5 km ② 2.7 km ③ 3 km
④ 3.2 km ⑤ 3.5 km

Pick
59 중 서술형

지수가 등산을 하는데 올라갈 때는 시속 2 km로, 내려올 때는 올라갈 때보다 3 km 더 먼 길을 시속 4 km로 걸어서 내려왔더니 전체 걸린 시간이 6시간 이내였다. 이때 올라간 거리는 최대 몇 km인지 구하시오.

60 상

민주가 집과 서점 사이를 왕복하는데 갈 때는 분속 60 m로, 올 때는 분속 45 m로 걸었다. 갈 때 걸린 시간과 올 때 걸린 시간의 차이가 4분보다 작을 때, 집과 서점 사이의 거리는 몇 m 미만인지 구하시오.

유형 완성하기 ✳

13-2 **중간에 물건을 사거나 쉬는 경우**

Pick
61 중
윤기는 주말에 집에서 TV를 시청하다가 재미있는 영화가 시작하기까지 45분의 여유가 있어서 집 근처 편의점에서 음료수를 사 오려고 한다. 음료수를 사는 데 10분이 걸리고, 시속 3 km로 걷는다고 할 때, 집에서 최대 몇 km 떨어져 있는 편의점을 이용할 수 있는가?

① $\frac{1}{2}$ km
② $\frac{5}{8}$ km
③ $\frac{7}{8}$ km
④ $\frac{5}{4}$ km
⑤ $\frac{3}{2}$ km

62 중
자동차를 타고 두 지점 A, B 사이를 왕복하는데 A 지점에서 출발하여 갈 때는 시속 80 km로 달리고, B 지점에서 25분을 쉰 후 A 지점으로 돌아올 때는 시속 120 km로 달렸다. 전체 걸린 시간이 2시간 이내일 때, 두 지점 A, B 사이의 거리는 최대 몇 km인가?

① 73 km
② 74 km
③ 75 km
④ 76 km
⑤ 77 km

63 중
다음 대화를 읽고, 예리와 소영이가 지금 바로 공원에 갈 때 공원에서 최대 몇 분 동안 놀 수 있는지 구하시오.

> 예리: 소영아! 여기에서 1 km 떨어진 곳에 공원이 생겼어. 같이 공원에 가서 놀다 오자.
> 소영: 나는 5시에 여기에서 조별 모임이 있어. 5시까지 돌아올 수 있을까?
> 예리: 지금이 4시니까 1시간의 여유가 있어. 자전거를 타고 시속 8 km로 다녀오자.

64 중 서술형
은수는 기차역에 도착하였는데 기차의 출발 시각까지 1시간이 남아 그동안 한 상점에 가서 선물을 사 오려고 한다. 기차역에서 각 상점까지의 거리는 다음 표와 같고, 상점에서 선물을 사는 데 15분이 걸린다. 은수가 시속 5 km로 걷는다고 할 때, 갔다 올 수 있는 상점을 모두 고르시오.

상점	꽃집	옷 가게	인형 가게	서점	문구점
거리	1.6 km	2 km	1.9 km	1.5 km	1.85 km

유형 14 **거리, 속력, 시간에 대한 문제 – 반대 방향으로 출발하는 경우**

Pick
65 대표 문제
언니와 동생이 같은 지점에서 동시에 출발하여 언니는 동쪽으로 분속 200 m로, 동생은 서쪽으로 분속 150 m로 달려가고 있다. 언니와 동생이 2.1 km 이상 떨어지려면 출발한 지 최소 몇 분이 지나야 하는가?

① 5분
② 6분
③ 7분
④ 8분
⑤ 9분

66 중
세은이와 현준이가 직선 도로 위의 3.7 km 떨어진 두 지점에서 마주 보고 동시에 출발하여 만나려고 한다. 세은이는 분속 230 m로, 현준이는 분속 170 m로 달린다고 할 때, 두 사람 사이의 거리가 900 m 이하가 되는 것은 출발한 지 몇 분 후부터인지 구하시오.

유형 15 농도에 대한 문제

67 대표 문제

12 %의 소금물 400 g이 있다. 이 소금물에 물을 더 넣어 소금물의 농도를 10 % 이하로 만들려면 최소 몇 g의 물을 더 넣어야 하는가?

① 40 g   ② 50 g   ③ 60 g
④ 70 g   ⑤ 80 g

68 중

6 %의 소금물 300 g이 있다. 이 소금물에서 물을 증발시켜 농도가 15 % 이상인 소금물을 만들려고 할 때, 최소 몇 g의 물을 증발시켜야 하는지 구하시오.

69 중

14 %의 소금물 500 g이 있다. 이 소금물에 소금을 더 넣어 농도가 20 % 이상인 소금물을 만들려고 할 때, 최소 몇 g의 소금을 더 넣어야 하는지 구하시오.

70 상

5 %의 설탕물 200 g에 8 %의 설탕물을 섞어서 농도가 6 % 이상인 설탕물을 만들려고 할 때, 8 %의 설탕물을 몇 g 이상 섞어야 하는가?

① 60 g   ② 70 g   ③ 80 g
④ 90 g   ⑤ 100 g

유형 16 성분의 함량에 대한 문제

71 대표 문제

오른쪽 표는 두 식품 A, B의 100 g당 지방의 양을 나타낸 것이다. 두 식품 A, B를 합하여 400 g을 섭취하여 지방을 30 g이 넘지 않게 얻으려고 할 때, 식품 A를 최대 몇 g 섭취할 수 있는지 구하시오.

식품	지방(g)
A	15
B	5

72 중

다음은 수박, 오렌지, 키위의 100 g당 열량과 비타민 C의 함량을 나타낸 것이다. 물음에 답하시오.

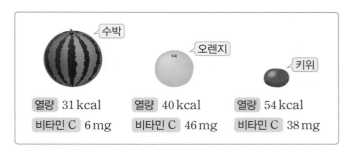

수박	오렌지	키위
열량 31 kcal	열량 40 kcal	열량 54 kcal
비타민 C 6 mg	비타민 C 46 mg	비타민 C 38 mg

(1) 열량이 224 kcal 이하가 되도록 수박 200 g과 키위를 먹으려고 한다. 키위를 최대 몇 g 먹을 수 있는지 구하시오.
(2) 비타민 C의 섭취량이 600 mg 이상이 되도록 키위 550 g과 오렌지를 먹으려고 한다. 오렌지를 최소 몇 g 먹어야 하는지 구하시오.

73 상

구리 20 %를 포함한 합금 A와 구리 25 %를 포함한 합금 B가 있다. 두 합금 A, B를 녹여서 구리를 45 g 이상 포함하는 합금을 200 g 만들려고 할 때, 합금 B는 최소 몇 g 필요한가?

① 90 g   ② 95 g   ③ 100 g
④ 105 g   ⑤ 110 g

74 유형 01

연속하는 세 홀수의 합이 55보다 클 때, 가운데 수가 될 수 있는 수 중에서 가장 작은 수는?

① 13   ② 15   ③ 17

④ 19   ⑤ 21

75 유형 02

보아는 기말고사에서 국어 81점, 영어 77점, 수학 84점을 받았다. 과학을 포함한 네 과목의 평균 점수가 82점 이상이 되려면 과학 점수는 최소 몇 점이어야 하는가?

① 82점   ② 84점   ③ 86점

④ 88점   ⑤ 90점

76 유형 03

한 번에 최대 800 kg까지 운반할 수 있는 승강기가 있다. 몸무게가 각각 65 kg인 두 사람이 한 개에 120 kg인 상자를 여러 개 실어 운반하려고 한다. 이때 상자를 한 번에 최대 몇 개까지 운반할 수 있는지 구하시오.

(단, 두 사람은 모두 엘리베이터에 탑승한다.)

77 유형 04

1개에 500원인 샤프펜슬과 1개에 300원인 메모지를 합하여 15개를 사고, 전체 가격이 5300원 이하가 되게 하려고 한다. 샤프펜슬을 x개 살 때, 다음 중 옳지 <u>않은</u> 것을 모두 고르면?

(정답 2개)

① 메모지는 $(15+x)$개 살 수 있다.

② 샤프펜슬을 모두 사는 데 드는 비용은 $500x$원이다.

③ 메모지를 모두 사는 데 드는 비용은 $300(15-x)$원이다.

④ $500x+300(15-x) \leq 5300$이다.

⑤ 샤프펜슬은 최대 5개까지 살 수 있다.

78 유형 05

예지는 어버이날에 부모님께 드릴 선물을 사기 위해 40000원을 모으려고 한다. 현재 예지는 5000원이 있고 내일부터 매일 700원씩 모은다고 할 때, 예지가 가진 총금액이 40000원 이상이 되는 것은 며칠 후부터인지 구하시오.

79 유형 06

아랫변의 길이가 윗변의 길이보다 6 cm만큼 길고 높이가 5 cm인 사다리꼴을 그리려고 한다. 사다리꼴의 넓이가 60 cm² 이하가 되게 하려면 윗변의 길이는 최대 몇 cm이어야 하는가?

① 7 cm   ② 8 cm   ③ 9 cm

④ 10 cm   ⑤ 11 cm

80 유형 07

병에 들어 있던 주스를 형이 120 mL를 마시고, 동생은 형이 마시고 남은 양의 $\frac{1}{3}$을 마셨더니 남아 있는 주스의 양이 220 mL 이상이었다. 처음 병에 들어 있던 주스의 양은 최소 몇 mL인가?

① 420 mL   ② 450 mL   ③ 480 mL
④ 500 mL   ⑤ 550 mL

81 유형 08

현수가 인터넷으로 구입하려는 티셔츠는 3장에 29000원이다. 3장을 초과하면 한 장당 8000원씩 추가된다고 한다. 티셔츠 한 장당 평균 가격이 8500원 이하가 되게 하려면 티셔츠를 최소 몇 장 사야 하는가? (단, 배송료는 무료이다.)

① 8장   ② 9장   ③ 10장
④ 11장   ⑤ 12장

82 유형 09

어떤 모자의 원가에 6000원의 이익을 붙여 정가를 정하였다. 이 모자의 정가의 20 %를 할인하여 팔았더니 800원 이상의 이익을 얻었다고 할 때, 다음 중 원가가 될 수 없는 것은?

① 10000원   ② 16000원   ③ 18000원
④ 20000원   ⑤ 24000원

83 유형 10

집 앞 편의점에서 한 개에 1500원인 라면을 대형 마트에서는 이 가격에서 20 % 할인하여 판매하고 있다. 대형 마트에 다녀오려면 왕복 2400원의 교통비가 든다고 할 때, 라면을 최소 몇 개 사야 대형 마트에서 사는 것이 유리한가?

① 6개   ② 7개   ③ 8개
④ 9개   ⑤ 10개

84 유형 11

어느 테마파크의 입장료는 한 사람당 25000원이고, 40명 이상의 단체인 경우에는 입장료의 30 %를 할인해 준다고 한다. 이 테마파크에 40명 미만의 단체가 입장할 때, 몇 명 이상부터 40명의 단체 입장권을 사는 것이 유리한지 구하시오.
     (단, 40명 미만이어도 40명의 단체 입장권을 살 수 있다.)

85 유형 12

성윤이가 집에서 6 km 떨어진 박물관까지 가는데 처음에는 시속 5 km로 걷다가 도중에 시속 3 km로 걸어서 박물관에 도착하였다. 전체 걸린 시간이 1시간 40분 이내였다고 할 때, 시속 3 km로 걸은 거리는 최대 몇 km인가?

① 2 km   ② $\frac{5}{2}$ km   ③ 3 km
④ $\frac{7}{2}$ km   ⑤ 4 km

• 정답과 해설 44쪽

86
유형 13

혜원이는 아버지와 함께 약수터에 다녀오는데 갈 때는 시속 4 km로, 올 때는 갈 때보다 1 km 더 먼 길을 시속 5 km로 걸었다. 왕복하는 데 걸린 시간이 2시간 이내였다면 혜원이와 아버지가 갈 때 걸은 거리는 최대 몇 km인가?

① 3.5 km ② 4 km ③ 4.2 km
④ 4.5 km ⑤ 5 km

87
유형 13

집에서 출발하여 자전거 대리점까지 시속 3 km로 걸어가서 20분 동안 자전거를 구입하였다. 구입한 자전거를 타고 시속 12 km로 집으로 돌아왔을 때, 집에서 출발하여 자전거를 구입하고 돌아오는 데까지 1시간 이상이 걸렸다. 이때 집에서 자전거 대리점까지의 거리는 최소 몇 km인가?

① 1 km ② 1.2 km ③ 1.4 km
④ 1.6 km ⑤ 1.8 km

88
유형 14

민우와 은정이가 같은 지점에서 출발하여 서로 반대 방향으로 직선 도로를 따라 걷고 있다. 은정이는 민우가 출발한 지 8분 후에 출발하였고, 민우는 분속 60 m로, 은정이는 분속 50 m로 걸을 때, 두 사람이 920 m 이상 떨어지는 것은 은정이가 출발한 지 몇 분 후부터인지 구하시오.

서술형 문제

89
유형 04

두 종류의 쿠키 A, B를 한 개씩 만드는 데 각각 우유 50 mL, 40 mL가 사용된다고 한다. 쿠키 A, B를 합하여 20개를 만들 때, 우유를 980 mL 이하로 사용하려면 쿠키 A를 최대 몇 개까지 만들 수 있는지 구하시오.

90
유형 10

다음 표는 A, B 두 음원 사이트에서 음악을 내려받는 요금을 나타낸 것이다. B 사이트를 이용하는 것이 경제적이려면 음악을 몇 곡 이상 내려받아야 하는지 구하시오.

	A 사이트	B 사이트
기본요금	3900원 (50곡까지)	6900원 (무제한)
추가 요금	1곡당 100원 (50곡 초과 시)	없음

91
유형 16

두 식품 A, B의 100 g당 단백질의 양은 각각 23 g, 13 g이다. 두 식품 A, B를 합하여 300 g을 섭취하여 단백질을 50 g 이상 얻으려면 식품 A를 최소 몇 g 섭취해야 하는지 구하시오.

만점 문제 뛰어넘기

• 정답과 해설 45쪽

92 오른쪽 그림과 같은 사다리꼴 ABCD에서 점 P는 $\overline{AB}$ 위를 움직인다. △DPC의 넓이가 사다리꼴 ABCD의 넓이의 $\frac{1}{2}$ 이상일 때, $\overline{BP}$의 길이는 최대 몇 cm까지 될 수 있는지 구하시오.

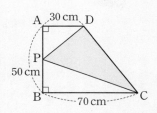

93 1부터 100까지의 자연수가 각각 하나씩 적힌 100장의 카드가 들어 있는 상자에서 미주와 재영이가 각각 한 장씩 카드를 꺼내 적힌 수를 비교하여 큰 수를 뽑은 사람은 5점, 작은 수를 뽑은 사람은 3점을 얻는다고 한다. 두 사람이 카드를 각각 30번 뽑을 때, 재영이가 미주보다 15점 이상 더 얻으려면 재영이는 미주보다 큰 수를 몇 번 이상 뽑아야 하는가?

(단, 한 번 꺼낸 카드는 상자에 다시 넣지 않는다.)

① 16번   ② 17번   ③ 18번
④ 19번   ⑤ 20번

94 A 기계 1대를 사용하면 10시간이 걸리고, B 기계 1대를 사용하면 15시간이 걸려서 끝낼 수 있는 일이 있다. 이 일을 A, B 기계를 합하여 13대를 사용하여 1시간 이내에 끝내려고 할 때, A 기계는 최소 몇 대가 필요한지 구하시오.

(단, A, B 두 종류의 기계는 기계별로 각각 성능이 같다.)

95 어느 지역의 버스 요금은 거리에 상관없이 성인 1인당 1400원이다. 또 택시 요금은 출발 후 2 km까지는 3800원이고, 2 km 초과 시 200 m당 150원씩 추가된다고 한다. 성인 세 사람이 함께 택시를 타고 가다가 중간에 버스로 갈아타려고 한다. 이때 세 사람의 전체 교통비가 23000원 이하이려면 택시를 타고 최대 몇 km까지 갈 수 있는지 구하시오.

(단, 택시 요금에서 이동 시간은 생각하지 않는다.)

96 희진이는 생일을 맞아 친구들과 어느 뷔페에서 식사를 하기로 하였다. 이 뷔페의 1인당 이용 요금은 16000원이고, 다음과 같은 두 가지 할인 혜택 중 하나만 받을 수 있다고 한다. 이때 희진이를 포함하여 몇 명 이상이어야 제휴 카드 할인 혜택을 받는 것이 유리한지 구하시오.

제휴 카드 할인	생일 이벤트 할인
전체 이용 요금의 20 % 할인	생일인 사람 포함 3인까지 50 % 할인

97 속력이 일정한 유람선을 타고 강을 거슬러 올라가는 데 30분, 강을 따라 내려오는 데 20분이 걸렸다. 유람선의 전체 이동 거리는 12 km 이하이고 강물의 속력은 분속 30 m로 일정할 때, 정지한 물에서의 유람선의 속력은 분속 몇 m 이하인지 구하시오.

6. 연립일차방정식

유형 01 미지수가 2개인 일차방정식의 뜻

미지수가 2개인 일차방정식
➡ 미지수가 2개이고, 그 차수가 모두 1인 방정식
➡ 등식의 모든 항을 좌변으로 이항하여 정리했을 때,
$\underset{\underset{\text{미지수 2개}}{\uparrow\ \uparrow}}{ax+by}+c=0\,(a,\,b,\,c$는 상수, $a\neq0,\,b\neq0)$ 꼴

예 $3x-y=0$, $x+2y+4=0$ ➡ 미지수가 2개인 일차방정식이다.

$\underset{\underset{\text{미지수 1개}}{}}{2x+3=0},\ \underset{\underset{x\text{의 차수가 2}}{}}{x^2+3y-5=0}$ ➡ 미지수가 2개인 일차방정식이 아니다.

$\underset{\underset{\text{정리하면 } x-1=0}{}}{x-2y=-2y+1}$ ➡ 미지수가 2개인 일차방정식이 아니다.

대표 문제

01 다음 보기 중 미지수가 2개인 일차방정식을 모두 고르시오.

보기
ㄱ. $x+y-5$ ㄴ. $x=y(y-1)$
ㄷ. $\dfrac{x}{3}+\dfrac{y}{2}=1$ ㄹ. $\dfrac{2}{x}+\dfrac{3}{y}=6$
ㅁ. $2(x^2+1)+3y=2x^2-x+5$
ㅂ. $3x(y-1)=2x(y-3)+xy$

유형 02 미지수가 2개인 일차방정식의 해

(1) 미지수가 2개인 일차방정식의 해
미지수가 2개인 일차방정식을 참이 되게 하는 x, y의 값 또는 그 순서쌍 $(x,\,y)$
(2) 순서쌍 $(p,\,q)$가 일차방정식 $ax+by+c=0$의 해일 때
➡ $x=p$, $y=q$를 $ax+by+c=0$에 대입하면 등식이 성립한다.
➡ $ap+bq+c=0$
(3) 미지수가 2개인 일차방정식을 푼다: 일차방정식의 해를 모두 구하는 것

대표 문제

02 다음 중 일차방정식 $-3x+y=6$의 해가 <u>아닌</u> 것은?
① $x=0$, $y=6$ ② $x=4$, $y=18$
③ $x=\dfrac{1}{3}$, $y=7$ ④ $x=-\dfrac{5}{3}$, $y=1$
⑤ $x=-3$, $y=3$

유형 03 미지수가 2개인 일차방정식의 해 구하기 〈중요〉

x, y의 값이 자연수일 때, 일차방정식 $ax+by+c=0$의 해 구하기
➡ $ax+by+c=0$에 $x=1,\,2,\,3,\,\cdots$ (또는 $y=1,\,2,\,3,\,\cdots$)을 차례로 대입하여 y의 값(또는 x의 값)도 자연수가 되는 순서쌍 $(x,\,y)$를 찾는다.

참고 x, y 중 계수의 절댓값이 큰 미지수에 1부터 차례로 대입하는 것이 편리하다.

대표 문제

03 x, y의 값이 자연수일 때, 일차방정식 $x+3y=15$를 만족시키는 x, y의 순서쌍 $(x,\,y)$는 모두 몇 개인지 구하시오.

유형 04 일차방정식의 해 또는 계수가 문자인 경우 ⓒ

미지수가 2개인 일차방정식에서 계수 또는 상수항 또는 해의 순서
쌍에 문자가 포함되어 있을 때

❶ 주어진 해를 일차방정식의 x, y에 각각 대입한다.

❷ 등식이 성립하도록 하는 문자의 값을 구한다.

대표 문제

04 일차방정식 $4x+ay=14$의 한 해가 $x=2$, $y=3$일 때,
상수 a의 값을 구하시오.

유형 05 미지수가 2개인 연립일차방정식의 뜻과 해

(1) **미지수가 2개인 연립일차방정식(또는 연립방정식)**
미지수가 2개인 두 일차방정식을 한 쌍으로 묶어 나타낸 것

(2) **연립방정식의 해**: 두 일차방정식의 공통의 해

(3) 순서쌍 (p, q)가 연립방정식 $\begin{cases} ax+by=c \\ a'x+b'y=c' \end{cases}$의 해일 때

➡ $x=p$, $y=q$를 두 일차방정식 $ax+by=c$, $a'x+b'y=c'$에
각각 대입하면 등식이 성립한다.

➡ $ap+bq=c$, $a'p+b'q=c'$

(4) **연립방정식을 푼다**: 연립방정식의 해를 구하는 것

대표 문제

05 다음 보기의 연립방정식 중 해가 (2, 3)인 것을 모두
고르시오.

보기
ㄱ. $\begin{cases} x+y=5 \\ 2x+y=-1 \end{cases}$　　ㄴ. $\begin{cases} x+3y=11 \\ -3x+4y=6 \end{cases}$

ㄷ. $\begin{cases} -x+2y=4 \\ 2x-3y=-5 \end{cases}$　　ㄹ. $\begin{cases} 2x+3y=13 \\ 4x-3y=1 \end{cases}$

유형 06 연립방정식의 해 또는 계수가 문자인 경우 ⓒ

연립방정식에서 계수 또는 상수항 또는 해의 순서쌍에 문자가 포
함되어 있을 때

❶ 주어진 해를 두 일차방정식의 x, y에 각각 대입한다.

❷ 등식이 성립하도록 하는 문자의 값을 구한다.

대표 문제

06 연립방정식 $\begin{cases} ax+y=8 \\ bx+2y=6 \end{cases}$의 해가 $x=2$, $y=4$일 때, 상
수 a, b에 대하여 $a+b$의 값을 구하시오.

유형 01 미지수가 2개인 일차방정식의 뜻

Pick
07 대표 문제

다음 중 미지수가 2개인 일차방정식인 것은?

① $y=\dfrac{1}{x}+2$ ② $x+xy=4$ ③ $x+y=3$

④ $x-2=0$ ⑤ $3x+y=3(x+y-1)$

08 하 多 보기

다음 중 문장을 미지수가 2개인 일차방정식으로 나타낸 것으로 옳지 <u>않은</u> 것을 모두 고르면?

① x의 2배는 y의 3배보다 1만큼 작다. ⇨ $2x=3y-1$
② y를 x로 나누면 몫이 7이고, 나머지가 2이다. ⇨ $y=7x+2$
③ x세인 준기보다 3세 많은 형의 나이는 y세이다. ⇨ $x-3=y$
④ 200원짜리 공책 x권과 900원짜리 연습장 y권을 합한 가격은 5000원이다. ⇨ $200x+900y=5000$
⑤ 수학 시험에서 4점짜리 문제 x개와 5점짜리 문제 y개를 맞혀서 84점을 받았다. ⇨ $4x+5y=84$
⑥ 가로의 길이가 $x\,\mathrm{cm}$, 세로의 길이가 $y\,\mathrm{cm}$인 직사각형의 둘레의 길이는 $16\,\mathrm{cm}$이다. ⇨ $x+y=16$
⑦ 시속 $3\,\mathrm{km}$로 x시간을 걸은 후 시속 $2\,\mathrm{km}$로 y시간을 걸었을 때, 걸은 거리는 총 $32\,\mathrm{km}$이다. ⇨ $\dfrac{x}{3}+\dfrac{y}{2}=32$

09 하

일차방정식 $3y=2(x-1)+5$를 $ax+by+3=0$ 꼴로 나타낼 때, 상수 a, b에 대하여 $a+b$의 값을 구하시오.

10 중

등식 $ax^2-3x+2y=4x^2+by-5$가 미지수가 2개인 일차방정식이 되도록 하는 상수 a, b의 조건은?

① $a=4$, $b=2$ ② $a=4$, $b\neq2$
③ $a\neq4$, $b=2$ ④ $a=4$, $b\neq3$
⑤ $a\neq4$, $b\neq3$

유형 02 미지수가 2개인 일차방정식의 해

Pick
11 대표 문제

다음 중 일차방정식 $4x-3y=5$의 해인 것은?

① $\left(-5,\ -\dfrac{23}{3}\right)$ ② $\left(-3,\ -\dfrac{13}{3}\right)$
③ $(1,\ -1)$ ④ $(2,\ -3)$
⑤ $\left(3,\ \dfrac{7}{3}\right)$

12 하

다음 일차방정식 중 순서쌍 $(-2,\ 1)$이 해가 <u>아닌</u> 것은?

① $x+y=-1$ ② $2x-y=-3$
③ $x+7y=5$ ④ $4x+3y=-5$
⑤ $x-5y=-7$

13 하

다음 보기 중 일차방정식 $3x-y=15$의 해를 모두 고른 것은?

> 보기
> ㄱ. $(1, -12)$ ㄴ. $\left(\dfrac{5}{2}, -\dfrac{5}{2}\right)$ ㄷ. $(7, 5)$
> ㄹ. $\left(-\dfrac{2}{3}, -17\right)$ ㅁ. $(-2, 21)$ ㅂ. $\left(-\dfrac{7}{3}, -22\right)$

① ㄱ, ㄴ, ㄹ ② ㄱ, ㄹ, ㅂ ③ ㄴ, ㄷ, ㅁ
④ ㄴ, ㅁ, ㅂ ⑤ ㄹ, ㅁ, ㅂ

유형 03 미지수가 2개인 일차방정식의 해 구하기 중요

14 대표 문제

x, y의 값이 자연수일 때, 일차방정식 $2x+y=17$의 해는 모두 몇 개인가?

① 5개 ② 6개 ③ 7개
④ 8개 ⑤ 9개

Pick

15 중

x, y의 값이 음이 아닌 정수일 때, 일차방정식 $x+3y-16=0$을 만족시키는 x, y의 순서쌍 (x, y)는 모두 몇 개인지 구하시오.

---

16 중

x, y의 값이 자연수일 때, 일차방정식 $x+4y=18$의 해의 개수는 a, 일차방정식 $2x+5y=29$의 해의 개수는 b이다. 이때 $a+b$의 값은?

① 3 ② 4 ③ 5
④ 6 ⑤ 7

17 중

진로 체험 학습에 참가한 학생 180명을 30명씩으로 구성된 모둠 x개와 15명씩으로 구성된 모둠 y개로 나누었을 때, 다음 물음에 답하시오. (단, $x \neq 0$, $y \neq 0$)

(1) 미지수가 2개인 일차방정식으로 나타내시오.

(2) (1)의 일차방정식의 모든 해를 순서쌍 (x, y)로 나타내시오.

유형 04 일차방정식의 해 또는 계수가 문자인 경우 중요

18 대표 문제

일차방정식 $2x+ay=1$의 한 해가 $(5, -3)$일 때, 상수 a의 값은?

① -3 ② -1 ③ 1
④ 2 ⑤ 3

19 하

일차방정식 $3x-4y=6$의 한 해가 $(a, a-1)$일 때, a의 값은?

① -5 ② -2 ③ 2
④ 5 ⑤ 10

Pick
20 중 서술형

순서쌍 $(-3, -2a)$, $(b, 4)$가 모두 일차방정식 $-5x+2y=3$의 해일 때, $a-2b$의 값을 구하시오.

21 중

일차방정식 $ax-3y+9=0$의 한 해가 $(2, 1)$이다. $y=10$일 때, x의 값을 구하시오. (단, a는 상수)

22 중

다음 표는 x, y에 대한 일차방정식 $2x+y=a$의 해를 나타낸 것이다. 이때 $a+b+c$의 값은?

x	-2	-1	b	2
y	14	12	8	c

① 15 ② 16 ③ 17
④ 18 ⑤ 19

23 상

x, y에 대한 일차방정식 $3ax-by=17$의 한 해가 $x=1$, $y=-2$일 때, 자연수 a, b의 순서쌍 (a, b)는 모두 몇 개인가?

① 1개 ② 2개 ③ 3개
④ 4개 ⑤ 5개

유형 05 미지수가 2개인 연립일차방정식의 뜻과 해

Pick
24 대표 문제

다음 연립방정식 중 $x=2$, $y=-1$이 해인 것은?

① $\begin{cases} x-3y=5 \\ 2x+y=2 \end{cases}$ ② $\begin{cases} -x+2y=0 \\ x+5y=-3 \end{cases}$

③ $\begin{cases} x+2y=-4 \\ 5x+y=9 \end{cases}$ ④ $\begin{cases} 2x+3y=1 \\ -x+8y=10 \end{cases}$

⑤ $\begin{cases} -2x+y=-5 \\ 5x+3y=7 \end{cases}$

25 하

'입장료가 어른은 1500원, 학생은 700원인 박물관에 어른과 학생을 합하여 총 8명이 8000원의 입장료를 내고 입장했다.'를 박물관에 입장한 어른을 x명, 학생을 y명으로 놓고 연립방정식으로 나타내면 $\begin{cases} x+ay=b \\ 1500x+cy=8000 \end{cases}$ 이다. 이때 상수 a, b, c에 대하여 $a+b+c$의 값은?

① 705 ② 706 ③ 707
④ 708 ⑤ 709

26 중

다음 보기의 일차방정식 중 두 방정식을 한 쌍으로 하는 연립방정식을 만들었을 때, 해가 $x=-3$, $y=4$인 것은?

┌─ 보기 ─────────────────────────
│ ㄱ. $-x+3y=9$　　　　 ㄴ. $x+2y=5$
│ ㄷ. $2x-3y=-15$　　　 ㄹ. $2x+3y=6$
└────────────────────────────

① ㄱ, ㄴ　　　　② ㄱ, ㄷ　　　　③ ㄴ, ㄷ
④ ㄴ, ㄹ　　　　⑤ ㄷ, ㄹ

27 중

x, y의 값이 자연수일 때, 연립방정식 $\begin{cases} 2x+y=11 \\ x+3y=18 \end{cases}$의 해를 순서쌍 (x, y)로 나타내시오.

유형 06 연립방정식의 해 또는 계수가 문자인 경우　중요

28 대표 문제

연립방정식 $\begin{cases} ax+y=5 \\ x-by=-11 \end{cases}$의 해가 $(4, -3)$일 때, 상수 a, b에 대하여 $a-b$의 값은?

① 6　　　　② 7　　　　③ 8
④ 9　　　　⑤ 10

Pick
29 중

연립방정식 $\begin{cases} ax+2y=3 \\ 2x-3y=3 \end{cases}$의 해가 $x=3$, $y=b$일 때, ab의 값은? (단, a는 상수)

① -1　　　　② $-\dfrac{2}{3}$　　　　③ $-\dfrac{1}{3}$
④ $\dfrac{1}{3}$　　　　⑤ $\dfrac{2}{3}$

30 중 　서술형

연립방정식 $\begin{cases} 2x+y=9 \\ 2x-2y=-3a \end{cases}$를 만족시키는 y의 값이 -5일 때, 상수 a의 값을 구하시오.

31 중

연립방정식 $\begin{cases} mx+y=16 \\ x+ny=7 \end{cases}$의 해가 $(5, m-2)$일 때, 상수 m, n에 대하여 $m+n$의 값을 구하시오.

유형 07 **연립방정식의 풀이 – 대입법**

(1) 대입법: 한 일차방정식을 다른 일차방정식에 대입하여 연립방정식을 푸는 방법

(2) 대입법을 이용한 풀이

❶ 한 일차방정식을 한 미지수에 대한 식으로 나타낸다.
➡ $x=(y$에 대한 식) 또는 $y=(x$에 대한 식)

❷ ❶의 식을 다른 일차방정식에 대입하여 해를 구한다.

❸ ❷의 해를 ❶의 식에 대입하여 다른 미지수의 값을 구한다.

참고 연립방정식의 두 일차방정식 중 어느 하나가 $x=(y$에 대한 식) 또는 $y=(x$에 대한 식) 꼴로 나타내기 쉬울 때는 대입법을 이용하면 편리하다.

주의 문자에 식을 대입할 때는 괄호를 사용한다.

대표 문제

32 다음 연립방정식을 푸시오.

(1) $\begin{cases} y=-3x+18 \\ 2x+y=16 \end{cases}$

(2) $\begin{cases} -x+2y=5 \\ x-3y=1 \end{cases}$

유형 08 **연립방정식의 풀이 – 가감법**

(1) 가감법: 두 일차방정식을 변끼리 더하거나 빼어서 연립방정식을 푸는 방법

(2) 가감법을 이용한 풀이

❶ 적당한 수를 곱하여 없애려는 미지수의 계수의 절댓값을 같게 만든다.

❷ 없애려는 미지수의 계수의 부호가
　├ 같으면 ➡ 두 방정식의 변끼리 빼고
　└ 다르면 ➡ 두 방정식의 변끼리 더하여
한 미지수를 없애고 해를 구한다.

❸ ❷의 해를 한 일차방정식에 대입하여 다른 미지수의 값을 구한다.

참고 없애려는 미지수의 계수의 절댓값이 처음부터 같은 경우에는 ❶은 생략하고 ❷부터 시작한다.

대표 문제

33 다음 연립방정식을 푸시오.

(1) $\begin{cases} 5x+2y=16 \\ 3x+4y=11 \end{cases}$

(2) $\begin{cases} 2x+3y=-22 \\ -x+2y=-3 \end{cases}$

유형 09 | 괄호가 있는 연립방정식의 풀이

분배법칙을 이용하여 괄호를 풀고, 식을 간단히 하여 푼다.

➡ $a(x+y)=ax+ay$, $a(x-y)=ax-ay$

참고 비례식을 포함한 연립방정식은 비례식에서 (내항의 곱)=(외항의 곱)임을 이용하여 비례식을 일차방정식으로 바꾸어 푼다.

대표 문제

34 연립방정식 $\begin{cases} 2(x-y)+5y=5 \\ x-3(x-2y)=13 \end{cases}$ 을 푸시오.

유형 10 | 계수가 소수 또는 분수인 연립방정식의 풀이 (중요)

양변에 적당한 수를 곱하여 계수를 정수로 고쳐서 푼다.

(1) 계수가 소수이면
  ➡ 양변에 10의 거듭제곱을 곱한다.

(2) 계수가 분수이면
  ➡ 양변에 분모의 최소공배수를 곱한다.

주의 양변에 수를 곱할 때는 모든 항에 빠짐없이 곱해야 한다.

대표 문제

35 연립방정식 $\begin{cases} 0.3x+0.4y=1.7 \\ \dfrac{x}{3}+\dfrac{y}{4}=\dfrac{3}{2} \end{cases}$ 을 푸시오.

유형 11 | $A=B=C$ 꼴의 방정식의 풀이 (중요)

$A=B=C$ 꼴의 방정식은

$\begin{cases} A=B \\ A=C \end{cases}$ $\begin{cases} A=B \\ B=C \end{cases}$ $\begin{cases} A=C \\ B=C \end{cases}$

의 세 연립방정식 중 가장 간단한 것을 택하여 푼다.

참고 C가 상수일 때는 $\begin{cases} A=C \\ B=C \end{cases}$ 를 푸는 것이 가장 간단하다.

대표 문제

36 방정식 $3x+4y-1=2x+3y=5x+4y-9$의 해가 $x=a$, $y=b$일 때, ab의 값을 구하시오.

37 대표 문제

연립방정식 $\begin{cases} x=2y+3 \\ 3x-2y=11 \end{cases}$ 의 해가 (a, b)일 때, $a+b$의 값은?

① 3   ② $\dfrac{7}{2}$ ③ 4

④ $\dfrac{9}{2}$ ⑤ 5

38 하

다음은 연립방정식 $\begin{cases} 2x+3y=4 & \cdots \ ㉠ \\ 4x+y=-2 & \cdots \ ㉡ \end{cases}$을 대입법을 이용하여 푸는 과정이다. ☐ 안에 알맞은 것을 쓰시오.

㉡에서 y를 x에 대한 식으로 나타내면

$y=$ ☐ $\cdots$ ㉢

㉢을 ㉠에 대입하면

$2x+3($ ☐ $)=4$ $\therefore x=$ ☐

$x=$ ☐ 을(를) ㉢에 대입하면 $y=$ ☐

따라서 해는 $x=$ ☐ , $y=$ ☐ 이다.

39 하

연립방정식 $\begin{cases} y=3x-7 & \cdots \ ㉠ \\ 5x-3y=9 & \cdots \ ㉡ \end{cases}$을 풀기 위해 ㉠을 ㉡에 대입하여 y를 없앴더니 $ax=-12$가 되었을 때, 상수 a의 값은?

① -6 ② -4 ③ -2

④ 8   ⑤ 14

40 중

두 일차방정식 $y=x+3$, $3x-y=1$을 모두 만족시키는 x, y에 대하여 x^2-xy+y^2의 값은?

① 7   ② 9   ③ 12

④ 19   ⑤ 22

41 중

연립방정식 $\begin{cases} x=2y+3 \\ y=2x+6 \end{cases}$의 해가 일차방정식 $3x-2y-k=0$을 만족시킬 때, 상수 k의 값을 구하시오.

42 중

다음 일차방정식 중 연립방정식 $\begin{cases} x=4y-8 \\ 2x+y=11 \end{cases}$의 해가 한 해가 되는 것을 모두 고르면? (정답 2개)

① $-3x+5y=3$ ② $y=-2x+13$

③ $2x+5y=16$ ④ $4x-3y=7$

⑤ $7x-y=11$

유형 08 연립방정식의 풀이 – 가감법

43 대표 문제

연립방정식 $\begin{cases} 3x-2y=16 \\ 2x+3y=2 \end{cases}$의 해가 $x=a$, $y=b$일 때, ab의 값을 구하시오.

44 하

연립방정식 $\begin{cases} 4x-5y=5 & \cdots \ \bigcirc \\ 5x+3y=7 & \cdots \ \bigcirc \end{cases}$을 가감법을 이용하여 풀 때, x 또는 y를 없애기 위해 필요한 식을 모두 고르면? (정답 2개)

① $\bigcirc \times 2 + \bigcirc \times 5$
② $\bigcirc \times 3 - \bigcirc \times 5$
③ $\bigcirc \times 3 + \bigcirc \times 5$
④ $\bigcirc \times 4 + \bigcirc \times 3$
⑤ $\bigcirc \times 5 - \bigcirc \times 4$

45 하

연립방정식 $\begin{cases} 3x+2y=7 \\ -2x+5y=8 \end{cases}$을 풀기 위해 x를 없앴더니 $ay=38$이 되었다. 이때 상수 a의 값을 구하시오.

46 중

다음 중 연립방정식의 해가 나머지 넷과 <u>다른</u> 하나는?

① $\begin{cases} x+y=4 \\ x-y=-2 \end{cases}$
② $\begin{cases} 2x-y=-1 \\ 3x+2y=9 \end{cases}$
③ $\begin{cases} 7x+y=10 \\ 5x-3y=-4 \end{cases}$
④ $\begin{cases} x-5y=-13 \\ 4x-6y=-10 \end{cases}$
⑤ $\begin{cases} 3x+y=6 \\ x+3y=10 \end{cases}$

47 중

다음 그림과 같이 두 수 x, y에서 시작하여 화살표를 따라 주어진 연산을 계속하여 11과 6을 얻었을 때, x, y의 값을 각각 구하시오.

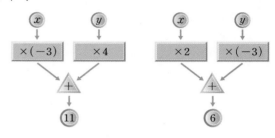

48 중 서술형

연립방정식 $\begin{cases} 2x-y=2 \\ 3x-2y=1 \end{cases}$의 해가 일차방정식 $ax+by=3$을 만족시킬 때, $9a+12b$의 값을 구하시오. (단, a, b는 상수)

49 중

순서쌍 $(3, -2)$, $(-2, -7)$이 모두 일차방정식 $ax+by=5$의 해일 때, 상수 a, b에 대하여 $a-b$의 값은?

① -2
② -1
③ 0
④ 1
⑤ 2

유형 09 괄호가 있는 연립방정식의 풀이

50 대표 문제

연립방정식 $\begin{cases} 3x-2(x-2y)=-7 \\ 2(x+y)=-8-3y \end{cases}$ 를 만족시키는 x, y에 대하여 $x-y$의 값은?

① -3 ② -2 ③ -1

④ 2 ⑤ 3

51 중 서술형

연립방정식 $\begin{cases} 3x-2(x+y)=1 \\ 5(2x+y)-2y=-13 \end{cases}$ 의 해가 $(1-a,\ b)$일 때, $a+b$의 값을 구하시오.

52 중

연립방정식 $\begin{cases} 2(x-2y)+y=8 \\ 2x+3(x+y)=-1 \end{cases}$ 의 해가 일차방정식 $x-3y+1=a$를 만족시킬 때, 상수 a의 값은?

① -6 ② -4 ③ 6

④ 8 ⑤ 10

Pick
53 상

연립방정식 $\begin{cases} 3x:2y=1:2 \\ 2y+5=3(x+2y) \end{cases}$ 를 푸시오.

유형 10 계수가 소수 또는 분수인 연립방정식의 풀이 〔중요〕

Pick
54 대표 문제

연립방정식 $\begin{cases} 0.5x+0.2y=3 \\ \dfrac{x}{6}+\dfrac{y-8}{3}=1 \end{cases}$ 의 해가 $x=a$, $y=b$일 때, $a+b$의 값은?

① 4 ② 6 ③ 8

④ 10 ⑤ 12

55 하

연립방정식 $\begin{cases} 0.1x+0.3y=1 \\ 0.05x-0.12y=-0.04 \end{cases}$ 를 만족시키는 x, y에 대하여 $x+y$의 값은?

① -4 ② -2 ③ 2

④ 4 ⑤ 6

56 하

연립방정식 $\begin{cases} \dfrac{x}{6}-\dfrac{y}{4}=-2 \\ \dfrac{x}{4}-\dfrac{3y}{2}=6 \end{cases}$ 을 푸시오.

57 중

연립방정식 $\begin{cases} \dfrac{1}{2}x - \dfrac{1}{6}y = -2 \\ 2(x-y) = -10 - y \end{cases}$ 를 푸시오.

58 중

연립방정식 $\begin{cases} \dfrac{x}{2} - 0.6y = 1.3 \\ 0.3x + \dfrac{y}{5} = 0.5 \end{cases}$ 의 해가 일차방정식 $x - 2y = k$ 를 만족시킬 때, 상수 k의 값은?

① -2 ② -1 ③ 1

④ 2 ⑤ 3

59 중

연립방정식 $\begin{cases} x - \dfrac{y-5}{2} = 8 \\ (x+2) : 3 = (y-1) : 2 \end{cases}$ 의 해가 (a, b)일 때, $a + b$의 값은?

① 16 ② 17 ③ 18

④ 19 ⑤ 20

P'ick
60 상

연립방정식 $\begin{cases} 0.0\dot{3}x - 0.0\dot{5}y = 0.1 \\ x - y = 1.\dot{6} \end{cases}$ 을 푸시오.

유형 11 $A = B = C$ 꼴의 방정식의 풀이

61 대표 문제

방정식 $3x - y = 5x + y = x + 2y + 10$을 만족시키는 x, y에 대하여 $x - y$의 값은?

① 2 ② 4 ③ 6

④ 8 ⑤ 10

62 중

다음 방정식의 해가 $x = a$, $y = b$일 때, $a + 2b$의 값을 구하시오.

$$5x + 7y = -2x + y - 8 = -3$$

P'ick
63 중

방정식 $\dfrac{-x+y}{2} = \dfrac{2x+4y}{3} = 3$을 풀면?

① $x = -\dfrac{5}{2},\ y = -\dfrac{7}{2}$ ② $x = -\dfrac{5}{2},\ y = -\dfrac{1}{2}$

③ $x = -\dfrac{5}{2},\ y = \dfrac{7}{2}$ ④ $x = \dfrac{5}{2},\ y = \dfrac{1}{2}$

⑤ $x = \dfrac{5}{2},\ y = \dfrac{7}{2}$

64 중

방정식 $x + 5y - 4 = x + y - 2 = -x + 3y - 2$의 해가 일차방정식 $2x - ay - 4 = 0$을 만족시킬 때, 상수 a의 값을 구하시오.

유형 12 연립방정식의 해가 주어진 경우 (중요)

❶ 주어진 해를 연립방정식에 대입한다.

❷ 새로 만들어지는 두 문자에 대한 연립방정식을 푼다.

예 $\begin{cases} ax+by=2 & \cdots \text{㉠} \\ bx+ay=-2 & \cdots \text{㉡} \end{cases}$의 해가 $x=1, y=2$일 때, 상수 a, b의 값 구하기

  ❶ 두 일차방정식 ㉠, ㉡에 $x=1, y=2$를 각각 대입하면

  $\begin{cases} a+2b=2 \\ b+2a=-2 \end{cases}$

  ❷ ❶의 a, b에 대한 연립방정식을 풀면 $a=-2, b=2$

대표 문제

65 연립방정식 $\begin{cases} ax+by=-1 \\ bx+ay=-4 \end{cases}$의 해가 $x=-3, y=-2$

일 때, 상수 a, b에 대하여 ab의 값을 구하시오.

유형 13 연립방정식의 해가 일차방정식의 한 해인 경우

❶ 세 일차방정식 중 계수와 상수항이 모두 주어진 두 일차방정식으로 연립방정식을 세워 해를 구한다.

❷ ❶에서 구한 해를 나머지 일차방정식에 대입하여 상수의 값을 구한다.

대표 문제

66 연립방정식 $\begin{cases} x-y=-1 \\ 3x+2y=6-a \end{cases}$ 의 해가 일차방정식

$y=2x$를 만족시킬 때, 상수 a의 값은?

① -3　　　　② -2　　　　③ -1

④ 1　　　　⑤ 2

유형 14 연립방정식의 해의 조건이 주어진 경우 (중요)

❶ 주어진 해의 조건을 식으로 나타낸다.

❷ 연립방정식 중 계수와 상수항이 모두 주어진 일차방정식과 ❶의 식으로 연립방정식을 세워 해를 구한다.

❸ ❷에서 구한 해를 나머지 일차방정식에 대입하여 상수의 값을 구한다.

참고 x의 값이 y의 값의 a배이다.　➡ $x=ay$

  y의 값이 x의 값보다 a만큼 크다. ➡ $y=x+a$

  x와 y의 값의 비가 $a:b$이다.　➡ $x:y=a:b \rightarrow bx=ay$

대표 문제

67 연립방정식 $\begin{cases} 3x-ay=6 \\ x-2y=10 \end{cases}$을 만족시키는 y의 값이 x의

값의 3배일 때, 상수 a의 값을 구하시오.

유형 15 두 연립방정식의 해가 서로 같은 경우 〔종요〕

❶ 네 일차방정식 중 계수와 상수항이 모두 주어진 두 일차방정식으로 연립방정식을 세워 해를 구한다.

❷ ❶에서 구한 해를 나머지 두 일차방정식에 대입하여 상수의 값을 구한다.

대표 문제

68 두 연립방정식 $\begin{cases} 4x-3y=2 \\ x+ay=-11 \end{cases}$, $\begin{cases} bx+2y=-7 \\ 8x+y=-10 \end{cases}$의 해가 서로 같을 때, 상수 a, b에 대하여 $a+b$의 값을 구하시오.

유형 16 잘못 보고 해를 구한 경우

(1) 계수 a와 b를 서로 바꾸어 놓고 푼 경우

　❶ a는 b로, b는 a로 바꾸어 새로운 연립방정식을 세운다.

　❷ 잘못 구한 해를 ❶의 식에 대입하여 a, b의 값을 각각 구한다.

(2) 계수 또는 상수항을 잘못 보고 푼 경우

　❶ 잘못 본 계수 또는 상수항을 미지수 k로 놓는다.

　❷ 잘못 구한 해를 제대로 본 식에 대입하여 나머지 해를 구한다.

　❸ ❷에서 구한 해를 잘못 본 식에 대입하여 k의 값을 구한다.

대표 문제

69 연립방정식 $\begin{cases} ax+by=3 \\ bx-ay=4 \end{cases}$에서 잘못하여 a와 b를 서로 바꾸어 놓고 풀었더니 해가 $x=1$, $y=2$이었다. 이때 처음 연립방정식의 해를 구하시오. (단, a, b는 상수)

유형 17 해가 무수히 많은 연립방정식

연립방정식의 한 일차방정식에 적당한 수를 곱했을 때,
x, y의 계수와 상수항이 각각 같으면 → 두 일차방정식이 일치한다.
➡ 해가 무수히 많다.

예 $\begin{cases} 3x+2y=3 & \cdots ㉠ \\ 6x+4y=6 & \cdots ㉡ \end{cases}$ x의 계수가 같아지도록 $㉠\times2$를 하면 $\begin{cases} 6x+4y=6 \\ 6x+4y=6 \end{cases}$

대표 문제

70 연립방정식 $\begin{cases} x-2y=a \\ 6x+by=36 \end{cases}$의 해가 무수히 많을 때, 상수 a, b에 대하여 $a+b$의 값은?

① -12 ② -6 ③ -4

④ 6 ⑤ 12

유형 18 해가 없는 연립방정식

연립방정식의 한 일차방정식에 적당한 수를 곱했을 때,
x, y의 계수는 각각 같고 상수항은 다르면
➡ 해가 없다.

예 $\begin{cases} 3x+2y=2 & \cdots ㉠ \\ 6x+4y=6 & \cdots ㉡ \end{cases}$ x의 계수가 같아지도록 $㉠\times2$를 하면 $\begin{cases} 6x+4y=4 \\ 6x+4y=6 \end{cases}$

대표 문제

71 연립방정식 $\begin{cases} ax+2y-1=0 \\ y=-3x-2 \end{cases}$의 해가 없을 때, 상수 a의 값을 구하시오.

유형 12 연립방정식의 해가 주어진 경우 〈중요〉

72 대표 문제

연립방정식 $\begin{cases} ax+by=1 \\ bx-ay=3 \end{cases}$의 해가 $x=1$, $y=2$일 때, 상수 a, b에 대하여 $a+b$의 값은?

① -2 ② -1 ③ 0

④ 1 ⑤ 2

Pick
73 〈중〉

연립방정식 $\begin{cases} ax-by=-1 \\ 3bx-ay=1 \end{cases}$의 해가 $x=-3$, $y=-5$일 때, 상수 a, b의 값을 각각 구하시오.

74 〈중〉

연립방정식 $\begin{cases} 4x-3y=9 \\ 3x+2y=11 \end{cases}$의 해가 $x=a$, $y=b$일 때, 연립방정식 $\begin{cases} ax+by=-1 \\ bx+ay=5 \end{cases}$의 해는?

① $x=-2$, $y=1$ ② $x=-2$, $y=3$

③ $x=-1$, $y=2$ ④ $x=-1$, $y=3$

⑤ $x=-1$, $y=5$

75 〈상〉

방정식 $ax+by-5=2ax-2(by+1)=x-2y$의 해가 $x=2$, $y=-1$일 때, 상수 a, b에 대하여 ab의 값을 구하시오.

유형 13 연립방정식의 해가 일차방정식의 한 해인 경우

Pick
76 대표 문제

연립방정식 $\begin{cases} x+y=2 \\ 2x+ky=10 \end{cases}$의 해가 일차방정식 $x+2y=8$을 만족시킬 때, 상수 k의 값을 구하시오.

77 〈중〉 서술형

연립방정식 $\begin{cases} \dfrac{6x+y}{5}-\dfrac{2x-y}{2}=k \\ 0.4x-0.3y=-0.8 \end{cases}$의 해 $x=m$, $y=n$이 일차방정식 $y=\dfrac{3}{2}x+\dfrac{5}{2}$의 한 해일 때, $m+n+k$의 값을 구하시오. (단, k는 상수)

78 〈중〉

다음 세 일차방정식의 공통의 해가 있을 때, 상수 a의 값은?

$4x=y-5$, $ax-3y=20$, $x-y=10$

① -5 ② -4 ③ -2

④ 4 ⑤ 5

유형 14 연립방정식의 해의 조건이 주어진 경우

79 대표 문제

연립방정식 $\begin{cases} x+3y=a-4 \\ 2x-y=9 \end{cases}$ 를 만족시키는 x의 값이 y의 값의 5배일 때, 상수 a의 값은?

① 9 ② 10 ③ 11
④ 12 ⑤ 13

80 중

연립방정식 $\begin{cases} 3x+4y=33 \\ \frac{2}{3}x+y=2k \end{cases}$ 를 만족시키는 y의 값이 x의 값보다 3만큼 클 때, 상수 k의 값은?

① 2 ② 3 ③ 4
④ 5 ⑤ 6

81 상 서술형

연립방정식 $\begin{cases} ax-3y=3 \\ x+2y=8 \end{cases}$ 을 만족시키는 x와 y의 값의 비가 $2:3$일 때, 상수 a의 값을 구하시오.

유형 15 두 연립방정식의 해가 서로 같은 경우 중요

82 대표 문제

다음 두 연립방정식의 해가 서로 같을 때, 상수 a, b에 대하여 $b-a$의 값은?

$$\begin{cases} 3x-y=9 \\ 2x+3y=a \end{cases} \qquad \begin{cases} y=5x-13 \\ bx+3y=11 \end{cases}$$

① −15 ② −14 ③ −13
④ 14 ⑤ 15

83 중

두 연립방정식 $\begin{cases} mx-3y=7 \\ 2x+3y=-4 \end{cases}$, $\begin{cases} 3x+2y=-1 \\ nx+my=1 \end{cases}$ 의 해가 서로 같을 때, 상수 m, n의 값을 각각 구하면?

① $m=1$, $n=-2$ ② $m=1$, $n=3$
③ $m=3$, $n=-2$ ④ $m=3$, $n=1$
⑤ $m=3$, $n=2$

84 중

다음 네 일차방정식의 공통의 해가 있을 때, 상수 a, b에 대하여 ab의 값을 구하시오.

$$3x-5y=4, \qquad 3ax+by=-1,$$
$$6ax-by=7, \qquad 6x+7y=-9$$

유형 16   잘못 보고 해를 구한 경우

85 대표 문제

연립방정식 $\begin{cases} ax-by=-11 \\ bx-ay=1 \end{cases}$에서 잘못하여 a와 b를 서로 바꾸어 놓고 풀었더니 해가 $x=5$, $y=7$이었다. 이때 처음 연립방정식의 해는? (단, a, b는 상수)

① $x=-7$, $y=-5$ ② $x=-7$, $y=5$

③ $x=-3$, $y=-2$ ④ $x=3$, $y=2$

⑤ $x=7$, $y=5$

86 중

연립방정식 $\begin{cases} ax+by=3 \\ bx+ay=-9 \end{cases}$에서 잘못하여 a와 b를 서로 바꾸어 놓고 풀었더니 해가 $x=2$, $y=1$이었다. 이때 상수 a, b의 값을 각각 구하시오.

87 중

연립방정식 $\begin{cases} 3x-y=2 \\ 2x-3y=-5 \end{cases}$를 푸는데 $3x-y=2$의 상수항 2를 다른 수로 잘못 보고 풀어서 $y=3$을 얻었다. 이때 상수항 2를 어떤 수로 잘못 보고 풀었는지 구하시오.

88 중

연립방정식 $\begin{cases} ax+5y=3 \\ -2x+by=-1 \end{cases}$의 각 일차방정식에서 잘못하여 x, y의 계수를 서로 바꾸어 놓고 풀었더니 해가 $x=1$, $y=-2$이었다. 이때 처음 연립방정식의 해를 구하시오.

(단, a, b는 상수)

89 중

승재와 연아가 연립방정식 $\begin{cases} 2x+ay=3 \\ bx-y=1 \end{cases}$을 푸는데 승재는 a를 잘못 보고 풀어서 $x=2$, $y=3$을 얻었고, 연아는 b를 잘못 보고 풀어서 $x=2$, $y=-1$을 얻었다. 이때 처음 연립방정식의 해는? (단, a, b는 상수)

① $x=-1$, $y=1$ ② $x=-1$, $y=2$

③ $x=1$, $y=1$ ④ $x=1$, $y=2$

⑤ $x=3$, $y=2$

90 상 서술형

연립방정식 $\begin{cases} -3x+ay=1 \\ 2x-y=6 \end{cases}$을 푸는데 a를 b로 잘못 보고 풀었더니 해가 $x=5$, $y=4$이었다. a의 값이 b의 값보다 2만큼 작을 때, 다음 물음에 답하시오. (단, a, b는 상수)

⑴ a, b의 값을 각각 구하시오.

⑵ 처음 연립방정식의 해를 구하시오.

유형 17 해가 무수히 많은 연립방정식

Pick
91 대표 문제

연립방정식 $\begin{cases} 6x-3y=b \\ ax+2y=-4 \end{cases}$ 의 해가 무수히 많을 때, 상수 a, b에 대하여 $a-b$의 값을 구하시오.

92 하

다음 연립방정식 중 해가 무수히 많은 것을 모두 고르면?

(정답 2개)

① $\begin{cases} 3x+y=6 \\ x+3y=10 \end{cases}$ ② $\begin{cases} 2x-3y=1 \\ 4x-6y=2 \end{cases}$

③ $\begin{cases} x-2y=-1 \\ 4x-8y=1 \end{cases}$ ④ $\begin{cases} x-2y=5 \\ 2x-4y=10 \end{cases}$

⑤ $\begin{cases} -\dfrac{x}{2}+\dfrac{y}{6}=\dfrac{1}{3} \\ 3x-y=2 \end{cases}$

93 중

연립방정식 $\begin{cases} ax+8y=-16 \\ x-2y=4 \end{cases}$ 의 해가 무수히 많을 때, 상수 a의 값을 구하시오.

94 상

연립방정식 $\begin{cases} (a-1)x-(3-2b)y=7 \\ (5b+1)x+(2-a)y=14 \end{cases}$ 의 해가 무수히 많을 때, 상수 a, b에 대하여 $a+b$의 값은?

① 3 ② 4 ③ 5
④ 6 ⑤ 7

유형 18 해가 없는 연립방정식

95 대표 문제

연립방정식 $\begin{cases} 3x-2y=2 \\ x+ay=1 \end{cases}$ 의 해가 없을 때, 상수 a의 값은?

① $-\dfrac{3}{2}$ ② $-\dfrac{2}{3}$ ③ $\dfrac{2}{3}$

④ 1 ⑤ $\dfrac{3}{2}$

96 하

다음 연립방정식 중 해가 없는 것은?

① $\begin{cases} -6x+4y=6 \\ 3x-2y=-3 \end{cases}$ ② $\begin{cases} 2x-3y=13 \\ 5x+6y=-8 \end{cases}$

③ $\begin{cases} 3x+y=5 \\ 6x+2y=7 \end{cases}$ ④ $\begin{cases} 3x+5y=25 \\ 2x-2y=9 \end{cases}$

⑤ $\begin{cases} 3x-2y=4 \\ 4(x-y)=8-2x \end{cases}$

Pick
97 중

연립방정식 $\begin{cases} -\dfrac{1}{2}x+\dfrac{1}{8}y=a \\ 4x-y=2 \end{cases}$ 의 해가 없을 때, 다음 중 상수 a의 값이 될 수 <u>없는</u> 것은?

① $-\dfrac{1}{2}$ ② $-\dfrac{1}{4}$ ③ $-\dfrac{1}{8}$

④ $\dfrac{1}{4}$ ⑤ $\dfrac{1}{2}$

98 <유형 01>

다음 중 미지수가 2개인 일차방정식인 것을 모두 고르면?

(정답 2개)

① $\dfrac{1}{x}+\dfrac{2}{y}=3$ ② $x+\dfrac{y}{2}+1=4$

③ $2x^2+3=x^2-y$ ④ $3x+2(y-x)+3=0$

⑤ $4x-2(2x+y)-4=0$

99 <유형 02>

다음 중 일차방정식 $-5x+3y=1$의 해가 <u>아닌</u> 것은?

① $(-2, -3)$ ② $\left(-1, -\dfrac{4}{3}\right)$ ③ $(1, 2)$

④ $(2, 4)$ ⑤ $\left(3, \dfrac{16}{3}\right)$

100 <유형 03>

x, y의 값이 10 이하의 자연수일 때, 일차방정식 $3x-2y=16$을 만족시키는 x, y의 순서쌍 (x, y)는 모두 몇 개인지 구하시오.

101 <유형 01 ⊕ 03>

다음 중 x, y에 대한 일차방정식 $x+3y=11$에 대한 설명으로 옳지 <u>않은</u> 것은?

① 미지수가 2개인 일차방정식이다.
② $x+3y-11=0$과 같은 식이다.
③ x, y의 값이 자연수일 때, 해는 4개이다.
④ 순서쌍 $(2, 3)$은 이 방정식의 한 해이다.
⑤ 순서쌍 $(4, 5)$는 이 방정식의 해가 아니다.

102 <유형 04>

순서쌍 $(2, 4)$, $(a, 1)$이 모두 일차방정식 $x+by=10$의 해일 때, $a-b$의 값을 구하시오. (단, b는 상수)

103 <유형 05>

다음 연립방정식 중 $x=1$, $y=2$가 해인 것을 모두 고르면?

(정답 2개)

① $\begin{cases} x-y=3 \\ 2x-3y=2 \end{cases}$ ② $\begin{cases} x-y=-1 \\ 4x+3y=10 \end{cases}$

③ $\begin{cases} x-3y=-5 \\ 2x+y=5 \end{cases}$ ④ $\begin{cases} 2x+y=6 \\ x+y=3 \end{cases}$

⑤ $\begin{cases} 3x+2y=7 \\ x-2y=-3 \end{cases}$

104 유형 06

연립방정식 $\begin{cases} 3x+y=5 \\ -x+ay=-9 \end{cases}$ 의 해가 $x=b$, $y=-1$일 때, $a+b$의 값을 구하시오. (단, a는 상수)

105 유형 07

연립방정식 $\begin{cases} x=2y-3 & \cdots \ \text{㉠} \\ -4x+13y=-8 & \cdots \ \text{㉡} \end{cases}$ 을 풀기 위해 ㉠을 ㉡에 대입하여 x를 없앴더니 $5y=a$가 되었을 때, 상수 a의 값은?

① -1 ② -5 ③ -10
④ -15 ⑤ -20

106 유형 08

연립방정식 $\begin{cases} 2x+3y=4 & \cdots \ \text{㉠} \\ 5x+2y=3 & \cdots \ \text{㉡} \end{cases}$ 을 가감법을 이용하여 풀 때, x를 없애기 위해 필요한 식은?

① ㉠×5+㉡×2   ② ㉠×5−㉡×2
③ ㉠×3+㉡×2   ④ ㉠×3−㉡×2
⑤ ㉠×2−㉡×3

107 유형 09

연립방정식 $\begin{cases} (x+3):(y+2)=5:3 \\ 3x-(x+5y)=-1 \end{cases}$ 의 해가 (a, b)일 때, $a+b$의 값은?

① -3 ② -2 ③ -1
④ 2 ⑤ 3

108 유형 10

연립방정식 $\begin{cases} 0.3x-0.2(y-2)=1 \\ \dfrac{x}{2}-\dfrac{y+1}{4}=0 \end{cases}$ 의 해가 $x=p$, $y=q$일 때, p^2+q^2의 값은?

① 82 ② 85 ③ 90
④ 97 ⑤ 106

109 유형 11

방정식 $\dfrac{x-y}{2}=x-\dfrac{2+y}{3}=\dfrac{x-3y}{4}$ 의 해가 $x=a$, $y=b$일 때, ab의 값을 구하시오.

110 유형 12

연립방정식 $\begin{cases} ax-by=6 \\ 5bx+ay=-3 \end{cases}$ 의 해가 $(1, -2)$일 때, 상수 a, b에 대하여 $a-b$의 값은?

① 1 ② 2 ③ 3
④ 4 ⑤ 5

• 정답과 해설 56쪽

111 유형 13

연립방정식 $\begin{cases} -3x+y=7 \\ 2x+5ky=k \end{cases}$ 의 해가 일차방정식 $x+4y=2$를 만족시킬 때, 상수 k의 값을 구하시오.

112 유형 16

연립방정식 $\begin{cases} x-2y=11 \\ 2x+3y=3 \end{cases}$ 을 푸는데 $x-2y=11$의 상수항 11을 다른 수로 잘못 보고 풀어서 $x=9$를 얻었다. 이때 상수항 11을 어떤 수로 잘못 보고 풀었는가?

① -19 ② -14 ③ -11

④ 14 ⑤ 19

113 유형 17

연립방정식 $\begin{cases} 2y=x+m \\ -3x+ny=6 \end{cases}$ 의 해가 무수히 많을 때, 상수 m, n에 대하여 mn의 값을 구하시오.

114 유형 18

연립방정식 $\begin{cases} 3x-2y=4 \\ (a-2)x+3y=b \end{cases}$ 의 해가 없도록 하는 상수 a, b의 조건은?

① $a=-\dfrac{5}{2}$, $b=-6$ ② $a=-\dfrac{5}{2}$, $b\neq-6$

③ $a=-\dfrac{1}{2}$, $b\neq-6$ ④ $a=-\dfrac{1}{2}$, $b=3$

⑤ $a=-\dfrac{1}{2}$, $b\neq3$

서술형 문제

115 유형 07

연립방정식 $\begin{cases} y=x-4 \\ y=-3x+8 \end{cases}$ 의 해가 일차방정식 $2x-y=k$를 만족시킬 때, 상수 k의 값을 구하시오.

116 유형 10

연립방정식 $\begin{cases} 0.\dot{6}x+1.\dot{3}y=8 \\ (x-3):(x+2y)=1:4 \end{cases}$ 를 만족시키는 x, y에 대하여 $x-y$의 값을 구하시오.

117 유형 15

두 연립방정식 $\begin{cases} ax-by=-2 \\ \dfrac{2}{5}x+y=\dfrac{26}{5} \end{cases}$, $\begin{cases} 0.1x-0.3y=-0.9 \\ 6x+ay=10 \end{cases}$ 의 해가 서로 같을 때, 상수 a, b에 대하여 $a+b$의 값을 구하시오.

• 정답과 해설 57쪽

118 일차방정식 $2x+3y=36$을 만족시키는 두 자연수 x, y의 최소공배수가 24일 때, $x+y$의 값은?

① 13   ② 14   ③ 15

④ 16   ⑤ 17

119 x, y에 대한 연립방정식 $\begin{cases} 2x+by=7 \\ ax-by=3 \end{cases}$을 만족시키는 x, y의 값이 모두 자연수일 때, 자연수 a, b에 대하여 순서쌍 (a, b)는 모두 몇 개인가?

① 1개   ② 2개   ③ 3개

④ 4개   ⑤ 5개

120 두 등식 $2^x \times 4^y=32$, $9^x \times 3^y=81$을 모두 만족시키는 자연수 x, y가 일차방정식 $2x-ay-4=0$을 만족시킬 때, 상수 a의 값은?

① -2 ② -1 ③ 1

④ 2   ⑤ 3

121 연립방정식 $\begin{cases} 2x+5y=k+1 \\ 3x+8y=2k \end{cases}$를 만족시키는 x와 y의 값의 합이 3일 때, 상수 k의 값을 구하시오.

122 연립방정식 $\begin{cases} ax+2y=-15 \\ 8x+9y=5 \end{cases}$의 해가 연립방정식 $\begin{cases} 4x+7y=4 \\ 6x+by=28 \end{cases}$의 해보다 x, y의 값이 각각 1만큼 크다고 할 때, 상수 a, b에 대하여 $a+b$의 값은?

① -6 ② -2 ③ 9

④ 16   ⑤ 21

123 연립방정식 $\begin{cases} 2x+ay=7 \\ 4x-y=9 \end{cases}$를 푸는데 a를 b로 잘못 보고 풀었더니 해가 $x=1$, $y=k$이었다. b의 값이 a의 값보다 2만큼 클 때, 처음 연립방정식의 해는? (단, a는 상수)

① $x=-1$, $y=1$ ② $x=-1$, $y=2$

③ $x=1$, $y=2$ ④ $x=2$, $y=-1$

⑤ $x=2$, $y=2$

7

연립일차방정식의 활용

유형 01 　수의 연산에 대한 문제

(1) 연립방정식을 활용하여 문제를 해결하는 과정
　❶ 문제의 상황에 맞게 미지수를 정한다.
　❷ 문제의 뜻에 따라 연립방정식을 세운다.
　❸ 연립방정식을 푼다.
　❹ 구한 해가 문제의 뜻에 맞는지 확인한다.
(2) 수의 연산에 대한 문제
　두 수를 x, y로 놓고 연립방정식을 세운다.
　참고 　a를 b로 나누면 몫이 q이고, 나머지가 r이다.
　　➡ $a=bq+r$ (단, $0 \le r < b$)

대표 문제

01 합이 37인 두 자연수가 있다. 큰 수를 작은 수로 나누면 몫은 3이고 나머지는 5일 때, 두 자연수 중에서 큰 수는?

① 26　　　② 27　　　③ 28
④ 29　　　⑤ 30

유형 02 　자리의 숫자에 대한 문제 〔중요〕

십의 자리의 숫자가 x, 일의 자리의 숫자가 y인 두 자리의 자연수
(1) 처음 수 ➡ $10x+y$
(2) 십의 자리의 숫자와 일의 자리의 숫자를 바꾼 수 ➡ $10y+x$

대표 문제

02 두 자리의 자연수가 있다. 이 수의 각 자리의 숫자의 합은 9이고, 십의 자리의 숫자와 일의 자리의 숫자를 바꾼 수는 처음 수보다 9만큼 작다고 한다. 이때 처음 수를 구하시오.

유형 03 　개수, 가격에 대한 문제 〔중요〕

A, B 한 개씩의 가격을 알 때, 전체 개수와 전체 가격이 주어지면 A, B의 개수를 각각 x, y로 놓고 연립방정식을 세운다.
➡ $\begin{cases} (\text{A의 개수}) + (\text{B의 개수}) = (\text{전체 개수}) \\ (\text{A의 전체 가격}) + (\text{B의 전체 가격}) = (\text{전체 가격}) \end{cases}$

대표 문제

03 성재는 매점에서 800원짜리 음료수와 600원짜리 빵을 합하여 11개를 사고 8000원을 지불하였다. 이때 성재가 빵을 몇 개 샀는지 구하시오.

유형 04 　나이에 대한 문제

두 사람의 나이를 각각 x세, y세로 놓고 연립방정식을 세운다.
참고 　현재 x세인 사람의 ⌈ a년 전의 나이 ➡ $(x-a)$세
　　　　　　　　　　　⌊ b년 후의 나이 ➡ $(x+b)$세

대표 문제

04 현재 어머니의 나이와 딸의 나이의 합은 51세이고, 12년 후에는 어머니의 나이가 딸의 나이의 2배가 된다고 한다. 현재 어머니의 나이를 구하시오.

유형 05　도형에 대한 문제

(1) 직사각형의 가로의 길이를 x, 세로의 길이를 y라 하면
　➡ (직사각형의 둘레의 길이)$=2(x+y)$

(2) 전체 길이가 a인 끈을 둘로 나누어 그 각각의 길이를 x, y라 하면 ➡ $x+y=a$

대표 문제

05 가로의 길이가 세로의 길이보다 $4\,\text{cm}$ 더 긴 직사각형의 둘레의 길이가 $16\,\text{cm}$일 때, 이 직사각형의 가로의 길이를 구하시오.

유형 06　점수에 대한 문제

맞힌 점수를 ➕, 틀린 점수를 ➖로 생각하고 연립방정식을 세운다.

예 맞히면 a점을 얻고, 틀리면 b점을 잃는 시험에서 맞힌 문제 수를 x, 틀린 문제 수를 y라 할 때, 받은 점수 ➡ $(ax-by)$점

대표 문제

06 20문제가 출제된 수학 시험에서 한 문제를 맞히면 5점을 얻고, 틀리면 2점이 감점된다고 한다. 민지는 20문제를 모두 풀어서 72점을 얻었을 때, 민지가 맞힌 문제 수는?

① 12　　　　② 13　　　　③ 14
④ 15　　　　⑤ 16

유형 07　계단에 대한 문제　중요

계단을 올라가는 것은 ➕로, 내려가는 것은 ➖로 생각하고 연립방정식을 세운다.

참고 A, B 두 사람이 가위바위보를 할 때, 비기는 경우가 없으면
　➡ (A가 이긴 횟수)$=$(B가 진 횟수)
　　(A가 진 횟수)$=$(B가 이긴 횟수)

대표 문제

07 혜수와 소희가 가위바위보를 하여 이긴 사람은 5계단씩 올라가고, 진 사람은 3계단씩 내려가기로 하였다. 얼마 후 혜수는 처음 위치보다 24계단을 올라가 있었고, 소희는 처음 위치보다 8계단을 내려가 있었다. 이때 혜수가 이긴 횟수를 구하시오. (단, 비기는 경우는 없다.)

유형 08　여러 가지 연립방정식의 활용 문제

개수, 금액, 사람 수 등에 대한 문제는 구하는 것을 x, y로 놓고 연립방정식을 세운다.

참고 다리가 a개인 동물이 x마리, 다리가 b개인 동물이 y마리라 하면
　➡ $\begin{cases} x+y=(\text{전체 동물의 수}) \\ ax+by=(\text{전체 동물의 다리의 수}) \end{cases}$

대표 문제

08 어느 농장에서 닭과 토끼를 합하여 180마리를 기르고 있다. 닭과 토끼의 다리가 총 600개일 때, 이 농장에서 기르는 닭은 몇 마리인지 구하시오.

유형 완성하기 ✳

유형 01 　수의 연산에 대한 문제

09 대표 문제
어떤 두 자연수의 합은 74이고, 큰 수를 작은 수로 나누면 몫이 7이고 나머지가 2이다. 두 자연수 중에서 작은 수를 구하시오.

10 하
어떤 두 자연수의 합은 58이고, 차는 12이다. 두 자연수 중에서 큰 수를 구하시오.

Pick
11 하
어떤 두 수의 합은 48이고, 작은 수의 3배에서 큰 수를 빼면 20이다. 이때 두 수의 차는?

① 9 　　　　　② 12 　　　　　③ 14
④ 17 　　　　　⑤ 19

12 중 　서술형
다음 조건을 모두 만족시키는 두 자연수 A, B에 대하여 $A+B$의 값을 구하시오.

┌─ 조건 ─────────────────────────┐
⑦ A를 B로 나누면 몫이 3이고 나머지가 3이다.
⑭ A의 2배를 B로 나누면 몫이 7이고 나머지가 1이다.
└─────────────────────────────┘

유형 02 　자리의 숫자에 대한 문제 　중요

Pick
13 대표 문제
두 자리의 자연수가 있다. 이 수의 각 자리의 숫자의 합은 10이고, 십의 자리의 숫자와 일의 자리의 숫자를 바꾼 수는 처음 수보다 18만큼 크다고 할 때, 처음 수는?

① 28 　　　　　② 37 　　　　　③ 46
④ 64 　　　　　⑤ 73

14 중
두 자리의 자연수가 있다. 이 수의 십의 자리의 숫자는 일의 자리의 숫자의 3배이고, 십의 자리의 숫자와 일의 자리의 숫자의 합은 12이다. 이때 이 자연수를 구하시오.

15 중
다음은 수연이의 학교 사물함의 비밀번호에 대한 설명이다. 수연이의 학교 사물함의 비밀번호를 구하시오.

┌─────────────────────────────┐
수연이의 학교 사물함의 비밀번호는 세 자리의 자연수이다. 십의 자리의 숫자는 백의 자리의 숫자와 일의 자리의 숫자의 합인 8과 같고, 백의 자리의 숫자와 일의 자리의 숫자를 바꾼 수는 처음 수보다 198만큼 작다.
└─────────────────────────────┘

유형 03 개수, 가격에 대한 문제

Pick

16 대표 문제

어느 식물원의 입장료가 어른은 1000원, 청소년은 500원이다. 어른과 청소년을 합하여 150명이 총 117500원의 입장료를 내고 입장하였을 때, 입장한 청소년은 몇 명인가?

① 65명   ② 70명   ③ 75명

④ 80명   ⑤ 85명

17 하

2500원짜리 샌드위치와 1200원짜리 음료수를 합하여 9개를 사고 16000원을 지불하였다. 샌드위치를 x개, 음료수를 y개 샀다고 할 때, 다음 중 x, y에 대한 연립방정식을 세운 것으로 옳은 것은?

① $\begin{cases} y = x + 9 \\ 1200x + 2500y = 16000 \end{cases}$ ② $\begin{cases} x = y + 9 \\ 2500x + 1200y = 16000 \end{cases}$

③ $\begin{cases} x + y = 9 \\ 1200x + 2500y = 16000 \end{cases}$ ④ $\begin{cases} x + y = 9 \\ 2500x + 1200y = 16000 \end{cases}$

⑤ $\begin{cases} x + y = 9 \\ 2500x = 1200y + 16000 \end{cases}$

18 중 서술형

500원짜리 연필과 700원짜리 색연필을 합하여 8자루를 사서 1000원짜리 선물 상자에 넣어 포장하였더니 전체 가격이 6200원이었다. 이때 연필과 색연필을 각각 몇 자루 샀는지 구하시오.

19 중

다음 그림은 현무가 과일 가게에서 과일을 사고 받은 영수증인데 일부분이 얼룩져 보이지 않는다. 현무는 자두를 몇 개 샀는가?

영 수 증			
			귀하
품목	단가(원)	수량(개)	금액(원)
복숭아	800		
자두	200		
사과	1500	5	7500
합계		18	11900
위 금액을 정히 영수(청구)함			

① 7개   ② 8개   ③ 9개

④ 10개   ⑤ 11개

20 중

사과 3개와 배 2개를 합한 가격은 7600원이고, 사과 4개와 배 3개를 합한 가격은 10800원이다. 이때 사과 한 개의 가격을 구하시오.

Pick

21 중

백합 한 송이의 가격은 장미 한 송이의 가격보다 600원 비싸다고 한다. 장미 8송이와 백합 5송이를 합한 가격이 14700원일 때, 장미 5송이와 백합 3송이를 합한 가격은?

① 8200원   ② 8600원   ③ 9000원

④ 9400원   ⑤ 9800원

유형 04 나이에 대한 문제

22 대표 문제

현재 아버지의 나이와 아들의 나이의 합은 54세이고, 7년 후에는 아버지의 나이가 아들의 나이의 3배가 된다고 한다. 현재 아버지의 나이는?

① 40세   ② 41세   ③ 42세
④ 43세   ⑤ 44세

23 중

현재 삼촌의 나이는 준호의 나이보다 31세가 많고, 16년 후에는 삼촌의 나이가 준호의 나이의 3배보다 9세가 적어진다고 한다. 5년 후의 삼촌과 준호의 나이를 각각 구하시오.

24 중

현재 아버지의 나이는 윤희의 나이의 4배이고, 9년 전에는 아버지의 나이가 윤희의 나이의 10배보다 3세가 적었다고 한다. 현재 아버지의 나이와 윤희의 나이의 차를 구하시오.

25 중

지금으로부터 5년 전에는 어머니의 나이가 아들의 나이의 4배이었고, 지금으로부터 10년 후에는 어머니의 나이가 아들의 나이의 2배보다 5세가 많아진다고 한다. 현재 어머니와 아들의 나이를 각각 구하시오.

유형 05 도형에 대한 문제

26 대표 문제

윗변의 길이가 아랫변의 길이보다 3 cm만큼 짧고, 높이가 10 cm인 사다리꼴이 있다. 이 사다리꼴의 넓이가 95 cm²일 때, 윗변의 길이를 구하시오.

27 중

길이가 140 cm인 줄을 두 개로 나누었더니 짧은 줄의 길이가 긴 줄의 길이의 $\frac{1}{2}$보다 20 cm만큼 길다고 한다. 이때 짧은 줄의 길이를 구하시오.

28 중

둘레의 길이가 56 cm인 직사각형이 있다. 이 직사각형의 가로의 길이를 3 cm만큼 줄이고, 세로의 길이를 2배로 늘였더니 그 둘레의 길이가 62 cm가 되었다. 처음 직사각형의 넓이는?

① 115 cm²   ② 132 cm²   ③ 147 cm²
④ 160 cm²   ⑤ 171 cm²

29 상

모양과 크기가 같은 직사각형 여러 개를 이어 붙이려고 한다. [그림 1]은 직사각형 4개, [그림 2]는 직사각형 3개를 이어 붙인 것일 때, 직사각형의 긴 변과 짧은 변의 길이를 각각 구하시오.

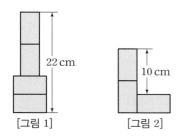

[그림 1]　　　[그림 2]

유형 06　점수에 대한 문제

30 대표 문제

30문제가 출제된 영어 시험에서 한 문제를 맞히면 3점을 얻고, 틀리면 1점이 감점된다고 한다. 은우는 30문제를 모두 풀어서 34점을 얻었을 때, 은우가 틀린 문제 수는?

① 12　　　　② 13　　　　③ 14
④ 15　　　　⑤ 16

31 중　서술형

어느 프로 축구 리그는 매 경기마다 승리하면 승점 4점, 비기면 승점 2점을 주고, 승점의 합으로 순위를 정한다고 한다. A팀은 18경기에 출전하여 승리하거나 비기기만 하였고, 그 승점의 합이 56점일 때, A팀의 비긴 경기 수를 구하시오.

32 중

지혜가 한글날 기념 행사에 참가하여 맞춤법 퀴즈를 풀었다. 한 문제를 맞히면 100점을 얻고, 틀리면 50점을 잃는다고 한다. 지혜가 틀린 문제 수는 맞힌 문제 수의 $\frac{1}{4}$이고, 지혜가 얻은 점수는 700점일 때, 지혜가 푼 전체 문제 수를 구하시오.

유형 07　계단에 대한 문제　중요

33 대표 문제

나리와 은주가 가위바위보를 하여 이긴 사람은 6계단씩 올라가고, 진 사람은 4계단씩 내려가기로 하였다. 얼마 후 나리는 처음 위치보다 26계단을, 은주는 처음 위치보다 16계단을 올라가 있었다. 이때 나리가 이긴 횟수를 구하시오.
(단, 비기는 경우는 없다.)

34 중

준서와 민호가 가위바위보를 하여 이긴 사람은 3계단씩 올라가고, 진 사람은 2계단씩 내려가기로 하였다. 가위바위보를 총 20회 하여 민호가 처음 위치보다 25계단을 올라갔다고 할 때, 준서가 이긴 횟수는? (단, 비기는 경우는 없다.)

① 3　　　　② 7　　　　③ 10
④ 13　　　　⑤ 15

• 정답과 해설 61쪽

35 중 서술형

주희와 시우가 가위바위보를 하여 이긴 사람은 a계단씩 올라가고, 진 사람은 b계단씩 내려가기로 하였다. 주희는 9번을 이기고 시우는 6번을 이겨서 처음 위치보다 주희는 9계단을, 시우는 21계단을 내려가 있었다. 비기는 경우는 없다고 할 때, a, b의 값을 각각 구하시오.

유형 08 여러 가지 연립방정식의 활용 문제

Pick

36 대표 문제

어느 주차장에 자전거와 자동차를 합하여 54대가 있다. 자전거와 자동차의 바퀴가 총 150개일 때, 자전거는 몇 대인가?

(단, 자전거의 바퀴는 2개, 자동차의 바퀴는 4개이다.)

① 21대   ② 24대   ③ 27대
④ 30대   ⑤ 33대

---

37 하

어떤 농구 선수가 한 경기에서 2점 슛과 3점 슛을 합하여 15개를 성공하여 36점을 얻었다. 이 선수가 성공한 2점 슛은 몇 개인지 구하시오.

---

38 중

어느 반 학생 20명이 수학 시험을 보았는데 남학생 점수의 평균은 81점, 여학생 점수의 평균은 86점이고, 반 전체 점수의 평균은 83점이었다. 이 반의 남학생과 여학생은 각각 몇 명인지 구하시오.

---

39 중

다음은 고대 그리스의 수학자 유클리드의 그리스 시화집에 실린 글이다. 이 글을 읽고, 노새와 당나귀의 짐은 각각 몇 자루인지 구하시오.

> 노새와 당나귀가 터벅터벅 자루를 운반하고 있습니다.
> 너무도 짐이 무거워서 당나귀가 한탄하고 있습니다.
> 노새가 당나귀에게 말했습니다.
> "연약한 소녀가 울듯이 어째서 너는 한탄하고 있니? 네 짐의 한 자루만 내 등에다 옮겨 놓으면 내 짐은 네 짐의 2배가 돼. 하지만 내 짐 한 자루를 네 등에다 옮기면 네 짐과 내 짐의 수가 똑같아지는데 왜 그리 투덜대니?"

---

40 중

다음 그림과 같이 성냥개비 48개를 모두 사용하여 성냥개비 1개를 한 변으로 하는 정삼각형과 정사각형을 만들려고 한다. 정삼각형과 정사각형을 합하여 14개를 만들려고 할 때, 정삼각형은 몇 개를 만들어야 하는가?

(단, 각 도형은 서로 떨어져 있다.)

① 6개   ② 7개   ③ 8개
④ 9개   ⑤ 10개

• 정답과 해설 62쪽

유형 09 거리, 속력, 시간에 대한 문제 **중요**
– 도중에 속력이 바뀌는 경우

A에서 C까지 갈 때 도중에 속력이 바뀌면 처음 속력으로 간 거리와 나중 속력으로 간 거리를 각각 x km, y km로 놓고 연립방정식을 세운다.

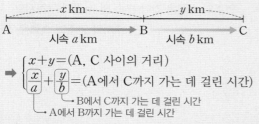

→ $\begin{cases} x+y=(\text{A, C 사이의 거리}) \\ \dfrac{x}{a}+\dfrac{y}{b}=(\text{A에서 C까지 가는 데 걸린 시간}) \end{cases}$

B에서 C까지 가는 데 걸린 시간
A에서 B까지 가는 데 걸린 시간

주의 주어진 단위가 다를 경우, 방정식을 세우기 전에 먼저 단위를 통일한다.

대표 문제

41 세호는 집에서 10 km 떨어진 공원까지 가는데 시속 4 km로 걷다가 도중에 시속 6 km로 뛰었더니 총 2시간이 걸렸다. 이때 세호가 뛰어간 거리는?

① 3 km   ② 4 km   ③ 5 km
④ 6 km   ⑤ 7 km

유형 10 거리, 속력, 시간에 대한 문제 **중요**
– 등산하거나 왕복하는 경우

올라갈 때의 속력과 내려올 때의 속력이 다르면 올라간 거리와 내려온 거리를 각각 x km, y km로 놓고 연립방정식을 세운다.

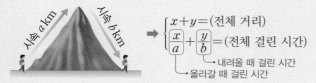 → $\begin{cases} x+y=(\text{전체 거리}) \\ \dfrac{x}{a}+\dfrac{y}{b}=(\text{전체 걸린 시간}) \end{cases}$

내려올 때 걸린 시간
올라갈 때 걸린 시간

대표 문제

42 등산을 하는데 올라갈 때는 시속 3 km로 걷고, 내려올 때는 다른 길을 택하여 시속 5 km로 걸었더니 총 4시간이 걸렸다. 산을 올라갔다가 내려오는 데 총 14 km를 걸었다고 할 때, 내려온 거리를 구하시오.

유형 11 거리, 속력, 시간에 대한 문제
– 시간 차 또는 거리 차를 두고 출발하는 경우

A, B 두 사람이 같은 방향으로 출발하여 만날 때
(1) 두 사람이 시간 차를 두고 같은 지점에서 출발한 경우
→ $\begin{cases} (\text{시간 차에 대한 식}) \\ (\text{A가 이동한 거리})=(\text{B가 이동한 거리}) \end{cases}$
(2) 두 사람이 거리 차를 두고 동시에 출발한 경우
→ $\begin{cases} (\text{거리 차에 대한 식}) \\ (\text{A가 걸린 시간})=(\text{B가 걸린 시간}) \end{cases}$

대표 문제

43 산책로 입구에서 동생이 출발한 지 15분 후에 형이 같은 방향으로 출발하였다. 동생은 분속 50 m로 걷고, 형은 분속 100 m로 따라갈 때, 두 사람이 만나는 것은 형이 출발한 지 몇 분 후인가?

① 10분 후   ② 15분 후   ③ 20분 후
④ 25분 후   ⑤ 30분 후

• 정답과 해설 62쪽

유형 12 **거리, 속력, 시간에 대한 문제**
– 둘레를 도는 경우

A, B 두 사람이 같은 지점에서 동시에 출발하여 호수의 둘레를
돌다 만날 때
(1) 같은 방향으로 돌다 처음으로 만나는 경우
  ➡ (A, B가 이동한 거리의 **차**)＝(호수의 둘레의 길이)
(2) 반대 방향으로 돌다 처음으로 만나는 경우
  ➡ (A, B가 이동한 거리의 **합**)＝(호수의 둘레의 길이)

대표 문제

44 둘레의 길이가 1.5 km인 호수의 둘레를 수지와 연주가
같은 지점에서 동시에 출발하여 같은 방향으로 돌면 30분 후
에 처음으로 만나고, 반대 방향으로 돌면 10분 후에 처음으
로 만난다고 한다. 수지가 연주보다 빠르다고 할 때, 수지와
연주의 속력은 각각 분속 몇 m인지 구하시오.
                    (단, 수지와 연주의 속력은 각각 일정하다.)

유형 13 **거리, 속력, 시간에 대한 문제**
– 배와 강물의 속력

(1) (강을 거슬러 올라갈 때의 배의 속력)
  ＝(정지한 물에서의 배의 속력)－(강물의 속력)
(2) (강을 따라 내려올 때의 배의 속력)
  ＝(정지한 물에서의 배의 속력)＋(강물의 속력)

대표 문제

45 배를 타고 길이가 24 km인 강을 거슬러 올라가는 데
4시간, 강을 따라 내려오는 데 3시간이 걸렸다. 정지한 물에
서의 배의 속력과 강물의 속력은 각각 시속 몇 km인지 구하
시오. (단, 배와 강물의 속력은 각각 일정하다.)

유형 14 **거리, 속력, 시간에 대한 문제**
– 기차가 터널 또는 다리를 지나는 경우

기차가 터널을 완전히 통과하는 것은 기차의 맨 앞이 터널에 진입
하기 시작할 때부터 기차의 맨 뒤가 터널을 벗어날 때까지이다.
➡ 기차가 터널을 완전히 통과할 때까지 이동한 거리는
  (터널의 길이)＋(기차의 길이)

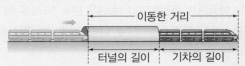

이동한 거리
터널의 길이　기차의 길이

예 길이가 a m인 기차가 길이가 b m인 터널을 완전히 통과할 때까지 이동한 거리
  ➡ $(a+b)$ m

대표 문제

46 일정한 속력으로 달리는 기차가 길이가 1200 m인 터
널을 완전히 통과하는 데 50초가 걸리고, 길이가 600 m인
다리를 완전히 건너는 데 30초가 걸린다. 이 기차의 속력은?
① 초속 20 m　　② 초속 25 m　　③ 초속 30 m
④ 초속 35 m　　⑤ 초속 40 m

유형 09 거리, 속력, 시간에 대한 문제 — 도중에 속력이 바뀌는 경우 (중요)

Pick
47 대표 문제

지우가 집에서 9 km 떨어진 수영장까지 가는데 시속 10 km로 자전거를 타고 가다가 도중에 시속 4 km로 걸어갔더니 총 1시간 30분이 걸렸다. 이때 지우가 자전거를 타고 간 거리는?

① 2 km   ② 3 km   ③ 4 km
④ 5 km   ⑤ 6 km

48 (중)

A 지점에서 180 km 떨어진 B 지점까지 자동차를 타고 이동하려고 한다. A 지점에서 출발하여 고속도로를 시속 a km로 1시간 20분 동안 이동한 후 일반 국도를 시속 b km로 1시간 동안 이동하여 B 지점에 도착하였다. 고속도로에서의 속력은 일반 국도에서의 속력보다 시속 30 km가 더 빠르다고 할 때, $a+b$의 값을 구하시오.

49 (중)

정민이가 학원에 가려고 오후 4시에 집을 나섰다. 처음에는 시속 2 km로 느긋하게 걷다가 도중에 문구점 앞에서 10분 동안 서서 구경을 하고, 그때부터 학원에 늦을 것 같아 시속 6 km로 뛰어서 오후 4시 54분에 학원에 도착하였다. 집에서 학원까지의 거리가 2 km일 때, 정민이가 걸어간 거리는?

① 0.8 km   ② 1 km   ③ 1.2 km
④ 1.4 km   ⑤ 1.5 km

유형 10 거리, 속력, 시간에 대한 문제 — 등산하거나 왕복하는 경우 (중요)

50 대표 문제

경수가 등산을 하는데 A 코스를 선택하여 정상까지 시속 2 km로 올라가고, B 코스를 선택하여 시속 3 km로 내려왔더니 총 3시간이 걸렸다. A, B 두 코스의 거리의 합이 8 km일 때, A 코스의 거리는?

① 2 km   ② 3 km   ③ 4 km
④ 5 km   ⑤ 6 km

Pick
51 (중) 서술형

등산을 하는데 올라갈 때는 시속 3 km로 걷고, 내려올 때는 올라갈 때보다 6 km 더 먼 길을 시속 5 km로 걸어서 총 6시간이 걸렸다. 이때 올라간 거리를 구하시오.

52 (중)

희영이는 서점에 갔다 오는데 갈 때는 시속 5 km로 걷고, 서점에서 30분 동안 머무른 다음 돌아올 때는 갈 때보다 5 km 더 가까운 길을 시속 4 km로 걸었더니 총 2시간 30분이 걸렸다. 희영이가 돌아올 때 걸은 거리는 몇 km인지 구하시오.

유형 11 거리, 속력, 시간에 대한 문제 – 시간 차 또는 거리 차를 두고 출발하는 경우

53 대표 문제

동생이 집에서 공원을 향해 출발한 지 1시간 후에 언니가 집에서 동생을 따라 공원을 향해 출발하였다. 동생은 분속 60 m로 걷고, 언니는 자전거를 타고 분속 180 m로 달려서 공원의 정문에 동시에 도착하였다. 언니가 공원의 정문까지 가는 데 걸린 시간은?

① 20분   ② 30분   ③ 40분
④ 50분   ⑤ 60분

54 중 서술형

재호와 미라가 달리기를 하는데 재호는 출발점에서 초속 6 m로, 미라는 재호보다 50 m 앞에서 초속 4 m로 동시에 출발하였다. 이때 두 사람이 만날 때까지 재호가 달린 거리는 몇 m인지 구하시오.

55 중

14 km 떨어진 두 지점에서 연희와 은지가 마주 보고 동시에 출발하여 도중에 만났다. 연희는 시속 3 km로, 은지는 시속 4 km로 걸었다고 할 때, 두 사람이 만날 때까지 은지는 연희보다 몇 km를 더 걸었는가?

① 0.5 km   ② 1 km   ③ 1.5 km
④ 2 km   ⑤ 2.5 km

56 상

형과 동생이 집에서 출발하여 자전거를 타고 도서관에 가기로 하였다. 동생이 먼저 출발하여 분속 150 m로 300 m를 간 후 형이 분속 200 m로 동생을 따라갈 때, 두 사람이 만나는 것은 동생이 출발한 지 몇 분 후인가?

① 6분 후   ② 7분 후   ③ 8분 후
④ 9분 후   ⑤ 10분 후

유형 12 거리, 속력, 시간에 대한 문제 – 둘레를 도는 경우

57 대표 문제

둘레의 길이가 7.5 km인 트랙을 현수와 진구가 같은 지점에서 동시에 출발하여 서로 반대 방향으로 돌면 15분 후에 처음으로 만나고, 같은 방향으로 돌면 1시간 15분 후에 처음으로 만난다고 한다. 현수가 진구보다 빠르다고 할 때, 현수의 속력은? (단, 현수와 진구의 속력은 각각 일정하다.)

① 분속 100 m   ② 분속 150 m   ③ 분속 200 m
④ 분속 250 m   ⑤ 분속 300 m

58 중

둘레의 길이가 1.8 km인 호수 공원의 둘레를 찬우는 분속 50 m로 걷고, 태균이는 분속 80 m로 걸으려고 한다. 같은 지점에서 찬우가 출발하고 10분 후에 태균이가 반대 방향으로 출발하여 돌면 태균이가 출발한 지 몇 분 후에 두 사람이 처음으로 만나게 되는지 구하시오.

유형 13 거리, 속력, 시간에 대한 문제
– 배와 강물의 속력

59 대표 문제

배를 타고 길이가 30 km인 강을 거슬러 올라가는 데 5시간, 강을 따라 내려오는 데 3시간이 걸렸다. 정지한 물에서의 배의 속력은? (단, 배와 강물의 속력은 각각 일정하다.)

① 시속 5 km ② 시속 6 km ③ 시속 7 km
④ 시속 8 km ⑤ 시속 9 km

60 중 서술형

어떤 사람이 유람선을 타고 길이가 1.8 km인 강을 왕복하는데 강을 거슬러 올라갈 때는 25분, 강을 따라 내려올 때는 15분이 걸렸다. 강물의 속력은 분속 몇 m인지 구하시오.
(단, 유람선과 강물의 속력은 각각 일정하다.)

61 상

배를 타고 길이가 10 km인 강을 거슬러 올라가는 데 1시간, 강을 따라 내려오는 데 30분이 걸렸다. 이 강에 종이배를 띄웠을 때, 이 종이배가 2 km를 떠내려가는 데 걸리는 시간은? (단, 배와 강물의 속력은 각각 일정하고, 종이배는 바람 등의 외부의 영향을 받지 않는다.)

① 16분 ② 20분 ③ 24분
④ 28분 ⑤ 32분

유형 14 거리, 속력, 시간에 대한 문제
– 기차가 터널 또는 다리를 지나는 경우

62 대표 문제

일정한 속력으로 달리는 기차가 길이가 3.4 km인 철교를 완전히 통과하는 데 3분이 걸리고, 길이가 0.8 km인 터널을 완전히 통과하는 데 1분이 걸린다. 이 기차의 길이는 몇 m인지 구하시오.

63 중

일정한 속력으로 달리는 기차가 길이가 360 m인 다리를 완전히 지나는 데 24초가 걸리고, 그 다리의 길이의 3배인 터널을 완전히 지나는 데 60초가 걸린다. 이때 기차의 길이와 속력을 차례로 나열한 것은?

① 100 m, 초속 20 m ② 120 m, 초속 20 m
③ 120 m, 초속 30 m ④ 140 m, 초속 20 m
⑤ 140 m, 초속 30 m

64 상

속력이 일정한 A, B 두 기차가 있다. 길이가 460 m인 A 기차가 어느 다리를 완전히 지나는 데 32초가 걸리고, 길이가 380 m인 B 기차가 같은 다리를 A 기차의 2배의 속력으로 완전히 지나는 데 15초가 걸린다. 이때 다리의 길이는?

① 760 m ② 780 m ③ 800 m
④ 820 m ⑤ 840 m

유형 15 **비율에 대한 문제**

(1) 전체의 $\dfrac{b}{a}$ ➡ $\dfrac{b}{a}\times$(전체 수)

(2) 전체의 $a\%$ ➡ $\dfrac{a}{100}\times$(전체 수)

대표 문제

65 전체 회원이 42명인 댄스 동아리에서 남자 회원의 $\dfrac{1}{2}$과 여자 회원의 $\dfrac{3}{4}$이 댄스 경연 대회에 참가하였다. 참가한 회원이 27명일 때, 이 댄스 동아리의 여자 회원은 몇 명인가?

① 12명 ② 16명 ③ 20명
④ 24명 ⑤ 28명

유형 16 **증가, 감소에 대한 문제** 중요

(A의 변화량)+(B의 변화량)=(A, B 전체의 변화량)

(1) x가 $a\%$ 증가

변화량 ➡ $+\dfrac{a}{100}x$

증가한 후의 양 ➡ $x+\dfrac{a}{100}x \rightarrow \left(1+\dfrac{a}{100}\right)x$

(2) y가 $b\%$ 감소

변화량 ➡ $-\dfrac{b}{100}y$

감소한 후의 양 ➡ $y-\dfrac{b}{100}y \rightarrow \left(1-\dfrac{b}{100}\right)y$

대표 문제

66 작년에 어느 중학교의 전체 학생은 750명이었다. 올해는 작년에 비해 남학생이 6% 증가하고, 여학생이 3% 감소하여 전체적으로 9명이 증가하였다. 올해 남학생은 몇 명인지 구하시오.

유형 17 **정가, 원가에 대한 문제**

(1) 원가 x원에 $a\%$의 이익을 붙인 가격 ➡ $\left(1+\dfrac{a}{100}\right)x$원

(2) 정가 y원에서 $b\%$를 할인한 가격 ➡ $\left(1-\dfrac{b}{100}\right)y$원

참고 (정가)=(원가)+(이익)

대표 문제

67 두 상품 A, B를 합하여 40000원에 사서 A 상품은 원가의 7%, B 상품은 원가의 10%의 이익을 붙여 팔았더니 3820원의 이익을 얻었다. 이때 A 상품의 원가는?

① 5000원 ② 6000원 ③ 7000원
④ 8000원 ⑤ 9000원

유형 18 　일에 대한 문제 ⓒ중요

전체 일의 양을 1로, 한 사람이 일정 시간 동안 할 수 있는 일의 양을 각각 x, y로 놓고 연립방정식을 세운다. → 1일, 1시간, 1분 등

예 A, B가 함께 10일 동안 작업하여 일을 끝냈다.
　➡ A, B가 하루에 할 수 있는 일의 양을 각각 x, y라 하면
　　$10(x+y)=1$
　　　└ 전체 일의 양

대표 문제

68 A, B 두 사람이 함께 하면 5일 만에 끝낼 수 있는 일을 A가 4일 동안 한 후 나머지를 B가 10일 동안 하여 끝냈다. 이 일을 B가 혼자 하면 며칠이 걸리는지 구하시오.

유형 19 　농도에 대한 문제

(1) (소금물의 농도)$=\dfrac{(소금의 \ 양)}{(소금물의 \ 양)}\times100(\%)$

　➡ (소금의 양)$=\dfrac{(소금물의 \ 농도)}{100}\times(소금물의 \ 양)$

(2) 농도가 다른 두 소금물 A, B를 섞을 때

　➡ $\begin{cases} (소금물 \ A의 \ 양)+(소금물 \ B의 \ 양)=(전체 \ 소금물의 \ 양) \\ (A의 \ 소금의 \ 양)+(B의 \ 소금의 \ 양)=(전체 \ 소금의 \ 양) \end{cases}$

주의 소금물에 물을 더 넣거나 소금물에서 물을 증발시켜도 소금의 양은 변하지 않는다.

대표 문제

69 3 %의 소금물과 12 %의 소금물을 섞어서 9 %의 소금물 300 g을 만들었다. 이때 12 %의 소금물의 양은?

① 50 g　　　② 100 g　　　③ 150 g
④ 200 g　　　⑤ 250 g

유형 20 　성분의 함량에 대한 문제

(1) 식품에 대한 문제
　식품에 포함된 영양소의 양
　➡ (영양소의 양)=(영양소가 차지하는 비율)×(식품의 양)
　　　　　　　　　　　└ a %이면 $\dfrac{a}{100}$

(2) 합금에 대한 문제
　합금에 포함된 금속의 양
　➡ (금속의 양)=(금속이 차지하는 비율)×(합금의 양)
　　　　　　　　　└ a %이면 $\dfrac{a}{100}$

대표 문제

70 구리 60 %, 주석 40 %를 포함한 합금 A와 구리 50 %, 주석 50 %를 포함한 합금 B가 있다. 두 합금 A, B를 녹여서 구리를 8 kg, 주석을 6 kg 얻으려면 합금 A, B는 각각 몇 kg이 필요한지 구하시오.

유형 15 비율에 대한 문제

Pick
71 대표 문제

전체 학생이 36명인 어느 반에서 남학생의 $\frac{1}{4}$과 여학생의 $\frac{1}{5}$

이 안경을 썼다. 안경을 쓴 학생이 반 전체 학생의 $\frac{2}{9}$일 때,

이 반의 남학생은 몇 명인가?

① 12명   ② 16명   ③ 20명
④ 24명   ⑤ 28명

72 중

다음 글을 읽고, 나무 위에 있는 독수리와 나무 아래에 있는
독수리가 각각 몇 마리인지 구하시오.

> 몇 마리의 독수리는 나무 위에, 또 몇 마리의 독수리는 나무
> 아래에 자리를 잡고 있다.
> 나무 위의 독수리가 나무 아래의 독수리에게 말했다.
> "자네들 중에서 한 마리가 이쪽으로 날아오면 자네들의 수
> 는 전체의 3분의 1이 된다네."
> 그러자 나무 아래의 독수리가 대답했다.
> "자네들 중에서 한 마리가 이쪽으로 날아오면 내 쪽의 수와
> 자네들 쪽의 수가 똑같게 되지."

73 상 서술형

전체 학생이 500명인 어느 중학교에서 남학생의 15 %와 여
학생의 20 %가 봉사 활동에 참여하여 전체 학생의 18 %가
참여하였다. 이때 봉사 활동에 참여한 여학생은 몇 명인지 구
하시오.

유형 16 증가, 감소에 대한 문제 중요

74 대표 문제

작년에 어느 중학교의 전체 학생은 1200명이었다. 올해는 작
년에 비해 남학생이 6 % 감소하고, 여학생이 8 % 증가하여
전체적으로 5명이 증가하였다. 올해 남학생은 몇 명인가?

① 517명   ② 550명   ③ 611명
④ 644명   ⑤ 650명

Pick
75 중

작년에 어느 농장의 쌀과 보리의 생산량의 합은 700 kg이었
는데, 올해는 작년보다 쌀의 생산량이 3 % 증가하고 보리의
생산량이 5 % 감소하여 전체 생산량이 697 kg이 되었다. 올
해 쌀의 생산량을 구하시오.

76 중

지난달 연우와 연서의 휴대 전화 요금을 합한 금액은 10만 원
이었다. 이번 달의 휴대 전화 요금은 지난달에 비해 연우는
5 % 감소하고, 연서는 30 % 증가하여 두 사람의 휴대 전화
요금을 합한 금액은 9 % 증가하였다. 이번 달 연서의 휴대 전
화 요금은?

① 52000원   ② 53000원   ③ 55000원
④ 56000원   ⑤ 57000원

유형 17 정가, 원가에 대한 문제

Pick
77 대표 문제

두 상품 A, B를 합하여 50000원에 사서 A 상품은 원가의 15 %, B 상품은 원가의 20 %의 이익을 붙여 팔았더니 8600원의 이익을 얻었다. 이때 A 상품의 판매 가격은?

① 22000원   ② 26400원   ③ 28000원
④ 32200원   ⑤ 33600원

78 중

어느 가게에서 원가가 600원인 A 제품과 원가가 400원인 B 제품을 합하여 180개를 구입하였다. A 제품은 20 %, B 제품은 25 %의 이익을 붙여 모두 판매하면 19600원의 이익이 생긴다고 할 때, B 제품은 몇 개 구입하였는가?

① 80개   ② 90개   ③ 100개
④ 110개   ⑤ 120개

79 상 서술형

어느 음반 제작 회사에서 두 개의 음악 CD를 만들어 원가의 10 %의 이익을 각각 붙여 정가를 정하였더니 정가의 합이 25300원이었다. 두 개의 음악 CD의 원가의 차가 1000원일 때, 둘 중 더 싼 음악 CD의 원가를 구하시오.

유형 18 일에 대한 문제 중요

80 대표 문제

어떤 물탱크에 물을 가득 채우는데 A, B 두 호스를 동시에 사용하여 12분 동안 물을 넣으면 물이 가득 찬다고 한다. 또 이 물탱크에 A 호스로 10분 동안 물을 넣은 후 B 호스로 18분 동안 물을 넣으면 물이 가득 찬다고 할 때, A 호스로만 이 물탱크를 가득 채우는 데 몇 분이 걸리는지 구하시오.

Pick
81 중

A가 9일 동안 한 후 나머지를 B가 2일 동안 하여 완성할 수 있는 일을 A가 3일 동안 한 후 나머지를 B가 6일 동안 하여 완성하였다. 이 일을 A가 혼자 하면 며칠이 걸리는가?

① 10일   ② 11일   ③ 12일
④ 13일   ⑤ 14일

82 상

담장에 벽화를 그리는 행사를 하는데 성인이 혼자서 하면 6시간, 청소년이 혼자서 하면 10시간이 걸린다고 한다. 성인과 청소년을 합하여 8명이 한 팀으로 이 벽화를 완성하는 데 1시간이 걸렸다. 이 팀에 청소년은 몇 명 있는지 구하시오.
  (단, 성인끼리, 청소년끼리는 각각 일하는 능력이 같다.)

유형 19 농도에 대한 문제

83 대표 문제

10 %의 소금물과 30 %의 소금물을 섞어서 15 %의 소금물 400 g을 만들었다. 이때 10 %의 소금물과 30 %의 소금물의 양의 차는?

① 50 g   ② 100 g   ③ 150 g

④ 200 g   ⑤ 250 g

84 중

6 %의 소금물과 8 %의 소금물을 섞은 후 물을 40 g 더 넣어 5 %의 소금물 150 g을 만들었다. 이때 8 %의 소금물의 양을 구하시오.

85 중

10 %의 소금물에 소금을 더 넣어서 15 %의 소금물 200 g을 만들었다. 이때 더 넣은 소금의 양은?

① $\frac{100}{9}$ g   ② 20 g   ③ 30 g

④ $\frac{100}{3}$ g   ⑤ 40 g

86 중

농도가 다른 두 소금물 A, B가 있다. 소금물 A를 100 g, 소금물 B를 200 g 섞으면 8 %의 소금물이 되고, 소금물 A를 200 g, 소금물 B를 100 g 섞으면 10 %의 소금물이 된다. 이때 두 소금물 A, B의 농도를 각각 구하시오.

유형 20 성분의 함량에 대한 문제

87 대표 문제

다음 표는 두 식품 A, B에 들어 있는 단백질과 지방의 함유 비율을 나타낸 것이다. 두 식품 A, B를 함께 섭취하여 단백질 26 g, 지방 83 g을 얻으려면 식품 A는 몇 g을 섭취해야 하는지 구하시오.

식품	단백질(%)	지방(%)
A	8	1
B	2	80

88 중

다음 표는 두부와 오이의 100 g당 열량을 나타낸 것이다. 어떤 음식에 들어 있는 두부와 오이를 합한 무게는 220 g이고 여기서 얻은 열량이 170 kcal일 때, 이 음식을 만드는 데 사용된 두부와 오이의 양은?

식품	열량(kcal)
두부	84
오이	10

① 두부: 170 g, 오이: 50 g   ② 두부: 180 g, 오이: 40 g

③ 두부: 190 g, 오이: 30 g   ④ 두부: 200 g, 오이: 20 g

⑤ 두부: 210 g, 오이: 10 g

89 상 서술형

금과 은이 3 : 1의 비율로 포함된 합금 A와 금과 은이 1 : 1의 비율로 포함된 합금 B를 녹여서 금과 은이 2 : 1의 비율로 포함된 합금 210 g을 만들려고 한다. 이때 필요한 합금 B의 양을 구하시오. (단, 두 합금 A, B는 금과 은만 포함한다.)

90 〔유형 01〕

어떤 두 자연수의 차는 24이고, 작은 수의 2배에서 큰 수를 **빼면** −3일 때, 두 자연수 중에서 작은 수는?

① 20　　　　② 21　　　　③ 22

④ 23　　　　⑤ 24

91 〔유형 02〕

두 자리의 자연수가 있다. 이 자연수는 각 자리의 숫자의 합의 3배와 같고, 십의 자리의 숫자와 일의 자리의 숫자를 바꾼 수는 처음 수보다 45만큼 크다고 할 때, 처음 수를 구하시오.

92 〔유형 03〕

세정이는 분식집에서 1인분에 2500원인 떡볶이와 1인분에 3500원인 순대를 합하여 12인분을 주문하고 33000원을 지불하였다. 이때 세정이가 주문한 떡볶이는 몇 인분인가?

① 5인분　　　② 6인분　　　③ 7인분

④ 8인분　　　⑤ 9인분

93 〔유형 04〕

현재 이모의 나이와 보영이의 나이의 합은 48세이고, 5년 후에는 이모의 나이가 보영이의 나이의 2배보다 7세가 많아진다고 한다. 현재 이모의 나이를 구하시오.

94 〔유형 05〕

길이가 128 cm인 끈을 겹치지 않고 남김없이 사용하여 정삼각형과 정사각형을 하나씩 만들었다. 정삼각형의 한 변의 길이는 정사각형의 한 변의 길이의 3배보다 5 cm만큼 짧다고 할 때, 정사각형의 넓이는?

① 121 cm^2　　② 144 cm^2　　③ 169 cm^2

④ 196 cm^2　　⑤ 225 cm^2

95 〔유형 07〕

A, B 두 사람이 가위바위보를 하여 이긴 사람은 3계단씩 올라가고, 진 사람은 1계단씩 내려가기로 하였다. 얼마 후 A는 처음 위치보다 16계단을, B는 처음 위치보다 8계단을 올라가 있었다. 이때 두 사람이 가위바위보를 한 전체 횟수는?

(단, 비기는 경우는 없다.)

① 11　　　　② 12　　　　③ 13

④ 14　　　　⑤ 15

96 (유형 08)

다음은 고대 중국의 수학자 정대위가 쓴 "산법통종"에 실려 있는 문제이다. 구미호와 붕조는 각각 몇 마리인지 구하시오.

구미호는 머리가 하나에 꼬리가 아홉 개 달려 있다. 붕조는 머리가 아홉 개에 꼬리가 하나이다. 구미호와 붕조를 우리 안에 넣었더니 머리가 72개, 꼬리가 88개가 되었다.

97 (유형 09)

A 지점에서 B 지점을 거쳐 C 지점까지 가는 거리는 9 km이다. A 지점에서 B 지점까지는 시속 4 km로 걷다가 B 지점에서 C 지점까지는 시속 6 km로 뛰었더니 총 1시간 40분이 걸렸다. 이때 B 지점에서 C 지점까지의 거리는 몇 km인가?

① 4 km   ② 5 km   ③ 6 km
④ 7 km   ⑤ 8 km

98 (유형 10)

서준이가 등산을 하는데 올라갈 때는 시속 3 km로 걷고, 내려올 때는 올라갈 때보다 1 km 더 먼 길을 시속 4 km로 걸어서 총 5시간 30분이 걸렸다. 이때 서준이가 걸은 전체 거리는?

① 15 km   ② 16 km   ③ 17 km
④ 18 km   ⑤ 19 km

99 (유형 12)

둘레의 길이가 630 m인 공원의 둘레를 민수와 승호가 자전거를 타고 각각 일정한 속력으로 돌고 있다. 같은 지점에서 두 사람이 동시에 출발하여 서로 반대 방향으로 돌면 30초 후에 처음으로 만나고, 같은 방향으로 돌면 3분 30초 후에 처음으로 만난다고 한다. 민수의 속력이 승호의 속력보다 빠르다고 할 때, 승호의 속력은?

① 초속 8 m   ② 초속 9 m   ③ 초속 10 m
④ 초속 11 m   ⑤ 초속 12 m

100 (유형 13)

배를 타고 길이가 32 km인 강을 거슬러 올라가는 데 4시간, 강을 따라 내려오는 데 2시간 40분이 걸렸다. 정지한 물에서의 배의 속력은 시속 몇 km인지 구하시오.

(단, 배와 강물의 속력은 각각 일정하다.)

101 (유형 15)

어느 동아리에서 전체 회원을 대상으로 지역 축제 참가에 대한 찬반 투표를 하였다. 찬성표가 반대표보다 10표 더 많아서 전체 투표수의 $\frac{3}{4}$이 되었다. 이 동아리의 전체 회원은 몇 명인지 구하시오. (단, 무효표나 기권은 없다.)

102

유형 17

두 상품 A, B를 합하여 45000원에 사서 A 상품은 원가의 10 %, B 상품은 원가의 20 %의 이익을 붙여 팔았더니 6500원의 이익을 얻었다. 이때 B 상품의 판매 가격은?

① 20000원　　　② 21500원　　　③ 24000원
④ 25000원　　　⑤ 27500원

103

유형 18

민서와 진우가 함께 3일 동안 하여 완성할 수 있는 일을 민서가 6일 동안 한 후 나머지를 진우가 2일 동안 하여 완성하였다. 이 일을 진우가 혼자 하면 며칠이 걸리는가?

① 4일　　　② 6일　　　③ 8일
④ 10일　　　⑤ 12일

104

유형 20

다음 표는 두 식품 A, B를 각각 100 g씩 섭취하였을 때, 얻을 수 있는 열량과 단백질의 양을 나타낸 것이다. 두 식품 A, B를 함께 섭취하여 열량 640 kcal, 단백질 66 g을 얻으려면 식품 A는 몇 g을 섭취해야 하는가?

식품	열량(kcal)	단백질(g)
A	160	6
B	80	24

① 280 g　　　② 300 g　　　③ 320 g
④ 340 g　　　⑤ 360 g

서술형 문제

105

유형 03

우산 한 개의 가격은 모자 한 개의 가격의 4배이고, 모자 4개와 우산 3개를 합한 가격은 80000원이다. 이때 모자 3개와 우산 2개를 합한 가격을 구하시오.

106

유형 08

우식이네 학급은 공원에서 자전거를 타기로 하였다. 1인용 자전거와 2인용 자전거를 합하여 17대를 대여해서 학급 학생 29명이 모두 타기로 하였다. 자전거 대여료가 다음 표와 같을 때, 우식이네 학급의 자전거 총대여료를 구하시오.
(단, 자전거에 빈 자리는 생기지 않는다.)

자전거 대여료	
1인용 자전거	3000원
2인용 자전거	5000원

107

유형 16

작년에 제주도 어느 과수원의 한라봉과 천혜향의 수확량의 합은 3000 kg이었는데, 올해는 작년보다 한라봉의 수확량이 6 % 감소하고 천혜향의 수확량이 14 % 증가하여 전체 수확량이 3300 kg이 되었다. 올해 한라봉의 수확량을 구하시오.

만점 문제 뛰어넘기

108 어느 방송사에서 방송 시간이 40분인 프로그램을 편성하는데 방송 시간의 15 %를 광고로 사용하려고 한다. 광고 시간이 15초인 상품과 광고 시간이 20초인 상품을 합하여 20개의 상품을 광고할 때, 광고 시간이 15초인 상품은 몇 개를 광고해야 하는지 구하시오. (단, 광고 사이에 시간 간격은 없다.)

109 둘레의 길이가 120 cm인 직사각형에서 가로의 길이는 20 % 늘이고, 세로의 길이는 10 % 줄였더니 전체 둘레의 길이가 7 % 늘어났다. 처음 직사각형의 넓이는?

① 864 cm²   ② 875 cm²   ③ 884 cm²

④ 891 cm²   ⑤ 896 cm²

110 다음 그림과 같이 모양과 크기가 같은 직사각형 모양의 타일 8장을 겹치지 않게 빈틈없이 이어 붙여 큰 직사각형을 만들었더니 그 둘레의 길이가 92 cm가 되었다. 이때 타일 한 장의 둘레의 길이를 구하시오.

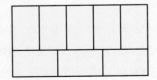

111 A 지점에서 B 지점을 거쳐 C 지점까지 운행하는 버스의 구간별 요금은 오른쪽 그림과 같다. 이 버스가 A 지점에서 출발할 때 버스에 탄 승객은 30명이고, C 지점에 도착하여 내린 승객은 26명이다. 이 버스의 승차권의 판매 요금이 총 38200원일 때, B 지점에서 탄 승객과 내린 승객은 모두 몇 명인가?

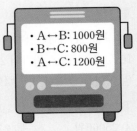

· A↔B: 1000원
· B↔C: 800원
· A↔C: 1200원

① 12명   ② 13명   ③ 14명

④ 15명   ⑤ 16명

112 둘레의 길이가 300 m인 트랙을 광수와 선화가 각각 일정한 속력으로 뛰고 있다. 광수가 30 m를 뛰는 동안 선화는 20 m를 뛴다고 할 때, 두 사람이 같은 지점에서 동시에 출발하여 서로 반대 방향으로 뛰면 30초 후에 처음으로 만난다고 한다. 두 사람은 1초에 각각 몇 m를 뛰었는지 구하시오.

113 소미와 다은이가 지난주에 받은 용돈의 비는 5 : 4이고, 사용한 용돈의 비는 2 : 1이다. 지난주에 받은 용돈 중에서 소미는 1000원이 남았고, 다은이는 5000원이 남았을 때, 지난주에 두 사람이 받은 용돈의 총합은 얼마인지 구하시오.

114 어느 회사의 입사 시험에서 입사 지원자의 남녀의 비는 4 : 3, 합격자의 남녀의 비는 3 : 2, 불합격자의 남녀의 비는 1 : 1이었다. 합격자가 150명일 때, 입사 지원자는 몇 명인가?

① 196명   ② 210명   ③ 224명
④ 266명   ⑤ 280명

115 어느 가게에서 마지막으로 남은 구두 한 켤레와 지갑 한 개를 각각 20 %, 30 % 할인하여 판매하려고 한다. 할인하기 전의 구두와 지갑의 판매 가격의 합은 54000원이고, 할인한 후 구두와 지갑의 판매 가격의 합은 할인하기 전보다 12500원이 적다고 할 때, 지갑의 할인된 판매 가격을 구하시오.

116 같은 물건을 만드는 A, B 두 종류의 기계가 있다. A 기계 3대와 B 기계 2대를 동시에 사용하면 4분 동안 물건 100개를 만들 수 있고, A 기계 4대와 B 기계 1대를 동시에 사용하면 5분 동안 물건 100개를 만들 수 있다. A 기계 2대와 B 기계 3대를 동시에 사용할 때, 물건 100개를 만드는 데 걸리는 시간은?

     (단, A, B 두 종류의 기계는 기계별로 각각 성능이 같다.)

① 2분   ② 2분 30초   ③ 3분
④ 3분 20초   ⑤ 3분 40초

117 4 %의 설탕물과 6 %의 설탕물을 섞은 후 물을 더 넣어서 3 %의 설탕물 180 g을 만들었다. 4 %의 설탕물과 더 넣은 물의 양의 비가 1 : 3일 때, 더 넣은 물의 양은?

① 27 g   ② 54 g   ③ 69 g
④ 72 g   ⑤ 81 g

118 다음 표는 어떤 공장에서 두 제품 A, B를 각각 한 개씩 만드는 데 필요한 구리와 철의 양과 제품 한 개당 이익을 나타낸 것이다. 구리 40 kg과 철 58 kg을 모두 사용하여 두 제품 A, B를 만들었을 때, 총이익은 몇 만 원인지 구하시오.

     (단, 두 제품 A, B는 구리와 철로만 만든다.)

제품	구리(kg)	철(kg)	이익(만 원)
A	4	3	6
B	2	5	8

8

일차함수와
그 그래프

• 정답과 해설 71쪽

유형 01 함수의 뜻

함수: 두 변수 x, y에 대하여 <u>x의 값이 변함에 따라 y의 값이 오</u><u>직 하나씩 정해지는</u> 대응 관계가 있을 때, y를 x의 함수라 한다.

[기호] $y=f(x)$

[참고] 정비례 관계 $y=ax\,(a \neq 0)$와 반비례 관계 $y=\dfrac{a}{x}\,(a \neq 0)$에서 x의 값이 변함에 따라 y의 값이 오직 하나씩 정해지므로 y는 x의 함수이다.

[주의] 어떤 x의 값 하나에 y의 값이 대응하지 않거나 2개 이상 대응하면 y는 x의 함수가 아니다.

대표 문제

01 다음 중 y가 x의 함수가 <u>아닌</u> 것은?

① 자연수 x의 약수의 개수 y

② 자연수 x와 서로소인 수 y

③ 합이 80인 두 자연수 x와 y

④ 넓이가 $36\,cm^2$인 직사각형의 가로의 길이가 $x\,cm$일 때, 세로의 길이 $y\,cm$

⑤ 시속 $x\,km$로 5시간 동안 달린 자동차가 이동한 거리 $y\,km$

유형 02 함숫값

함숫값: 함수 $y=f(x)$에서 x의 값에 대응하는 y의 값

[기호] $f(x)$

[예] 함수 $f(x)=3x$에 대하여 $x=2$일 때의 함숫값

➡ $f(2)=3 \times 2=6$

대표 문제

02 함수 $f(x)=-4x$에 대하여 $2f(3)-3f(1)$의 값을 구하시오.

유형 03 일차함수의 뜻

일차함수: 함수 $y=f(x)$에서 $y=ax+b\,(a,\ b$는 상수, $a \neq 0)$와 같이 <u>y가 x에 대한 일차식</u>으로 나타날 때, 이 함수를 x에 대한 일차함수라 한다. └ $y=(x$에 대한 일차식)

[예] $y=2x,\ y=\dfrac{1}{3}x,\ y=-7x+\dfrac{3}{4}$ ➡ 일차함수이다.

  $y=3x^2+9,\ y=-6,\ y=\dfrac{2}{x}+5$ ➡ 일차함수가 아니다.

대표 문제

03 다음 중 y가 x의 일차함수인 것은?

① $y=-7$ ② $y=\dfrac{2}{x}$

③ $y=x^2-2x(x-3)$ ④ $y=-x+5$

⑤ $y=\dfrac{2}{3}(3x+1)-2x$

유형 04 일차함수의 함숫값

(중요)

일차함수 $f(x)=ax+b$에서 $x=p$일 때의 함숫값

➡ $f(x)=ax+b$에 $x=p$를 대입하여 얻은 값

➡ $f(p)=ap+b$

대표 문제

04 일차함수 $f(x)=2x-1$에 대하여 $f(7)-f(-1)$의 값을 구하시오.

유형 완성하기

유형 01   함수의 뜻

05 대표 문제

다음 보기 중 y가 x의 함수가 <u>아닌</u> 것을 모두 고르시오.

보기
ㄱ. $y=-2x$ ㄴ. $y=\dfrac{2}{3}x$

ㄷ. $y=\dfrac{10}{x}$ ㄹ. $y=$(절댓값이 x인 수)

ㅁ. $y=$(자연수 x와 3의 공배수)

Pick
06 중 多보기

다음 중 y가 x의 함수인 것을 모두 고르면?

① 자연수 x의 배수 y

② 자연수 x와 2의 최소공배수 y

③ 자연수 x의 소인수 y

④ 자연수 x를 3으로 나눈 나머지 y

⑤ 자연수 x보다 작은 소수 y

⑥ 현재 40세인 어머니의 x년 후의 나이 y세

⑦ 한 변의 길이가 $x\,\mathrm{cm}$인 정사각형의 둘레의 길이 $y\,\mathrm{cm}$

⑧ 키가 $x\,\mathrm{cm}$인 사람의 몸무게 $y\,\mathrm{kg}$

유형 02   함숫값

02-1   함숫값 구하기

07 대표 문제

함수 $f(x)=-\dfrac{24}{x}$에 대하여 $f(-3)-f(4)$의 값은?

① -14 ② -7 ③ -2

④ 2 ⑤ 14

Pick
08 하

함수 $y=5x$에 대하여 다음 중 옳지 <u>않은</u> 것을 모두 고르면?

(정답 2개)

① $f(0)=50$ ② $f(-1)=-5$

③ $f(-2)=10$ ④ $f\left(\dfrac{2}{5}\right)=2$

⑤ $f(6)+f(-8)=-10$

09 중

함수를 적은 학생은 그 함수와 알맞은 함숫값을 적은 학생과 짝이 된다고 한다. 다음 중 짝을 바르게 찾은 것을 모두 고르면? (정답 2개)

강현: $f(x)=-x$	은솔: $f(x)=\dfrac{3}{x}$
이경: $f(x)=-3x$	연우: $f(1)=3$
지은: $f(-1)=3$	유미: $f(3)=3$

① 강현, 지은   ② 강현, 유미   ③ 은솔, 연우

④ 은솔, 지은   ⑤ 이경, 지은

10 중

함수 $f(x)=\dfrac{12}{x}$에 대하여 $f\left(\dfrac{1}{3}\right)=a$, $f(-2)=b$일 때, a, b의 값을 각각 구하시오.

11 중 서술형

함수 $f(x)=-\dfrac{x}{4}$에 대하여 $f(a)=2$, $f(16)=b$일 때, $a+b$의 값을 구하시오.

12 중

함수 $f(x)=$(자연수 x를 5로 나눈 나머지)에 대하여 $f(19)-f(62)$의 값은?

① -2 ② -1 ③ 0

④ 1 ⑤ 2

13 중

함수 $f(x)=\dfrac{20}{x}$에 대하여 $f(a)=4$, $f(2)=b$일 때, $f(a-b)$의 값은?

① -10 ② -5 ③ -4

④ 4 ⑤ 5

02-2 함숫값이 주어질 때, 함수의 식 구하기

14 하

함수 $f(x)=ax$에 대하여 $f(2)=3$일 때, 상수 a의 값을 구하시오.

15 중

함수 $f(x)=\dfrac{a}{x}$에 대하여 $f(-1)=-6$, $f(b)=3$일 때, $a+b$의 값은? (단, a는 상수)

① -8 ② -4 ③ 2

④ 4 ⑤ 8

유형 03 일차함수의 뜻

Pick
16 대표 문제

다음 보기 중 y가 x의 일차함수인 것은 모두 몇 개인가?

보기
ㄱ. $y=\dfrac{2x-1}{5}$ ㄴ. $xy=-7$

ㄷ. $y=-\dfrac{1}{3}x+2$ ㄹ. $y=2x-2(x+1)$

ㅁ. $y+x^2=x(x-1)$ ㅂ. $y=x(x-1)$

① 1개 ② 2개 ③ 3개

④ 4개 ⑤ 5개

Pick
17 중 多 보기

다음 중 y가 x의 일차함수가 <u>아닌</u> 것을 모두 고르면?

① 반지름의 길이가 $2x\,\mathrm{cm}$인 원의 넓이는 $y\,\mathrm{cm}^2$이다.

② 하루 중 밤의 길이가 x시간일 때, 낮의 길이는 y시간이다.

③ 우유 $2\,\mathrm{L}$를 x명이 똑같이 나누어 마실 때, 한 사람이 마시게 되는 우유의 양은 $y\,\mathrm{L}$이다.

④ $10\,\%$의 소금물 $x\,\mathrm{g}$에 들어 있는 소금의 양은 $y\,\mathrm{g}$이다.

⑤ 밑변의 길이가 $x\,\mathrm{cm}$이고, 높이가 $y\,\mathrm{cm}$인 삼각형의 넓이는 $10\,\mathrm{cm}^2$이다.

⑥ 길이가 $100\,\mathrm{mm}$인 양초가 1분에 $5\,\mathrm{mm}$씩 일정하게 탄다고 할 때, x분 동안 타고 남은 양초의 길이는 $y\,\mathrm{mm}$이다.

⑦ 시속 $60\,\mathrm{km}$로 x시간 동안 달린 거리는 $y\,\mathrm{km}$이다.

18 중

$y=2x(ax-1)+bx+1$이 x에 대한 일차함수가 되도록 하는 상수 a, b의 조건은?

① $a=0$, $b\neq0$ ② $a=0$, $b\neq2$ ③ $a\neq0$, $b=0$

④ $a\neq0$, $b=2$ ⑤ $a\neq0$, $b\neq2$

유형 04   일차함수의 함숫값   중요

19 대표 문제

일차함수 $f(x)=5x-7$에 대하여 $f(3)=a$, $f(b)=-2$일 때, $a-b$의 값을 구하시오.

Pick
20 중

일차함수 $f(x)=ax+3$에 대하여 $f(1)=1$일 때, $f(2)$의 값은? (단, a는 상수)

① -4 ② -3 ③ -2

④ -1 ⑤ 0

21 중

발의 길이가 $x\,\mathrm{cm}$일 때, 신체에 맞는 구두의 굽 높이 $y\,\mathrm{cm}$는 다음과 같이 일차함수로 정해진다고 한다. 유하의 발의 길이가 $27\,\mathrm{cm}$일 때, 유하의 신체에 맞는 구두의 굽 높이를 구하시오.

$$y=0.176(x-7)$$

22 중 서술형

일차함수 $f(x)=ax+b$에 대하여 $f(-3)=1$, $f(7)=11$일 때, $f(5)$의 값을 구하시오. (단, a, b는 상수)

유형 모아 보기 ✳ **02** 일차함수의 그래프

유형 05 일차함수의 그래프

(1) **평행이동**: 한 도형을 일정한 방향으로 일정한 거리만큼 옮기는 것

(2) 일차함수 $y=ax+b\,(a\neq0)$의 그래프

일차함수 $y=ax$의 그래프를 y축의 방향 으로 b만큼 평행이동한 직선

참고 일차함수 $y=ax+b$의 그래프를 y축의 방향 으로 m만큼 평행이동한 그래프의 식
➡ $y=ax+b+m$

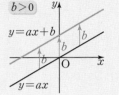

대표 문제

23 일차함수 $y=-3x+5$의 그래프는 일차함수 $y=-3x$ 의 그래프를 (㉠)축의 방향으로 (㉡)만큼 평행이동한 것 이다. ㉠, ㉡에 들어갈 것으로 옳은 것은?

① ㉠: x, ㉡: -5　　　② ㉠: x, ㉡: 5

③ ㉠: y, ㉡: -5　　　④ ㉠: y, ㉡: -3

⑤ ㉠: y, ㉡: 5

유형 06~07 일차함수의 그래프 위의 점　중요

(1) **일차함수의 그래프 위의 점**

점 (p, q)가 일차함수 $y=ax+b$의 그래프 위의 점이다.

➡ 일차함수 $y=ax+b$의 그래프가 점 (p, q)를 지난다.

➡ $y=ax+b$에 $x=p$, $y=q$를 대입하면 등식이 성립한다.
　　　$\llcorner\!\!\rightarrow q=ap+b$

(2) **평행이동한 그래프 위의 점**

일차함수 $y=f(x)$의 그래프를 y축의 방향으로 m만큼 평행이 동한 그래프가 점 (p, q)를 지난다.

➡ 일차함수 $y=f(x)+m$의 그래프가 점 (p, q)를 지난다.

➡ $y=f(x)+m$에 $x=p$, $y=q$를 대입하면 등식이 성립한다.
　　　$\llcorner\!\!\rightarrow q=f(p)+m$

대표 문제

24 다음 중 일차함수 $y=4x-1$의 그래프 위의 점은?

① $(3, 13)$　　② $(1, 5)$　　③ $(-1, 0)$

④ $(-2, -9)$　　⑤ $(-5, -19)$

25 일차함수 $y=-x-2$의 그래프를 y축의 방향으로 7만 큼 평행이동한 그래프가 점 $(m, 4)$를 지날 때, m의 값을 구 하시오.

유형 08 일차함수의 그래프의 x절편, y절편

(1) **x절편**: 함수의 그래프가 x축과 만나는 점의 x좌표
　　➡ $y=0$일 때, x의 값

(2) **y절편**: 함수의 그래프가 y축과 만나는 점의 y좌표
　　➡ $x=0$일 때, y의 값

(3) 일차함수 $y=ax+b$의 그래프에서

① x절편: $-\dfrac{b}{a}$

② y절편: b
　　$\llcorner\!\!\rightarrow$ 상수항

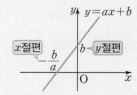

대표 문제

26 일차함수 $y=-3x+9$의 그래프의 x절편을 a, y절편 을 b라 할 때, $a+b$의 값은?

① 6　　　　② 8　　　　③ 10

④ 12　　　　⑤ 14

유형 09 x절편, y절편을 이용하여 상수의 값 구하기 🔵중요

일차함수 $y=ax+b$의 그래프의 x절편이 p, y절편이 q이다.

➡ 일차함수 $y=ax+b$의 그래프가 두 점 $(p, 0)$, $(0, q)$를 지난다.

➡ $y=ax+b$에 두 점의 좌표를 각각 대입하면 등식이 성립한다.
    └→ $0=ap+b$, $q=b$

대표 문제

27 일차함수 $y=-\dfrac{1}{2}x+k$의 그래프의 x절편이 8일 때, y절편을 구하시오. (단, k는 상수)

유형 10 일차함수의 그래프의 기울기 🔵중요

기울기: 일차함수 $y=ax+b$에서 x의 값의 증가량에 대한 y의 값의 증가량의 비율

➡ (기울기)$=\dfrac{(y\text{의 값의 증가량})}{(x\text{의 값의 증가량})}=a$ ─→ 항상 일정하다.

◉ 일차함수 $y=2x-1$의 그래프에서

(기울기)$=\dfrac{(y\text{의 값의 증가량})}{(x\text{의 값의 증가량})}$

$=\dfrac{5-1}{3-1}=\dfrac{4}{2}=2$

➡ x의 값이 1만큼 증가하면 y의 값은 2만큼 증가한다.

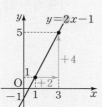

대표 문제

28 일차함수 $y=5x-7$의 그래프에서 x의 값이 -3에서 1까지 증가할 때, y의 값의 증가량을 구하시오.

유형 11 두 점을 지나는 일차함수의 그래프의 기울기

두 점 (x_1, y_1), (x_2, y_2)를 지나는 일차함수의 그래프에서
                           (단, $x_1 \neq x_2$)

➡ (기울기)$=\dfrac{(y\text{의 값의 증가량})}{(x\text{의 값의 증가량})}=\dfrac{y_2-y_1}{x_2-x_1}=\dfrac{y_1-y_2}{x_1-x_2}$

◉ 두 점 $(3, 6)$, $(7, 4)$를 지나는 일차함수의 그래프에서

➡ (기울기)$=\dfrac{4-6}{7-3}=\dfrac{-2}{4}=-\dfrac{1}{2}$

대표 문제

29 두 점 $(-3, k)$, $(2, 15)$를 지나는 일차함수의 그래프의 기울기가 4일 때, k의 값을 구하시오.

유형 12 세 점이 한 직선 위에 있을 조건

서로 다른 세 점 A, B, C가 한 직선 위에 있다.

➡ 세 직선 AB, BC, AC는 모두 같은 직선이다.

➡ (직선 AB의 기울기)=(직선 BC의 기울기)
                   =(직선 AC의 기울기)

대표 문제

30 세 점 $(-4, 1)$, $(2, -2)$, $(a, 2)$가 한 직선 위에 있을 때, a의 값을 구하시오.

유형 05 일차함수의 그래프

31 대표 문제

일차함수 $y=-\dfrac{1}{2}x$의 그래프를 y축의 방향으로 -3만큼 평행이동한 그래프가 나타내는 일차함수의 식은?

① $y=-\dfrac{1}{2}(x-3)$ ② $y=-\dfrac{1}{2}x-3$ ③ $y=-\dfrac{1}{2}x+3$

④ $y=\dfrac{1}{2}x-3$ ⑤ $y=\dfrac{1}{2}x+3$

32 하

다음 중 일차함수 $y=\dfrac{4}{5}x$의 그래프를 이용하여 일차함수 $y=\dfrac{4}{5}x-2$의 그래프를 바르게 그린 것은?

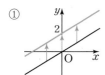 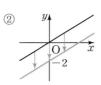 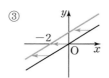

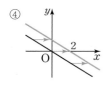 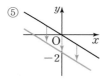

33 하

다음 일차함수의 그래프 중 일차함수 $y=8x$의 그래프를 평행이동한 그래프와 서로 포개어지는 것은?

① $y=-\dfrac{1}{8}x$ ② $y=\dfrac{1}{8}x+3$ ③ $y=-8x-5$

④ $y=8x+9$ ⑤ $y=8(x+3)-x$

34 하

일차함수 $y=-6x-4$의 그래프를 y축의 방향으로 6만큼 평행이동한 그래프가 나타내는 일차함수의 식은?

① $y=-6x-10$ ② $y=-6x-2$ ③ $y=-6x+2$

④ $y=-12x+4$ ⑤ $y=-12x+10$

Pick
35 중

일차함수 $y=-2x+a$의 그래프를 y축의 방향으로 -7만큼 평행이동하면 일차함수 $y=bx+2$의 그래프가 된다고 한다. 이때 상수 a, b에 대하여 $a+b$의 값을 구하시오.

유형 06 일차함수의 그래프 위의 점

36 대표 문제

다음 중 일차함수 $y=-\dfrac{1}{4}x+5$의 그래프 위의 점이 <u>아닌</u> 것은?

① $(-4, 6)$ ② $\left(-1, \dfrac{21}{4}\right)$ ③ $\left(1, \dfrac{3}{4}\right)$

④ $(4, 4)$ ⑤ $\left(2, \dfrac{9}{2}\right)$

37 하

점 $(k, 1)$이 일차함수 $y=-7x+\dfrac{1}{2}$의 그래프 위의 점일 때, k의 값을 구하시오.

P̌ck
38 ⓒ

일차함수 $y=\dfrac{2}{3}x-5$의 그래프가 두 점 $(-6, p)$, $(q, -3)$ 을 지날 때, $p+q$의 값을 구하시오.

39 ⓒ

두 일차함수 $y=ax+2$와 $y=5x+b$의 그래프가 모두 점 $(1, -2)$를 지날 때, 상수 a, b에 대하여 ab의 값은?

① -28 ② -11 ③ 7
④ 10 ⑤ 28

유형 07   평행이동한 그래프 위의 점   중요

40 대표 문제

일차함수 $y=\dfrac{3}{2}x+1$의 그래프를 y축의 방향으로 k만큼 평행이동한 그래프가 점 $(-2, -8)$을 지날 때, k의 값은?

① -6 ② -5 ③ -4
④ 5 ⑤ 6

41 ⓒ

다음 중 일차함수 $y=3x+7$의 그래프를 y축의 방향으로 -5 만큼 평행이동한 그래프가 지나지 <u>않는</u> 점은?

① $(-4, -10)$ ② $(-1, -1)$ ③ $(0, 2)$
④ $(2, 12)$ ⑤ $(5, 17)$

P̌ck
42 ⓒ

일차함수 $y=2x$의 그래프를 y축의 방향으로 m만큼 평행이동한 그래프가 두 점 $(-3, -3)$, $(n, 5)$를 지날 때, mn의 값을 구하시오.

43 ⓒ

점 $\left(\dfrac{1}{2}, \dfrac{1}{4}\right)$을 지나는 일차함수 $y=ax-\dfrac{3}{4}$의 그래프를 y축 의 방향으로 -1만큼 평행이동한 그래프가 점 $\left(k, \dfrac{1}{4}\right)$을 지 날 때, $a+k$의 값을 구하시오. (단, a는 상수)

44 ⓒ   서술형

일차함수 $y=ax-3$의 그래프를 y축의 방향으로 b만큼 평행이동한 그래프가 두 점 $(4, 1)$, $(-2, 4)$를 지날 때, ab의 값을 구하시오. (단, a는 상수)

유형 08 일차함수의 그래프의 x절편, y절편

45 대표 문제

다음 일차함수의 그래프 중 x절편이 나머지 넷과 <u>다른</u> 하나는?

① $y=-2x+4$ ② $y=-\frac{1}{2}x+1$ ③ $y=\frac{1}{3}x-\frac{2}{3}$

④ $y=x-2$ ⑤ $y=4x-\frac{1}{2}$

46 하

오른쪽 그림에서 두 일차함수의 그래프 (1), (2)의 x절편과 y절편을 각각 구하시오.

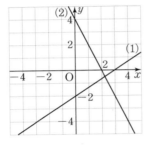

그래프	x절편	y절편
(1)		
(2)		

47 중

다음 일차함수의 그래프 중 일차함수 $y=\frac{5}{6}x-4$의 그래프와 y축 위에서 만나는 것은?

① $y=-4x-2$ ② $y=-2x-4$ ③ $y=-\frac{5}{6}x+4$

④ $y=\frac{5}{6}x-3$ ⑤ $y=4x+\frac{5}{6}$

48 중

일차함수 $y=4x-3$의 그래프를 y축의 방향으로 -5만큼 평행이동한 그래프의 x절편과 y절편의 합을 구하시오.

유형 09 x절편, y절편을 이용하여 상수의 값 구하기 (중요)

49 대표 문제

일차함수 $y=-7x-(2k-1)$의 그래프의 x절편이 $\frac{9}{7}$일 때, 상수 k의 값을 구하시오.

50 중

일차함수 $y=2x+6$의 그래프의 y절편과 일차함수 $y=-\frac{2}{3}x+a$의 그래프의 x절편이 같을 때, 상수 a의 값을 구하시오.

51 중

두 일차함수 $y=3x+1$과 $y=ax-2$의 그래프가 x축 위에서 만날 때, 상수 a의 값은?

① -6 ② $-\frac{1}{3}$ ③ $\frac{2}{3}$

④ 3 ⑤ 6

52 중 서술형

오른쪽 그림은 일차함수 $y=ax+5$의 그래프를 y축의 방향으로 b만큼 평행이동한 그래프이다. 이때 ab의 값을 구하시오. (단, a는 상수)

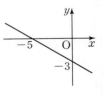

유형 10 **일차함수의 그래프의 기울기** 중요

Pick

53 대표 문제

다음 일차함수의 그래프 중 x의 값이 2만큼 증가할 때, y의 값이 3만큼 증가하는 것은?

① $y=-\dfrac{3}{2}x-3$ ② $y=-\dfrac{2}{3}x+3$

③ $y=\dfrac{2}{3}x+2$ ④ $y=\dfrac{3}{2}x-3$

⑤ $y=2x-3$

54 하

일차함수 $y=x-\dfrac{4}{3}$의 그래프의 기울기를 p, x절편을 q, y절편을 r라 할 때, $p-q+r$의 값은?

① $-\dfrac{11}{3}$ ② $-\dfrac{5}{3}$ ③ -1

④ 1 ⑤ $\dfrac{5}{3}$

55 하

기차용 선로의 기울어진 정도를 $\dfrac{(수직\ 거리)}{(수평\ 거리)}$로 나타낼 때, 다음 그림과 같이 모눈종이 위에 그려진 기차용 선로의 기울어진 정도는?

(단, 모눈종이 한 칸의 가로와 세로의 길이는 각각 1이다.)

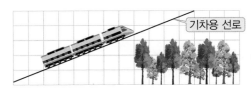

기차용 선로

① 3 ② $\dfrac{2}{5}$ ③ $\dfrac{1}{3}$

④ $\dfrac{2}{7}$ ⑤ $\dfrac{1}{4}$

56 중

일차함수 $y=ax-5$의 그래프에서 x의 값이 4만큼 증가할 때, y의 값은 8만큼 감소한다. x의 값이 5만큼 증가할 때, y의 값의 증가량은? (단, a는 상수)

① -10 ② $-\dfrac{5}{2}$ ③ $-\dfrac{5}{8}$

④ $\dfrac{5}{2}$ ⑤ 10

57 중

일차함수 $y=-6x+21$의 그래프에서 x의 값이 2에서 k까지 증가할 때, y의 값은 9에서 -3까지 감소한다. 이때 k의 값을 구하시오.

Pick

58 중

일차함수 $f(x)=-\dfrac{1}{2}x+1$에 대하여 $\dfrac{f(10)-f(1)}{10-1}$의 값은?

① -2 ② -1 ③ $-\dfrac{1}{2}$

④ $\dfrac{1}{2}$ ⑤ 1

59 상

일차함수 $y=f(x)$에 대하여 $f(3)-f(-2)=-15$일 때, 이 일차함수의 그래프의 기울기를 구하시오.

유형 11 두 점을 지나는 일차함수의 그래프의 기울기

60 대표 문제

두 점 $(1, 4)$, $(-2, k)$를 지나는 일차함수의 그래프의 기울기가 3일 때, k의 값은?

① -7 ② -5 ③ -2
④ 2 ⑤ 5

61 중

x절편이 6, y절편이 -8인 직선을 그래프로 하는 일차함수의 그래프의 기울기를 구하시오.

Pick
62 중

오른쪽 그림과 같은 두 일차함수 $y=f(x)$와 $y=g(x)$의 그래프의 기울기를 각각 m, n이라 할 때, $m-n$의 값을 구하시오.

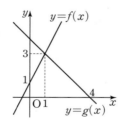

63 중

일차함수 $y=f(x)$의 그래프는 일차함수 $y=-2x+8$의 그래프와 x축 위에서 만나고, 일차함수 $y=3x-1$의 그래프와 y축 위에서 만난다. 이 일차함수의 그래프의 기울기를 구하시오.

유형 12 세 점이 한 직선 위에 있을 조건

Pick
64 대표 문제

세 점 $(-1, -2)$, $(2, 4)$, $(3, a)$가 한 직선 위에 있을 때, a의 값은?

① 5 ② 6 ③ 7
④ 8 ⑤ 9

65 중

오른쪽 그림과 같이 세 점이 한 직선 위에 있을 때, a의 값을 구하시오.

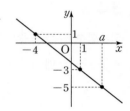

66 중 서술형

두 점 $(-4, -9)$, $(1, 6)$을 지나는 직선 위에 점 $(m, 4m+1)$이 있을 때, m의 값을 구하시오.

67 상

서로 다른 세 점 $(-2, 7)$, (a, b), $(3, 2)$가 한 직선 위에 있을 때, $a+b$의 값은?

① -3 ② -1 ③ 1
④ 3 ⑤ 5

• 정답과 해설 76쪽

유형 13 　일차함수의 그래프 그리기 〔중요〕

(1) x절편과 y절편을 이용하여 그래프 그리기

　❶ x절편과 y절편을 구한다.

　❷ 두 점 $(x$절편, $0)$, $(0, y$절편$)$을 좌표평면 위에 나타낸다.

　❸ 두 점을 직선으로 연결한다.

(2) 기울기와 y절편을 이용하여 그래프 그리기

　❶ 점 $(0, y$절편$)$을 좌표평면 위에 나타낸다.

　❷ 기울기를 이용하여 그래프가 지나는 다른 한 점을 찾아 좌표평면 위에 나타낸다.

　❸ 두 점을 직선으로 연결한다.

〔예〕 일차함수 $y=2x-1$의 그래프 그리기

　⑴ x절편과 y절편 이용하기

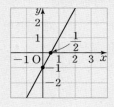

　⑵ 기울기와 y절편 이용하기

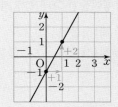

대표 문제

68 다음 중 일차함수 $y=3x+6$의 그래프는?

① 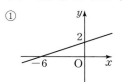 　②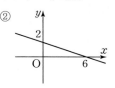

③ 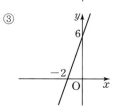 　④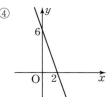

⑤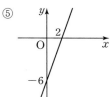

유형 14 　일차함수의 그래프와 x축, y축으로 둘러싸인 도형의 넓이 〔중요〕

일차함수의 그래프와 x축, y축으로 둘러싸인 도형의 넓이는

$$\Rightarrow \frac{1}{2}\times\overline{OA}\times\overline{OB}$$

$$=\frac{1}{2}\times|x\text{절편}|\times|y\text{절편}|$$

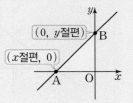

대표 문제

69 일차함수 $y=2x-4$의 그래프와 x축, y축으로 둘러싸인 도형의 넓이를 구하시오.

유형 15 　두 일차함수의 그래프와 x축 또는 y축으로 둘러싸인 도형의 넓이

두 일차함수의 그래프가 y축 위에서 만날 때, 두 일차함수의 그래프와 x축으로 둘러싸인 도형의 넓이는

$$\Rightarrow \frac{1}{2}\times\overline{BC}\times\overline{OA}=\frac{1}{2}\times(\overline{OB}+\overline{OC})\times\overline{OA}$$

$$=\frac{1}{2}\times(x\text{절편의 차})\times|y\text{절편}|$$

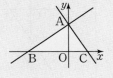

대표 문제

70 오른쪽 그림과 같이 두 일차함수 $y=-4x+2$, $y=\dfrac{4}{5}x+2$의 그래프와 x축으로 둘러싸인 도형의 넓이를 구하시오.

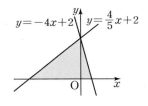

유형 완성하기 ✳

Pick
71 대표 문제

다음 중 일차함수 $y=-\dfrac{2}{3}x+2$의 그래프는?

①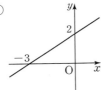

②

③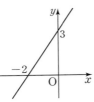

④

⑤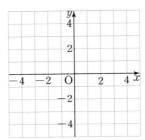

72 하

일차함수 $y=\dfrac{3}{2}x+1$의 그래프를 그리려고 한다. 다음 물음에 답하시오.

(1) 기울기와 y절편을 각각 구하시오.

(2) 기울기와 y절편을 이용하여 다음 좌표평면 위에 그래프를 그리시오.

Pick
73 중

다음 일차함수의 그래프 중 제3사분면을 지나지 <u>않는</u> 것은?

① $y=\dfrac{2}{3}x+2$ 　　② $y=2x-3$ 　　③ $y=\dfrac{3}{4}x+3$

④ $y=-x-5$ 　　⑤ $y=-3x+2$

74 중

일차함수 $y=-5x+3$의 그래프를 y축의 방향으로 -7만큼 평행이동한 그래프가 지나지 <u>않는</u> 사분면은?

① 제1사분면 　　② 제2사분면 　　③ 제3사분면

④ 제4사분면 　　⑤ 제1사분면, 제3사분면

75 상

일차함수 $y=ax+\dfrac{3}{4}$의 그래프의 x절편이 $-\dfrac{1}{8}$, y절편이 b일 때, 다음 중 일차함수 $y=bx+a$의 그래프는? (단, a는 상수)

①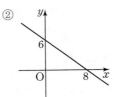

②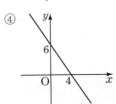

③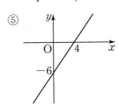

④

⑤

유형 14 일차함수의 그래프와 x축, y축으로 둘러싸인 도형의 넓이 **중요**

76 대표 문제

오른쪽 그림과 같이 일차함수 $y=-\dfrac{3}{5}x+3$의 그래프가 x축, y축과 만나는 점을 각각 A, B라 하자. 이때 △ABO의 넓이를 구하시오.

(단, O는 원점)

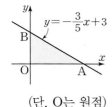

Pick
77 중

오른쪽 그림과 같이 일차함수 $y=\dfrac{2}{3}ax+6$의 그래프가 x축, y축과 만나는 점을 각각 A, B라 하자. △AOB의 넓이가 9일 때, 상수 a의 값을 구하시오. (단, O는 원점)

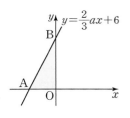

78 상

오른쪽 그림과 같이 일차함수 $y=-x+9$의 그래프와 이 그래프를 y축의 방향으로 -3만큼 평행이동한 그래프가 있다. 이 두 그래프와 x축, y축으로 둘러싼 사각형 ABCD의 넓이를 구하시오.

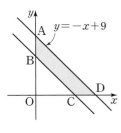

유형 15 두 일차함수의 그래프와 x축 또는 y축으로 둘러싸인 도형의 넓이

Pick
79 대표 문제

두 일차함수 $y=-x+4$, $y=\dfrac{3}{2}x-6$의 그래프와 y축으로 둘러싸인 도형의 넓이는?

① 20   ② 24   ③ 30
④ 36   ⑤ 40

80 중

오른쪽 그림과 같이 두 일차함수 $y=ax+2$, $y=-x+2$의 그래프와 x축으로 둘러싸인 △ABC의 넓이가 6일 때, 상수 a의 값을 구하시오.

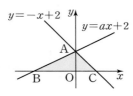

81 상

오른쪽 그림과 같이 두 일차함수 $y=ax+b$, $y=\dfrac{1}{4}x+1$의 그래프는 x축 위의 점 A에서 만난다. △ACB의 넓이가 4일 때, 상수 a, b에 대하여 ab의 값을 구하시오.

(단, $b>1$)

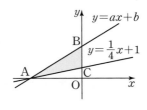

82 유형 01

다음 중 y가 x의 함수인 것을 모두 고르면? (정답 2개)

① 자연수 x보다 큰 홀수 y

② 자연수 x의 약수 y

③ 어떤 수 x에 가장 가까운 정수 y

④ 12개의 사탕을 x명에게 똑같이 나누어 줄 때, 한 사람이 가지는 사탕의 개수 y

⑤ x g의 소금이 들어 있는 소금물 300 g의 농도 y %

83 유형 02

아래 그림과 같은 함수에 대하여 다음 중 옳지 <u>않은</u> 것은?

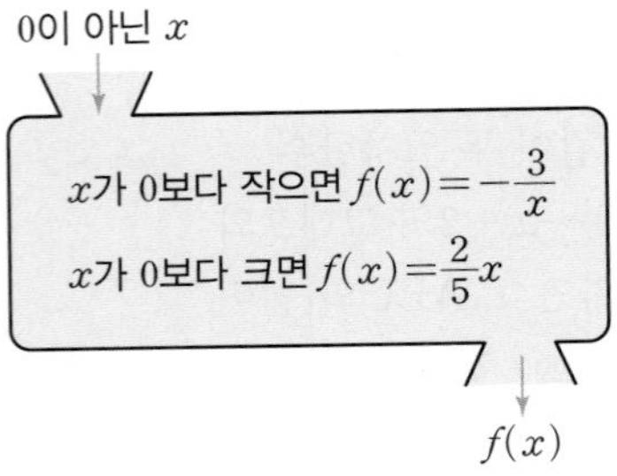

0이 아닌 x
↓

x가 0보다 작으면 $f(x) = -\dfrac{3}{x}$
x가 0보다 크면 $f(x) = \dfrac{2}{5}x$

↓
$f(x)$

① $f(2) = \dfrac{4}{5}$ ② $f(-3) = 1$

③ $f\left(-\dfrac{1}{4}\right) = 12$ ④ $f\left(\dfrac{1}{2}\right) = \dfrac{1}{5}$

⑤ $f(1) - f(-1) = \dfrac{13}{5}$

84 유형 03

다음 중 y가 x의 일차함수가 <u>아닌</u> 것을 모두 고르면?

(정답 2개)

① $y = 3(2x-1) - 6x$ ② $y = x - y + 1$

③ $\dfrac{x}{4} + \dfrac{y}{5} = 6$ ④ $y = \dfrac{1}{x} + 3$

⑤ $x^2 - y = x^2 + 3x + 1$

85 유형 03

다음 보기 중 y가 x의 일차함수인 것을 모두 고르시오.

> **보기**
> ㄱ. 200 km의 거리를 시속 x km로 달린 시간은 y시간이다.
> ㄴ. 1200원짜리 연필을 x자루 사고 5000원을 지불하였을 때, 거스름돈은 y원이다.
> ㄷ. 가로의 길이가 x cm, 세로의 길이가 y cm인 직사각형의 넓이는 24 cm²이다.
> ㄹ. 윗변의 길이가 x cm, 아랫변의 길이가 $2x$ cm, 높이가 3 cm인 사다리꼴의 넓이는 y cm²이다.
> ㅁ. 280쪽 분량의 소설책을 하루에 20쪽씩 x일 동안 읽고 남은 분량은 y쪽이다.

86 유형 04

일차함수 $f(x) = ax - 5$에 대하여 $f(2) = 3$, $f(b) = -9$일 때, ab의 값은? (단, a는 상수)

① -4 ② -2 ③ 1

④ 2 ⑤ 4

87 유형 05

일차함수 $y = 2x + 3$의 그래프는 일차함수 $y = ax - 6$의 그래프를 y축의 방향으로 b만큼 평행이동한 것이다. 이때 $a - b$의 값은? (단, a는 상수)

① -11 ② -7 ③ -4

④ 7 ⑤ 11

88 (유형 07)

일차함수 $y=m(x+1)$의 그래프를 y축의 방향으로 4만큼 평행이동한 그래프가 두 점 $(2, -2)$, $(-3, n)$을 지날 때, mn의 값은? (단, m은 상수)

① -16 ② -14 ③ -12

④ -10 ⑤ -8

89 (유형 08)

일차함수 $y=-\dfrac{2}{5}x+4$의 그래프가 오른쪽 그림과 같을 때, $a+b$의 값은?

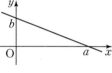

① 11   ② 12

③ 13   ④ 14

⑤ 15

90 (유형 09)

일차함수 $y=-3x+p$의 그래프를 y축의 방향으로 -1만큼 평행이동한 그래프의 x절편과 y절편의 합이 4일 때, 상수 p의 값을 구하시오.

91 (유형 10)

다음 일차함수의 그래프 중 x의 값이 6만큼 증가할 때, y의 값은 2만큼 감소하는 것은?

① $y=-3x+3$ ② $y=-2x-6$

③ $y=-\dfrac{1}{3}x+1$ ④ $y=\dfrac{1}{3}x-5$

⑤ $y=3x+4$

92 (유형 11)

오른쪽 그림과 같은 일차함수의 그래프에서 x의 값이 3만큼 증가할 때, y의 값의 증가량을 구하시오.

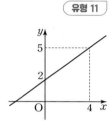

93 (유형 12)

세 점 $(-1, 3)$, $(0, k)$, $(1, k-2)$가 한 직선 위에 있을 때, k의 값은?

① -3 ② -2 ③ -1

④ 1   ⑤ 2

94 유형 13

다음 중 일차함수 $y=-\dfrac{1}{2}x-3$의 그래프는?

①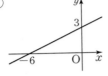

②

③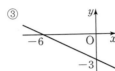

④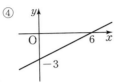

⑤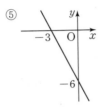

95 유형 13

다음 일차함수의 그래프 중 제1, 3, 4사분면을 지나는 것은?

① $y=-2x-4$ ② $y=-\dfrac{3}{4}x+3$ ③ $y=-x+1$

④ $y=\dfrac{7}{4}x-7$ ⑤ $y=5x+2$

96 유형 15

오른쪽 그림과 같이 두 일차함수 $y=x+6$, $y=-2x+6$의 그래프와 x축으로 둘러싸인 도형의 넓이를 구하시오.

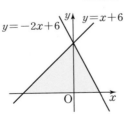

서술형 문제

97 유형 06

일차함수 $y=-4x+a$의 그래프가 두 점 $(-1, 7)$, $(b, -5)$를 지날 때, $a+b$의 값을 구하시오. (단, a는 상수)

98 유형 10

일차함수 $f(x)=ax+b$에 대하여 $\dfrac{f(5)-f(2)}{3}=-\dfrac{1}{2}$이고 $f(4)=2$일 때, $f(-2)$의 값을 구하시오. (단, a, b는 상수)

99 유형 14

일차함수 $y=ax-8$의 그래프와 x축, y축으로 둘러싸인 삼각형의 넓이가 8일 때, 양수 a의 값을 구하시오.

만점 문제 뛰어넘기

• 정답과 해설 80쪽

100 오른쪽 그림과 같은 정사각형 ABCD에서 두 점 A, D는 각각 일차함수 $y=2x$와 $y=-x+15$의 그래프 위에 있고, 두 점 B, C는 x축 위에 있다. 다음 물음에 답하시오.

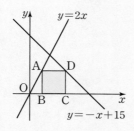

⑴ 점 B의 x좌표를 a라 할 때, 점 A의 좌표와 $\overline{AB}$의 길이를 각각 a를 사용하여 나타내시오.

⑵ a의 값을 구하시오.

⑶ 정사각형 ABCD의 넓이를 구하시오.

101 두 일차함수 $y=\frac{1}{3}x-2$, $y=-2x+a$의 그래프가 x축과 만나는 점을 각각 P, Q라 할 때, $\overline{PQ}=4$이다. 이때 상수 a의 값을 모두 구하시오.

102 오른쪽 그림은 두 일차함수 $y=-2x+p$, $y=\frac{1}{4}x+q$의 그래프이다. $\overline{AB}:\overline{BO}=3:1$이고 $\overline{CD}=18$일 때, 상수 p, q에 대하여 $p-q$의 값은? (단, $p>q$)

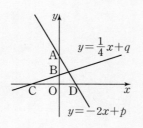

① 6 ② 7 ③ 8
④ 9 ⑤ 10

103 일차함수 $f(x)=ax+b$의 그래프가 두 점 $(-5,\ k)$, $(5,\ k+3)$을 지날 때, $f(100)-f(50)$의 값을 구하시오.
(단, a, b는 상수)

104 오른쪽 그림과 같이 일차함수 $y=ax+1$의 그래프가 직사각형 ABCD를 두 부분으로 나눌 때, 그 넓이를 각각 P, Q라 하면 $P:Q=7:5$이다. 이때 상수 a의 값은? (단, 직사각형의 각 변은 좌표축과 평행하다.)

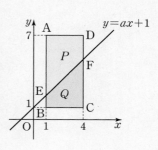

① $\frac{1}{2}$ ② $\frac{3}{4}$ ③ $\frac{7}{8}$
④ 1 ⑤ $\frac{6}{5}$

105 네 일차함수 $y=x+3$, $y=x-3$, $y=-x+3$, $y=-x-3$의 그래프로 둘러싸인 도형의 넓이를 구하시오.

9.

일차함수의 그래프의
성질과 활용

• 정답과 해설 81쪽

유형 01~02 일차함수 $y=ax+b$의 그래프의 성질 ^{중요}

(1) 기울기 a의 부호: 그래프의 모양 결정

① $a>0$: x의 값이 증가할 때, y의 값도 증가한다.
→ 오른쪽 위로 향하는 직선

② $a<0$: x의 값이 증가할 때, y의 값은 감소한다.
→ 오른쪽 아래로 향하는 직선

참고 a의 절댓값이 클수록 그래프는 y축에 가깝다.

(2) y절편 b의 부호: 그래프가 y축과 만나는 부분 결정

① $b>0$: y축과 양의 부분에서 만난다.
→ y절편이 양수

② $b<0$: y축과 음의 부분에서 만난다.
→ y절편이 음수

대표 문제

01 다음 일차함수 중 그 그래프가 오른쪽 아래로 향하는 직선이면서 y축과 양의 부분에서 만나는 것은?

① $y=3x+\dfrac{1}{8}$ ② $y=x-6$ ③ $y=-4x+7$

④ $y=\dfrac{1}{2}x+\dfrac{3}{4}$ ⑤ $y=-\dfrac{5}{4}x-1$

02 $a<0$, $b>0$일 때, 다음 중 일차함수 $y=ax-b$의 그래프로 알맞은 것은? (단, a, b는 상수)

① ② ③

④ ⑤

유형 03 일차함수의 그래프의 평행, 일치

(1) 기울기가 같은 두 일차함수의 그래프는 서로 평행하거나 일치한다.
두 일차함수 $y=ax+b$와 $y=cx+d$의 그래프에 대하여

① $a=c$, $b\neq d$ ➡ 평행
└ 기울기가 같고, y절편이 다르다.

② $a=c$, $b=d$ ➡ 일치
└ 기울기가 같고, y절편도 같다.

(2) 서로 평행한 두 일차함수의 그래프의 기울기는 같다.

참고 기울기가 다른 두 일차함수의 그래프는 한 점에서 만난다.

대표 문제

03 다음 일차함수 중 그 그래프가 일차함수 $y=2x+7$의 그래프와 평행한 것은?

① $y=-\dfrac{1}{2}x-1$ ② $y=\dfrac{1}{2}x+5$

③ $y=-2x-7$ ④ $y=2x-3$

⑤ $y=7x+2$

유형 04 직선이 선분과 만나도록 하는 기울기의 범위

일차함수 $y=ax+b$의 그래프가 선분 AB와 만나도록 하는 상수 a의 값의 범위는
➡ (직선 m의 기울기)$\leq a \leq$(직선 l의 기울기)

대표 문제

04 오른쪽 그림과 같이 좌표평면 위에 두 점 A(1, 5), B(6, 3)이 있다. 일차함수 $y=ax-3$의 그래프가 선분 AB와 만나도록 하는 상수 a의 값의 범위를 구하시오.

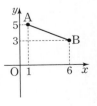

유형 01 일차함수 $y=ax+b$의 그래프의 성질 (1)

05 대표 문제

다음 중 일차함수 $y=3x-4$의 그래프에 대한 설명으로 옳은 것은?

① 오른쪽 아래로 향하는 직선이다.
② 점 $(4, 16)$을 지난다.
③ 제1, 2, 3사분면을 지난다.
④ x절편은 $\dfrac{4}{3}$, y절편은 -4이다.
⑤ 일차함수 $y=3x$의 그래프를 y축의 방향으로 4만큼 평행이동한 것이다.

06 중

다음 일차함수 중 그 그래프가 y축에 가장 가까운 것은?

① $y=-5x-4$ ② $y=3x-4$ ③ $y=-\dfrac{1}{3}x-4$

④ $y=-9x-4$ ⑤ $y=\dfrac{1}{9}x-4$

07 중

일차함수 $y=ax-1$의 그래프가 오른쪽 그림과 같을 때, 다음 중 상수 a의 값이 될 수 없는 것은?

$$y=-\dfrac{5}{2}x-1$$
$$y=ax-1$$

① -1 ② $-\dfrac{3}{2}$

③ -2 ④ $-\dfrac{9}{4}$

⑤ $-\dfrac{11}{4}$

08 중

다음 중 오른쪽 일차함수의 그래프 ㉠~㉣에 대한 설명으로 옳은 것을 모두 고르면? (정답 2개)

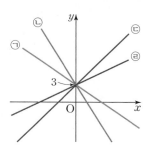

① 모든 그래프의 y절편은 3이다.
② x절편이 가장 큰 그래프는 ㉣이다.
③ x의 값이 증가할 때, y의 값은 감소하는 그래프는 ㉢, ㉣이다.
④ ㉡의 그래프는 ㉠의 그래프보다 기울기가 크다.
⑤ 기울기가 가장 큰 그래프는 ㉢이다.

09 중 多 보기

다음 중 일차함수 $y=ax+b$의 그래프에 대한 설명으로 옳지 않은 것을 모두 고르면? (단, a, b는 상수)

① $a>0$이면 오른쪽 위로 향하는 직선이다.
② $a=-2$, $b=1$이면 제3사분면을 지난다.
③ $b>0$이면 제2사분면을 반드시 지난다.
④ $a<0$이면 x의 값이 증가할 때, y의 값은 감소한다.
⑤ 일차함수 $y=ax$의 그래프를 y축의 방향으로 b만큼 평행이동한 것이다.
⑥ x의 값의 증가량이 1일 때, y의 값의 증가량은 a이다.
⑦ x축과 점 $(a, 0)$에서 만나고, y축과 점 $(0, b)$에서 만난다.
⑧ $b<0$이면 y축과 양의 부분에서 만난다.
⑨ a의 절댓값이 작을수록 x축에 가깝다.

유형 완성하기 ✳

유형 02 일차함수 $y=ax+b$의 그래프의 성질 (2) ⓒ

02-1 a, b의 부호가 주어질 때, 일차함수 $y=ax+b$의 그래프

10 대표 문제

$a<0$, $b<0$일 때, 일차함수 $y=-ax+b$의 그래프가 지나지 <u>않는</u> 사분면은? (단, a, b는 상수)

① 제1사분면　　　　② 제2사분면
③ 제3사분면　　　　④ 제4사분면
⑤ 제1사분면과 제3사분면

11 하

다음 표는 각 경우에 맞는 일차함수 $y=ax+b$의 그래프를 오른쪽 그림에서 찾아 나타낸 것이다. 옳지 <u>않은</u> 것을 모두 고르면? (단, a, b는 상수)

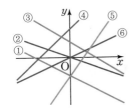

	$a>0$	$a<0$
$b>0$	⑤	③
$b=0$	⑥	②
$b<0$	④	①

12 중

$a>0$, $b<0$일 때, 다음 보기의 일차함수 중 그 그래프가 제3사분면을 지나지 <u>않는</u> 것을 고르시오. (단, a, b는 상수)

> ┌ 보기 ┌
> ㄱ. $y=ax+b$　　　　ㄴ. $y=ax-b$
> ㄷ. $y=-ax+b$　　　ㄹ. $y=-ax-b$

ⓟick
13 중

$ab>0$, $a+b>0$일 때, 다음 중 일차함수 $y=ax+b$의 그래프로 알맞은 것은? (단, a, b는 상수)

①　　　　②　　　　③

④　　　　⑤

14 상

$ab<0$, $ac>0$일 때, 일차함수 $y=\dfrac{b}{a}x-\dfrac{c}{b}$의 그래프가 지나지 <u>않는</u> 사분면을 구하시오. (단, a, b는 상수)

02-2 일차함수 $y=ax+b$의 그래프가 주어질 때, a, b의 부호

15 중

일차함수 $y=-ax+b$의 그래프가 오른쪽 그림과 같을 때, 다음 중 옳은 것은?
　　　　　　　　　　　(단, a, b는 상수)

① $a>0$, $b>0$　　② $a>0$, $b<0$
③ $a<0$, $b>0$　　④ $a<0$, $b<0$
⑤ $a>0$, $b=0$

Pick
16 중

일차함수 $y=ax+b$의 그래프가 오른쪽 그림과 같을 때, 일차함수 $y=bx-a$의 그래프가 지나지 <u>않는</u> 사분면은?

(단, a, b는 상수)

① 제1사분면   ② 제2사분면
③ 제3사분면   ④ 제4사분면
⑤ 제2사분면과 제4사분면

유형 03   일차함수의 그래프의 평행, 일치

03-1   일차함수의 그래프의 평행

18 대표 문제

다음 일차함수 중 그 그래프가 일차함수 $y=-\dfrac{1}{4}x+5$의 그래프와 만나지 <u>않는</u> 것은?

① $y=3x-\dfrac{1}{4}$ ② $y=\dfrac{1}{4}x+2$

③ $y=-\dfrac{1}{4}x-1$ ④ $y=-\dfrac{1}{3}x+4$

⑤ $y=-4x+1$

---

17 상

일차함수 $y=-ax+b$의 그래프가 제2, 3, 4사분면을 지날 때, 다음 중 일차함수 $y=\dfrac{1}{ab}x+a$의 그래프로 알맞은 것은?

(단, a, b는 상수)

①   ② 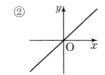   ③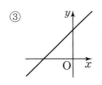

④   ⑤

Pick
19 중 서술형

일차함수 $y=ax+1$의 그래프는 일차함수 $y=3x+\dfrac{1}{2}$의 그래프와 평행하고, 점 $(1, b)$를 지난다. 이때 $a+b$의 값을 구하시오. (단, a는 상수)

---

20 중

다음 보기의 직선 중 오른쪽 그림의 일차함수의 그래프와 평행하지 <u>않은</u> 것을 모두 고르시오.

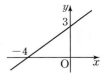

┌ 보기 ┐
ㄱ. x절편이 4이고, y절편이 -3인 직선
ㄴ. 두 점 $(0, 6)$, $(4, 9)$를 지나는 직선
ㄷ. 점 $(6, 4)$를 지나고, y절편이 3인 직선
ㄹ. 기울기가 $-\dfrac{3}{4}$이고, 점 $(0, 1)$을 지나는 직선

• 정답과 해설 83쪽

21 중

두 점 $(-1, k-4)$, $(1, 2k+8)$을 지나는 직선이 일차함수 $y=6x-2$의 그래프와 평행할 때, k의 값은?

① -2 ② 0 ③ 2

④ 4 ⑤ 6

03-2 일차함수의 그래프의 일치

22 하

두 일차함수 $y=4ax-2$와 $y=\dfrac{2}{3}x+b$의 그래프가 일치할 때, 상수 a, b에 대하여 ab의 값을 구하시오.

23 중 서술형

일차함수 $y=ax+4$의 그래프를 y축의 방향으로 -3만큼 평행이동한 그래프가 일차함수 $y=5x+b$의 그래프와 일치할 때, 상수 a, b에 대하여 $a+b$의 값을 구하시오.

유형 04 직선이 선분과 만나도록 하는 기울기의 범위

24 대표 문제

오른쪽 그림과 같이 좌표평면 위에 두 점 $A(-2, 8)$, $B(-6, 2)$가 있다. 일차함수 $y=ax-2$의 그래프가 선분 AB와 만나도록 하는 상수 a의 값의 범위를 구하시오.

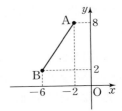

25 상

일차함수 $y=ax+2$의 그래프가 두 점 $A(3, 6)$, $B(5, 3)$을 이은 선분 AB와 만나도록 하는 상수 a의 값의 범위가 $m \le a \le n$일 때, $m+n$의 값을 구하시오.

26 상

오른쪽 그림과 같이 좌표평면 위에 네 점 $A(2, 6)$, $B(2, 3)$, $C(4, 3)$, $D(4, 6)$을 꼭짓점으로 하는 직사각형 ABCD가 있다. 일차함수 $y=ax+1$의 그래프가 이 직사각형과 만나도록 하는 상수 a의 값의 범위는?

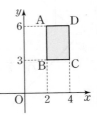

① $\dfrac{1}{5} \le a \le \dfrac{1}{2}$ ② $\dfrac{1}{2} \le a \le \dfrac{5}{2}$ ③ $\dfrac{1}{2} \le a \le 3$

④ $\dfrac{5}{2} \le a \le 5$ ⑤ $2 \le a \le 5$

• 정답과 해설 84쪽

유형 05 **일차함수의 식 구하기 – 기울기와 y절편을 알 때**

기울기가 a이고, y절편이 b인 직선을 그래프로 하는 일차함수의 식

➡ $y = \underset{\text{기울기}}{a} x + \underset{y\text{절편}}{b}$

참고 (1) 기울기가 a이다. ➡ x의 값의 증가량이 1일 때, y의 값의 증가량은 a이다.
　　　　　　　　　　➡ 일차함수 $y = ax + m$의 그래프와 평행하다.
　　　(2) y절편이 b이다. ➡ 점 $(0, b)$를 지난다.
　　　　　　　　　　➡ 일차함수 $y = nx + b$의 그래프와 y축 위에서 만난다.

대표 문제

27 다음 중 기울기가 5이고, y절편이 -8인 일차함수의 그래프 위의 점이 **아닌** 것은?

① $(-3, -23)$　　　　② $(-1, -13)$
③ $(2, 2)$　　　　　　④ $(3, 8)$
⑤ $(5, 17)$

유형 06 **일차함수의 식 구하기 – 기울기와 한 점의 좌표를 알 때**

기울기가 a이고, 점 (x_1, y_1)을 지나는 직선을 그래프로 하는 일차함수의 식은 다음과 같은 순서로 구한다.
❶ 기울기가 a이므로 일차함수의 식을 $y = ax + b$로 놓는다.
❷ $y = ax + b$에 $x = x_1$, $y = y_1$을 대입하여 b의 값을 구한다.

대표 문제

28 일차함수 $y = \dfrac{3}{2}x + 1$의 그래프와 평행하고, 점 $(2, 1)$을 지나는 직선을 그래프로 하는 일차함수의 식을 $y = ax + b$라 하자. 이때 상수 a, b에 대하여 $a + b$의 값을 구하시오.

유형 07 **일차함수의 식 구하기 – 두 점의 좌표를 알 때** 🔵중요

두 점 (x_1, y_1), (x_2, y_2)를 지나는 직선을 그래프로 하는 일차함수의 식은 다음과 같은 순서로 구한다. (단, $x_1 \neq x_2$)
❶ 기울기 a를 구한다. ➡ $a = \dfrac{(y\text{의 값의 증가량})}{(x\text{의 값의 증가량})} = \dfrac{y_2 - y_1}{x_2 - x_1}$
❷ 일차함수의 식을 $y = ax + b$로 놓는다.
❸ $y = ax + b$에 한 점의 좌표를 대입하여 b의 값을 구한다.

참고 일차함수의 식을 $y = ax + b$로 놓고, 두 점의 좌표를 각각 대입하여 a, b의 값을 구할 수도 있다.

대표 문제

29 두 점 $(2, 2)$, $(5, 11)$을 지나는 직선을 그래프로 하는 일차함수의 식을 구하시오.

유형 08 **일차함수의 식 구하기 – x절편과 y절편을 알 때**

x절편이 m, y절편이 n인 직선을 그래프로 하는 일차함수의 식
　└ 두 점 $(m, 0)$, $(0, n)$을 지나는 직선

➡ $y = -\dfrac{n}{m}x + n$
　　　└ (기울기) $= \dfrac{n - 0}{0 - m} = -\dfrac{n}{m}$

대표 문제

30 오른쪽 그림과 같은 직선을 그래프로 하는 일차함수의 식을 구하시오.

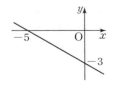

유형 05 일차함수의 식 구하기
– 기울기와 y절편을 알 때

31 대표 문제

x의 값이 2만큼 증가할 때 y의 값이 6만큼 감소하고, y절편이 1인 직선을 그래프로 하는 일차함수의 식을 $y=ax+b$라 하자. 이때 상수 a, b에 대하여 ab의 값을 구하시오.

32 중

점 $(0, -6)$을 지나고, 기울기가 $\dfrac{1}{4}$인 일차함수의 그래프가 점 $(8a, a+7)$을 지날 때, a의 값을 구하시오.

33 중

두 점 $(7, -6)$, $(8, -2)$를 지나는 직선과 평행하고, y절편이 5인 직선을 그래프로 하는 일차함수의 식은?

① $y=-8x+5$ ② $y=-4x+5$ ③ $y=4x-5$
④ $y=4x+5$ ⑤ $y=8x-5$

Pick
34 중 서술형

오른쪽 그림의 직선과 평행하고, 일차함수 $y=-x+2$의 그래프와 y축 위에서 만나는 직선을 그래프로 하는 일차함수의 식을 구하시오.

유형 06 일차함수의 식 구하기
– 기울기와 한 점의 좌표를 알 때

35 대표 문제

다음 조건을 모두 만족시키는 일차함수의 식을 구하시오.

조건
㈎ x의 값이 3만큼 증가할 때, y의 값이 1만큼 감소한다.
㈏ 점 $(-6, 4)$를 지나는 직선을 그래프로 한다.

36 중

기울기가 -3이고, 점 $\left(-\dfrac{4}{3}, 2\right)$를 지나는 일차함수의 그래프의 x절편을 구하시오.

Pick
37 중

두 점 $(2, 1)$, $(4, -3)$을 지나는 직선과 평행하고, 점 $(1, 4)$를 지나는 직선을 그래프로 하는 일차함수의 식을 구하시오.

38 상

일차함수 $y=f(x)$가 $\dfrac{f(a)-f(5)}{a-5}=4$를 만족시키고, 그 그래프가 점 $(-2, 2)$를 지날 때, $f(4)$의 값은? (단, $a \neq 5$)

① -6 ② -2 ③ 6
④ 14 ⑤ 26

유형 07 일차함수의 식 구하기
– 두 점의 좌표를 알 때 중요

Pick

39 대표 문제

오른쪽 그림과 같은 직선을 그래프로 하는 일차함수의 식은?

① $y=\dfrac{1}{3}x+2$ ② $y=\dfrac{1}{3}x+\dfrac{5}{2}$

③ $y=\dfrac{1}{2}x+1$ ④ $y=\dfrac{1}{2}x+2$

⑤ $y=\dfrac{1}{2}x+\dfrac{5}{2}$

40 중

두 점 $(-2, 8)$, $(4, -4)$를 지나는 직선을 y축의 방향으로 -5만큼 평행이동한 그래프가 점 $(3, k)$를 지날 때, k의 값을 구하시오.

41 중

다음 중 두 점 $(-3, 4)$, $(6, -2)$를 지나는 일차함수의 그래프에 대한 설명으로 옳지 <u>않은</u> 것은?

① x절편은 3이다.

② 점 $\left(1, \dfrac{2}{3}\right)$를 지난다.

③ 일차함수 $y=-\dfrac{2}{3}x$의 그래프와 평행하다.

④ x의 값이 6만큼 증가할 때, y의 값은 4만큼 감소한다.

⑤ 일차함수 $y=-\dfrac{2}{3}x$의 그래프를 y축의 방향으로 2만큼 평행이동한 것이다.

유형 08 일차함수의 식 구하기
– x절편과 y절편을 알 때

42 대표 문제

x절편이 4이고, y절편이 3인 일차함수의 그래프가 점 $(-8, k)$를 지날 때, k의 값은?

① 5 ② 6 ③ 7
④ 8 ⑤ 9

Pick

43 중

일차함수 $y=ax+b$의 그래프가 오른쪽 그림과 같을 때, 일차함수 $y=bx+a$의 그래프의 기울기와 y절편을 각각 구하시오. (단, a, b는 상수)

44 중 서술형

일차함수 $y=-2x-14$의 그래프와 x축 위에서 만나고, 일차함수 $y=\dfrac{1}{4}x+5$의 그래프와 y축 위에서 만나는 직선을 그래프로 하는 일차함수의 식을 구하시오.

45 상

두 점 $A(a, 0)$, $B(0, 4)$를 지나는 직선과 x축, y축으로 둘러싸인 삼각형의 넓이가 12일 때, 두 점 A, B를 지나는 직선을 그래프로 하는 일차함수의 식을 구하시오. (단, $a<0$)

유형 09 온도에 대한 문제 〔중요〕

(1) 일차함수를 활용하여 문제를 해결하는 과정

❶ 두 변수 x와 y 사이의 관계를 파악하여 일차함수의 식을 세운다. ➡ $y=(x$에 대한 일차식) 꼴

❷ ❶의 식에 주어진 조건을 대입하여 문제의 뜻에 맞는 값을 구한다.
└ $x=m$ 또는 $y=n(m, n$은 상수)

(2) 온도에 대한 문제

처음 온도는 a°C이고 1분마다 온도가 k°C씩 일정하게 변할 때, x분 후의 온도를 y°C라 하면

➡ $y=a+kx$
└ 온도가 올라가면 $k>0$, 온도가 내려가면 $k<0$

대표 문제

46 지면으로부터 10 km까지는 높이가 1 km씩 높아질 때마다 기온이 6 °C씩 일정하게 내려간다고 한다. 지면에서의 기온이 15 °C이고 지면으로부터 높이가 x km인 곳의 기온을 y °C라 할 때, 기온이 −3 °C인 곳의 지면으로부터 높이는 몇 km인지 구하시오.

유형 10 길이에 대한 문제

처음 길이는 a cm이고 1분마다 길이가 k cm씩 일정하게 변할 때, x분 후의 길이를 y cm라 하면

➡ $y=a+kx$
└ 길이가 늘어나면 $k>0$, 길이가 줄어들면 $k<0$

대표 문제

47 길이가 30 cm인 양초에 불을 붙이면 양초의 길이가 5분마다 2 cm씩 일정하게 짧아진다고 한다. 이 양초에 불을 붙인 지 x분 후에 남은 양초의 길이를 y cm라 할 때, 양초가 모두 타는 데 몇 분이 걸리는지 구하시오.

유형 11 물의 양에 대한 문제

처음 물의 양은 a L이고 1분마다 물의 양이 k L씩 일정하게 변할 때, x분 후의 물의 양을 y L라 하면

➡ $y=a+kx$
└ 물의 양이 늘어나면 $k>0$, 물의 양이 줄어들면 $k<0$

대표 문제

48 300 L의 물을 넣을 수 있는 물통에 60 L의 물이 들어 있다. 5분에 30 L씩 물이 채워지도록 일정한 속력으로 물을 넣을 때, 물을 넣기 시작한 지 x분 후에 물통에 들어 있는 물의 양을 y L라 하자. 이 물통에 물을 가득 채우는 데 걸리는 시간은 몇 분인지 구하시오.

유형 12 거리, 속력, 시간에 대한 문제

거리가 a km 떨어진 곳을 분속 k km로 갈 때, 출발한 지 x분 후에 남은 거리를 y km라 하면

➡ $y=a-kx$
└ (거리)=(속력)×(시간)

대표 문제

49 태구는 A 지점을 출발하여 5 km 떨어진 B 지점까지 분속 40 m로 걸어가고 있다. 태구가 A 지점을 출발한 지 x분 후에 B 지점까지 남은 거리를 y km라 할 때, 출발한 지 1시간 20분 후에 B 지점까지 남은 거리는 몇 km인지 구하시오.

유형 13 도형에 대한 문제 *중요*

점 P가 점 A를 출발하여 $\overline{AB}$를 따라 점 B까지 초속 k cm로 움직일 때, $\overline{AB}=a$ cm이면 점 P가 점 A를 출발한 지 x초 후에

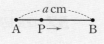

➡ $\overline{AP}=kx$ cm, $\overline{PB}=(a-kx)$ cm

대표 문제

50 오른쪽 그림과 같은 직사각형 ABCD에서 점 P는 점 B를 출발하여 $\overline{BC}$를 따라 점 C까지 초속 2 cm로 움직인다. 점 P가 점 B를 출발한 지 x초 후의 사각형 APCD의 넓이를 y cm²라 할 때, 사각형 APCD의 넓이가 80 cm²가 되는 것은 점 P가 점 B를 출발한 지 몇 초 후인지 구하시오.

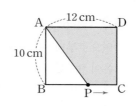

유형 14 개수에 대한 문제

[1단계]의 막대가 a개이고 한 단계 늘어날 때마다 막대가 k개씩 일정하게 늘어날 때, [x단계]의 막대를 y개라 하면

➡ $y=a+k(x-1)$

대표 문제

51 다음 그림과 같이 길이가 같은 성냥개비로 정삼각형을 한 방향으로 연결하여 만들려고 한다. 정삼각형 x개를 만드는 데 필요한 성냥개비를 y개라 할 때, 정삼각형 15개를 만드는 데 필요한 성냥개비는 몇 개인지 구하시오.

유형 15 여러 가지 일차함수의 활용 문제

두 변수 x와 y 사이의 관계를 파악하여 y를 x에 대한 일차함수의 식으로 나타낸 후, 주어진 조건을 이용하여 필요한 값을 구한다.

대표 문제

52 해수면에서 공기가 누르는 압력은 1기압이고, 해수면에서 물속으로 10 m 내려갈 때마다 압력이 1기압씩 일정하게 높아진다고 한다. 수심이 x m인 지점의 압력을 y기압이라 할 때, 다음 물음에 답하시오.

(1) y를 x에 대한 식으로 나타내시오.
(2) 수심이 850 m인 지점의 압력은 몇 기압인지 구하시오.

유형 16 그래프를 이용하는 문제

그래프가 지나는 서로 다른 두 점을 이용하여 주어진 그래프가 나타내는 일차함수의 식을 먼저 구한다.

대표 문제

53 오른쪽 그림은 50 ℃의 물을 냉동실에 넣은 지 x분 후의 물의 온도를 y ℃라 할 때, x와 y 사이의 관계를 그래프로 나타낸 것이다. 냉동실에 넣은 지 20분 후의 물의 온도를 구하시오.

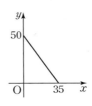

유형 09 온도에 대한 문제 중요

54 대표 문제

지면으로부터 10 km까지는 높이가 100 m씩 높아질 때마다 기온이 0.6 ℃씩 일정하게 내려간다고 한다. 지면에서의 기온이 24 ℃이고 지면으로부터 높이가 x m인 곳의 기온을 y ℃라 할 때, y를 x에 대한 식으로 나타내면?

① $y=-0.6x+24$
② $y=-0.6x-24$
③ $y=-0.006x+24$
④ $y=0.6x+24$
⑤ $y=0.006x+24$

55 중

비커에 담긴 물을 가열하면서 1분마다 물의 온도를 재었더니 일정하게 온도가 올라갔다. 다음 표는 비커에 담긴 물을 가열한 지 x분 후의 물의 온도 y ℃를 나타낸 것일 때, 물음에 답하시오.

x	0	1	2	3	4	5	6
y	4	8	12	16	20	24	28

(1) y를 x에 대한 식으로 나타내시오.

(2) 가열한 지 15분 후의 물의 온도를 구하시오.

(3) 물은 100 ℃에서 끓는다고 할 때, 이 물은 가열한 지 몇 분 후에 끓기 시작하는지 구하시오.

56 상

주전자에 담긴 물을 데우면 3분마다 온도가 9 ℃씩 일정하게 올라가고 바닥에 내려놓으면 4분마다 온도가 2 ℃씩 일정하게 내려간다. 온도가 20 ℃인 물을 80 ℃가 되도록 데웠다가 바닥에 내려놓아 50 ℃가 되도록 식히려면 몇 분이 걸리는지 구하시오.

유형 10 길이에 대한 문제

57 대표 문제 Pick

길이가 10 cm인 용수철 저울에 4 g의 추를 매달 때마다 용수철의 길이가 2 cm씩 일정하게 늘어난다고 한다. 이 용수철 저울에 x g의 추를 매달았을 때의 용수철의 길이를 y cm라 할 때, 다음 물음에 답하시오.

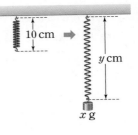

(1) y를 x에 대한 식으로 나타내시오.

(2) 30 g의 추를 매달았을 때의 용수철의 길이를 구하시오.

58 중

현재 땅으로부터 높이가 4 cm인 붓꽃이 2일마다 4 cm씩 일정하게 자란다고 한다. x일 후의 붓꽃의 높이를 y cm라 할 때, 다음 보기 중 옳은 것을 모두 고르시오.

보기
ㄱ. y를 x에 대한 식으로 나타내면 $y=4+4x$이다.
ㄴ. 붓꽃은 하루에 2 cm씩 자란다.
ㄷ. 15일 후의 붓꽃의 높이는 64 cm이다.
ㄹ. 붓꽃의 높이가 30 cm가 되는 것은 13일 후이다.

59 중

길이가 30 cm인 양초에 불을 붙이면 양초가 모두 타는 데 120분이 걸린다고 한다. 이 양초에 불을 붙인 지 x분 후에 남은 양초의 길이를 y cm라 할 때, 다음 물음에 답하시오.
(단, 양초가 타는 속력은 일정하다.)

(1) y를 x에 대한 식으로 나타내시오.

(2) 남은 양초의 길이가 18 cm가 되는 것은 양초에 불을 붙인 지 몇 분 후인지 구하시오.

유형 11 물의 양에 대한 문제

60 대표 문제

어떤 환자가 링거액이 5분에 10 mL씩 일정하게 들어가는 링거 주사를 맞고 있다. 900 mL짜리 링거 주사를 맞기 시작한 지 x분 후에 남은 링거액의 양을 y mL라 할 때, 다음 물음에 답하시오.

(1) y를 x에 대한 식으로 나타내시오.
(2) 링거 주사를 오후 1시부터 맞기 시작했을 때, 링거 주사를 다 맞은 시각을 구하시오.

61 중

1 L의 휘발유로 12 km를 달리는 자동차가 있다. 이 자동차에 30 L의 휘발유를 넣고 x km를 달린 후에 남아 있는 휘발유의 양을 y L라 할 때, 다음 물음에 답하시오.

(1) y를 x에 대한 식으로 나타내시오.
(2) 240 km를 달린 후에 남아 있는 휘발유의 양을 구하시오.

62 상

물이 들어 있는 물통에 일정한 속력으로 물을 채우기 시작한 지 5분 후, 10분 후에 물의 양을 재었더니 각각 30 L, 50 L가 되었다. 물을 채우기 시작한 지 x분 후에 물통에 들어 있는 물의 양을 y L라 할 때, 처음 물통에 들어 있던 물의 양을 구하시오.

유형 12 거리, 속력, 시간에 대한 문제

63 대표 문제

수지는 집에서 출발하여 240 km 떨어진 하연이네 집까지 직선 도로를 따라 자동차를 타고 분속 1.2 km로 달리고 있다. 수지가 출발한 지 x분 후에 하연이네 집까지 남은 거리를 y km라 할 때, 하연이네 집까지 남은 거리가 150 km가 되는 것은 출발한 지 몇 분 후인가?

① 60분 후　　　② 65분 후　　　③ 70분 후
④ 75분 후　　　⑤ 80분 후

64 중 서술형

어느 건물의 20층에 엘리베이터가 멈추어 있을 때, 지면으로부터 이 엘리베이터의 바닥까지의 높이가 56 m이다. 이 엘리베이터가 20층에서 출발하여 중간에 서지 않고 초속 2 m로 내려올 때, 이 엘리베이터가 출발한 지 x초 후의 지면으로부터 엘리베이터의 바닥까지의 높이를 y m라 하자. 다음 물음에 답하시오.

(1) y를 x에 대한 식으로 나타내시오.
(2) 지면으로부터 엘리베이터의 바닥까지의 높이가 30 m가 되는 것은 출발한 지 몇 초 후인지 구하시오.

65 중

나연이와 민주가 직선 트랙에서 달리기 시합을 하는데 민주가 나연이보다 60 m 앞에서 동시에 출발하여 나연이는 초속 4 m로, 민주는 초속 3 m로 달린다고 한다. 나연이가 민주를 따라잡을 때까지 출발한 지 x초 후 민주가 나연이보다 앞서 있는 거리를 y m라 할 때, 다음 물음에 답하시오.

(1) y를 x에 대한 식으로 나타내시오.
(2) 나연이가 민주를 따라잡는 데 몇 초가 걸리는지 구하시오.

유형 13 도형에 대한 문제 ^{중요}

66 대표 문제

오른쪽 그림과 같이 ∠C=90°인 직
각삼각형 ABC에서 점 P는 점 B를
출발하여 $\overline{BC}$를 따라 점 C까지 초속
4 cm로 움직인다. 점 P가 점 B를 출
발한 지 x초 후의 △APC의 넓이를
y cm²라 할 때, 다음 물음에 답하시오.

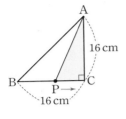

(1) y를 x에 대한 식으로 나타내시오.

(2) △APC의 넓이가 64 cm²가 되는 것은 점 P가 점 B를 출발
한 지 몇 초 후인지 구하시오.

Pick
67 중 ^{서술형}

오른쪽 그림과 같은 직사각형
ABCD의 $\overline{BC}$ 위의 점 P에 대하여
$\overline{PC}=x$ cm일 때, △ABP의 넓이를
y cm²라 하자. 다음 물음에 답하시오.

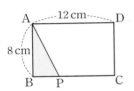

(1) y를 x에 대한 식으로 나타내시오.

(2) $\overline{PC}=3$ cm일 때, △ABP의 넓이를 구하시오.

(3) △ABP의 넓이가 20 cm²일 때, $\overline{PC}$의 길이를 구하시오.

68 중

오른쪽 그림에서 $\overline{AB}\perp\overline{BC}$,
$\overline{DC}\perp\overline{BC}$이고 점 P는 점 B를
출발하여 $\overline{BC}$를 따라 점 C까
지 매초 3 cm씩 움직인다. 점
P가 점 B를 출발한 지 x초 후
의 △ABP와 △DPC의 넓이의 합을 y cm²라 하자. △ABP
와 △DPC의 넓이의 합이 216 cm²가 되는 것은 점 P가 점
B를 출발한 지 몇 초 후인지 구하시오.

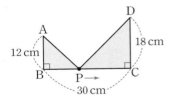

유형 14 개수에 대한 문제

69 대표 문제

다음 그림과 같이 길이가 같은 빨대로 정사각형을 한 방향으
로 연결하여 만들려고 한다. 정사각형 x개를 만드는 데 필요
한 빨대를 y개라 할 때, 물음에 답하시오.

(1) 다음 표의 빈칸을 알맞게 채우시오.

x	1	2	3	4	⋯
y					⋯

(2) y를 x에 대한 식으로 나타내시오.

(3) 73개의 빨대로 만들 수 있는 정사각형은 모두 몇 개인지 구하
시오.

70 상

다음 그림과 같이 한 변의 길이가 1 cm인 정오각형 모양의
블록을 한 변에 한 개씩 이어 붙여서 새로운 도형을 만들려고
한다. x개의 블록으로 만든 도형의 둘레의 길이를 y cm라 할
때, x와 y 사이의 관계식과 50개의 블록으로 만든 도형의 둘
레의 길이를 차례로 구하시오.

유형 15 여러 가지 일차함수의 활용 문제

71 대표 문제

공기 중에서 소리의 속력은 기온이 0 ℃일 때 초속 331 m이고, 기온이 1 ℃씩 올라갈 때마다 초속 0.6 m씩 일정하게 증가한다고 한다. 기온이 x ℃일 때의 소리의 속력을 초속 y m라 할 때, 다음 물음에 답하시오.

(1) y를 x에 대한 식으로 나타내시오.

(2) 기온이 20 ℃일 때의 소리의 속력을 구하시오.

(3) 소리의 속력이 초속 352 m일 때의 기온을 구하시오.

72 ⑤

180쪽 분량의 수학 문제집을 하루에 4쪽씩 x일 동안 풀었을 때 y쪽이 남는다고 한다. x와 y 사이의 관계식과 며칠 동안 풀면 이 문제집을 다 풀 수 있는지 차례로 구하시오.

73 ⑧

차량을 사고 또는 고장 등으로 인해 견인할 경우, 견인 거리가 출발 지점에서부터 4 km까지는 기본요금 15000원이고, 4 km 초과 시 1 km당 2000원의 추가 요금을 낸다고 한다. 다음 물음에 답하시오.

(단, (견인 요금)＝(기본요금)＋(추가 요금))

(1) 차량의 견인 거리가 x km일 때의 견인 요금을 y원이라 할 때, y를 x에 대한 식으로 나타내시오. (단, $x \geq 4$)

(2) 차량의 견인 거리가 12 km일 때의 견인 요금을 구하시오.

유형 16 그래프를 이용하는 문제

74 대표 문제

오른쪽 그림은 용량이 720 MB(메가바이트)인 파일을 내려받기 시작한 지 x초 후에 남은 파일의 용량을 y MB라 할 때, x와 y 사이의 관계를 그래프로 나타낸 것이다. 파일을 내려받기 시작한 지 30초 후에 남은 파일의 용량을 구하시오.

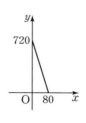

Pick

75 ⑤

오른쪽 그림은 400 mL의 물이 들어 있는 가습기를 사용하기 시작한 지 x시간 후에 가습기에 남은 물의 양을 y mL라 할 때, x와 y 사이의 관계를 그래프로 나타낸 것이다. 가습기에 남은 물의 양이 100 mL가 되는 것은 가습기를 사용하기 시작한 지 몇 시간 후인지 구하시오.

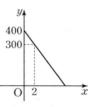

76 ⑧

어떤 비행기가 화물, 승객, 연료를 합하여 총 1000 kg을 싣고 비행을 하려고 한다. 오른쪽 그림은 이 비행기의 연료의 무게 x kg에 따른 최대 비행시간을 y시간이라 할 때, x와 y 사이의 관계를 그래프로 나타낸 것이다. 화물의 무게가 230 kg, 승객의 무게가 370 kg일 때, 이 비행기의 최대 비행시간은? (단, $x \geq 60$)

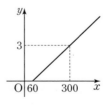

① 4시간 15분   ② 4시간 30분   ③ 4시간 45분

④ 5시간   ⑤ 5시간 15분

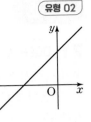

77 유형 01

다음 일차함수 중 그 그래프가 x의 값이 증가할 때, y의 값도 증가하면서 제2사분면을 지나지 <u>않는</u> 것은?

① $y=-4x$ ② $y=-2x+3$ ③ $y=-\dfrac{1}{5}x-2$

④ $y=\dfrac{2}{3}x-1$ ⑤ $y=6x+2$

78 유형 01

일차함수 $y=-\dfrac{1}{2}x$의 그래프를 y축의 방향으로 3만큼 평행이동한 그래프에 대한 설명으로 옳은 것을 보기에서 모두 고른 것은?

> **보기**
> ㄱ. x절편은 6, y절편은 -3이다.
> ㄴ. 오른쪽 아래로 향하는 직선이다.
> ㄷ. 제1, 2, 4사분면을 지난다.
> ㄹ. x의 값이 2만큼 증가할 때, y의 값은 1만큼 증가한다.

① ㄱ, ㄴ   ② ㄱ, ㄷ   ③ ㄴ, ㄷ
④ ㄴ, ㄹ   ⑤ ㄷ, ㄹ

79 유형 02

$ab<0$, $a-b<0$일 때, 다음 중 $y=ax-b$의 그래프가 지나지 <u>않는</u> 사분면은? (단, a, b는 상수)

① 제1사분면   ② 제2사분면   ③ 제3사분면
④ 제4사분면   ⑤ 제2사분면과 제4사분면

80 유형 02

일차함수 $y=\dfrac{b}{a}x-b$의 그래프가 오른쪽 그림과 같을 때, 다음 중 일차함수 $y=bx+ab$의 그래프로 알맞은 것은?
(단, a, b는 상수)

①   ②   ③

④ 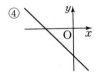   ⑤

81 유형 03

일차함수 $y=ax-3$의 그래프는 일차함수 $y=-4x+1$의 그래프와 평행하고, 일차함수 $y=3x+b$의 그래프와 x축 위에서 만난다. 이때 상수 a, b에 대하여 $a+b$의 값을 구하시오.

82 유형 05

오른쪽 그림의 직선과 평행하고 y절편이 k인 일차함수의 그래프가 점 $(k, 2)$를 지날 때, 상수 k의 값을 구하시오.

83

유형 06

오른쪽 그림의 직선과 평행하고 x절편이 6인 직선을 그래프로 하는 일차함수의 식을 $y=ax+b$라 할 때, 상수 a, b에 대하여 ab의 값을 구하시오.

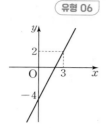

84

유형 07

다음 그림은 일차함수의 그래프를 한 좌표평면 위에 나타낸 것인데 일부분이 얼룩져 보이지 않는다. 각 그래프와 그 그래프가 나타내는 일차함수의 식을 바르게 연결한 것은?

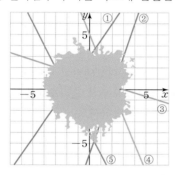

① $y=\dfrac{2}{3}x+3$　　② $y=3x+6$　　③ $y=-\dfrac{1}{3}x+1$

④ $y=-\dfrac{5}{3}x+5$　　⑤ $y=-2x-3$

85

유형 07

두 점 $(2, 1)$, $(5, 4)$를 지나는 일차함수의 그래프와 x축, y축으로 둘러싸인 도형의 넓이는?

① $\dfrac{1}{2}$　　　　② 1　　　　③ $\dfrac{3}{2}$

④ 2　　　　⑤ $\dfrac{5}{2}$

86

유형 08

다음 중 오른쪽 그림과 같은 일차함수의 그래프에 대한 설명으로 옳은 것을 모두 고르면? (정답 2개)

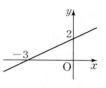

① 기울기는 $-\dfrac{2}{3}$이다.

② 점 $(-9, -6)$을 지난다.

③ 일차함수 $y=-4x-12$의 그래프와 x축 위에서 만난다.

④ x의 값이 6만큼 증가할 때, y의 값은 4만큼 감소한다.

⑤ 일차함수 $y=\dfrac{2}{3}x+5$의 그래프와 평행하다.

87

유형 08

일차함수 $y=ax+b$의 그래프의 x절편이 3, y절편이 -2일 때, 일차함수 $y=abx+a+b$의 그래프의 기울기와 y절편의 합은?

(단, a, b는 상수)

① $-\dfrac{8}{3}$　　　　② $-\dfrac{2}{3}$　　　　③ 0

④ $\dfrac{2}{3}$　　　　⑤ $\dfrac{8}{3}$

88

유형 10

다음 표는 어떤 아이스크림을 실온에 둔 지 x분 후의 아이스크림의 높이가 y cm를 나타낸 것이다. y를 x에 대한 식으로 나타내면? (단, 아이스크림은 실온에서 일정한 속력으로 녹는다.)

x	0	4	8	12	16
y	18	15	12	9	6

① $y=-\dfrac{4}{3}x+18$　　　　② $y=-\dfrac{3}{4}x+18$

③ $y=\dfrac{3}{4}x+18$　　　　④ $y=3x+15$

⑤ $y=4x+15$

89 (유형 11)

민철이는 우유 1200 mL를 2초에 16 mL씩 일정한 속력으로 마신다고 한다. 민철이가 우유를 마시기 시작한 지 x초 후에 남아 있는 우유의 양을 y mL라 할 때, 다음 중 옳은 것은?

① y를 x에 대한 식으로 나타내면 $y=1200-16x$이다.
② x의 값이 20일 때, y의 값은 1160이다.
③ 우유를 다 마시는 데 걸리는 시간은 75초이다.
④ 1분 동안 마실 수 있는 우유의 양은 480 mL이다.
⑤ 40초 후에 남아 있는 우유의 양은 800 mL이다.

90 (유형 12)

현재 제주도 남쪽 해상의 A 지점에 있는 태풍이 A 지점에서 600 km 떨어진 서울의 B 지점을 향해 시속 15 km로 올라오고 있다. x시간 후에 태풍과 B 지점 사이의 거리를 y km라 하고, 태풍의 이동 경로를 직선으로 생각할 때, 다음 물음에 답하시오.

(단, 태풍의 속력은 일정하고, 태풍의 크기는 무시한다.)

(1) y를 x에 대한 식으로 나타내시오.
(2) 태풍이 B 지점에 도달하는 것은 A 지점을 출발한 지 몇 시간 후인지 구하시오.

91 (유형 13)

오른쪽 그림과 같은 사다리꼴 ABCD에서 점 P는 점 A를 출발하여 점 D까지 $\overline{\text{AD}}$ 위를 초속 2 cm로 움직이고, 점 Q는 점 B를 출발하여 점 C까지 $\overline{\text{BC}}$ 위를 초속 3 cm로 움직인다. 두 점 P, Q가 동시에 출발한 지 x초 후에 사각형 AQCP의 넓이를 y cm²라 하자. 사각형 AQCP의 넓이가 36 cm²가 될 때, $\overline{\text{BQ}}$의 길이를 구하시오.

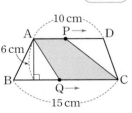

92 (유형 05)

일차함수 $y=f(x)$의 그래프가 다음 조건을 모두 만족시킬 때, $f\left(\dfrac{1}{9}\right)$의 값을 구하시오.

┌─ 조건 ─
(가) 일차함수 $y=3x+5$의 그래프와 평행하다.
(나) 일차함수 $y=\dfrac{1}{2}x-\dfrac{1}{3}$의 그래프와 y절편이 같다.
└─

93 (유형 11)

어느 댐에서 오늘 정오에 수문을 열어 800톤의 물을 흘려보낸 후 수문을 닫고, 오후 4시부터 다시 수문을 열어 20분당 60톤의 물을 일정하게 흘려보낸다고 한다. 오후 4시부터 x시간이 지났을 때, 오늘 정오부터 흘려보낸 물의 전체 양을 y톤이라 하자. 다음 물음에 답하시오.

(1) y를 x에 대한 식으로 나타내시오.
(2) 이 댐에서 오늘 정오부터 흘려보낸 물의 전체 양이 1760톤이 되는 시각을 구하시오.

94 (유형 16)

오른쪽 그림은 어느 택배 회사에서 무게가 x kg인 물건의 배송 가격을 y원이라 할 때, x와 y 사이의 관계를 그래프로 나타낸 것이다. 무게가 10 kg인 물건의 배송 가격을 구하시오.

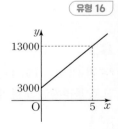

95 일차함수 $y=abx+b$의 그래프가 제1사분면을 지나지 않을 때, 일차함수 $y=bx+a-b$의 그래프가 지나지 <u>않는</u> 사분면을 구하시오. (단, a, b는 상수)

96 서로 평행한 두 일차함수 $y=\frac{1}{2}x-2$, $y=ax+b$의 그래프가 x축과 만나는 점을 각각 P, Q라 할 때, $\overline{PQ}=8$이다. b가 양수일 때, 상수 a, b의 값을 각각 구하시오.

97 오른쪽 그림과 같이 세 점 A$(4, 5)$, B$(-2, 1)$, C$(5, 0)$을 꼭짓점으로 하는 △ABC가 있다. 일차함수 $y=-3x+a$의 그래프가 △ABC와 만나도록 하는 상수 a의 값 중 가장 큰 값과 가장 작은 값의 차를 구하시오.

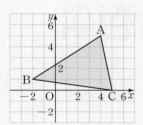

98 일차함수 $y=ax+b$의 그래프를 건후는 기울기를 잘못 보고 그려서 두 점 $(1, 3)$, $(2, 8)$을 지나게 그렸고, 은호는 y절편을 잘못 보고 그려서 두 점 $(0, -1)$, $(2, 3)$을 지나게 그렸다. 일차함수 $y=ax+b$의 그래프가 점 $(k, 4)$를 지날 때, k의 값을 구하시오. (단, a, b는 상수)

99 y절편이 x절편의 3배인 일차함수의 그래프가 두 점 $(1, k)$, $(3k, 6)$을 지날 때, k의 값을 구하시오.
          (단, 이 그래프는 원점을 지나지 않는다.)

100 1 L의 휘발유로 15 km를 달리는 자동차가 있다. 이 자동차로 여행을 가기 위해 주유소에 들러 연료 계기판을 확인해 보니 계기판의 눈금이 $\frac{1}{5}$을 가르키고 있었고, 30 L의 휘발유를 넣었더니 계기판의 눈금이 $\frac{4}{5}$를 가리켰다. 이후 이 자동차로 x km를 달린 후에 남아 있는 휘발유의 양을 y L라 할 때, 다음 물음에 답하시오.

(1) y를 x에 대한 식으로 나타내시오.

(2) 210 km를 달린 후에 남아 있는 휘발유의 양을 구하시오.

101 다음 그림과 같이 정사각형 모양의 식탁을 한 방향으로 이어 붙여서 식탁의 한 변마다 한 개의 의자를 놓으려고 한다. 식탁을 30개 놓을 때, 필요한 의자는 몇 개인가?

① 60개   ② 62개   ③ 64개
④ 66개   ⑤ 68개

10

일차함수와 일차방정식

유형 01 일차방정식의 그래프와 일차함수의 그래프 (중요)

(1) 일차방정식의 그래프와 직선의 방정식

x, y의 값의 범위가 수 전체일 때, 일차방정식

$$ax+by+c=0(a, b, c는 상수, a \neq 0 또는 b \neq 0)$$

의 해의 순서쌍 (x, y)를 좌표로 하는 점은 무수히 많고, 이 해를 모두 좌표평면 위에 나타내면 직선이 된다.

이 직선을 일차방정식 $ax+by+c=0$의 그래프라 하고,

일차방정식 $ax+by+c=0$을 직선의 방정식이라 한다.

(2) 일차방정식의 그래프와 일차함수의 그래프

미지수가 2개인 일차방정식 $ax+by+c=0(a, b, c$는 상수,

$a \neq 0$, $b \neq 0)$의 그래프는 일차함수 $y=-\dfrac{a}{b}x-\dfrac{c}{b}$의 그래프와

같다.

> 일차방정식
> $ax+by+c=0$
> $(a \neq 0, b \neq 0)$
>
> — y를 x에 대한 식으로 나타내면 →
>
> 일차함수
> $y=\underset{기울기}{-\dfrac{a}{b}}x\underset{y절편}{-\dfrac{c}{b}}$

예 일차방정식 $3x+y-6=0$의 그래프는 일차함수 $y=-3x+6$의 그래프와 같다.

대표 문제

01 다음 중 일차방정식 $5x-2y+8=0$의 그래프에 대한 설명으로 옳지 <u>않은</u> 것은?

① 기울기는 $\dfrac{5}{2}$이다.

② 오른쪽 위로 향하는 직선이다.

③ x절편은 $\dfrac{8}{5}$, y절편은 4이다.

④ 제1, 2, 3사분면을 지난다.

⑤ 일차함수 $y=\dfrac{5}{2}x-4$의 그래프와 만나지 않는다.

유형 02 일차방정식의 그래프 위의 점

점 (p, q)가 일차방정식 $ax+by+c=0$의 그래프 위의 점이다.

➡ $ax+by+c=0$에 $x=p$, $y=q$를 대입하면 등식이 성립한다.

➡ $ap+bq+c=0$

대표 문제

02 다음 중 일차방정식 $2x-3y=6$의 그래프 위의 점이 <u>아닌</u> 것은?

① $(-3, -4)$ ② $(-1, -3)$ ③ $(0, -2)$

④ $(3, 0)$ ⑤ $(6, 2)$

유형 03 일차방정식 $ax+by+c=0$의 그래프에서 a, b, c의 값 구하기

(1) 그래프가 지나는 점의 좌표가 주어진 경우

➡ 일차방정식에 그 점의 좌표를 대입한다.

(2) 그래프의 기울기와 y절편이 주어진 경우

➡ 일차방정식을 $y=mx+n$ 꼴로 나타낸 후 비교한다.

➡ $m=(기울기)$, $n=(y절편)$

대표 문제

03 일차방정식 $x-ay=4$의 그래프가 오른쪽 그림과 같을 때, 상수 a의 값을 구하시오.

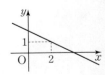

유형 04   일차방정식 $ax+by+c=0$의 그래프와 a, b, c의 부호

일차방정식 $ax+by+c=0$ $(a\neq0$, $b\neq0)$을 일차함수 $y=-\dfrac{a}{b}x-\dfrac{c}{b}$ 꼴로 나타낸 후 기울기와 y절편의 부호를 각각 확인한다.

대표 문제

04 일차방정식 $ax+by+3=0$의 그래 프가 오른쪽 그림과 같을 때, 상수 a, b의 부호를 각각 정하시오.

유형 05   직선의 방정식 구하기

주어진 조건을 만족시키는 직선의 방정식을 먼저 $y=mx+n$ 꼴로 나타낸 후 $ax+by+c=0$ 꼴로 고친다.

대표 문제

05 일차함수 $y=\dfrac{1}{3}x+4$의 그래프와 평행하고, 점 $(3, 6)$을 지나는 직선의 방정식은?

① $x-y+3=0$　　　② $x-3y+15=0$

③ $x+3y-21=0$　　④ $3x-y+3=0$

⑤ $3x+y-15=0$

유형 06~07   일차방정식 $x=m$, $y=n$의 그래프   ^{중요}

(1) 일차방정식 $x=m$, $y=n$의 그래프

① 일차방정식 $x=m$ (m은 상수, $m\neq0$)의 그래프
　➡ 점 $(m, 0)$을 지나고 y축에 평행한 직선
　　　└ x축에 수직인

② 일차방정식 $y=n$ (n은 상수, $n\neq0$)의 그래프
　➡ 점 $(0, n)$을 지나고 x축에 평행한 직선
　　　└ y축에 수직인

[참고] 일차방정식 $x=0$의 그래프는 y축과 일치하고,
　일차방정식 $y=0$의 그래프는 x축과 일치한다.

(2) 좌표축에 평행한 네 직선으로 둘러싸인 도형의 넓이

네 직선 $x=a$, $x=b$, $y=c$, $y=d$로 둘러싸인 도형의 넓이는
　➡ $|b-a|\times|d-c|$

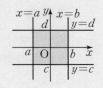

대표 문제

06 점 $(-5, 7)$을 지나고 x축에 평행한 직선의 방정식을 구하시오.

07 네 직선 $x=2$, $y=4$, $x=0$, $y=0$으로 둘러싸인 도형의 넓이를 구하시오.

유형 01 일차방정식의 그래프와 일차함수의 그래프 **중요**

Pick

08 대표 문제

다음 중 일차방정식 $4x+3y-6=0$의 그래프에 대한 설명으로 옳은 것을 모두 고르면? (정답 2개)

① x절편은 $\dfrac{2}{3}$이다.

② y절편은 2이다.

③ 오른쪽 아래로 향하는 직선이다.

④ 제2사분면을 지나지 않는다.

⑤ 일차함수 $y=-\dfrac{3}{4}x+7$의 그래프와 평행하다.

09 하

다음 중 일차방정식 $\dfrac{x}{2}-\dfrac{y}{3}=1$의 그래프는?

①   ②   ③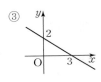

④   ⑤

10 중

일차방정식 $5x-y+4=0$의 그래프가 지나지 <u>않는</u> 사분면을 구하시오.

11 중

일차방정식 $3x+2y+1=0$의 그래프의 기울기를 a, x절편을 b, y절편을 c라 할 때, abc의 값을 구하시오.

12 중

일차방정식 $8x-4y+b=0$의 그래프와 일차함수 $y=ax-2$의 그래프가 일치할 때, 상수 a, b에 대하여 $a+b$의 값은?

① -10　　　② -8　　　③ -6

④ 8　　　　⑤ 10

유형 02 일차방정식의 그래프 위의 점

13 대표 문제

다음 일차방정식 중 그 그래프가 점 $(-2, 2)$를 지나는 것은?

① $x-y=4$　　　　② $x-3y=-4$

③ $3x+y=8$　　　　④ $4x+7y=6$

⑤ $5x-6y=2$

14 중

일차방정식 $x-2y-8=0$의 그래프가 오른쪽 그림과 같을 때, a의 값을 구하시오.

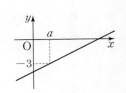

15 중

일차방정식 $4x-3y=-1$의 그래프가 점 $(a, 2a+1)$을 지날 때, a의 값을 구하시오.

Pick
16 중 서술형

두 점 $(-1, a)$, $(b, 1)$이 일차방정식 $2x+y=7$의 그래프 위에 있을 때, $a-b$의 값을 구하시오.

유형 03 일차방정식 $ax+by+c=0$의 그래프에서 a, b, c의 값 구하기

Pick
17 대표 문제

일차방정식 $ax+by-4=0$의 그래프가 오른쪽 그림과 같을 때, 상수 a, b에 대하여 $a+b$의 값을 구하시오.

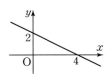

18 중

일차방정식 $ax-by-5=0$의 그래프의 기울기가 4이고 y절편이 1일 때, 상수 a, b에 대하여 $b-a$의 값을 구하시오.

19 중

일차방정식 $mx-3y+7=0$의 그래프가 오른쪽 그림의 직선과 평행할 때, 상수 m의 값을 구하시오.

20 중

두 점 $(2, 2)$, $(-2, a)$가 일차방정식 $3x+by=18$의 그래프 위에 있을 때, $a+b$의 값은? (단, b는 상수)

① 6 　　　　 ② 7 　　　　 ③ 8
④ 9 　　　　 ⑤ 10

유형 04 일차방정식 $ax+by+c=0$의 그래프와 a, b, c의 부호

21 대표 문제

일차방정식 $ax+y+b=0$의 그래프가 오른쪽 그림과 같을 때, 다음 중 옳은 것은?
(단, a, b는 상수)

① $a>0, b>0$ 　　　 ② $a>0, b<0$
③ $a<0, b>0$ 　　　 ④ $a<0, b<0$
⑤ $a<0, b=0$

22 중

$a>0$, $b>0$, $c<0$일 때, 일차방정식 $ax-by+c=0$의 그래프가 지나지 <u>않는</u> 사분면은? (단, a, b, c는 상수)

① 제1사분면   ② 제2사분면   ③ 제3사분면
④ 제4사분면   ⑤ 제1사분면과 제3사분면

23 상 서술형

점 $(a-b, ab)$가 제4사분면 위의 점일 때, 일차방정식 $x+ay-b=0$의 그래프가 지나지 <u>않는</u> 사분면을 구하시오.
(단, a, b는 상수)

Pick
24 상

일차방정식 $ax+by+c=0$의 그래프가 오른쪽 그림과 같을 때, 다음 중 일차함수

$y=\dfrac{c}{a}x-\dfrac{b}{a}$의 그래프로 알맞은 것은?

(단, a, b, c는 상수)

①   ②   ③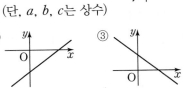

④   ⑤

유형 05   **직선의 방정식 구하기**

Pick
25 대표 문제

오른쪽 그림과 같은 직선과 평행하고, 점 $(4, -1)$을 지나는 직선의 방정식은?

① $3x+4y-8=0$
② $3x+4y+8=0$
③ $4x-3y-3=0$
④ $4x-3y-1=0$
⑤ $4x-3y+3=0$

26 중

다음 물음에 답하시오.

(1) x의 값이 3만큼 증가할 때 y의 값은 2만큼 감소하고, 일차방정식 $5x+2y=8$의 그래프와 y절편이 같은 직선의 방정식을 $ax+by-12=0$ 꼴로 나타내시오. (단, a, b는 상수)
(2) 두 점 $(1, 2)$, $(2, -2)$를 지나는 직선의 방정식을 $ax+y+b=0$ 꼴로 나타내시오. (단, a, b는 상수)

27 중

x절편이 3이고, y절편이 -6인 직선의 방정식이 $(2a+6)x-(1-b)y-6=0$일 때, 상수 a, b에 대하여 $a+b$의 값은?

① -3 ② -2 ③ -1
④ 2   ⑤ 3

유형 06 일차방정식 $x=m$, $y=n$의 그래프

Pick
28 대표 문제

점 $(-4, -6)$을 지나고 y축에 평행한 직선의 방정식은?

① $x=-6$ ② $x=-4$ ③ $y=-6$

④ $y=-4$ ⑤ $2x-3y=10$

29 (하)

다음 중 x축에 평행한 직선의 방정식을 모두 고르면?

(정답 2개)

① $x=-7$ ② $y=5$ ③ $4x+1=0$

④ $-2y=3$ ⑤ $6x=0$

Pick
30 (중)

두 점 $(-2, -3+a)$, $(2, 5-3a)$를 지나는 직선이 y축에 수직일 때, a의 값을 구하시오.

31 (중)

다음 중 일차방정식 $-2x=10$의 그래프에 대한 설명으로 옳은 것을 모두 고르면? (정답 2개)

① x축에 평행하다.
② 직선 $x=5$와 일치한다.
③ 직선 $y=-5$와 수직으로 만난다.
④ 점 $(5, -3)$을 지난다.
⑤ 제2사분면과 제3사분면을 지난다.

32 (중)

일차방정식 $ax-by=-6$의 그래프가 오른쪽 그림과 같을 때, 상수 a, b에 대하여 $a-b$의 값을 구하시오.

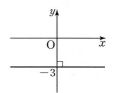

유형 07 좌표축에 평행한 네 직선으로 둘러싸인 도형의 넓이

33 대표 문제

다음 네 일차방정식의 그래프로 둘러싸인 도형의 넓이는?

$$3x-9=0, \quad x=-1, \quad y-2=0, \quad y=7$$

① 8   ② 10   ③ 16

④ 20   ⑤ 24

Pick
34 (중)

오른쪽 그림과 같이 네 일차방정식 $y=a$, $y=-a$, $x=-2$, $x=4$의 그래프로 둘러싸인 도형의 넓이가 72일 때, 양수 a의 값을 구하시오.

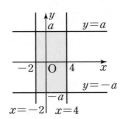

유형 08 **연립방정식의 해와 그래프의 교점**

연립방정식 $\begin{cases} ax+by+c=0 \\ a'x+b'y+c'=0 \end{cases}$의 해는 두 일차방정식의 그래프, 즉 두 일차함수의 그래프의 교점의 좌표와 같다.

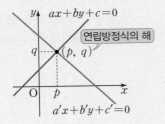

연립방정식의 해 $x=p,\ y=q$	=	두 그래프의 교점의 좌표 $(p,\ q)$

대표 문제

35 두 일차방정식 $2x+3y=8$, $4x-y=-5$의 그래프의 교점의 좌표는?

① $\left(-\dfrac{1}{2},\ -3\right)$ ② $\left(-\dfrac{1}{2},\ 3\right)$ ③ $\left(\dfrac{1}{2},\ -3\right)$

④ $\left(\dfrac{1}{2},\ 3\right)$ ⑤ $\left(3,\ -\dfrac{1}{2}\right)$

유형 09 **두 직선의 교점의 좌표를 이용하여 상수의 값 구하기** 중요

두 직선 $ax+by+c=0$, $a'x+b'y+c'=0$의 교점의 좌표가 $(p,\ q)$이다.

➡ 연립방정식 $\begin{cases} ax+by+c=0 \\ a'x+b'y+c'=0 \end{cases}$의 해가 $x=p$, $y=q$이다.

➡ 두 일차방정식 $ax+by+c=0$, $a'x+b'y+c'=0$에 $x=p$, $y=q$를 각각 대입하면 등식이 모두 성립한다.

대표 문제

36 오른쪽 그림은 연립방정식 $\begin{cases} x+y=a \\ bx+y=1 \end{cases}$의 두 일차방정식의 그래프를 각각 나타낸 것이다. 이때 상수 a, b에 대하여 ab의 값을 구하시오.

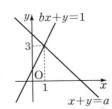

유형 10 **두 직선의 교점을 지나는 직선의 방정식**

연립방정식의 해를 구하여 두 직선의 교점의 좌표를 구한 후 조건에 맞는 직선의 방정식을 구한다.

(1) 기울기 m이 주어진 경우
　직선의 방정식을 $y=mx+k$로 놓고, 교점의 좌표를 대입하여 k의 값을 구한다.

(2) 직선이 지나는 다른 한 점의 좌표가 주어진 경우
　두 직선의 교점과 주어진 점을 지나는 직선의 방정식을 구한다.

대표 문제

37 두 직선 $2x+y=3$, $x+y=2$의 교점을 지나고, 직선 $x+3y=5$와 평행한 직선의 방정식은?

① $y=-\dfrac{1}{3}x+1$ ② $y=-\dfrac{1}{3}x+\dfrac{4}{3}$

③ $y=-\dfrac{1}{3}x+2$ ④ $y=\dfrac{1}{3}x+\dfrac{4}{3}$

⑤ $y=\dfrac{1}{3}x+2$

유형 11 한 점에서 만나는 세 직선

세 직선이 한 점에서 만난다.

➡ 두 직선의 교점을 나머지 한 직선도 지난다.

➡ 두 직선의 교점의 좌표를 구하여 이를 나머지 한 직선의 방정식에 대입하면 등식이 성립한다.

참고 서로 다른 세 직선에 의해 삼각형이 만들어지지 않는 경우는 다음과 같다.

(1) 어느 두 직선이 서로 평행하거나 세 직선이 모두 평행한 경우

(2) 세 직선이 한 점에서 만나는 경우

대표 문제

38 다음 세 일차방정식의 그래프가 한 점에서 만날 때, 상수 a의 값은?

$$ax-4y=23, \quad x+y=3, \quad x-y=7$$

① -4 ② -2 ③ 2

④ 3 ⑤ 5

유형 12 연립방정식의 해의 개수와 두 그래프의 위치 관계

연립방정식 $\begin{cases} ax+by+c=0 \\ a'x+b'y+c'=0 \end{cases}$ 의 해의 개수는 두 일차방정식

$ax+by+c=0$, $a'x+b'y+c'=0$의 그래프의 교점의 개수와 같다.

두 그래프의 위치 관계	연립방정식의 해	기울기와 y절편
 한 점에서 만난다.	해가 한 쌍이다.	기울기가 다르다.
 평행하다.	해가 없다.	기울기가 같고, y절편이 다르다.
 일치한다.	해가 무수히 많다.	기울기가 같고, y절편도 같다.

참고 연립방정식 $\begin{cases} ax+by+c=0 \\ a'x+b'y+c'=0 \end{cases}$ 에서

(1) 해가 한 쌍인 경우 ➡ $\dfrac{a}{a'} \neq \dfrac{b}{b'}$

(2) 해가 없는 경우 ➡ $\dfrac{a}{a'} = \dfrac{b}{b'} \neq \dfrac{c}{c'}$

(3) 해가 무수히 많은 경우 ➡ $\dfrac{a}{a'} = \dfrac{b}{b'} = \dfrac{c}{c'}$

대표 문제

39 연립방정식 $\begin{cases} ax+y-3=0 \\ 2x-y+b=0 \end{cases}$ 에 대하여 다음을 만족시키는 상수 a, b의 조건을 구하시오.

(1) 해가 한 쌍이다.

(2) 해가 없다.

(3) 해가 무수히 많다.

유형 08 연립방정식의 해와 그래프의 교점

Pick

40 대표 문제

두 일차방정식 $3x+2y=7$, $x-2y=-3$의 그래프의 교점의 좌표가 (a, b)일 때, $a-b$의 값은?

① -1 ② 0 ③ 1
④ 2 ⑤ 3

41 중 서술형

오른쪽 그림과 같은 두 직선 l, m에 대하여 다음 물음에 답하시오.

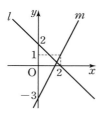

(1) 두 직선 l, m의 방정식을 각각 구하시오.

(2) 두 직선 l, m의 교점의 좌표를 구하시오.

42 중

두 일차방정식 $3x+y-2=0$, $5x-y+10=0$의 그래프의 교점이 직선 $y=ax-1$ 위의 점일 때, 상수 a의 값은?

① -8 ② -6 ③ -4
④ 6 ⑤ 8

유형 09 두 직선의 교점의 좌표를 이용하여 상수의 값 구하기 **중요**

43 대표 문제

두 일차방정식 $ax-y-8=0$, $-x+by+7=0$의 그래프의 교점의 좌표가 $(3, -2)$일 때, 상수 a, b에 대하여 ab의 값은?

① -6 ② -4 ③ -2
④ 2 ⑤ 4

44 중

두 직선 $5x+y+9=0$, $ax+3y+1=0$의 교점의 좌표가 $(-2, b)$일 때, $a+b$의 값은? (단, a는 상수)

① -3 ② -1 ③ 2
④ 3 ⑤ 5

45 중

두 일차방정식 $2x-y=4$, $ax-y=2$의 그래프의 교점이 x축 위에 있을 때, 상수 a의 값을 구하시오.

Pick

46 중

오른쪽 그림과 같이 두 직선 $y=-2x+6$, $y=ax+b$의 교점의 x좌표가 2이고 직선 $y=ax+b$의 y절편이 1일 때, 상수 a, b에 대하여 $a+b$의 값을 구하시오.

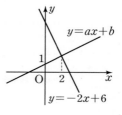

유형 10 두 직선의 교점을 지나는 직선의 방정식

P̆ick
47 대표 문제

두 일차방정식 $4x+y=7$, $x+y=4$의 그래프의 교점을 지나고, 일차방정식 $x+2y=10$의 그래프와 만나지 않는 직선의 방정식은?

① $x-2y+5=0$ 　　② $x+y-10=0$
③ $x+2y-7=0$ 　　④ $2x-y+2=0$
⑤ $2x+y+2=0$

48 중

두 일차방정식 $3x-y-2=0$, $x-3y-6=0$의 그래프의 교점을 지나고, x축에 평행한 직선의 방정식을 구하시오.

49 중 서술형

두 직선 $x+y=5$, $x-y=-1$의 교점을 지나고, y절편이 -1인 직선의 방정식을 구하시오.

50 중

두 직선 $2x+y-12=0$, $3x-4y-7=0$의 교점과 점 $(3, -2)$를 지나는 직선의 방정식이 $y=ax+b$일 때, 상수 a, b에 대하여 $a-b$의 값은?

① -10 　　② -8 　　③ -6
④ 8 　　⑤ 10

유형 11 한 점에서 만나는 세 직선

51 대표 문제

세 직선 $x+y=4$, $x-2y=1$, $4x-ay=a+2$가 한 점에서 만날 때, 상수 a의 값은?

① 1 　　② 2 　　③ 3
④ 4 　　⑤ 5

P̆ick
52 중

두 직선 $2x-y=3$, $y=ax+9$의 교점이 일차방정식 $x+y=6$의 그래프 위에 있을 때, 상수 a의 값을 구하시오.

53 상

세 직선 $x-y-3=0$, $2x-y+5=0$, $ax+2y+10=0$에 의해 삼각형이 만들어지지 않도록 하는 상수 a의 값을 모두 구하려고 한다. 다음 물음에 답하시오.

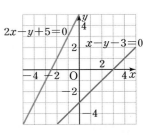

(1) 세 직선 중 어느 두 직선이 서로 평행할 때, 상수 a의 값을 모두 구하시오.

(2) 세 직선이 한 점에서 만날 때, 상수 a의 값을 구하시오.

(3) 세 직선에 의해 삼각형이 만들어지지 않도록 하는 상수 a의 값을 모두 구하시오.

유형 12 연립방정식의 해의 개수와 두 그래프의 위치 관계

Pick
54 대표 문제

연립방정식 $\begin{cases} ax+2y-2=0 \\ 6x-4y+b=0 \end{cases}$ 의 해가 무수히 많을 때, 상수 a, b에 대하여 $a+b$의 값을 구하시오.

55 하

다음 중 연립방정식의 각 일차방정식의 그래프인 두 직선에 대한 설명으로 옳은 것은?

① 두 직선의 기울기가 같으면 연립방정식의 해가 없다.
② 두 직선이 일치하면 연립방정식의 해가 없다.
③ 두 직선이 평행하면 연립방정식의 해가 무수히 많다.
④ 두 직선이 한 점에서 만나면 그 점의 좌표가 연립방정식의 해이다.
⑤ 두 직선의 기울기가 같고 y절편이 다르면 연립방정식의 해가 무수히 많다.

56 하

다음 연립방정식 중 해가 무수히 많은 것은?

① $\begin{cases} 2x-y=2 \\ 6x-2y=5 \end{cases}$ ② $\begin{cases} 2x+y=4 \\ 4x+2y=3 \end{cases}$

③ $\begin{cases} 2x-y=5 \\ x+y=2 \end{cases}$ ④ $\begin{cases} 2x-y=2 \\ 4x+y=3 \end{cases}$

⑤ $\begin{cases} 2x-y=-6 \\ 4x-2y=-12 \end{cases}$

57 중

오른쪽 그림과 같은 세 직선 ①, ②, ③이 있다. 다음을 만족시키는 연립방정식의 각 일차방정식의 그래프인 두 직선을 찾아 모두 짝 지으시오.

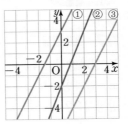

(1) 해가 한 쌍인 연립방정식
(2) 해가 없는 연립방정식

58 중

연립방정식 $\begin{cases} x-6y=4 \\ ax+12y=-1 \end{cases}$ 의 해가 없을 때, 상수 a의 값은?

① -5 ② -4 ③ -3
④ -2 ⑤ -1

59 중

두 직선 $2x-y=a$, $bx-y=-3$의 교점이 존재하지 않도록 하는 상수 a, b의 조건은?

① $a=-3$, $b=2$ ② $a=-3$, $b\neq2$
③ $a\neq-3$, $b=2$ ④ $a=-2$, $b\neq2$
⑤ $a\neq-2$, $b\neq2$

• 정답과 해설 99쪽

유형 13 직선으로 둘러싸인 도형의 넓이 〔중요〕

❶ 연립방정식을 풀어 두 직선의 교점의 좌표를 구한다.
❷ 문제의 조건을 만족시키는 도형의 넓이를 구한다.

대표 문제

60 오른쪽 그림과 같이 두 직선 $y=-x+6$, $y=x+2$와 x축으로 둘러싸인 도형의 넓이를 구하시오.

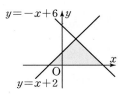

유형 14 도형의 넓이를 이등분하는 직선의 방정식

직선 $y=mx$가 △ABO의 넓이를 이등분할 때, 상수 m의 값은 다음과 같은 순서로 구한다.

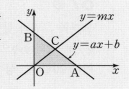

❶ △COA$=\dfrac{1}{2}$△ABO임을 이용하여 두 직선의 교점 C의 y좌표를 구한다.
❷ $y=ax+b$에 점 C의 y좌표를 대입하여 점 C의 x좌표를 구한다.
❸ $y=mx$에 점 C의 좌표를 대입하여 m의 값을 구한다.

대표 문제

61 오른쪽 그림과 같이 일차방정식 $2x-y+8=0$의 그래프와 x축, y축으로 둘러싸인 도형의 넓이를 직선 $y=mx$가 이등분할 때, 상수 m의 값을 구하시오.

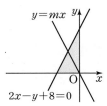

유형 15 두 그래프를 이용한 직선의 방정식의 활용

두 일차함수의 그래프가 주어지면
❶ 각 그래프가 지나는 두 점을 이용하여 두 직선의 방정식을 구한다.
❷ 두 직선의 방정식을 연립하여 교점의 좌표를 구한다.
❸ 문제의 조건에 맞는 값을 구한다.

대표 문제

62 희주와 은수가 집에서 6 km 떨어진 영화관까지 가는데 희주가 오후 1시에 먼저 출발하고 20분 후에 은수가 출발하였다. 오른쪽 그림은 희주가 출발한 지 x분 후에

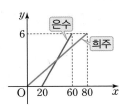

희주와 은수가 집에서 떨어진 거리를 y km라 할 때, x와 y 사이의 관계를 그래프로 나타낸 것이다. 이때 희주와 은수가 만나는 시각을 구하시오.

유형 13 직선으로 둘러싸인 도형의 넓이 [중요]

63 대표 문제

두 일차함수 $y=-x+1$, $y=\dfrac{1}{2}x-5$의 그래프와 y축으로 둘러싸인 도형의 넓이는?

① 8   ② 10   ③ 12

④ 20   ⑤ 24

64 [중]

오른쪽 그림은 두 일차방정식 $x-y+4=0$, $x+2y-2=0$의 그래프이다. 다음 물음에 답하시오.

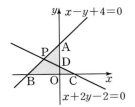

(1) 점 A, B, C, D, P의 좌표를 각각 구하시오.

(2) $\triangle$PBC와 $\triangle$APD의 넓이를 각각 구하시오.

[Pick] 65 [중] [서술형]

다음 세 직선으로 둘러싸인 도형의 넓이를 구하시오.

$$x-y=1, \qquad 2x+6=0, \qquad 3y-6=0$$

66 [중]

세 직선 $y=2x$, $y=2x+3$, $y=3$과 x축으로 둘러싸인 도형의 넓이는?

① $\dfrac{7}{2}$ ② 4   ③ $\dfrac{9}{2}$

④ 5   ⑤ $\dfrac{11}{2}$

[Pick] 67 [중]

오른쪽 그림과 같이 두 직선 $y=ax+8$, $y=x-2$와 y축으로 둘러싸인 도형의 넓이가 20일 때, 상수 a의 값을 구하시오.

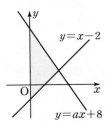

68 [중]

다음 그림과 같이 세 직선 $x-3y+3=0$, $x-y+3=0$, $x+y-1=0$으로 둘러싸인 $\triangle$ABC의 넓이를 구하시오.

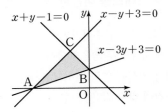

69 대표 문제

오른쪽 그림과 같이 일차함수 $y=-\dfrac{4}{3}x+6$의 그래프와 x축, y축으로 둘러싸인 도형의 넓이를 직선 $y=mx$가 이등분할 때, 상수 m의 값을 구하시오.

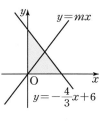

70 (상)

오른쪽 그림과 같이 좌표평면 위의 네 점 $(1, 2)$, $(1, 4)$, $(5, 2)$, $(5, 4)$를 꼭짓점으로 하는 직사각형에 대하여 다음을 구하시오.

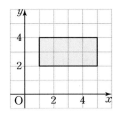

(1) 원점을 지나면서 직사각형의 넓이를 이등분하는 직선의 방정식

(2) 기울기가 $\dfrac{1}{3}$이고, 직사각형의 넓이를 이등분하는 직선의 방정식

71 (상)

오른쪽 그림과 같이 두 직선 $x-y+1=0$, $2x+y-10=0$과 x축의 교점을 각각 A, B라 하고, 두 직선의 교점을 P라 하자. 점 P를 지나면서 △PAB의 넓이를 이등분하는 직선의 방정식은?

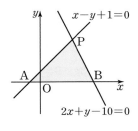

① $y=2x-4$ ② $y=2x-6$ ③ $y=2x-8$

④ $y=4x-6$ ⑤ $y=4x-8$

72 대표 문제

형과 동생이 400 m의 산책로를 달리는데 동생은 형보다 100 m 앞에서 출발하였다. 오른쪽 그림은 두 사람이 동시에 달리기 시작한 지 x초 후에 형의 출발선으로부터 떨어진 거리를 각각 y m라 할 때, x와 y 사이의 관계를 그래프로 나타낸 것이다. 다음 중 옳은 것은?

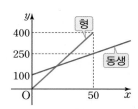

① 형에 대한 직선의 방정식은 $y=5x$이다.

② 동생에 대한 직선의 방정식은 $y=x+100$이다.

③ 두 직선의 교점의 좌표는 $(20, 180)$이다.

④ 두 사람이 동시에 달리기 시작한 지 20초 후에 형이 동생을 따라잡는다.

⑤ 형의 출발선으로부터 180 m 떨어진 지점에서 형과 동생이 처음으로 만난다.

Pick
73 (상)

40 L, 30 L의 물이 각각 들어 있는 두 물통 A, B에서 동시에 일정한 속력으로 물을 빼낸다. 오른쪽 그림은 물을 빼내기 시작한 지 x분 후에 남아 있는 물의 양을 y L라 할 때, x와 y 사이의 관계를 그래프로 나타낸 것이다. 두 물통에 남아 있는 물의 양이 같아지는 것은 물을 빼내기 시작한 지 몇 분 후인지 구하시오.

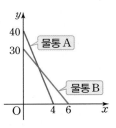

74 　　　　　　　　　　　　유형 01

다음 일차함수 중 그 그래프가 일차방정식 $x+2y-4=0$의 그래프와 일치하는 것은?

① $y=2x-2$　　② $y=x+2$　　③ $y=\dfrac{1}{2}x-2$

④ $y=-\dfrac{1}{2}x+2$　　⑤ $y=-\dfrac{1}{2}x-2$

75 　多 보기　　　　　　　유형 01

다음 중 일차방정식 $2x-5y-10=0$의 그래프에 대한 설명으로 옳은 것을 모두 고르면?

① 점 $(-5, -4)$를 지난다.
② x절편은 -5, y절편은 2이다.
③ x의 값이 5만큼 증가할 때, y의 값은 2만큼 감소한다.
④ 오른쪽 위로 향하는 직선이다.
⑤ 제1, 2, 3사분면을 지난다.
⑥ 일차함수 $y=\dfrac{2}{5}x-1$의 그래프와 만나지 않는다.
⑦ 일차함수 $y=\dfrac{2}{5}x$의 그래프를 y축의 방향으로 2만큼 평행이동한 것이다.

76 　　　　　　　　　　　　유형 02

두 점 $(a, 2)$, $(-2, b)$가 일차방정식 $3x-4y=2$의 그래프 위에 있을 때, $a-b$의 값을 구하시오.

77 　　　　　　　　　　　　유형 03

일차방정식 $2x+ay=4$의 그래프가 오른쪽 그림과 같을 때, $a+b$의 값은?
(단, a는 상수)

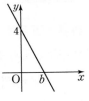

① 0　　　　② 1
③ 2　　　　④ 3
⑤ 4

78 　　　　　　　　　　　　유형 04

일차방정식 $ax-by+c=0$의 그래프가 제1, 3, 4사분면을 지날 때, 일차함수 $y=-\dfrac{a}{b}x-\dfrac{c}{b}$의 그래프가 지나지 않는 사분면은? (단, a, b, c는 상수)

① 제1사분면　　② 제2사분면　　③ 제3사분면
④ 제4사분면　　⑤ 제1사분면과 제3사분면

79 　　　　　　　　　　　　유형 05

일차방정식 $2x+3y-15=0$의 그래프와 평행하고, x절편이 3인 직선의 방정식은?

① $2x-3y-9=0$　　　　② $2x-3y-6=0$
③ $2x+3y-9=0$　　　　④ $2x+3y-6=0$
⑤ $3x-2y-9=0$

80
유형 06

다음 중 일차방정식 $x=3$의 그래프인 것은?

① 점 $(3, 2)$를 지나고 x축에 평행한 직선

② 점 $(3, 3)$을 지나고 x축에 평행한 직선

③ 점 $(3, 0)$을 지나고 y축에 평행한 직선

④ 점 $(-1, 3)$을 지나고 y축에 평행한 직선

⑤ 점 $(3, -3)$을 지나고 y축에 수직인 직선

81
유형 07

다음 네 일차방정식의 그래프로 둘러싸인 도형의 넓이가 42일 때, 양수 p의 값을 구하시오.

$$x=p, \qquad x-3p=0, \qquad y=-2, \qquad y-5=0$$

82
유형 08

기울기가 $\dfrac{2}{3}$이고 y절편이 4인 직선과 일차방정식 $x-2y+7=0$의 그래프의 교점의 좌표를 (a, b)라 할 때, ab의 값은?

① -8 　　　② -6 　　　③ -4

④ 2 　　　⑤ 4

83
유형 09

오른쪽 그림과 같이 일차방정식 $x=-3$의 그래프가 두 일차함수 $y=ax+5$, $y=-\dfrac{1}{3}x+1$의 그래프의 교점을 지날 때, 상수 a의 값은?

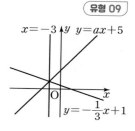

① $\dfrac{1}{2}$ 　　　② 1

③ $\dfrac{3}{2}$ 　　　④ 2

⑤ 3

84
유형 10

두 직선 $x+2y-5=0$, $2x-3y-3=0$의 교점을 지나고, 기울기가 -4인 직선의 방정식은?

① $y=-4x$ 　　　② $y=-4x+7$ 　　　③ $y=-4x+13$

④ $y=x-4$ 　　　⑤ $y=3x-4$

85
유형 11

두 점 $(-2, 7)$, $(4, -5)$를 지나는 직선 위에 두 직선 $x-y-3=0$, $mx+y-2=0$의 교점이 있다. 이때 상수 m의 값을 구하시오.

• 정답과 해설 102쪽

86 (유형 12)

연립방정식 $\begin{cases} x-y=3 \\ ax-y=7 \end{cases}$의 해가 오직 한 쌍이도록 하는 상수 a의 조건을 구하시오.

87 (유형 13)

세 직선 $2x-y-3=0$, $x-y+1=0$, $y-1=0$으로 둘러싸인 도형의 넓이는?

① 2 　　　　② 4 　　　　③ 6

④ 8 　　　　⑤ 10

88 (유형 15)

어떤 제과 회사에서 과자 A는 1월부터, 과자 B는 5월부터 판매하기 시작했다. 오른쪽 그림은 과자 B가 판매되기 시작한 지 x개월 후에 두 과자 A, B의 총판매량을 각각 y개라 할 때, x와 y 사이의 관계를 그래프로 나타낸 것이다. 두 과자 A, B의 총판매량이 같아지는 것은 과자 B가 판매되기 시작한 지 몇 개월 후인가?

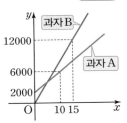

① 2개월 후 　　② 3개월 후 　　③ 4개월 후

④ 5개월 후 　　⑤ 6개월 후

89 (유형 06)

두 점 $(5a+3,\ -a)$, $(2a-9,\ 2)$를 지나고 y축에 평행한 직선의 방정식을 구하시오.

90 (유형 12)

연립방정식 $\begin{cases} ax-2y=8 \\ 9x+6y=b \end{cases}$의 해가 무수히 많을 때, 일차함수 $y=ax+b$의 그래프가 지나지 <u>않는</u> 사분면을 구하시오.

(단, a, b는 상수)

91 (유형 13)

오른쪽 그림과 같이 두 직선 $4x-3y-6=0$, $ax+3y-12=0$과 y축으로 둘러싸인 도형의 넓이가 9일 때, 상수 a의 값을 구하시오.

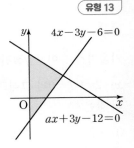

만점 문제 뛰어넘기 *

92 일차방정식 $3x-y+6=0$의 그래프와 x축, y축으로 둘러싸인 도형을 y축을 회전축으로 하여 1회전 시킬 때 생기는 입체도형의 부피를 구하시오.

93 두 일차함수 $y=ax-b$, $y=bx-a$의 그래프의 교점이 제2사분면 위에 있을 때, 점 (a, b)는 제몇 사분면 위의 점인지 구하시오. (단, a, b는 상수이고 $ab>0$, $a \neq b$이다.)

94 세 직선 $x+6y-4=0$, $x-2y+4=0$, $ax+2y+8=0$에 의해 삼각형이 만들어지지 않도록 하는 모든 상수 a의 값의 합은?

① 4   ② $\dfrac{13}{3}$ ③ $\dfrac{14}{3}$

④ 5   ⑤ $\dfrac{16}{3}$

95 오른쪽 그림과 같이 직선 $y=2x+2$와 두 직선 $y=4$, $y=-2$의 교점을 각각 A, B라 하고, 직선 $y=ax+b$와 두 직선 $y=-2$, $y=4$의 교점을 각각 C, D라 하면 사각형 ABCD는 평행사변형이다. 사각형 ABCD의 넓이가 24일 때, 상수 a, b에 대하여 ab의 값은? (단, $b<0$)

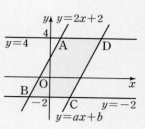

① -12 ② -10 ③ -8

④ -6 ⑤ -4

96 오른쪽 그림과 같이 일차함수 $y=ax+4$의 그래프가 정사각형 OABC의 넓이를 이등분할 때, 상수 a의 값을 구하시오. (단, O는 원점이고, 두 점 A, C는 각각 x축, y축 위에 있다.)

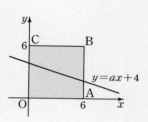

97 오른쪽 그림과 같이 두 일차방정식 $ax-y+4=0$, $x-y+b=0$의 그래프가 x축 위의 점 C에서 만난다. $\triangle$AOC와 $\triangle$BCO의 넓이의 비가 $2:1$일 때, 상수 a, b에 대하여 $a+b$의 값을 구하시오. (단, O는 원점이고 $b<0$이다.)

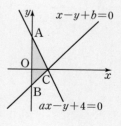

내신 만점 **유형서**

만렙

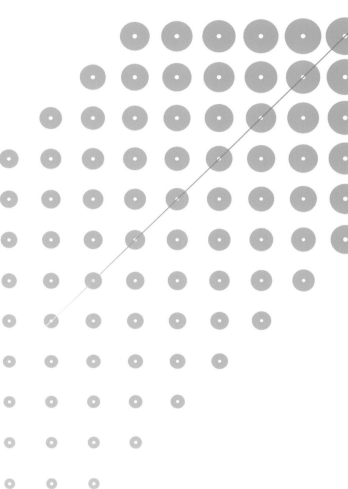

정답과 해설

중등수학 **2´1**

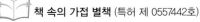

pioNada

visang

피어나다를 하면서 아이가 공부의
필요를 인식하고 플랜도 바꿔가며
실천하는 모습을 보게 되어 만족합니다.
제가 직장 맘이라 정보가 부족했는데,
코치님을 통해 아이에 맞춘 피드백과
정보를 듣고 있어서 큰 도움이 됩니다.

– 조〇관 회원 학부모님

공부 습관에도
진단과 처방이
필수입니다

초4부터 중등까지는 공부 습관이 피어날 최적의 시기입니다.

공부 마음을 망치는 공부를 하고 있나요?
성공 습관을 무시한 공부를 하고 있나요?
더 이상 이제 그만!

지금은 피어나다와 함께 사춘기 공부 그릇을 키워야 할 때입니다.

강점코칭 무료체험

바로 지금,
마음 성장 기반 학습 코칭 서비스, **피어나다®로**
공부 생명력을 피어나게 해보세요.

**상담
문의 1833-3124**

1 유리수와 순환소수

01 ㄴ, ㄹ, ㅁ	**02** ③	**03** ③, ⑤	**04** 3
05 ⑺ 2 ⑷ 18 ⑸ 0.18		**06** ④	**07** ③
08 ③, ⑤	**09** ㄹ	**10** ④	**11** ⑤	**12** 8
13 ②	**14** ③	**15** ②	**16** 4	**17** ③
18 0	**19** ③	**20** 356	**21** ③	**22** ②, ⑤
23 ②	**24** ㄹ, ㅂ	**25** ③	**26** ②, ④
27 탄수화물, 지방	**28** ②	**29** 4개	**30** 38개
31 21	**32** ④	**33** 19	**34** 3, 6, 9	**35** 18
36 ③	**37** ②	**38** ④	**39** 63	**40** 84
41 ⑤	**42** 198	**43** 21	**44** ④, ⑤	**45** 6개
46 ③	**47** 43	**48** ②	**49** $p=3$, $q=16$
50 37	**51** ③	**52** 7	**53** ④, ⑤	**54** 26개
55 ④	**56** ②	**57** $0.5\dot{2}$	**58** ②	**59** ④
60 ③, ⑤	**61** ②, ④	**62** $a=14$, $b=134$, $c=45$
63 5	**64** ④	**65** $\dfrac{12}{55}$	**66** ③	**67** ④
68 (1) 90, 37 (2) $0.4\dot{1}$	**69** $0.1\dot{2}$	**70** 3	**71** ③
72 ②	**73** ①, ④	**74** ③	**75** ③	**76** ④
77 $0.3\dot{8}$	**78** $x=2.\dot{4}\dot{5}$	**79** ①	**80** 6
81 ③	**82** ④	**83** ②, ④	**84** ③
85 ㄴ, ㄷ, ㄹ, ㄱ	**86** ④	**87** ①, ②	**88** ㄱ, ㄹ
89 4개	**90** ⑤	**91** ②, ③	**92** ②, ④, ⑦
93 ⑤	**94** 4	**95** ②, ⑤	**96** 2개	**97** ③
98 3개	**99** 27	**100** ②	**101** ②	**102** ②, ⑤
103 ②	**104** $0.\dot{1}\dot{6}$	**105** $0.0\dot{2}\dot{7}$	**106** ⑤	**107** ④, ⑤
108 (1) 3개 (2) 283	**109** 117	**110** 5	**111** ④
112 111	**113** ⑤	**114** 5개	**115** ⑤	**116** ②
117 79	**118** 15	**119** $63°$
120 (1) 8 (2) $a=9$, $b=1$ (3) $\dfrac{10}{9}$	**121** 90

01 유리수의 소수 표현 (1)

유형 모아 보기 & 완성하기
8~13쪽

01 답 ㄴ, ㄹ, ㅁ

ㄱ, ㄷ, ㅂ. 유한소수

02 답 ③

각 순환소수의 순환마디를 구하면 다음과 같다.
① 75 ② 342 ③ 32 ④ 810 ⑤ 146
따라서 순환마디가 바르게 연결된 것은 ③이다.

03 답 ③, ⑤

① $11.7444\cdots=11.7\dot{4}$
② $0.05868686\cdots=0.05\dot{8}\dot{6}$
④ $4.132413241324\cdots=4.\dot{1}32\dot{4}$
따라서 순환소수의 표현이 옳은 것은 ③, ⑤이다.

04 답 3

$\dfrac{10}{27}=0.370370370\cdots=0.\dot{3}7\dot{0}$이므로 순환마디를 이루는 숫자는 3, 7, 0의 3개이다.
이때 $55=3\times18+1$이므로 소수점 아래 55번째 자리의 숫자는 순환마디의 첫 번째 숫자인 3이다.

05 답 ⑺ **2** ⑷ **18** ⑸ **0.18**

$\dfrac{27}{150}=\dfrac{9}{50}=\dfrac{9}{2\times5^2}=\dfrac{9\times2}{2\times5^2\times2}=\dfrac{18}{100}=0.18$

06 답 ④

③ $\dfrac{11}{2\times5\times33}=\dfrac{1}{2\times3\times5}$ ④ $\dfrac{6}{2^2\times3\times5^2}=\dfrac{1}{2\times5^2}$
⑤ $\dfrac{12}{2^2\times5^3\times7}=\dfrac{3}{5^3\times7}$
따라서 유한소수로 나타낼 수 있는 것은 ④이다.

07 답 ③

유한소수는 0.02, 0.335, -0.128의 3개이다.

08 답 ③, ⑤

① $-\dfrac{8}{5}=-1.6$ ② $\dfrac{9}{8}=1.125$
③ $\dfrac{4}{9}=0.444\cdots$ ④ $\dfrac{5}{16}=0.3125$
⑤ $\dfrac{17}{30}=0.5666\cdots$
따라서 무한소수가 되는 것은 ③, ⑤이다.

09 답 ㄹ

ㄷ. $\dfrac{5}{6}=0.8333\cdots$이므로 무한소수이다.
ㄹ. $\dfrac{3}{20}=0.15$이므로 유한소수이다.
따라서 옳지 않은 것은 ㄹ이다.

10 답 ④

$\dfrac{11}{27}=0.407407407\cdots$이므로 순환마디는 407이다.

11 답 ⑤

① $\dfrac{2}{3}=0.666\cdots$이므로 순환마디는 6이다.

② $\dfrac{5}{3}=1.666\cdots$이므로 순환마디는 6이다.

③ $\dfrac{5}{12}=0.41666\cdots$이므로 순환마디는 6이다.

④ $\dfrac{4}{15}=0.2666\cdots$이므로 순환마디는 6이다.

⑤ $\dfrac{2}{33}=0.060606\cdots$이므로 순환마디는 06이다.

따라서 순환마디가 나머지 넷과 다른 하나는 ⑤이다.

12 답 8

$\dfrac{7}{11}=0.636363\cdots$이므로 순환마디는 63이다.

즉, 순환마디를 이루는 숫자는 2개이므로 $a=2$ ···(i)

$\dfrac{5}{13}=0.384615384615\cdots$이므로 순환마디는 384615이다.

즉, 순환마디를 이루는 숫자는 6개이므로 $b=6$ ···(ii)

$\therefore a+b=2+6=8$ ···(iii)

채점 기준	
(i) a의 값 구하기	40 %
(ii) b의 값 구하기	40 %
(iii) $a+b$의 값 구하기	20 %

13 답 ②

ㄱ. $5.2888\cdots=5.2\dot{8}$

ㄴ. $4.010101\cdots=4.\dot{0}\dot{1}$

ㄹ. $3.523523523\cdots=3.\dot{5}2\dot{3}$

따라서 옳은 것은 ㄷ, ㅁ의 2개이다.

14 답 ③

$\dfrac{41}{110}=0.3727272\cdots=0.37\dot{2}$

15 답 ②

$\dfrac{15}{37}=0.405405405\cdots=0.\dot{4}0\dot{5}$이므로 '솔도라'의 음을 반복하여 연주
한다. 따라서 분수 $\dfrac{15}{37}$를 나타내는 것은 ②이다.

16 답 4

$\dfrac{26}{111}=0.234234234\cdots=0.\dot{2}3\dot{4}$이므로 순환마디를 이루는 숫자는 2,
3, 4의 3개이다.

이때 $96=3\times32$이므로 소수점 아래 96번째 자리의 숫자는 순환마
디의 세 번째 숫자인 4이다.

17 답 ③

$\dfrac{4}{13}=0.307692307692\cdots=0.\dot{3}0769\dot{2}$이므로 순환마디를 이루는 숫
자는 3, 0, 7, 6, 9, 2의 6개이다. $\therefore a=6$

이때 $100=6\times16+4$이므로 소수점 아래 100번째 자리의 숫자는
순환마디의 네 번째 숫자인 6이다. $\therefore b=6$

$\therefore a+b=6+6=12$

18 답 0

$1.3\dot{1}0\dot{5}$의 순환마디를 이루는 숫자는 1, 0, 5의 3개이고, 소수점 아
래 두 번째 자리에서부터 순환마디가 반복되므로 소수점 아래에서
순환하지 않는 숫자는 3의 1개이다.

이때 $99-1=3\times32+2$이므로 소수점 아래 99번째 자리의 숫자는
└ 소수점 아래에서 순환하지 않는 숫자의 개수
순환마디의 두 번째 숫자인 0이다.

만렙비법 순환마디를 이루는 숫자가 a개이고, 소수점 아래에서 순환하
지 않는 숫자가 b개인 순환소수의 소수점 아래 n번째 자리의 숫자는
$n-b$를 a로 나눈 나머지를 이용하여 찾는다.

19 답 ③

① $0.5\dot{3}=0.5333\cdots$이므로 소수점 아래 150번째 자리의 숫자는 3이
다.

② $0.\dot{7}\dot{6}$의 순환마디를 이루는 숫자는 7, 6의 2개이다.
이때 $150=2\times75$이므로 소수점 아래 150번째 자리의 숫자는 순
환마디의 두 번째 숫자인 6이다.

③ $0.4\dot{8}\dot{1}$의 순환마디를 이루는 숫자는 8, 1의 2개이고, 소수점 아래
에서 순환하지 않는 숫자는 4의 1개이다.
이때 $150-1=2\times74+1$이므로 소수점 아래 150번째 자리의 숫
자는 순환마디의 첫 번째 숫자인 8이다.

④ $0.\dot{9}6\dot{2}$의 순환마디를 이루는 숫자는 9, 6, 2의 3개이다.
이때 $150=3\times50$이므로 소수점 아래 150번째 자리의 숫자는 순
환마디의 세 번째 숫자인 2이다.

⑤ $1.\dot{2}58\dot{6}$의 순환마디를 이루는 숫자는 2, 5, 8, 6의 4개이다.
이때 $150=4\times37+2$이므로 소수점 아래 150번째 자리의 숫자
는 순환마디의 두 번째 숫자인 5이다.

따라서 소수점 아래 150번째 자리의 숫자가 가장 큰 것은 ③이다.

20 답 356

$\dfrac{1}{7}=0.142857142857\cdots=0.\dot{1}4285\dot{7}$이므로 순환마디를 이루는 숫자
는 1, 4, 2, 8, 5, 7의 6개이다.

이때 $80=6\times13+2$이므로 순환마디가 13번 반복되고, 소수점 아래
79번째 자리의 숫자와 80번째 자리의 숫자는 각각 1, 4이다.

따라서 구하는 합은 $(1+4+2+8+5+7)\times13+(1+4)=356$

21 답 ③

$\dfrac{4}{125}=\dfrac{4}{5^3}=\dfrac{4\times2^3}{5^3\times2^3}=\dfrac{32}{1000}=0.032$이므로

$a=2^3=8$, $b=32$, $c=0.032$

$\therefore a+b+c=8+32+0.032=40.032$

22 답 ②, ⑤

① $\dfrac{12}{30}=\dfrac{2}{5}=\dfrac{2\times2}{5\times2}=\dfrac{4}{10}$ ② $\dfrac{7}{42}=\dfrac{1}{6}=\dfrac{1}{2\times3}$

③ $\dfrac{13}{65}=\dfrac{1}{5}=\dfrac{2}{5\times2}=\dfrac{2}{10}$ ④ $\dfrac{11}{80}=\dfrac{11}{2^4\times5}=\dfrac{11\times5^3}{2^4\times5^4}=\dfrac{1375}{10^4}$

⑤ $\dfrac{21}{98}=\dfrac{3}{14}=\dfrac{3}{2\times7}$

따라서 분모를 10의 거듭제곱으로 나타낼 수 없는 것은 ②, ⑤이다.

23 답 ②

$\dfrac{3}{20}=\dfrac{3}{2^2\times5}=\dfrac{3\times5}{2^2\times5\times5}=\dfrac{15}{10^2}=\dfrac{150}{10^3}=\dfrac{1500}{10^4}=\cdots$

따라서 $a=15$, $n=2$일 때, $a+n$의 값이 가장 작으므로 구하는 수는
$15+2=17$

24 답 ㄹ, ㅂ

ㄱ. $\dfrac{5}{12}=\dfrac{5}{2^2\times3}$ ㄴ. $\dfrac{14}{27}=\dfrac{14}{3^3}$

ㄷ. $\dfrac{3}{2^3\times3^2}=\dfrac{1}{2^3\times3}$ ㄹ. $\dfrac{55}{2\times5\times11}=\dfrac{1}{2}$

ㅁ. $\dfrac{35}{3\times5^3\times7}=\dfrac{1}{3\times5^2}$ ㅂ. $\dfrac{63}{3^2\times5\times7}=\dfrac{1}{5}$

따라서 유한소수로 나타낼 수 있는 것은 ㄹ, ㅂ이다.

25 답 ③

① $\dfrac{3}{16}=\dfrac{3}{2^4}$ ② $\dfrac{13}{20}=\dfrac{13}{2^2\times5}$

③ $\dfrac{10}{75}=\dfrac{2}{15}=\dfrac{2}{3\times5}$ ④ $\dfrac{18}{225}=\dfrac{2}{25}=\dfrac{2}{5^2}$

⑤ $\dfrac{21}{350}=\dfrac{3}{50}=\dfrac{3}{2\times5^2}$

따라서 순환소수로만 나타낼 수 있는 것은 ③이다.

26 답 ②, ④

각 정다각형의 한 변의 길이는 다음과 같다.

① 정육각형: $\dfrac{15}{6}=\dfrac{5}{2}(\text{cm})$ ② 정칠각형: $\dfrac{15}{7}\,\text{cm}$

③ 정팔각형: $\dfrac{15}{8}=\dfrac{15}{2^3}(\text{cm})$ ④ 정구각형: $\dfrac{15}{9}=\dfrac{5}{3}(\text{cm})$

⑤ 정십이각형: $\dfrac{15}{12}=\dfrac{5}{4}=\dfrac{5}{2^2}(\text{cm})$

따라서 한 변의 길이를 유한소수로 나타낼 수 없는 것은 ②, ④이다.

27 답 탄수화물, 지방

각 영양 성분에 대하여 $\dfrac{(\text{영양 성분의 함량})}{(\text{1회 제공량})}$ 은 다음과 같다.

탄수화물: $\dfrac{40}{70}=\dfrac{4}{7}$ 단백질: $\dfrac{14}{70}=\dfrac{1}{5}$

당류: $\dfrac{7}{70}=\dfrac{1}{10}=\dfrac{1}{2\times5}$ 지방: $\dfrac{5}{70}=\dfrac{1}{14}=\dfrac{1}{2\times7}$

따라서 $\dfrac{(\text{영양 성분의 함량})}{(\text{1회 제공량})}$ 을 유한소수로 나타낼 수 없는 것은 탄수화물, 지방이다.

28 답 ②

$a_1=\dfrac{1}{35}$, $a_2=\dfrac{2}{35}$, $a_3=\dfrac{3}{35}$, $\cdots$, $a_{34}=\dfrac{34}{35}$

이 중에서 유한소수로 나타낼 수 있는 분수를 $\dfrac{x}{35}$ 라 하면

$\dfrac{x}{35}=\dfrac{x}{5\times7}$ 에서 x는 7의 배수이어야 한다.

따라서 유한소수로 나타낼 수 있는 것은 $\dfrac{7}{35}$, $\dfrac{14}{35}$, $\dfrac{21}{35}$, $\dfrac{28}{35}$ 의 4개이다.

29 답 4개

$\dfrac{2}{5}=\dfrac{12}{30}$, $\dfrac{5}{6}=\dfrac{25}{30}$이므로 $\dfrac{2}{5}$와 $\dfrac{5}{6}$ 사이에 있는 분모가 30인 분수는

$\dfrac{13}{30}$, $\dfrac{14}{30}$, $\dfrac{15}{30}$, $\cdots$, $\dfrac{24}{30}$이다.

이 중에서 유한소수로 나타낼 수 있는 분수를 $\dfrac{x}{30}$ 라 하면

$\dfrac{x}{30}=\dfrac{x}{2\times3\times5}$에서 x는 3의 배수이어야 한다. $\cdots$ (ⅰ)

따라서 구하는 분수는 $\dfrac{15}{30}$, $\dfrac{18}{30}$, $\dfrac{21}{30}$, $\dfrac{24}{30}$의 4개이다. $\cdots$ (ⅱ)

채점 기준

(ⅰ) 유한소수로 나타내어지기 위한 분자의 조건 구하기	60 %
(ⅱ) 유한소수로 나타낼 수 있는 분수는 모두 몇 개인지 구하기	40 %

30 답 38개

분수 $\dfrac{1}{2}$, $\dfrac{1}{3}$, $\dfrac{1}{4}$, $\cdots$, $\dfrac{1}{50}$ 중 유한소수로 나타낼 수 있는 것은 분모의 소인수가 2 또는 5뿐인 분수이므로

$\dfrac{1}{2}$, $\dfrac{1}{4}=\dfrac{1}{2^2}$, $\dfrac{1}{5}$, $\dfrac{1}{8}=\dfrac{1}{2^3}$, $\dfrac{1}{10}=\dfrac{1}{2\times5}$, $\dfrac{1}{16}=\dfrac{1}{2^4}$, $\dfrac{1}{20}=\dfrac{1}{2^2\times5}$,

$\dfrac{1}{25}=\dfrac{1}{5^2}$, $\dfrac{1}{32}=\dfrac{1}{2^5}$, $\dfrac{1}{40}=\dfrac{1}{2^3\times5}$, $\dfrac{1}{50}=\dfrac{1}{2\times5^2}$

의 11개이다.

따라서 순환소수로만 나타낼 수 있는 것, 즉 유한소수로 나타낼 수 없는 것은 $49-11=38$(개)이다.

---

02 유리수의 소수 표현 (2)

유형 모아 보기 & 완성하기 14~17쪽

31 답 21

$\dfrac{30}{252}\times x=\dfrac{5}{42}\times x=\dfrac{5}{2\times3\times7}\times x$가 유한소수가 되려면 x는 3과 7의 공배수, 즉 21의 배수이어야 한다.

따라서 x의 값이 될 수 있는 가장 작은 자연수는 21이다.

32 답 ④

$\dfrac{72}{32 \times x} = \dfrac{9}{4 \times x} = \dfrac{9}{2^2 \times x}$ 이므로 x에 주어진 수를 각각 대입하면

① $\dfrac{9}{2^2 \times 3} = \dfrac{3}{2^2}$　　② $\dfrac{9}{2^2 \times 5}$　　③ $\dfrac{9}{2^2 \times 6} = \dfrac{3}{2^3}$

④ $\dfrac{9}{2^2 \times 7}$　　⑤ $\dfrac{9}{2^2 \times 9} = \dfrac{1}{2^2}$

따라서 x의 값이 될 수 없는 것은 ④이다.

33 답 19

$\dfrac{x}{120} = \dfrac{x}{2^3 \times 3 \times 5}$ 가 유한소수가 되려면 x는 3의 배수이어야 한다.

이때 $20 < x < 30$이므로 $x = 21, 24, 27$

(i) $x = 21$일 때, $\dfrac{21}{2^3 \times 3 \times 5} = \dfrac{7}{40} \rightarrow \dfrac{x}{120} = \dfrac{1}{y}$ 을 만족시키지 않는다.

(ii) $x = 24$일 때, $\dfrac{24}{2^3 \times 3 \times 5} = \dfrac{1}{5}$

(iii) $x = 27$일 때, $\dfrac{27}{2^3 \times 3 \times 5} = \dfrac{9}{40} \rightarrow \dfrac{x}{120} = \dfrac{1}{y}$ 을 만족시키지 않는다.

따라서 (i)~(iii)에 의해 $x = 24$, $y = 5$이므로

$x - y = 24 - 5 = 19$

34 답 3, 6, 9

$\dfrac{21}{2^3 \times 3 \times x} = \dfrac{7}{2^3 \times x}$ 이 순환소수가 되려면 기약분수의 분모에 2 또는 5 이외의 소인수가 있어야 한다.

이때 x는 한 자리의 자연수이므로 $x = 3, 6, 7, 9$

그런데 $x = 7$이면 $\dfrac{7}{2^3 \times 7} = \dfrac{1}{2^3}$이므로 유한소수가 된다.

따라서 x의 값이 될 수 있는 한 자리의 자연수는 3, 6, 9이다.

35 답 18

$\dfrac{12}{135} \times x = \dfrac{4}{45} \times x = \dfrac{4}{3^2 \times 5} \times x$ 가 유한소수가 되려면 x는 3^2, 즉 9의 배수이어야 한다.

따라서 x의 값이 될 수 있는 가장 작은 두 자리의 자연수는 18이다.

36 답 ③

$\dfrac{5}{2^4 \times 7} \times x$ 가 유한소수가 되려면 x는 7의 배수이어야 한다.

따라서 x의 값이 될 수 없는 것은 ③이다.

37 답 ②

$\dfrac{a}{2^2 \times 3 \times 11}$ 가 유한소수가 되려면 a는 3과 11의 공배수, 즉 33의 배수이어야 한다.

따라서 a의 값이 될 수 있는 두 자리의 자연수는 33, 66, 99의 3개이다.

38 답 ④

$\dfrac{n}{30} = \dfrac{n}{2 \times 3 \times 5}$ 이 유한소수가 되려면 n은 3의 배수이어야 한다.

따라서 n의 값이 될 수 있는 30보다 작은 자연수는 3, 6, 9, $\cdots$, 27의 9개이다.

39 답 63

$\dfrac{25 \times x}{420} = \dfrac{5 \times x}{84} = \dfrac{5 \times x}{2^2 \times 3 \times 7}$ 가 유한소수가 되려면 x는 3과 7의 공배수, 즉 21의 배수이어야 한다.　　$\cdots$ (i)

이때 x가 50 이하의 자연수이므로

$x = 21, 42$　　$\cdots$ (ii)

따라서 모든 x의 값의 합은

$21 + 42 = 63$　　$\cdots$ (iii)

채점 기준	
(i) x의 조건 구하기	50 %
(ii) x의 값 구하기	30 %
(iii) x의 값의 합 구하기	20 %

40 답 84

(개)에서 $\dfrac{x}{2 \times 5^2 \times 7}$ 가 유한소수가 되려면 x는 7의 배수이어야 한다.

(내)에서 x는 2와 3의 공배수, 즉 6의 배수 중 두 자리의 자연수이어야 한다.

(개), (내)에 의해 x는 7과 6의 공배수, 즉 42의 배수 중 두 자리의 자연수이므로 구하는 가장 큰 자연수는 84이다.

41 답 ⑤

두 분수 $\dfrac{x}{2^4 \times 13}$ 와 $\dfrac{x}{2^2 \times 5^3 \times 7}$ 가 모두 유한소수가 되려면 x는 13과 7의 공배수, 즉 91의 배수이어야 한다.

따라서 x의 값이 될 수 있는 가장 작은 자연수는 91이다.

만렙비법 두 분수가 모두 유한소수가 되도록 하는 x의 값 구하기

❶ 두 분수를 각각 기약분수로 나타낸다.

❷ ❶의 분모를 각각 소인수분해한다.

➡ x의 값은 두 분모의 소인수 중 2와 5를 제외한 소인수들의 곱의 배수이다.

42 답 198

$\dfrac{n}{55} = \dfrac{n}{5 \times 11}$, $\dfrac{n}{360} = \dfrac{n}{2^3 \times 3^2 \times 5}$　　$\cdots$ (i)

두 분수가 모두 유한소수가 되려면 n은 11과 9의 공배수, 즉 99의 배수이어야 한다.　　$\cdots$ (ii)

따라서 n의 값이 될 수 있는 가장 작은 세 자리의 자연수는 198이다.　　$\cdots$ (iii)

채점 기준	
(i) 두 분수의 분모를 소인수분해하기	40 %
(ii) n의 조건 구하기	40 %
(iii) n의 값이 될 수 있는 가장 작은 세 자리의 자연수 구하기	20 %

43 답 21

$\dfrac{3}{70} = \dfrac{3}{2 \times 5 \times 7}$, $\dfrac{17}{102} = \dfrac{1}{6} = \dfrac{1}{2 \times 3}$

두 분수에 각각 자연수 x를 곱하여 두 분수가 모두 유한소수가 되게 하려면 x는 7과 3의 공배수, 즉 21의 배수이어야 한다.

따라서 x의 값이 될 수 있는 가장 작은 자연수는 21이다.

44 답 ④, ⑤

$\dfrac{6}{2^3\times 5\times x}=\dfrac{3}{2^2\times 5\times x}$ 이므로 x에 주어진 수를 각각 대입하면

① $\dfrac{3}{2^2\times 5\times 3}=\dfrac{1}{2^2\times 5}$

② $\dfrac{3}{2^2\times 5\times 5}=\dfrac{3}{2^2\times 5^2}$

③ $\dfrac{3}{2^2\times 5\times 6}=\dfrac{1}{2^3\times 5}$

④ $\dfrac{3}{2^2\times 5\times 7}$

⑤ $\dfrac{3}{2^2\times 5\times 9}=\dfrac{1}{2^2\times 3\times 5}$

따라서 x의 값이 될 수 없는 것은 ④, ⑤이다.

45 답 6개

$\dfrac{7}{5^2\times x}$ 이 유한소수가 되려면 x는 소인수가 2나 5로만 이루어진 수 또는 7의 약수 또는 이들의 곱으로 이루어진 수이어야 한다.

따라서 x의 값이 될 수 있는 한 자리의 자연수는 1, 2, 4, 5, 7, 8의 6개이다.

46 답 ③

$ax=24$에서 $x=\dfrac{24}{a}$ 이므로 a에 주어진 수를 각각 대입하면

① $x=\dfrac{24}{18}=\dfrac{4}{3}$

② $x=\dfrac{24}{36}=\dfrac{2}{3}$

③ $x=\dfrac{24}{48}=\dfrac{1}{2}$

④ $x=\dfrac{24}{56}=\dfrac{3}{7}$

⑤ $x=\dfrac{24}{72}=\dfrac{1}{3}$

따라서 해가 유한소수가 될 때, a의 값이 될 수 있는 것은 ③이다.

47 답 43

$\dfrac{39}{65\times x}=\dfrac{3}{5\times x}$ 이 유한소수가 되려면 x는 소인수가 2나 5로만 이루어진 수 또는 3의 약수 또는 이들의 곱으로 이루어진 수이어야 한다.

이때 $10<x<20$ 이므로 $x=12,\ 15,\ 16$

따라서 모든 x의 값의 합은 $12+15+16=43$

48 답 ②

$\dfrac{x}{144}=\dfrac{x}{2^4\times 3^2}$ 가 유한소수가 되려면 x는 3^2, 즉 9의 배수이어야 한다.

이때 $40<x<60$ 이므로 $x=45,\ 54$

(i) $x=45$일 때, $\dfrac{45}{2^4\times 3^2}=\dfrac{5}{16}$ → $\dfrac{x}{144}=\dfrac{3}{y}$ 을 만족시키지 않는다.

(ii) $x=54$일 때, $\dfrac{54}{2^4\times 3^2}=\dfrac{3}{8}$

따라서 (i), (ii)에 의해 $x=54,\ y=8$ 이므로
$x+y=54+8=62$

49 답 $p=3$, $q=16$

(가)에서 $\dfrac{p}{48}=\dfrac{p}{2^4\times 3}$ 가 유한소수가 되려면 p는 3의 배수이어야 한다.

(다)에서 $1<p<6$ 이므로 $p=3$

이때 (나)에서 $\dfrac{3}{48}=\dfrac{1}{16}$ 이므로 $q=16$

50 답 37

$\dfrac{x}{280}=\dfrac{x}{2^3\times 5\times 7}$ 가 유한소수가 되려면 x는 7의 배수이어야 한다.

또 $\dfrac{x}{280}$ 를 기약분수로 나타내면 $\dfrac{11}{y}$ 이 되므로 x는 11의 배수이어야 한다.

따라서 x는 7과 11의 공배수, 즉 77의 배수 중 두 자리의 자연수이므로 $x=77$ ⋯ (i)

이때 $\dfrac{77}{2^3\times 5\times 7}=\dfrac{11}{40}$ 이므로 $y=40$ ⋯ (ii)

∴ $x-y=77-40=37$ ⋯ (iii)

채점 기준

(i) x의 값 구하기	40%
(ii) y의 값 구하기	40%
(iii) $x-y$의 값 구하기	20%

51 답 ③

$\dfrac{27}{3^2\times 5\times x}=\dfrac{3}{5\times x}$ 이 순환소수가 되려면 기약분수의 분모에 2 또는 5 이외의 소인수가 있어야 한다.

이때 x는 한 자리의 자연수이므로 $x=3,\ 6,\ 7,\ 9$

그런데 $x=3$이면 $\dfrac{3}{5\times 3}=\dfrac{1}{5}$, $x=6$이면 $\dfrac{3}{5\times 6}=\dfrac{1}{2\times 5}$ 이므로 유한소수가 된다.

따라서 x의 값이 될 수 있는 한 자리의 자연수는 7, 9이므로 구하는 합은 $7+9=16$

52 답 7

$\dfrac{6}{5^2\times x}$ 이 순환소수가 되려면 기약분수의 분모에 2 또는 5 이외의 소인수가 있어야 한다.

따라서 x의 값이 될 수 있는 가장 작은 자연수는 7이다.

53 답 ④, ⑤

$\dfrac{14}{x}$ 가 순환소수가 되려면 기약분수의 분모에 2 또는 5 이외의 소인수가 있어야 한다.

① $x=18$이면 $\dfrac{14}{18}=\dfrac{7}{9}=\dfrac{7}{3^2}$

② $x=21$이면 $\dfrac{14}{21}=\dfrac{2}{3}$

③ $x=24$이면 $\dfrac{14}{24}=\dfrac{7}{12}=\dfrac{7}{2^2\times 3}$

④ $x=32$이면 $\dfrac{14}{32}=\dfrac{7}{16}=\dfrac{7}{2^4}$

⑤ $x=35$이면 $\dfrac{14}{35}=\dfrac{2}{5}$

따라서 x의 값이 될 수 없는 것은 ④, ⑤이다.

54 답 26개

$\dfrac{x}{70}=\dfrac{x}{2\times 5\times 7}$ 가 순환소수가 되려면 기약분수의 분모에 2 또는 5 이외의 소인수가 있어야 한다.

즉, x는 7의 배수가 아니어야 한다.

이때 30 이하의 자연수 중 7의 배수는 7, 14, 21, 28의 4개이므로 x의 값이 될 수 있는 30 이하의 자연수는 $30-4=26$(개)

55 답 ④

$x=0.1\dot{5}\dot{3}=0.153153153\cdots$이므로

$1000x=153.153153153\cdots$　　　$\therefore 1000x-x=153$

따라서 가장 편리한 식은 ④이다.

만렙비법 순환소수를 분수로 나타내는 과정에서 이용되는 가장 편리한 식을 찾을 때는 소수점 아래의 부분이 같은 두 순환소수의 차는 정수가 됨을 이용한다.

56 답 ②

① $0.\dot{2}\dot{7}=\dfrac{27}{99}=\dfrac{3}{11}$

② $1.0\dot{5}=\dfrac{105-10}{90}=\dfrac{95}{90}=\dfrac{19}{18}$

③ $2.\dot{3}\dot{6}=\dfrac{236-2}{99}=\dfrac{234}{99}=\dfrac{26}{11}$

④ $0.3\dot{2}\dot{7}=\dfrac{327-3}{990}=\dfrac{324}{990}=\dfrac{18}{55}$

⑤ $0.\dot{3}4\dot{5}=\dfrac{345}{999}=\dfrac{115}{333}$

따라서 옳지 않은 것은 ②이다.

57 답 $0.5\dot{2}$

민아는 분모를 제대로 보았으므로

$0.3\dot{4}=\dfrac{34-3}{90}=\dfrac{31}{90}$에서 처음 기약분수의 분모는 90이다.

준호는 분자를 제대로 보았으므로

$0.\dot{4}\dot{7}=\dfrac{47}{99}$에서 처음 기약분수의 분자는 47이다.

따라서 처음 기약분수는 $\dfrac{47}{90}$이므로

$\dfrac{47}{90}=0.5222\cdots=0.5\dot{2}$

58 답 ②

각 순환소수를 분수로 나타낼 때, 가장 편리한 식은 다음과 같다.

① $100x-x$　　② $100x-10x$　　③ $1000x-100x$

④ $1000x-10x$　　⑤ $1000x-x$

따라서 $100x-10x$를 이용하는 것이 가장 편리한 것은 ②이다.

59 답 ④

순환소수 $1.4\dot{3}\dot{6}$을 x라 하면 $x=1.4363636\cdots$　　$\cdots$ ㉠

㉠의 양변에 1000을 곱하면

$1000x=1436.363636\cdots$　　　$\cdots$ ㉡

㉠의 양변에 10을 곱하면

$10x=14.363636\cdots$　　　$\cdots$ ㉢

㉡에서 ㉢을 변끼리 빼면 $990x=1422$

$\therefore x=\dfrac{1422}{990}=\dfrac{79}{55}$

따라서 옳지 않은 것은 ④이다.

60 답 ③, ⑤

①, ② 순환마디는 5이므로 순환마디를 이루는 숫자는 1개이다.

④, ⑤
$$1000x=305.555\cdots$$
$$-\,\underline{100x=30.555\cdots}$$
$$\underset{\underset{1000x-100x}{\uparrow}}{900x=275}\qquad\qquad \therefore x=\dfrac{275}{900}=\dfrac{11}{36}$$

따라서 옳은 것은 ③, ⑤이다.

61 답 ②, ④

① $5.\dot{3}=\dfrac{53-5}{9}$　　③ $4.\dot{3}\dot{8}=\dfrac{438-4}{99}$　　⑤ $0.\dot{3}6\dot{1}=\dfrac{361}{999}$

따라서 옳은 것은 ②, ④이다.

62 답 $a=14$, $b=134$, $c=45$

$1.4\dot{8}=\dfrac{148-14}{90}=\dfrac{134}{90}=\dfrac{67}{45}$

$\therefore a=14$, $b=134$, $c=45$

63 답 5

$0.8333\cdots=0.8\dot{3}=\dfrac{83-8}{90}=\dfrac{75}{90}=\dfrac{5}{6}$

$\therefore x=5$

64 답 ④

$0.\dot{5}=\dfrac{5}{9}$이므로 $a=\dfrac{9}{5}$

$0.3\dot{6}=\dfrac{36-3}{90}=\dfrac{33}{90}=\dfrac{11}{30}$이므로 $b=\dfrac{30}{11}$

$\therefore ab=\dfrac{9}{5}\times\dfrac{30}{11}=\dfrac{54}{11}$

65 답 $\dfrac{12}{55}$

$\dfrac{127}{990}=0.1282828\cdots=0.1\dot{2}\dot{8}=0.y\dot{x}\dot{z}$이므로

$x=2$, $y=1$, $z=8$

$\therefore 0.\dot{x}y\dot{z}=0.\dot{2}1\dot{8}=\dfrac{218-2}{990}=\dfrac{216}{990}=\dfrac{12}{55}$

66 답 ③

$4+\dfrac{3}{10^2}+\dfrac{3}{10^3}+\dfrac{3}{10^4}+\cdots=4+0.03+0.003+0.0003+\cdots$

$=4.0333\cdots=4.0\dot{3}$

$=\dfrac{403-40}{90}=\dfrac{363}{90}=\dfrac{121}{30}$

67 답 ④

선우는 분자를 제대로 보았으므로

$1.1\dot{8}=\dfrac{118-11}{90}=\dfrac{107}{90}$에서 처음 기약분수의 분자는 107이다.

보라는 분모를 제대로 보았으므로

$0.\dot{2}\dot{5}=\dfrac{25}{99}$에서 처음 기약분수의 분모는 99이다.

따라서 처음 기약분수는 $\dfrac{107}{99}$이므로

$\dfrac{107}{99}=1.080808\cdots=1.\dot{0}\dot{8}$

68 답 (1) 90, 37 (2) $0.4\dot{1}$

(1) 예진이는 분모를 제대로 보았으므로

$$3.1\dot{4}=\frac{314-31}{90}=\frac{283}{90}에서$$

처음 기약분수의 분모는 90이다. ⋯ (i)

현수는 분자를 제대로 보았으므로

$$4.\dot{1}=\frac{41-4}{9}=\frac{37}{9}에서$$

처음 기약분수의 분자는 37이다. ⋯ (ii)

(2) (1)에서 처음 기약분수는 $\frac{37}{90}$이므로

$$\frac{37}{90}=0.4111\cdots=0.4\dot{1}$$ ⋯ (iii)

채점 기준

(i) 처음 기약분수의 분모 구하기	30%
(ii) 처음 기약분수의 분자 구하기	30%
(iii) 처음 기약분수를 순환소수로 나타내기	40%

69 답 $0.1\dot{2}$

윤희는 분자를 제대로 보았으므로

$$0.01\dot{2}=\frac{12-1}{900}=\frac{11}{900}에서 \ q=11$$

정우는 분모를 제대로 보았으므로

$$0.7\dot{4}=\frac{74-7}{90}=\frac{67}{90}에서 \ p=90$$

$$\therefore \frac{q}{p}=\frac{11}{90}=0.1222\cdots=0.1\dot{2}$$

04 유리수와 순환소수의 응용

유형 모아 보기 & 완성하기 21~24쪽

70 답 3

$1.3\dot{8}\times\frac{b}{a}=0.\dot{5}$에서

$$\frac{138-13}{90}\times\frac{b}{a}=\frac{5}{9}, \ \frac{25}{18}\times\frac{b}{a}=\frac{5}{9}$$

$$\therefore \frac{b}{a}=\frac{5}{9}\times\frac{18}{25}=\frac{2}{5}$$

따라서 $a=5$, $b=2$이므로

$a-b=5-2=3$

71 답 ③

$0.2\dot{7}=\frac{27-2}{90}=\frac{25}{90}=\frac{5}{18}$이므로

a는 18의 배수이어야 한다.

따라서 a의 값이 될 수 있는 가장 작은 자연수는 18이다.

72 답 ②

① $0.\dot{1}\dot{0}=0.101010\cdots$, $0.\dot{1}=0.111\cdots$이므로 $0.\dot{1}\dot{0}<0.\dot{1}$

② $0.83\dot{4}=\frac{834-83}{900}=\frac{751}{900}$, $\frac{5}{6}=\frac{750}{900}$이므로 $0.83\dot{4}>\frac{5}{6}$

③ $0.\dot{7}=0.777\cdots$이므로 $0.7<0.\dot{7}$

④ $0.4\dot{6}=0.4666\cdots$, $\frac{46}{99}=0.\dot{4}\dot{6}=0.464646\cdots$이므로 $0.4\dot{6}>\frac{46}{99}$

⑤ $0.5\dot{2}=\frac{52-5}{90}=\frac{47}{90}$, $\frac{23}{45}=\frac{46}{90}$이므로 $0.5\dot{2}>\frac{23}{45}$

따라서 옳은 것은 ②이다.

73 답 ①, ④

② 무한소수 중 순환소수는 유리수이다.

③ 순환소수는 모두 유리수이다.

⑤ $\frac{1}{3}$은 기약분수이지만 유한소수로 나타낼 수 없다.

따라서 옳은 것은 ①, ④이다.

74 답 ③

$1.2\dot{6}\times\frac{b}{a}=4.\dot{2}$에서

$$\frac{126-12}{90}\times\frac{b}{a}=\frac{42-4}{9}, \ \frac{19}{15}\times\frac{b}{a}=\frac{38}{9}$$

$$\therefore \frac{b}{a}=\frac{38}{9}\times\frac{15}{19}=\frac{10}{3}$$

따라서 $a=3$, $b=10$이므로

$a+b=3+10=13$

75 답 ③

$3.\dot{2}=\frac{32-3}{9}=\frac{29}{9}$, $0.\dot{4}=\frac{4}{9}$이므로

$$\frac{29}{9}-\frac{4}{9}=\frac{25}{9}=2.777\cdots=2.\dot{7}$$

76 답 ④

$0.\dot{2}4\dot{1}=\frac{241}{999}=241\times\frac{1}{999}=241\times0.\dot{0}0\dot{1}$

$\therefore \square=0.\dot{0}0\dot{1}$

77 답 $0.3\dot{8}$

$\frac{13}{30}=x+0.0\dot{4}$에서 $\frac{13}{30}=x+\frac{2}{45}$

$$\therefore x=\frac{13}{30}-\frac{2}{45}=\frac{35}{90}=0.3\dot{8}$$

78 답 $x=2.4\dot{5}$

$0.\dot{5}x-1.\dot{2}=0.\dot{1}\dot{4}$에서 $\frac{5}{9}x-\frac{11}{9}=\frac{14}{99}$ ⋯ (i)

$55x-121=14$, $55x=135$ $\therefore x=\frac{27}{11}$ ⋯ (ii)

따라서 해를 순환소수로 나타내면

$$x=\frac{27}{11}=2.454545\cdots=2.4\dot{5}$$ ⋯ (iii)

채점 기준

(i) 주어진 일차방정식에서 순환소수를 분수로 나타내기	40%
(ii) 일차방정식의 해 구하기	40%
(iii) 일차방정식의 해를 순환소수로 나타내기	20%

79 답 ①

어떤 자연수를 x라 하면 $1.\dot{5}x-1.5x=\dfrac{1}{3}$이므로

$\dfrac{14}{9}x-\dfrac{3}{2}x=\dfrac{1}{3}$

$28x-27x=6$ ∴ $x=6$

따라서 어떤 자연수는 6이다.

80 답 6

$0.4\dot{a}=\dfrac{(40+a)-4}{90}=\dfrac{36+a}{90}$이므로

$\dfrac{36+a}{90}=\dfrac{a+1}{15}$에서 $36+a=6(a+1)$

$36+a=6a+6$, $-5a=-30$ ∴ $a=6$

81 답 ③

$0.5\dot{2}=\dfrac{52-5}{90}=\dfrac{47}{90}=\dfrac{47}{2\times3^2\times5}$이므로

a는 3^2, 즉 9의 배수이어야 한다.

따라서 a의 값이 될 수 있는 가장 작은 자연수는 9이다.

82 답 ④

$2.5\dot{4}=\dfrac{254-2}{99}=\dfrac{252}{99}=\dfrac{28}{11}$이므로

a는 11의 배수이어야 한다.

따라서 a의 값이 될 수 있는 두 자리의 자연수는 11, 22, 33, …, 99의 9개이다.

83 답 ②, ④

$1.5\dot{3}=\dfrac{153-15}{90}=\dfrac{138}{90}=\dfrac{23}{15}=\dfrac{23}{3\times5}$이므로

a는 3의 배수이어야 한다.

따라서 a의 값이 될 수 없는 것은 ②, ④이다.

84 답 ③

① $\dfrac{9}{10}=0.9$, $0.\dot{8}=0.888\cdots$이므로 $\dfrac{9}{10}>0.\dot{8}$

② $0.4\dot{2}=\dfrac{42-4}{90}=\dfrac{38}{90}=\dfrac{19}{45}$이므로 $\dfrac{17}{45}<0.4\dot{2}$

③ $1.\dot{2}=\dfrac{12-1}{9}=\dfrac{11}{9}=\dfrac{110}{90}$이므로 $1.\dot{2}<\dfrac{111}{90}$

④ $1.5\dot{0}=1.505050\cdots$, $1.\dot{5}=1.555\cdots$이므로 $1.5\dot{0}<1.\dot{5}$

⑤ $\dfrac{1}{2}=0.5$, $0.\dot{5}=0.555\cdots$이므로 $\dfrac{1}{2}<0.\dot{5}$

따라서 옳지 않은 것은 ③이다.

85 답 ㄴ, ㄷ, ㄹ, ㄱ

ㄱ. $3.2516516516\cdots$

ㄴ. 3.2516

ㄷ. $3.25161616\cdots$

ㄹ. $3.251625162516\cdots$

따라서 가장 작은 것부터 차례로 나열하면 ㄴ, ㄷ, ㄹ, ㄱ이다.

86 답 ④

$0.1\dot{6}=\dfrac{16-1}{90}=\dfrac{15}{90}=\dfrac{1}{6}$, $0.\dot{4}\dot{2}=\dfrac{42}{99}=\dfrac{14}{33}$

① $\dfrac{1}{9}=\dfrac{2}{18}$, $0.1\dot{6}=\dfrac{3}{18}$이므로 $\dfrac{1}{9}<0.1\dot{6}$

② $\dfrac{5}{11}=\dfrac{15}{33}$, $0.\dot{4}\dot{2}=\dfrac{14}{33}$이므로 $\dfrac{5}{11}>0.\dot{4}\dot{2}$

③ $\dfrac{2}{15}=\dfrac{4}{30}$, $0.1\dot{6}=\dfrac{5}{30}$이므로 $\dfrac{2}{15}<0.1\dot{6}$

④ $\dfrac{13}{33}=\dfrac{26}{66}$, $0.1\dot{6}=\dfrac{11}{66}$이므로 $\dfrac{13}{33}>0.1\dot{6}$

$0.\dot{4}\dot{2}=\dfrac{14}{33}$이므로 $\dfrac{13}{33}<0.\dot{4}\dot{2}$ ∴ $0.1\dot{6}<\dfrac{13}{33}<0.\dot{4}\dot{2}$

⑤ $0.\dot{4}\dot{2}=\dfrac{42}{99}$이므로 $\dfrac{43}{99}>0.\dot{4}\dot{2}$

따라서 $0.1\dot{6}$보다 크고 $0.\dot{4}\dot{2}$보다 작은 수는 ④이다.

87 답 ①, ②

$\dfrac{1}{3}\leq0.\dot{x}\leq\dfrac{1}{2}$에서 $\dfrac{1}{3}\leq\dfrac{x}{9}\leq\dfrac{1}{2}$, $\dfrac{6}{18}\leq\dfrac{2x}{18}\leq\dfrac{9}{18}$

∴ $6\leq2x\leq9$

따라서 이를 만족시키는 한 자리의 자연수 x의 값은 3, 4이다.

88 답 ㄱ, ㄹ

ㄴ. 무한소수 중에는 순환소수가 아닌 무한소수도 있다.

ㄷ. 무한소수 중 순환소수는 분수로 나타낼 수 있다.

따라서 옳은 것은 ㄱ, ㄹ이다.

89 답 4개

ㄴ. $3.\dot{5}$는 순환소수이므로 유리수이다.

ㄷ, ㄹ. 순환소수가 아닌 무한소수는 유리수가 아니다.

ㅁ. $1.232323\cdots$은 순환소수이므로 유리수이다.

따라서 유리수는 ㄱ, ㄴ, ㅁ, ㅂ의 4개이다.

90 답 ⑤

정수 a를 0이 아닌 정수 b로 나눈 수, 즉 $\dfrac{a}{b}(b\neq0)$는 유리수이다.

⑤ 순환소수가 아닌 무한소수는 유리수가 아니므로 $\dfrac{a}{b}(b\neq0)$가 될 수 없다.

91 답 ②, ③

① $0.316316316\cdots$은 순환소수이므로 유리수이다.

② $\dfrac{2}{7}$는 유한소수로 나타낼 수 없다.

③ $4=\dfrac{4}{1}=\dfrac{8}{2}=\cdots$과 같이 4는 분수로 나타낼 수 있다.

따라서 옳지 않은 것은 ②, ③이다.

92 답 ②, ④, ⑦

① $\dfrac{1}{3}$은 유리수이지만 유한소수로 나타낼 수 없다.

③ 순환소수는 유한소수로 나타낼 수 없는 수이지만 유리수이다.

⑤ 정수가 아닌 유리수 중에는 순환소수로 나타낼 수 있는 것도 있다.

⑥ 순환소수가 아닌 무한소수는 $\dfrac{(정수)}{(0이\ 아닌\ 정수)}$ 꼴로 나타낼 수 없다.

따라서 옳은 것은 ②, ④, ⑦이다.

93 답 ⑤

	순환소수	순환마디	표현
①	3.444…	4	$3.\dot{4}$
②	0.606060…	60	$0.\dot{6}\dot{0}$
③	1.212121…	21	$1.\dot{2}\dot{1}$
④	2.113113113…	113	$2.\dot{1}1\dot{3}$

따라서 옳은 것은 ⑤이다.

94 답 **4**

$\frac{3}{11}=0.272727\cdots=0.\dot{2}\dot{7}$이므로 순환마디를 이루는 숫자는 2, 7의 2개이다.

이때 $101=2\times50+1$이므로 소수점 아래 101번째 자리의 숫자는 순환마디의 첫 번째 숫자인 2이다.　∴ $a=2$

$0.11\dot{3}\dot{6}$의 순환마디를 이루는 숫자는 3, 6의 2개이고, 소수점 아래 세 번째 자리에서부터 순환마디가 반복되므로 소수점 아래에서 순환하지 않는 숫자는 1, 1의 2개이다.

이때 $100-2=2\times49$이므로 소수점 아래 100번째 자리의 숫자는 순환마디의 두 번째 숫자인 6이다.　∴ $b=6$

∴ $b-a=6-2=4$

95 답 ②, ⑤

① $-\frac{7}{9}=-\frac{7}{3^2}$

② $\frac{16}{25}=\frac{16}{5^2}$

③ $\frac{33}{180}=\frac{11}{60}=\frac{11}{2^2\times3\times5}$

④ $\frac{6}{3^2\times5}=\frac{2}{3\times5}$

⑤ $\frac{27}{2^2\times3^2}=\frac{3}{2^2}$

따라서 유한소수로 나타낼 수 있는 것은 ②, ⑤이다.

96 답 **2개**

$\frac{1}{4}=\frac{7}{28}$, $\frac{6}{7}=\frac{24}{28}$이므로 ㈎, ㈏를 만족시키는 유리수 x는

$\frac{8}{28}$, $\frac{9}{28}$, $\frac{10}{28}$, $\cdots$, $\frac{23}{28}$ 이다.

㈎, ㈏에서 $x=\frac{a}{28}=\frac{a}{2^2\times7}$가 유한소수가 되려면 a는 7의 배수이어야 한다.

따라서 조건을 모두 만족시키는 유리수 x는 $\frac{14}{28}$, $\frac{21}{28}$의 2개이다.

97 답 ③

곱하는 어떤 자연수를 A라 하자.

$\frac{15}{216}\times A=\frac{5}{72}\times A=\frac{5}{2^3\times3^2}\times A$가 유한소수가 되려면 A는 3^2, 즉 9의 배수이어야 한다.

따라서 곱할 수 있는 가장 작은 자연수는 9이다.

98 답 **3개**

$\frac{11}{130}=\frac{11}{2\times5\times13}$, $\frac{4}{105}=\frac{4}{3\times5\times7}$

두 분수에 각각 자연수 x를 곱하여 두 분수가 모두 유한소수가 되게 하려면 x는 13과 21의 공배수, 즉 273의 배수이어야 한다.

따라서 x의 값이 될 수 있는 세 자리의 자연수는 273, 546, 819의 3개이다.

99 답 **27**

$\frac{21}{30\times x}=\frac{7}{2\times5\times x}$이 유한소수가 되려면 x는 소인수가 2나 5로만 이루어진 수 또는 7의 약수 또는 이들의 곱으로 이루어진 수이어야 한다.

따라서 x의 값이 될 수 있는 한 자리의 자연수는 1, 2, 4, 5, 7, 8이므로 구하는 합은

$1+2+4+5+7+8=27$

100 답 ②

$\frac{77}{2^2\times5\times a}$이 순환소수가 되려면 기약분수의 분모에 2 또는 5 이외의 소인수가 있어야 한다.

② $a=3$이면 $\frac{77}{2^2\times5\times3}$

101 답 ③

③ $x=0.1\dot{6}\dot{5}$ ⇨ $1000x-x$

102 답 ②, ⑤

② 순환마디를 이루는 숫자는 4, 3의 2개이다.

④, ⑤
$$1000x=2043.434343\cdots$$
$$-)\ \ \ 10x=\ \ \ 20.434343\cdots$$
$$990x=2023　　　　∴ x=\frac{2023}{990}$$
$\small{1000x-10x}$

따라서 옳지 않은 것은 ②, ⑤이다.

103 답 ②

$3.545454\cdots=3.\dot{5}\dot{4}=\frac{354-3}{99}=\frac{351}{99}=\frac{39}{11}$　∴ $a=39$

$2.7333\cdots=2.7\dot{3}=\frac{273-27}{90}=\frac{246}{90}=\frac{41}{15}$　∴ $b=15$

∴ $a-b=39-15=24$

104 답 **$0.\dot{1}\dot{6}$**

명수는 분자를 제대로 보았으므로

$1.\dot{7}=\frac{17-1}{9}=\frac{16}{9}$에서 처음 기약분수의 분자는 16이다.

재석이는 분모를 제대로 보았으므로

$1.\dot{1}\dot{6}=\frac{116-1}{99}=\frac{115}{99}$에서 처음 기약분수의 분모는 99이다.

따라서 처음 기약분수는 $\frac{16}{99}$이므로

$\frac{16}{99}=0.161616\cdots=0.\dot{1}\dot{6}$

105 🔘 $0.0\dot{2}\dot{7}$

$0.\dot{1}3\dot{7} = \dfrac{137}{999} = \dfrac{1}{999} \times 137$ ∴ $a = \dfrac{1}{999}$

$0.272727\cdots = 0.\dot{2}\dot{7} = \dfrac{27}{99} = 27 \times \dfrac{1}{99} = 27 \times 0.\dot{0}\dot{1}$ ∴ $b = 27$

∴ $ab = \dfrac{1}{999} \times 27 = \dfrac{1}{37} = 0.027027027\cdots = 0.\dot{0}2\dot{7}$

106 🔘 ⑤

$0.3\dot{4}\dot{8} = \dfrac{348-3}{990} = \dfrac{345}{990} = \dfrac{23}{66} = \dfrac{23}{2 \times 3 \times 11}$ 이므로

a는 3과 11의 공배수, 즉 33의 배수이어야 한다.

따라서 a의 값이 될 수 있는 가장 작은 자연수는 33이다.

107 🔘 ④, ⑤

① 0은 유리수이다.

② 무한소수 중 순환소수가 아닌 무한소수는 유리수가 아니다.

③ 모든 유한소수는 유리수이다.

따라서 옳은 것은 ④, ⑤이다.

108 🔘 (1) 3개 (2) 283

(1) $\dfrac{8}{27} = 0.296296296\cdots = 0.\dot{2}9\dot{6}$ 이므로 순환마디를 이루는 숫자는 2, 9, 6의 3개이다. ⋯ (i)

(2) $50 = 3 \times 16 + 2$ 이므로 순환마디가 16번 반복되고, 소수점 아래 49번째 자리의 숫자와 50번째 자리의 숫자는 각각 2, 9이다.

∴ $A_1 + A_2 + A_3 + \cdots + A_{50} = (2+9+6) \times 16 + (2+9)$
$= 283$ ⋯ (ii)

채점 기준

| (i) 순환마디를 이루는 숫자는 모두 몇 개인지 구하기 | 40% |
| (ii) $A_1 + A_2 + A_3 + \cdots + A_{50}$의 값 구하기 | 60% |

109 🔘 117

(가)에서 $\dfrac{A}{240} = \dfrac{A}{2^4 \times 3 \times 5}$ 가 유한소수가 되려면 A는 3의 배수이어야 한다. ⋯ (i)

이때 (가), (나)에서 A는 3과 13의 공배수, 즉 39의 배수이고,

(다)에서 A는 두 자리의 자연수이므로 구하는 자연수 A의 값은 39, 78이다. ⋯ (ii)

따라서 구하는 합은 $39 + 78 = 117$ ⋯ (iii)

채점 기준

(i) $\dfrac{A}{240}$가 유한소수가 되도록 하는 A의 조건 구하기	40%
(ii) A의 값 구하기	40%
(iii) A의 값의 합 구하기	20%

110 🔘 5

어떤 자연수를 x라 하면 $5.\dot{8}x - 5.8x = 0.\dot{4}$이므로 ⋯ (i)

$\dfrac{53}{9}x - \dfrac{29}{5}x = \dfrac{4}{9}$, $265x - 261x = 20$

$4x = 20$ ∴ $x = 5$

따라서 어떤 자연수는 5이다. ⋯ (ii)

채점 기준

| (i) 어떤 자연수에 대한 식 세우기 | 50% |
| (ii) 어떤 자연수 구하기 | 50% |

111 🔘 ④

오른쪽 나눗셈을 이용하여 각 분수의 순환마디를 구하면 다음과 같다.

① $\dfrac{1}{13}$ ⇨ 076923

② $\dfrac{4}{13}$ ⇨ 307692

③ $\dfrac{9}{13}$ ⇨ 692307

⑤ $\dfrac{12}{13}$ ⇨ 923076

따라서 순환마디를 알 수 없는 것은 ④이다.

```
      0.2 3 0 7 6 9
13 ) 3
      2 6
  ② ← 4 0
      3 9
  ① ← 1 0
          0
      1 0 0
        9 1
  ③ ← 9 0
        7 8
  ⑤ ← 1 2 0
      1 1 7
            3
```

112 🔘 111

$\dfrac{18}{55} = 0.x_1 x_2 x_3 \cdots x_n \cdots$

즉, x_n은 $\dfrac{18}{55}$을 소수로 나타낼 때, 소수점 아래 n번째 자리의 숫자이다.

$\dfrac{18}{55} = 0.3272727\cdots = 0.3\dot{2}\dot{7}$ 이므로 순환마디를 이루는 숫자는 2, 7의 2개이고 소수점 아래에서 순환하지 않는 숫자는 3의 1개이다.

이때 $25 - 1 = 2 \times 12$이므로 순환마디가 12번 반복된다.

∴ $x_1 + x_2 + x_3 + \cdots + x_{25} = 3 + (2+7) \times 12 = 111$

113 🔘 ⑤

$\dfrac{3}{7} = 0.\dot{4}2857\dot{1}$ 이므로 순환마디를 이루는 숫자는 4, 2, 8, 5, 7, 1의 6개이다.

① 소수점 아래 2번째 자리의 숫자는 2이므로 $f(2) = 2$

② $100 = 6 \times 16 + 4$이므로 소수점 아래 100번째 자리의 숫자는 순환마디의 네 번째 숫자인 5이다. ∴ $f(100) = 5$

③ 순환마디를 이루는 숫자가 6개이므로 $f(n) = f(n+6)$

④ 순환마디 428571 중 6이 없으므로 $f(n) = 6$을 만족시키는 자연수 n의 값은 없다.

⑤ $20 = 6 \times 3 + 2$이므로 순환마디가 3번 반복되고, 소수점 아래 19번째 자리의 숫자와 20번째 자리의 숫자는 각각 4, 2이다.

∴ $f(1) + f(2) + f(3) + \cdots + f(20)$
$= (4+2+8+5+7+1) \times 3 + (4+2) = 87$

따라서 옳지 않은 것은 ⑤이다.

114 🔘 5개

주어진 달력의 일부분에서 찾을 수 있는 분수는

$\dfrac{1}{8}, \dfrac{2}{9}, \dfrac{3}{10}, \dfrac{4}{11}, \dfrac{5}{12}, \dfrac{6}{13}, \dfrac{7}{14}, \dfrac{8}{15}, \dfrac{9}{16}, \dfrac{10}{17}, \dfrac{11}{18}, \dfrac{12}{19}, \dfrac{13}{20}$

이 중 유한소수로 나타낼 수 있는 분수는

$\dfrac{1}{8} = \dfrac{1}{2^3}, \dfrac{3}{10} = \dfrac{3}{2 \times 5}, \dfrac{7}{14} = \dfrac{1}{2}, \dfrac{9}{16} = \dfrac{9}{2^4}, \dfrac{13}{20} = \dfrac{13}{2^2 \times 5}$

의 5개이다.

115 답 ⑤

$2(8-14x)=a$에서 $16-28x=a$

$-28x=a-16$

$\therefore x=\dfrac{16-a}{28}=\dfrac{16-a}{2^2\times 7}$

x는 양수이므로 $16-a>0$

즉, a는 1 이상 15 이하의 자연수이다.

이때 x는 유한소수로 나타내어지므로 $16-a$는 7의 배수이어야 한다.

따라서 자연수 a의 값은 2, 9이므로 구하는 합은

$2+9=11$

116 답 ②

$\dfrac{1}{225}\times x=\dfrac{1}{3^2\times 5^2}\times x$가 $\dfrac{a}{10^n}$ 꼴로 나타낼 수 있으려면 x는 3^2, 즉 9의 배수이어야 하므로 x의 값이 될 수 있는 가장 작은 수는 9이다.

$x=9$일 때

$\dfrac{1}{3^2\times 5^2}\times x=\dfrac{1}{3^2\times 5^2}\times 9=\dfrac{1}{5^2}=\dfrac{2^2}{5^2\times 2^2}=\dfrac{4}{10^2}=\dfrac{40}{10^3}=\dfrac{400}{10^4}=\cdots$

따라서 $a=4$, $n=2$, $x=9$일 때, $a+n+x$의 값이 가장 작으므로 구하는 수는

$4+2+9=15$

117 답 79

$\dfrac{a}{140}=\dfrac{a}{2^2\times 5\times 7}$가 유한소수가 되려면 a는 7의 배수이어야 한다.

또 $\dfrac{a}{140}$를 기약분수로 나타내면 $\dfrac{3}{b}$이 되므로 a는 3의 배수이어야 한다.

따라서 a는 3과 7의 공배수, 즉 21의 배수 중 두 자리의 자연수이므로 $a=21, 42, 63, 84$

(i) $a=21$일 때, $\dfrac{21}{2^2\times 5\times 7}=\dfrac{3}{20}$이므로 $b=20$

  $\therefore a-b=21-20=1$

(ii) $a=42$일 때, $\dfrac{42}{2^2\times 5\times 7}=\dfrac{3}{10}$이므로 $b=10$

  $\therefore a-b=42-10=32$

(iii) $a=63$일 때, $\dfrac{63}{2^2\times 5\times 7}=\dfrac{9}{20}\longrightarrow \dfrac{a}{140}=\dfrac{3}{b}$을 만족시키지 않는다.

(iv) $a=84$일 때, $\dfrac{84}{2^2\times 5\times 7}=\dfrac{3}{5}$이므로 $b=5$

  $\therefore a-b=84-5=79$

따라서 (i)~(iv)에 의해 $a-b$의 값 중 가장 큰 수는 79이다.

118 답 15

$\dfrac{3}{5}\times\left(\dfrac{1}{10}+\dfrac{1}{100}+\dfrac{1}{1000}+\dfrac{1}{10000}+\cdots\right)$

$=\dfrac{3}{5}\times(0.1+0.01+0.001+0.0001+\cdots)$

$=\dfrac{3}{5}\times 0.1111\cdots=\dfrac{3}{5}\times 0.\dot{1}$

$=\dfrac{3}{5}\times\dfrac{1}{9}=\dfrac{1}{15}$

$\therefore a=15$

119 답 63°

맞꼭지각의 크기는 같고, 평각의 크기는 180° 이므로

$1.\dot{3}\angle x+0.\dot{8}\angle x+40°=180°$

$\dfrac{4}{3}\angle x+\dfrac{8}{9}\angle x+40°=180°$

$\dfrac{20}{9}\angle x=140°$

$\therefore \angle x=140°\times\dfrac{9}{20}=63°$

120 답 (1) 8 (2) $a=9$, $b=1$ (3) $\dfrac{10}{9}$

(1) $a>b$이므로 $0.\dot{a}\dot{b}>0.\dot{b}\dot{a}$

  $0.\dot{a}\dot{b}-0.\dot{b}\dot{a}=0.\dot{7}\dot{2}$에서 $\dfrac{10a+b}{99}-\dfrac{10b+a}{99}=\dfrac{72}{99}$

  $(10a+b)-(10b+a)=72$

  $9a-9b=72$ $\therefore a-b=8$

(2) (1)에서 $a-b=8$이고,

  a, b는 $a>b$인 한 자리의 자연수이므로

  $a=9$, $b=1$

(3) $0.\dot{a}\dot{b}+0.\dot{b}\dot{a}=0.\dot{9}\dot{1}+0.\dot{1}\dot{9}=\dfrac{91}{99}+\dfrac{19}{99}=\dfrac{110}{99}=\dfrac{10}{9}$

121 답 90

$2.1\dot{7}=\dfrac{217-21}{90}=\dfrac{196}{90}=\dfrac{98}{45}=\dfrac{2\times 7^2}{45}$이므로

자연수 x는 $2\times 45\times(자연수)^2$ 꼴이어야 한다.

따라서 x의 값이 될 수 있는 가장 작은 자연수는

$2\times 45\times 1^2=90$

2 단항식의 계산

01 ②	02 6	03 ⑤	04 36
05 ④	06 ②	07 ④	08 ①
09 ⑤	10 ①	11 ④	12 5
13 ③	14 ⑤	15 75	16 3
17 ③	18 ④	19 (1) 3^5 (2) 3^{3x-1} (3) 2	
20 ⑤	21 ④		
22 (1) $x=9$, $y=3$ (2) $x=6$, $y=12$		23 16	
24 ①	25 ④	26 ④	27 13
28 100	29 ④	30 2^{14}배	31 ③
32 ②	33 12	34 ②	
35 (1) 8×10^4 (2) 5자리		36 ①	37 ④, ⑤
38 13	39 ⑤	40 4	41 ③
42 4	43 ①	44 ②	45 ⑤
46 ④	47 ①	48 ①	49 21
50 ②	51 $8a^5b^5c^3$	52 ③	53 $-6x^8y^3$
54 (1) $-3ab^4$ (2) $80xy^2$		55 $5a^4b^9$	56 $5b^2$
57 ①	58 ⑤	59 -6	60 280
61 $-\dfrac{3y}{x^2}$	62 ③	63 ③	64 4
65 ③	66 ②, ⑤	67 4	68 14
69 ②	70 $-\dfrac{2}{3}x^3y^2$	71 ③	
72 (1) $5a^4b^2$ (2) $5a^{10}b^6$			
73 $A=3xy^2$, $B=9x^3y^3$, $C=-9x^6y^6$			
74 (가) ab^3 (나) $2a^3b$		75 ②	76 $6ab^3$
77 $4\pi a^3b^4$	78 $\dfrac{9}{2}$배	79 ④	80 $4ab^6$
81 $2ab^2$	82 ④	83 ③	84 ③
85 ⑤	86 ③	87 15	88 ①
89 ③	90 68	91 ②	92 ③
93 ②, ④	94 $-5x^4y^3$	95 ①	96 ④
97 ③	98 35	99 19	100 $\dfrac{9}{4}a$
101 10	102 ②	103 ②	104 ⑤
105 ③	106 ②	107 48	108 ③
109 ①	110 11	111 $200a^8b^7$	112 $\dfrac{4}{b}$

---

01 지수법칙

유형 모아 보기 & 완성하기   32~37쪽

01 답 ②

$x^3 \times y^5 \times x^7 \times y^9 = x^{3+7}y^{5+9} = x^{10}y^{14}$

02 답 6

$(a^\square)^2 \times (a^4)^3 \times a = a^{2\times\square} \times a^{12} \times a = a^{2\times\square+13} = a^{25}$이므로

$2 \times \square + 13 = 25$, $2 \times \square = 12$

$\therefore \square = 6$

03 답 ⑤

$(x^4)^2 \div x^3 \div (x^2)^6 = x^8 \div x^3 \div x^{12} = x^5 \div x^{12} = \dfrac{1}{x^7}$

04 답 36

$(-5x^a y)^2 = 25x^{2a}y^2 = bx^{10}y^2$이므로

$b=25$, $2a=10$ $\therefore a=5$, $b=25$

$\left(\dfrac{2y}{x^c}\right)^3 = \dfrac{8y^3}{x^{3c}} = \dfrac{8y^d}{x^9}$이므로

$d=3$, $3c=9$ $\therefore c=3$, $d=3$

$\therefore a+b+c+d = 5+25+3+3 = 36$

05 답 ④

① $(x^3)^4 = x^{3\times4} = x^{12}$

② $x \times x^6 \times x^3 = x^{1+6+3} = x^{10}$

③ $x^9 \div x^3 = x^{9-3} = x^6$

④ $\left(-\dfrac{y^2}{x^3}\right)^4 = \dfrac{(-1)^4 \times (y^2)^4}{(x^3)^4} = \dfrac{y^8}{x^{12}}$

⑤ $(2x^3y)^3 = 2^3x^9y^3 = 8x^9y^3$

따라서 옳은 것은 ④이다.

06 답 ②

$1\,\text{KiB} = 2^{10}\,\text{B}$, $1\,\text{MiB} = 2^{10}\,\text{KiB}$, $1\,\text{GiB} = 2^{10}\,\text{MiB}$이므로

$8\,\text{GiB} = 8 \times 2^{10}\,\text{MiB}$

$\qquad = 8 \times 2^{10} \times 2^{10}\,\text{KiB}$

$\qquad = 8 \times 2^{10} \times 2^{10} \times 2^{10}\,\text{B}$

$\qquad = 2^3 \times 2^{10} \times 2^{10} \times 2^{10}\,\text{B}$

$\qquad = 2^{33}\,\text{B}$

07 답 ④

$x^4 \times y^6 \times x^7 \times y^4 = x^{4+7}y^{6+4} = x^{11}y^{10}$이므로

$A=11$, $B=10$ $\therefore A-B = 11-10 = 1$

08 답 ①

$2^3 \times 2^2 \times 2^x = 2^{3+2+x} = 2^{5+x}$, $128 = 2^7$

따라서 $2^{5+x} = 2^7$이므로

$5+x = 7$ $\therefore x=2$

09 답 ⑤

$5^{x+3}=5^3 \times 5^x=125 \times 5^x$ $\therefore \square = 125$

10 답 ①

$(-1)^n \times (-1)^{n+1} \times (-1)^{2n} = (-1)^{n+(n+1)+2n}$

$= (-1)^{4n+1} = -1$ → n이 자연수일 때 $4n+1$은 홀수

참고 $(-1)^{짝수}=+1$, $(-1)^{홀수}=-1$

11 답 ④

$4 \times 5 \times 6 \times 7 \times 8 \times 9 \times 10 = 2^2 \times 5 \times (2 \times 3) \times 7 \times 2^3 \times 3^2 \times (2 \times 5)$

$= 2^{2+1+3+1} \times 3^{1+2} \times 5^{1+1} \times 7$

$= 2^7 \times 3^3 \times 5^2 \times 7$

이므로 $a=7$, $b=3$, $c=2$

$\therefore a+b+c=7+3+2=12$

12 답 5

$5^3 \times (5^2)^2 \times (5^4)^x = 5^3 \times 5^4 \times 5^{4x} = 5^{7+4x} = 5^{27}$이므로

$7+4x=27$, $4x=20$ $\therefore x=5$

13 답 ③

① $(a^5)^4 = a^{5 \times 4} = a^{20}$

② $a \times (a^3)^7 = a \times a^{3 \times 7} = a \times a^{21} = a^{22}$

③ $(a^5)^5 \times a = a^{5 \times 5} \times a = a^{25} \times a = a^{26}$

④ $(a^2)^6 \times (b^5)^3 = a^{2 \times 6} b^{5 \times 3} = a^{12} b^{15}$

⑤ $(a^3)^4 \times (b^7)^2 \times a \times (b^2)^3 = a^{3 \times 4} \times b^{7 \times 2} \times a \times b^{2 \times 3}$

$= a^{12} \times a \times b^{14} \times b^6$

$= a^{13} b^{20}$

따라서 옳지 않은 것은 ③이다.

14 답 ⑤

$9^4 \times 25^2 = (3^2)^4 \times (5^2)^2 = 3^8 \times 5^4$이므로

$a=8$, $b=4$ $\therefore a+b=8+4=12$

15 답 75

$32^6 = (2^5)^6 = 2^{30}$이므로

$x=5$, $2y=30$ $\therefore x=5$, $y=15$

$\therefore xy=5 \times 15=75$

16 답 3

$5^{12} \div 125^3 \div 5^6 = 5^{12} \div (5^3)^3 \div 5^6 = 5^{12} \div 5^9 \div 5^6$

$= 5^{12-9} \div 5^6 = 5^3 \div 5^6 = \dfrac{1}{5^{6-3}} = \dfrac{1}{5^3}$

$\therefore \square = 3$

17 답 ③

① $x^7 \div x^2 = x^{7-2} = x^5$

② $(x^2)^3 \div x = x^6 \div x = x^{6-1} = x^5$

③ $(x^{10})^2 \div (x^2)^2 = x^{20} \div x^4 = x^{20-4} = x^{16}$

④ $x^{10} \div x \div x^4 = x^9 \div x^4 = x^5$

⑤ $x^8 \div (x^6 \div x^3) = x^8 \div x^{6-3} = x^8 \div x^3 = x^{8-3} = x^5$

따라서 식을 간단히 한 결과가 나머지 넷과 다른 하나는 ③이다.

18 답 ④

$a^{16} \div a^{2x} \div a = a^{16-2x-1} = a^{15-2x} = a^5$이므로

$15-2x=5$, $-2x=-10$ $\therefore x=5$

19 답 (1) 3^5 (2) 3^{3x-1} (3) 2

(1) $243=3^5$ ··· (i)

(2) $\dfrac{3^{4x+7}}{3^{x+8}} = 3^{(4x+7)-(x+8)} = 3^{4x+7-x-8} = 3^{3x-1}$ ··· (ii)

(3) $3^{3x-1}=3^5$이므로

$3x-1=5$, $3x=6$ $\therefore x=2$ ··· (iii)

채점 기준

(i) 우변 소인수분해하기	30 %
(ii) 좌변 간단히 하기	40 %
(iii) x의 값 구하기	30 %

참고 $\dfrac{3^{4x+7}}{3^{x+8}}=243$에서 지수법칙을 이용하여 좌변을 간단히 할 때, 우변이 $243=3^5 > 1$이므로 $4x+7 > x+8$임을 알 수 있다.

20 답 ⑤

$(xy^2)^a = x^a y^{2a} = x^7 y^b$이므로 $a=7$, $2a=b$

$\therefore a=7$, $b=14$

$\left(-\dfrac{3x^3}{y^4}\right)^2 = \dfrac{9x^6}{y^8} = \dfrac{cx^6}{y^d}$이므로 $c=9$, $d=8$

$\therefore a+b+c+d=7+14+9+8=38$

21 답 ④

① $(a^3 b^2)^3 = a^9 b^6$

② $(-ab^2)^2 = (-1)^2 a^2 b^4 = a^2 b^4$

③ $\left(\dfrac{1}{5}ab\right)^3 = \left(\dfrac{1}{5}\right)^3 a^3 b^3 = \dfrac{1}{125}a^3 b^3$

④ $-\left(\dfrac{2}{3x}\right)^2 = -\dfrac{2^2}{3^2 x^2} = -\dfrac{4}{9x^2}$

⑤ $\left(-\dfrac{a}{2}\right)^3 = \dfrac{(-1)^3 a^3}{2^3} = -\dfrac{a^3}{8}$

따라서 옳은 것은 ④이다.

22 답 (1) $x=9$, $y=3$ (2) $x=6$, $y=12$

(1) $24^3 = (2^3 \times 3)^3 = 2^9 \times 3^3 = 2^x \times 3^y$이므로 $x=9$, $y=3$

(2) $\left(\dfrac{2}{9}\right)^x = \dfrac{2^x}{9^x} = \dfrac{2^x}{(3^2)^x} = \dfrac{2^x}{3^{2x}}$, $\dfrac{64}{3^y} = \dfrac{2^6}{3^y}$

따라서 $\dfrac{2^x}{3^{2x}} = \dfrac{2^6}{3^y}$이므로

$x=6$, $2x=y$ $\therefore x=6$, $y=12$

23 답 16

$(x^a y^b z^c)^d = x^{ad} y^{bd} z^{cd} = x^{12} y^{18} z^{30}$이므로

$ad=12$, $bd=18$, $cd=30$

따라서 가장 큰 자연수 d는 12, 18, 30의 최대공약수 6이므로

$6a=12$에서 $a=2$, $6b=18$에서 $b=3$, $6c=30$에서 $c=5$

$\therefore a+b+c+d=2+3+5+6=16$

24 답 ①

ㄱ. $a \times a^4 = a^5$

ㄴ. $3^{10} \div (3^{10})^2 = 3^{10} \div 3^{20} = \dfrac{1}{3^{10}}$

ㄷ. $(-2a^2)^2 = (-2)^2 a^4 = 4a^4$

ㄹ. $(2x^2y)^3 = 2^3 x^6 y^3 = 8x^6 y^3$

ㅁ. $x^{10} \div x^5 \times x^3 = x^5 \times x^3 = x^8$

ㅂ. $a^{30} \div (a^6 \times a^5) = a^{30} \div a^{11} = a^{19}$

따라서 옳은 것은 ㄴ, ㄷ이다.

25 답 ④

$a^{10} \div a^4 \div a^3 = a^6 \div a^3 = a^3$

① $a^{10} \times a^4 \div a^3 = a^{14} \div a^3 = a^{11}$

② $a^{10} \div a^4 \times a^3 = a^6 \times a^3 = a^9$

③ $a^{10} \times (a^4 \div a^3) = a^{10} \times a = a^{11}$

④ $a^{10} \div (a^4 \times a^3) = a^{10} \div a^7 = a^3$

⑤ $a^{10} \div (a^4 \div a^3) = a^{10} \div a = a^9$

따라서 주어진 식과 계산 결과가 같은 것은 ④이다.

26 답 ④

① $a^{\square} \times a^2 = a^{\square+2} = a^8$이므로 $\square + 2 = 8$ $\therefore \square = 6$

② $\dfrac{x^{\square}}{x^9} = \dfrac{1}{x^{9-\square}} = \dfrac{1}{x^3}$이므로 $9 - \square = 3$ $\therefore \square = 6$

③ $\left(-\dfrac{y^5}{x^{\square}}\right)^2 = \dfrac{y^{10}}{x^{\square \times 2}} = \dfrac{y^{10}}{x^{12}}$이므로 $\square \times 2 = 12$ $\therefore \square = 6$

④ $(a^2 b)^3 = a^6 b^{\square \times 3} = a^6 b^{12}$이므로 $\square \times 3 = 12$ $\therefore \square = 4$

⑤ $x^{\square} \times x^2 \div x^3 = x^{\square+2} \div x^3 = x^{\square-1} = x^5$이므로

$\square - 1 = 5$ $\therefore \square = 6$

따라서 $\square$ 안에 들어갈 자연수가 나머지 넷과 다른 하나는 ④이다.

27 답 13

$4^{a+2} = 2^{24}$에서 $4^{a+2} = (2^2)^{a+2} = 2^{2a+4}$이므로

$2a + 4 = 24$, $2a = 20$ $\therefore a = 10$ $\cdots$ (i)

$\dfrac{8^9}{2^b} = 2^{24}$에서 $\dfrac{8^9}{2^b} = \dfrac{(2^3)^9}{2^b} = \dfrac{2^{27}}{2^b} = 2^{27-b}$이므로

$27 - b = 24$, $-b = -3$ $\therefore b = 3$ $\cdots$ (ii)

$\therefore a + b = 10 + 3 = 13$ $\cdots$ (iii)

채점 기준

(i) a의 값 구하기	40 %
(ii) b의 값 구하기	40 %
(iii) $a+b$의 값 구하기	20 %

28 답 100

$2^6 \div 4^2 \times 5^{32} \times (0.2)^{30} = 2^6 \div 2^4 \times 5^2 \times 5^{30} \times (0.2)^{30}$

$= 2^2 \times 5^2 \times (5 \times 0.2)^{30}$

$= (2 \times 5)^2 \times 1^{30}$

$= 10^2 = 100$

다른 풀이

$2^6 \div 4^2 \times 5^{32} \times (0.2)^{30} = 2^6 \div 2^4 \times 5^{32} \times \left(\dfrac{1}{5}\right)^{30}$

$= 2^2 \times \dfrac{5^{32}}{5^{30}} = 2^2 \times 5^2$

$= 10^2 = 100$

29 답 ④

지구에서부터 1광년 떨어진 거리는 빛이 초속 3×10^5 km로

3×10^7초($=$1년) 동안 나아간 거리이므로

$(3 \times 10^5) \times (3 \times 10^7)$(km)

따라서 지구에서부터 100광년 떨어진 행성과 지구 사이의 거리는

$(3 \times 10^5) \times (3 \times 10^7) \times 100 = (3 \times 3) \times (10^5 \times 10^7 \times 10^2)$

$= 9 \times 10^{14}$(km)

30 답 2^{14}배

6단계에서 전자 우편을 받는 사람은 2^6명, 20단계에서 전자 우편을 받는 사람은 2^{20}명이므로

$2^{20} \div 2^6 = 2^{14}$(배)

31 답 ③

$2^{17} \times 5^{20} = (2 \times 2^{16}) \times (5^4 \times 5^{16})$

$= (2 \times 5^4) \times (2^{16} \times 5^{16})$

$= 1250 \times 10^{16}$

따라서 $2^{17} \times 5^{20}$을 바르게 읽으면 1250경이다.

32 답 ②

$1 \, \text{nm} = \dfrac{1}{10^9} \, \text{m}$, $1 \, \mu\text{m} = 10^3 \, \text{nm}$이므로

$1 \, \mu\text{m} = 10^3 \, \text{nm} = 10^3 \times \dfrac{1}{10^9} \, \text{m} = \dfrac{1}{10^6} \, \text{m}$

$\therefore 30 \, \mu\text{m} = 30 \times \dfrac{1}{10^6} \, \text{m} = 3 \times 10 \times \dfrac{1}{10^6} \, \text{m} = \dfrac{3}{10^5} \, \text{m}$

---

02 지수법칙의 응용

유형 모아 보기 & 완성하기 38~40쪽

33 답 12

$3^2 + 3^2 + 3^2 = 3 \times 3^2 = 3^3$이므로 $a = 3$

$3^3 \times 3^3 \times 3^3 = 3^{3+3+3} = 3^9$이므로 $b = 9$

$\therefore a + b = 3 + 9 = 12$

34 답 ②

$125^6 = (5^3)^6 = 5^{18} = (5^2)^9 = A^9$

35 답 (1) 8×10^4 (2) 5자리

(1) $2^7 \times 5^4 = 2^{3+4} \times 5^4 = 2^3 \times 2^4 \times 5^4$

$= 2^3 \times (2 \times 5)^4 = 8 \times 10^4$

(2) $2^7 \times 5^4 = 8 \times 10^4 = \underset{\underset{4개}{}}{80000}$

따라서 $2^7 \times 5^4$은 5자리의 자연수이다.

36 답 ①

$2^{11} + 2^{11} + 2^{11} + 2^{11} = 4 \times 2^{11} = 2^2 \times 2^{11} = 2^{13}$

37 답 ④, ⑤

① $5^3 \times 5^2 = 5^5$

② $2^5 \div 2^7 = \dfrac{1}{2^2}$

③ $3^4 + 3^4 + 3^4 = 3 \times 3^4 = 3^5$

④ $4^5 + 4^5 = 2 \times 4^5 = 2 \times (2^2)^5 = 2 \times 2^{10} = 2^{11}$

⑤ $25^2 \times 25^2 = (5^2)^2 \times (5^2)^2 = 5^4 \times 5^4 = 5^8$

따라서 옳은 것은 ④, ⑤이다.

38 답 **13**

$3^6 \times (9^3 + 9^3 + 9^3) = 3^6 \times (3 \times 9^3) = 3^6 \times 3 \times (3^2)^3 = 3^6 \times 3 \times 3^6 = 3^{13}$

∴ $n = 13$

39 답 ⑤

$\dfrac{3^6 + 3^6 + 3^6}{4^6 + 4^6 + 4^6 + 4^6} \times \dfrac{2^6 + 2^6}{3^7} = \dfrac{3 \times 3^6}{4 \times 4^6} \times \dfrac{2 \times 2^6}{3^7} = \dfrac{3^7}{4^7} \times \dfrac{2^7}{3^7}$

$\qquad = \dfrac{2^7}{4^7} = \dfrac{2^7}{(2^2)^7} = \dfrac{2^7}{2^{14}} = \dfrac{1}{2^7}$

40 답 **4**

$2^{x+4} + 2^{x+2} + 2^x = 2^4 \times 2^x + 2^2 \times 2^x + 2^x = (2^4 + 2^2 + 1) \times 2^x$

$\qquad = (16 + 4 + 1) \times 2^x = 21 \times 2^x$

따라서 $21 \times 2^x = 336$이므로 $2^x = \dfrac{336}{21} = 16$

$2^x = 2^4 \qquad$ ∴ $x = 4$

만렙비법 지수가 미지수이고 밑이 같은 수의 덧셈은 분배법칙을 이용하여 간단히 한다.

⇨ $a^{x+1} + a^x = a \times \boxed{a^x} + \boxed{a^x} = (a+1)\boxed{a^x}$

41 답 ③

$\dfrac{1}{27^8} = \dfrac{1}{(3^3)^8} = \dfrac{1}{3^{24}} = \dfrac{1}{(3^6)^4} = \dfrac{1}{A^4}$

42 답 **4**

$\dfrac{1}{25^{10}} = \dfrac{1}{(5^2)^{10}} = \dfrac{1}{5^{20}} = \dfrac{1}{5^{5 \times 4}} = \dfrac{1}{(5^5)^4} = \left(\dfrac{1}{5^5}\right)^4 = k^4 \qquad$ ∴ $\square = 4$

43 답 ①

$4^5 \div 8^6 \times 2^2 = (2^2)^5 \div (2^3)^6 \times 2^2 = 2^{10} \div 2^{18} \times 2^2 = \dfrac{1}{2^8} \times 2^2$

$\qquad = \dfrac{1}{2^6} = \dfrac{1}{2^{3 \times 2}} = \dfrac{1}{(2^3)^2} = \dfrac{1}{a^2}$

44 답 ②

$48^2 = (2^4 \times 3)^2 = (2^4)^2 \times 3^2 = a^2 b$

45 답 ⑤

$8^{x+2} = (2^3)^{x+2} = 2^{3x+6} = 2^{3x} \times 2^6 = (2^x)^3 \times 64 = A^3 \times 64 = 64A^3$

46 답 ④

$a = 3^{x-1} = 3^x \div 3 = \dfrac{3^x}{3}$이므로 $3^x = 3a$

∴ $9^{x+1} = (3^2)^{x+1} = 3^{2x+2} = 3^{2x} \times 3^2 = (3^x)^2 \times 9$

$\qquad = (3a)^2 \times 9 = 9a^2 \times 9 = 81a^2$

47 답 ①

$a = 2^{x-1} = 2^x \div 2 = \dfrac{2^x}{2}$이므로 $2^x = 2a$

$b = 3^{x+2} = 3^x \times 3^2 = 3^x \times 9$이므로 $3^x = \dfrac{b}{9}$

∴ $6^x = (2 \times 3)^x = 2^x \times 3^x = 2a \times \dfrac{b}{9} = \dfrac{2}{9}ab$

48 답 ①

$2^{10} \times 3 \times 5^8 = 2^{2+8} \times 3 \times 5^8 = 2^2 \times 2^8 \times 3 \times 5^8$

$\qquad = 2^2 \times 3 \times (2 \times 5)^8 = 12 \times 10^8 = 1200\underbrace{\cdots 0}_{\text{8개}}$

따라서 $2^{10} \times 3 \times 5^8$은 10자리의 자연수이다.

49 답 **21**

$\dfrac{2^{41} \times 45^{20}}{18^{20}} = \dfrac{2^{41} \times (3^2 \times 5)^{20}}{(2 \times 3^2)^{20}} = \dfrac{2^{41} \times 3^{40} \times 5^{20}}{2^{20} \times 3^{40}} = 2^{21} \times 5^{20} \qquad \cdots (\text{i})$

$\qquad = 2^{1+20} \times 5^{20} = 2 \times 2^{20} \times 5^{20} = 2 \times (2 \times 5)^{20}$

$\qquad = 2 \times 10^{20} = 200\underbrace{\cdots 0}_{\text{20개}} \qquad \cdots (\text{ii})$

따라서 $\dfrac{2^{41} \times 45^{20}}{18^{20}}$은 21자리의 자연수이므로 $n = 21 \qquad \cdots (\text{iii})$

채점 기준

(i) 주어진 수 간단히 하기	40 %
(ii) $a \times 10^k$ 꼴로 나타내기	40 %
(iii) n의 값 구하기	20 %

50 답 ②

$(2^3 + 2^3 + 2^3) \times (5^4 + 5^4 + 5^4 + 5^4) = (3 \times 2^3) \times (4 \times 5^4)$

$\qquad = 3 \times 2^3 \times 2^2 \times 5^4$

$\qquad = 3 \times 2 \times 2^4 \times 5^4$

$\qquad = 3 \times 2 \times (2 \times 5)^4$

$\qquad = 6 \times 10^4 = 60000\underbrace{}_{\text{4개}}$

따라서 $(2^3 + 2^3 + 2^3) \times (5^4 + 5^4 + 5^4 + 5^4)$은 5자리의 자연수이므로 $n = 5$

---

03 단항식의 곱셈과 나눗셈

유형 모아 보기 & 완성하기 41~46쪽

51 답 $8a^5 b^5 c^3$

$(-3ab^2 c)^2 \times 2ac \times \dfrac{4}{9}a^2 b = 9a^2 b^4 c^2 \times 2ac \times \dfrac{4}{9}a^2 b = 8a^5 b^5 c^3$

52 답 ③

$(-4x^3 y^2)^2 \div \dfrac{4x^2 y}{3} \div (-4xy^2) = 16x^6 y^4 \div \dfrac{4x^2 y}{3} \div (-4xy^2)$

$\qquad = 16x^6 y^4 \times \dfrac{3}{4x^2 y} \times \left(-\dfrac{1}{4xy^2}\right)$

$\qquad = -3x^3 y$

53 답 $-6x^8y^3$

$(x^3y)^4 \div \left(-\dfrac{2}{9}x^5y^2\right)^2 \times \left(-\dfrac{2}{3}x^2y\right)^3 = x^{12}y^4 \div \dfrac{4}{81}x^{10}y^4 \times \left(-\dfrac{8}{27}x^6y^3\right)$

$\qquad\qquad = x^{12}y^4 \times \dfrac{81}{4x^{10}y^4} \times \left(-\dfrac{8}{27}x^6y^3\right)$

$\qquad\qquad = -6x^8y^3$

54 답 (1) $-3ab^4$ (2) $80xy^2$

(1) $10a^2b^4 \div (-5ab^5) \times \boxed{} = 6a^2b^3$에서

$10a^2b^4 \times \left(-\dfrac{1}{5ab^5}\right) \times \boxed{} = 6a^2b^3$

$\therefore \boxed{} = 6a^2b^3 \div 10a^2b^4 \times (-5ab^5)$

$\qquad = 6a^2b^3 \times \dfrac{1}{10a^2b^4} \times (-5ab^5) = -3ab^4$

(2) $12x^2y^2 \div \boxed{} \times (-2y)^2 = \dfrac{3}{5}xy^2$에서

$12x^2y^2 \times \dfrac{1}{\boxed{}} \times (-2y)^2 = \dfrac{3}{5}xy^2$

$\therefore \boxed{} = 12x^2y^2 \times (-2y)^2 \div \dfrac{3}{5}xy^2$

$\qquad = 12x^2y^2 \times 4y^2 \times \dfrac{5}{3xy^2} = 80xy^2$

55 답 $5a^4b^9$

(직사각형의 넓이)$= 20a^3b^2 \times \dfrac{1}{4}ab^7 = 5a^4b^9$

56 답 $5b^2$

$\dfrac{1}{2} \times 4ab^5 \times 3a^4 \times$(높이)$= 30a^5b^7$이므로

$6a^5b^5 \times$(높이)$= 30a^5b^7$

$\therefore$ (높이)$= 30a^5b^7 \div 6a^5b^5 = \dfrac{30a^5b^7}{6a^5b^5} = 5b^2$

57 답 ①

$(a^4b^3)^2 \times (-a^2b)^3 \times (2ab^2)^2 = a^8b^6 \times (-a^6b^3) \times 4a^2b^4 = -4a^{16}b^{13}$

58 답 ⑤

③ $(-2a)^3 \times \dfrac{3}{2}a^2b^3 = (-8a^3) \times \dfrac{3}{2}a^2b^3 = -12a^5b^3$

④ $(-xy^2)^3 \times (x^2y)^2 \times 2x^7y^4 = (-x^3y^6) \times x^4y^2 \times 2x^7y^4 = -2x^{14}y^{12}$

⑤ $6x^2y \times (-2x^2y)^4 \times \dfrac{3}{4}xy^3 = 6x^2y \times 16x^8y^4 \times \dfrac{3}{4}xy^3 = 72x^{11}y^8$

따라서 옳지 않은 것은 ⑤이다.

59 답 -6

$(2xy^2)^3 \times (-4xy^4) \times (-x^2y)^4 = 8x^3y^6 \times (-4xy^4) \times x^8y^4$

$\qquad\qquad = -32x^{12}y^{14}$

따라서 $a = -32$, $b = 12$, $c = 14$이므로

$a + b + c = -32 + 12 + 14 = -6$

60 답 280

$(-5x^ay^2)^2 \times bxy^3 = 25x^{2a}y^4 \times bxy^3 = 25bx^{2a+1}y^7$ $\qquad\qquad$ ⋯(i)

따라서 $25bx^{2a+1}y^7 = 250x^9y^c$이므로

$25b = 250$, $2a+1 = 9$, $7 = c$ $\qquad \therefore a = 4$, $b = 10$, $c = 7$ ⋯(ii)

$\therefore abc = 4 \times 10 \times 7 = 280$ $\qquad\qquad\qquad\qquad\qquad$ ⋯(iii)

채점 기준	
(i) 좌변 간단히 하기	50%
(ii) a, b, c의 값 구하기	30%
(iii) abc의 값 구하기	20%

61 답 $-\dfrac{3y}{x^2}$

$(-3xy^2)^2 \div 2x^3y \div \left(-\dfrac{3}{2}xy^2\right) = 9x^2y^4 \div 2x^3y \div \left(-\dfrac{3}{2}xy^2\right)$

$\qquad\qquad = 9x^2y^4 \times \dfrac{1}{2x^3y} \times \left(-\dfrac{2}{3xy^2}\right)$

$\qquad\qquad = -\dfrac{3y}{x^2}$

62 답 ③

$A = 3x^4y \times (5y)^2 = 3x^4y \times 25y^2 = 75x^4y^3$

$B = 3(xy)^3 \div (-x^2y) = 3x^3y^3 \div (-x^2y) = \dfrac{3x^3y^3}{-x^2y} = -3xy^2$

$\therefore A \div B = 75x^4y^3 \div (-3xy^2) = \dfrac{75x^4y^3}{-3xy^2} = -25x^3y$

63 답 ③

$(6x^4y)^2 \div (-xy^2)^3 = 36x^8y^2 \div (-x^3y^6)$

$\qquad\qquad = \dfrac{36x^8y^2}{-x^3y^6} = -\dfrac{36x^5}{y^4}$

따라서 $A = -36$, $B = 5$, $C = 4$이므로

$A + B + C = -36 + 5 + 4 = -27$

64 답 4

$(2x^ay^4)^2 \div (xy^3)^b = 4x^{2a}y^8 \div x^by^{3b} = \dfrac{4x^{2a-b}}{y^{3b-8}}$

따라서 $\dfrac{4x^{2a-b}}{y^{3b-8}} = \dfrac{cx^7}{y}$이므로

$4 = c$, $2a - b = 7$, $3b - 8 = 1$

$3b - 8 = 1$에서 $3b = 9$ $\qquad \therefore b = 3$

$2a - b = 7$에서 $2a - 3 = 7$, $2a = 10$ $\qquad \therefore a = 5$

$\therefore a + b - c = 5 + 3 - 4 = 4$

65 답 ③

$8x^4y^2 \times (-6xy^2)^2 \div \dfrac{12}{5}x^6y^3 = 8x^4y^2 \times 36x^2y^4 \times \dfrac{5}{12x^6y^3}$

$\qquad\qquad = 120y^3$

66 답 ②, ⑤

① $2ab^2 \div 3ab \times 9ab^3 = 2ab^2 \times \dfrac{1}{3ab} \times 9ab^3 = 6ab^4$

② $15a^2b^2 \times (-b) \div (-3ab) = 15a^2b^2 \times (-b) \times \left(-\dfrac{1}{3ab}\right) = 5ab^2$

③ $2xy \times (5x^2y)^2 \div 10xy^3 = 2xy \times 25x^4y^2 \times \dfrac{1}{10xy^3} = 5x^4$

④ $49x^2y^3 \div (-7xy)^2 \times (-xy)^2 = 49x^2y^3 \times \dfrac{1}{49x^2y^2} \times x^2y^2 = x^2y^3$

⑤ $\dfrac{3}{4}xy \div \left(-\dfrac{3}{8}xy^2\right) \times 2x^2y = \dfrac{3}{4}xy \times \left(-\dfrac{8}{3xy^2}\right) \times 2x^2y = -4x^2$

따라서 옳은 것은 ②, ⑤이다.

67 답 **4**

$$2x^3y^2 \div (-x^2y) \times \left(\frac{1}{2}xy\right)^2 = 2x^3y^2 \times \left(-\frac{1}{x^2y}\right) \times \frac{1}{4}x^2y^2$$
$$= -\frac{1}{2}x^3y^3$$
$$= -\frac{1}{2} \times (-1)^3 \times 2^3 \quad \begin{smallmatrix} x=-1, \, y=2 \\ \text{대입하기} \end{smallmatrix}$$
$$= 4$$

68 답 **14**

$$(-3x^3y)^A \div 9x^By \times 3x^5y^2 = (-3)^A x^{3A} y^A \times \frac{1}{9x^By} \times 3x^5y^2$$
$$= \frac{(-3)^A}{3} x^{3A-B+5} y^{A-1+2} \qquad \cdots \text{(i)}$$

따라서 $\frac{(-3)^A}{3} x^{3A-B+5} y^{A-1+2} = Cx^2y^3$이므로

$$\frac{(-3)^A}{3} = C, \ 3A-B+5=2, \ A-1+2=3$$

$A-1+2=3$에서 $A=2$

$3A-B+5=2$에서 $6-B+5=2$ $\therefore B=9$

$\frac{(-3)^A}{3}=C$에서 $\frac{(-3)^2}{3}=C$ $\therefore C=3$

$\therefore A+B+C=2+9+3=14$ $\cdots$ (iii)

채점 기준

(ⅰ) 좌변 간단히 하기	60 %
(ⅱ) A, B, C의 값 구하기	30 %
(ⅲ) $A+B+C$의 값 구하기	10 %

69 답 ②

$$\left(-\frac{1}{2}ab\right)^2 \times \boxed{} \div 3a^2b = -\frac{1}{3}ab^2 \text{에서}$$
$$\left(-\frac{1}{2}ab\right)^2 \times \boxed{} \times \frac{1}{3a^2b} = -\frac{1}{3}ab^2$$
$$\therefore \boxed{} = -\frac{1}{3}ab^2 \times 3a^2b \div \left(-\frac{1}{2}ab\right)^2$$
$$= -\frac{1}{3}ab^2 \times 3a^2b \div \frac{1}{4}a^2b^2$$
$$= -\frac{1}{3}ab^2 \times 3a^2b \times \frac{4}{a^2b^2} = -4ab$$

70 답 $-\dfrac{2}{3}x^3y^2$

어떤 식을 A라 하면

$$A \times (-12x^2y) = 8x^5y^3$$
$$\therefore A = 8x^5y^3 \div (-12x^2y) = \frac{8x^5y^3}{-12x^2y} = -\frac{2}{3}x^3y^2$$

따라서 어떤 식은 $-\dfrac{2}{3}x^3y^2$이다.

71 답 ③

$$(-2ab^2)^3 \div A \div (-6a^4b^3) = \frac{2b^2}{3a} \text{에서}$$
$$(-2ab^2)^3 \times \frac{1}{A} \times \left(-\frac{1}{6a^4b^3}\right) = \frac{2b^2}{3a}$$
$$\therefore A = (-2ab^2)^3 \times \left(-\frac{1}{6a^4b^3}\right) \div \frac{2b^2}{3a}$$
$$= -8a^3b^6 \times \left(-\frac{1}{6a^4b^3}\right) \times \frac{3a}{2b^2} = 2b$$

72 답 (1) $5a^4b^2$ (2) $5a^{10}b^6$

(1) 어떤 식을 A라 하면

$$(a^3b^2)^2 \div A = \frac{a^2b^2}{5} \qquad \cdots \text{(i)}$$
$$\therefore A = (a^3b^2)^2 \div \frac{a^2b^2}{5} = a^6b^4 \times \frac{5}{a^2b^2} = 5a^4b^2$$

따라서 어떤 식은 $5a^4b^2$이다. $\cdots$ (ii)

(2) 바르게 계산한 식은

$$(a^3b^2)^2 \times 5a^4b^2 = a^6b^4 \times 5a^4b^2 = 5a^{10}b^6 \qquad \cdots \text{(iii)}$$

채점 기준

(ⅰ) 어떤 식을 구하는 식 세우기	20 %
(ⅱ) 어떤 식 구하기	40 %
(ⅲ) 바르게 계산한 식 구하기	40 %

73 답 $A=3xy^2$, $B=9x^3y^3$, $C=-9x^6y^6$

$C \div (-3x^3y)^2 = -y^4$이므로

$$C = -y^4 \times (-3x^3y)^2 = -y^4 \times 9x^6y^2 = -9x^6y^6$$

$B \times (-xy)^3 = -9x^6y^6$이므로

$$B = -9x^6y^6 \div (-xy)^3 = -9x^6y^6 \div (-x^3y^3) = \frac{-9x^6y^6}{-x^3y^3} = 9x^3y^3$$

$A \times 3x^2y = 9x^3y^3$이므로

$$A = 9x^3y^3 \div 3x^2y = \frac{9x^3y^3}{3x^2y} = 3xy^2$$

74 답 (가) ab^3 (나) $2a^3b$

$2ab^3 \times 2a^2b^2 \times$ (나) $=$ (가) $\times 4a^2b^2 \times$ (나)이므로

$4a^3b^5 =$ (가) $\times 4a^2b^2$

$\therefore$ (가) $= 4a^3b^5 \div 4a^2b^2 = \frac{4a^3b^5}{4a^2b^2} = ab^3$

이때 $4a^3b^5 \times 2a^2b^2 \times ab^3 = 8a^6b^6$이므로

$2ab^3 \times 2a^2b^2 \times$ (나) $= 8a^6b^6$에서

$4a^3b^5 \times$ (나) $= 8a^6b^6$

$\therefore$ (나) $= 8a^6b^6 \div 4a^3b^5 = \frac{8a^6b^6}{4a^3b^5} = 2a^3b$

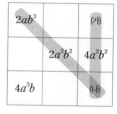

$2ab^3$		(가)
	$2a^2b^2$	$4a^2b^2$
$4a^3b$		(나)

75 답 ②

$$(\text{삼각형의 넓이}) = \frac{1}{2} \times 2ab^2 \times a^2b = a^3b^3$$

76 답 $6ab^3$

$$(\text{직육면체의 부피}) = 2a \times 3b \times b^2 = 6ab^3$$

77 답 $4\pi a^3b^4$

직선 l을 회전축으로 하여 1회전 시킬 때 생기는 회전체는 오른쪽 그림과 같은 원뿔이므로

$$(\text{회전체의 부피}) = \frac{1}{3} \times \{\pi \times (2ab)^2\} \times 3ab^2$$
$$= \frac{1}{3} \times \pi \times 4a^2b^2 \times 3ab^2 = 4\pi a^3b^4$$

78 답 $\dfrac{9}{2}$배

원기둥 A의 높이를 h, 밑면의 반지름의 길이를 r라 하면
(원기둥 A의 부피)$=\pi r^2 \times h = \pi r^2 h$

원기둥 B의 높이는 원기둥 A의 높이의 $\dfrac{1}{2}$배이므로 $\dfrac{1}{2}h$, 원기둥 B의
밑면의 반지름의 길이는 원기둥 A의 밑면의 반지름의 길이의 3배이
므로 $3r$이다.

$\therefore$ (원기둥 B의 부피)$=\pi \times (3r)^2 \times \dfrac{1}{2}h = \dfrac{9}{2}\pi r^2 h$

따라서 원기둥 B의 부피는 원기둥 A의 부피의

$\dfrac{9}{2}\pi r^2 h \div \pi r^2 h = \dfrac{9}{2}\pi r^2 h \times \dfrac{1}{\pi r^2 h} = \dfrac{9}{2}$(배)

79 답 ④

$\dfrac{1}{3} \times (2a \times 3b) \times$(높이)$=24a^2b^2$이므로

$2ab \times$(높이)$=24a^2b^2$

$\therefore$ (높이)$=24a^2b^2 \div 2ab = \dfrac{24a^2b^2}{2ab} = 12ab$

80 답 $4ab^6$

$7a^5b^3 \times$(세로의 길이)$=28a^6b^9$이므로

$\therefore$ (세로의 길이)$=28a^6b^9 \div 7a^5b^3 = \dfrac{28a^6b^9}{7a^5b^3} = 4ab^6$

81 답 $2ab^2$

(물의 부피)$=4ab \times 5a \times$(물의 높이)$=40a^3b^3$이므로

$20a^2b \times$(물의 높이)$=40a^3b^3$

$\therefore$ (물의 높이)$=40a^3b^3 \div 20a^2b = \dfrac{40a^3b^3}{20a^2b} = 2ab^2$

82 답 ④

(직사각형의 넓이)$=18ab^5 \times \dfrac{2}{3}a^4b^2 = 12a^5b^7$이므로

(삼각형의 넓이)$=\dfrac{1}{2} \times 4a^4b^6 \times h = 12a^5b^7$에서

$2a^4b^6 \times h = 12a^5b^7$

$\therefore h = 12a^5b^7 \div 2a^4b^6 = \dfrac{12a^5b^7}{2a^4b^6} = 6ab$

83 답 ③

ㄱ. 초콜릿 한 조각의 가로의 길이가 $3a^2b^3$ cm이므로
   초콜릿 전체의 가로의 길이는 $4 \times 3a^2b^3 = 12a^2b^3$(cm)

ㄴ. ㄱ에서 초콜릿 전체의 가로의 길이는 $12a^2b^3$ cm이므로
   $12a^2b^3 \times$(초콜릿 전체의 세로의 길이)$=36a^3b^4$
   $\therefore$ (초콜릿 전체의 세로의 길이)$=36a^3b^4 \div 12a^2b^3$
   $\qquad\qquad\qquad\qquad\qquad = \dfrac{36a^3b^4}{12a^2b^3} = 3ab$(cm)

   즉, 초콜릿 한 조각의 세로의 길이는 $3ab \div 3 = ab$(cm)

ㄷ. ㄴ에서 초콜릿 한 조각의 세로의 길이는 ab cm이므로
   초콜릿 한 조각의 넓이는 $3a^2b^3 \times ab = 3a^3b^4$(cm^2)

따라서 옳은 것은 ㄱ, ㄷ이다.

ㄷ. 초콜릿 전체의 넓이는 $36a^3b^4$ cm^{2}이고, 모양과 크기가 같은 12개
   의 조각으로 이루어져 있으므로 초콜릿 한 조각의 넓이는
   $36a^3b^4 \div 12 = 3a^3b^4$(cm^2)

Pick 점검하기 47~49쪽

84 답 ③

$3^\square \times 81 = 3^\square \times 3^4 = 3^{\square+4}$이므로 $\square+4=8$ $\qquad \therefore \square = 4$

85 답 ⑤

$20 \times 30 \times 40 \times 50 \times 60 \times 70$
$=(2^2 \times 5) \times (2 \times 3 \times 5) \times (2^3 \times 5) \times (2 \times 5^2) \times (2^2 \times 3 \times 5)$
$\quad \times (2 \times 5 \times 7)$
$=2^{2+1+3+1+2+1} \times 3^{1+1} \times 5^{1+1+1+2+1+1} \times 7$
$=2^{10} \times 3^2 \times 5^7 \times 7$
따라서 $a=10$, $b=2$, $c=7$, $d=1$이므로
$a+b+c+d = 10+2+7+1 = 20$

86 답 ③

$a^{21} \div a^7 \div a^{3x} = a^{21-7-3x} = a^{14-3x} = a^2$이므로
$14-3x=2$, $-3x=-12$ $\qquad \therefore x=4$

87 답 15

$\left(\dfrac{ax^3}{y^2z^b}\right)^c = \dfrac{a^c x^{3c}}{y^{2c} z^{bc}} = \dfrac{125x^9}{y^d z^3}$

따라서 $a^c=125$, $3c=9$, $2c=d$, $bc=3$이므로
$3c=9$에서 $c=3$
$a^c=125$에서 $a^3=5^3$ $\qquad \therefore a=5$
$2c=d$에서 $2 \times 3 = d$ $\qquad \therefore d=6$
$bc=3$에서 $3b=3$ $\qquad \therefore b=1$
$\therefore a+b+c+d = 5+1+3+6 = 15$

88 답 ①

① $x^\square \times x^2 = x^{\square+2} = x^7$이므로 $\square+2=7$ $\qquad \therefore \square=5$

② $x^4 \times \dfrac{1}{x^\square} = x^{4-\square} = x^2$이므로 $4-\square=2$ $\qquad \therefore \square=2$

③ $(x^\square)^2 \times x^3 = x^{\square \times 2+3} = x^9$이므로 $\square \times 2+3=9$ $\qquad \therefore \square=3$

④ $\left(\dfrac{y^\square}{x^2}\right)^2 = \dfrac{y^{\square \times 2}}{x^4} = \dfrac{y^8}{x^4}$이므로 $\square \times 2=8$ $\qquad \therefore \square=4$

⑤ $x^8 \div x^2 \div x^\square = x^{8-2-\square} = x^3$이므로 $6-\square=3$ $\qquad \therefore \square=3$

따라서 $\square$ 안에 들어갈 자연수가 가장 큰 것은 ①이다.

89 답 ③

1 km$=10^3$ m이므로 태양과 지구 사이의 거리는
1.5×10^8 km$=1.5 \times 10^8 \times 10^3$ m$=1.5 \times 10^{11}$ m
$\therefore$ (태양의 빛이 지구에 도달하는 데 걸리는 시간)
$\quad = \dfrac{1.5 \times 10^{11}}{3 \times 10^8} = \dfrac{10^3}{2} = 500$(초)

참고 (시간)$=\dfrac{(거리)}{(속력)}$

90 답 68

$4^3+4^3+4^3+4^3=4\times4^3=4^4=(2^2)^4=2^8$이므로 $a=8$

$5^6\times5^6\times5^6\times5^6\times5^6=5^{6+6+6+6+6}=5^{30}$이므로 $b=30$

$\{(7^3)^5\}^2=(7^{15})^2=7^{30}$이므로 $c=30$

$\therefore a+b+c=8+30+30=68$

91 답 ②

$a=2^{x+1}=2^x\times2$이므로 $2^x=\dfrac{a}{2}$

$\therefore 32^x=(2^5)^x=(2^x)^5=\left(\dfrac{a}{2}\right)^5=\dfrac{a^5}{32}$

92 답 ③

$4^5\times5^4=(2^2)^5\times5^4=2^{10}\times5^4=2^{6+4}\times5^4$

$\qquad=2^6\times2^4\times5^4=2^6\times(2\times5)^4$

$\qquad=64\times10^4=640000$
$\qquad\qquad\qquad\underbrace{\qquad}_{4개}$

따라서 $4^5\times5^4$은 6자리의 자연수이므로 $n=6$

또 각 자리의 숫자의 합은 $6+4=10$이므로 $m=10$

$\therefore n+m=6+10=16$

93 답 ②, ④

① $4x^3\times(-3x^2)=-12x^5$

② $(-2xy^2)^3\times(3x^2y)^2=(-8x^3y^6)\times9x^4y^2=-72x^7y^8$

③ $(-x^2y^3)^2\div\left(\dfrac{1}{2}xy\right)^3=x^4y^6\div\dfrac{1}{8}x^3y^3=x^4y^6\times\dfrac{8}{x^3y^3}=8xy^3$

④ $27a^3b\div3a^2b\times6a=27a^3b\times\dfrac{1}{3a^2b}\times6a=54a^2$

⑤ $8a^2b^2\times\left(-\dfrac{1}{4}ab^3\right)\div\dfrac{5}{2}ab=8a^2b^2\times\left(-\dfrac{1}{4}ab^3\right)\times\dfrac{2}{5ab}=-\dfrac{4}{5}a^2b^4$

따라서 옳지 않은 것은 ②, ④이다.

94 답 $-5x^4y^3$

$\dfrac{1}{3}xy^2\div\boxed{}\times(-3x^3y)^2=-\dfrac{3}{5}x^3y$에서

$\dfrac{1}{3}xy^2\times\dfrac{1}{\boxed{}}\times(-3x^3y)^2=-\dfrac{3}{5}x^3y$

$\therefore \boxed{}=\dfrac{1}{3}xy^2\times(-3x^3y)^2\div\left(-\dfrac{3}{5}x^3y\right)$

$\qquad=\dfrac{1}{3}xy^2\times9x^6y^2\times\left(-\dfrac{5}{3x^3y}\right)$

$\qquad=-5x^4y^3$

95 답 ①

(나)$\times x^3y=x^2y^5$이므로

(나)$=x^2y^5\div x^3y=\dfrac{x^2y^5}{x^3y}=\dfrac{y^4}{x}$

(가)$\div x^3y^4=$(나)이므로

(가)$=$(나)$\times x^3y^4=\dfrac{y^4}{x}\times x^3y^4=x^2y^8$

96 답 ④

(마름모의 넓이)$=\dfrac{1}{2}\times8y\times2xy=8xy^2$

(사다리꼴의 넓이)$=\dfrac{1}{2}\times(6y+10y)\times4xy=32xy^2$

따라서 사다리꼴의 넓이는 마름모의 넓이의

$32xy^2\div8xy^2=\dfrac{32xy^2}{8xy^2}=4$(배)

97 답 ③

(밑변의 길이)$\times\dfrac{4}{3}xy^2=12x^4y^5$이므로

(밑변의 길이)$=12x^4y^5\div\dfrac{4}{3}xy^2=12x^4y^5\times\dfrac{3}{4xy^2}=9x^3y^3$

98 답 35

$648=2^3\times3^4$이므로 $\qquad\qquad\qquad\qquad\cdots$(i)

$648^5=(2^3\times3^4)^5=2^{15}\times3^{20}$

따라서 $a=15$, $b=20$이므로 $\qquad\qquad\qquad\cdots$(ii)

$a+b=15+20=35$ $\qquad\qquad\qquad\qquad\cdots$(iii)

채점 기준	
(i) 648을 소인수분해하기	30%
(ii) a, b의 값 구하기	50%
(iii) $a+b$의 값 구하기	20%

99 답 19

$Ax^4y\div\dfrac{4}{3}x^By^C\times(-y)^2=Ax^4y\times\dfrac{3}{4x^By^C}\times y^2=\dfrac{3Ax^4y^3}{4x^By^C}$ $\cdots$(i)

$\left(\dfrac{3y}{x}\right)^2=\dfrac{9y^2}{x^2}$ $\qquad\qquad\qquad\qquad\qquad\cdots$(ii)

따라서 $\dfrac{3Ax^4y^3}{4x^By^C}=\dfrac{9y^2}{x^2}$이므로

$\dfrac{3}{4}A=9$, $B-4=2$, $3-C=2$에서

$A=12$, $B=6$, $C=1$ $\qquad\qquad\qquad\qquad\cdots$(iii)

$\therefore A+B+C=12+6+1=19$ $\qquad\qquad\cdots$(iv)

채점 기준	
(i) 좌변 간단히 하기	30%
(ii) 우변 간단히 하기	30%
(iii) A, B, C의 값 구하기	30%
(iv) $A+B+C$의 값 구하기	10%

100 답 $\dfrac{9}{4}a$

(원기둥 모양의 그릇의 부피)$=$(원뿔 모양의 그릇의 부피)이므로

원뿔 모양의 그릇의 높이를 h라 하면

$(\pi\times a^2)\times3a=\dfrac{1}{3}\times\{\pi\times(2a)^2\}\times h$ $\qquad\cdots$(i)

$3\pi a^3=\dfrac{4}{3}\pi a^2\times h$

$\therefore h=3\pi a^3\div\dfrac{4}{3}\pi a^2=3\pi a^3\times\dfrac{3}{4\pi a^2}=\dfrac{9}{4}a$

따라서 원뿔 모양의 그릇의 높이는 $\dfrac{9}{4}a$이다. $\qquad\cdots$(ii)

채점 기준	
(i) 두 그릇의 부피가 같음을 이용하여 식 세우기	50%
(ii) 원뿔 모양의 그릇의 높이 구하기	50%

101 답 10

b는 홀수이므로 2를 소인수로 갖지 않고, 1부터 12까지의 홀수를 곱한 것은 2를 소인수로 가질 수 없다.

즉, a는 1부터 12까지의 짝수를 각각 소인수분해하여 곱한 결과에서 2의 거듭제곱의 지수와 같다.

$2=2$, $4=2^2$, $6=2\times3$, $8=2^3$, $10=2\times5$, $12=2^2\times3$이므로

$1\times2\times3\times\cdots\times12=2^{1+2+1+3+1+2}\times b=2^{10}\times b$

$\therefore a=10$

102 답 ②

$\left.\begin{array}{l}A=2^{50}=(2^5)^{10}=32^{10}\\B=5^{30}=(5^3)^{10}=125^{10}\\C=7^{20}=(7^2)^{10}=49^{10}\end{array}\right\}$ 지수가 같아지도록 고친 후 밑의 대소를 비교한다.

$32<49<125$이므로 $32^{10}<49^{10}<125^{10}$　$\therefore A<C<B$

만렙비법 거듭제곱 꼴인 수의 대소를 비교할 때는 지수법칙을 이용하여 지수가 같아지도록 고친 후 밑의 대소를 비교한다.

$\Rightarrow a$, b, n이 자연수일 때, $a<b$이면 $a^n<b^n$

103 답 ②

$7^{64}\div7^9=7^{55}$

$7^1=$**7**, $7^2=4$**9**, $7^3=34$**3**, $7^4=240$**1**, $7^5=1680$**7**, $\cdots$이므로

7의 거듭제곱의 일의 자리의 숫자는 7, 9, 3, 1의 순서로 반복된다.

이때 $55=4\times13+3$이므로 7^{55}의 일의 자리의 숫자는 7^3의 일의 자리의 숫자와 같은 3이다.

만렙비법 a^x의 일의 자리의 숫자는 a, a^2, a^3, a^4, $\cdots$의 일의 자리의 숫자를 차례로 구한 후 반복되는 규칙을 찾아 구한다.

104 답 ⑤

(1회 잘라 내고 남은 종이테이프의 길이)$=3^6\times\dfrac{2}{3}$(cm)

(2회 잘라 내고 남은 종이테이프의 길이)

$=\left(3^6\times\dfrac{2}{3}\right)\times\dfrac{2}{3}=3^6\times\left(\dfrac{2}{3}\right)^2$(cm)

(3회 잘라 내고 남은 종이테이프의 길이)

$=\left\{3^6\times\left(\dfrac{2}{3}\right)^2\right\}\times\dfrac{2}{3}=3^6\times\left(\dfrac{2}{3}\right)^3$(cm)

$\vdots$

$\therefore$ (8회 잘라 내고 남은 종이테이프의 길이)

$=3^6\times\left(\dfrac{2}{3}\right)^8=3^6\times\dfrac{2^8}{3^8}=\dfrac{2^8}{3^2}$(cm)

105 답 ③

(1단계에 남아 있는 도형의 넓이)$=(3^{10})^2\times\dfrac{8}{9}=3^{20}\times\dfrac{8}{9}$(cm²)

(2단계에 남아 있는 도형의 넓이)

$=\left(3^{20}\times\dfrac{8}{9}\right)\times\dfrac{8}{9}=3^{20}\times\left(\dfrac{8}{9}\right)^2$(cm²)

(3단계에 남아 있는 도형의 넓이)

$=\left\{3^{20}\times\left(\dfrac{8}{9}\right)^2\right\}\times\dfrac{8}{9}=3^{20}\times\left(\dfrac{8}{9}\right)^3$(cm²)

$\vdots$

$\therefore$ (10단계에 남아 있는 도형의 넓이)

$=3^{20}\times\left(\dfrac{8}{9}\right)^{10}=3^{20}\times\left(\dfrac{2^3}{3^2}\right)^{10}=3^{20}\times\dfrac{2^{30}}{3^{20}}=2^{30}$(cm²)

106 답 ②

$\left(\dfrac{16^6+4^9}{16^5+4^7}\right)^2=\left\{\dfrac{(2^4)^6+(2^2)^9}{(2^4)^5+(2^2)^7}\right\}^2$

$=\left(\dfrac{2^{24}+2^{18}}{2^{20}+2^{14}}\right)^2=\left(\dfrac{2^6\times2^{18}+2^{18}}{2^6\times2^{14}+2^{14}}\right)^2$

$=\left\{\dfrac{(2^6+1)\times2^{18}}{(2^6+1)\times2^{14}}\right\}^2=(2^4)^2=2^8$

$\therefore k=8$

107 답 48

$4^{x+1}\times(3^{x+1}+3^{x+2})=4\times4^x\times(3\times3^x+3^2\times3^x)$

$=4\times4^x\times(3+9)\times3^x$

$=(4\times12)\times(4\times3)^x=48\times12^x$

$\therefore a=48$

108 답 ③

$5^{39}=5^{40}\div5=5^{40}\times\dfrac{1}{5}=\dfrac{1}{5}x$, $5^{41}=5^{40}\times5=5x$

$\therefore 5^{39}+5^{41}=\dfrac{1}{5}x+5x=\dfrac{26}{5}x$

109 답 ①

$A+B=9^x+3^{2x+1}=(3^2)^x+3^{2x+1}$

$=3^{2x}+3\times3^{2x}=(1+3)\times3^{2x}$

$=4\times(3^2)^x=4\times9^x=4A$

110 답 11

$2^{x-2}\times5^x=2^{x-2}\times5^{x-2+2}=2^{x-2}\times5^{x-2}\times5^2$

$=5^2\times(2\times5)^{x-2}=25\times10^{x-2}$

따라서 $25\times10^{x-2}$이 11자리의 자연수가 되려면

$x-2=9$　$\therefore x=11$

111 답 $200a^8b^7$

(색칠한 부분의 넓이)$=8a^4b\times$(세로의 길이)$=40a^6b^4$이므로

(세로의 길이)$=40a^6b^4\div8a^4b=\dfrac{40a^6b^4}{8a^4b}=5a^2b^3$

따라서 용기의 밑면은 한 변의 길이가 $5a^2b^3$인 정사각형이고, 용기의 높이는 $8a^4b$이므로

(용기의 부피)$=(5a^2b^3)^2\times8a^4b=25a^4b^6\times8a^4b=200a^8b^7$

112 답 $\dfrac{4}{b}$

선분 AB와 선분 BC를 각각 회전축으로 하여 1회전 시킬 때 생기는 두 회전체는 모두 원기둥이므로

$V_1=\pi\times\left(\dfrac{3}{2}ab^2\right)^2\times6ab=\pi\times\dfrac{9}{4}a^2b^4\times6ab=\dfrac{27}{2}\pi a^3b^5$

$V_2=\pi\times(6ab)^2\times\dfrac{3}{2}ab^2=\pi\times36a^2b^2\times\dfrac{3}{2}ab^2=54\pi a^3b^4$

$\therefore \dfrac{V_2}{V_1}=54\pi a^3b^4\div\dfrac{27}{2}\pi a^3b^5=54\pi a^3b^4\times\dfrac{2}{27\pi a^3b^5}=\dfrac{4}{b}$

3 다항식의 계산

01 (1) $17x+3y$ (2) $3x+19y$ **02** -3 **03** ②

04 ④ **05** $-2x^2+10x-7$ **06** ⑤

07 ⑤ **08** ① **09** ③ **10** -16

11 ④, ⑤ **12** ②, ④ **13** ② **14** 2

15 ① **16** ② **17** $4x^2-5x+4$ **18** ⑤

19 $x-2y$ **20** $-x-7y$ **21** $7x^2-15x+11$

22 (1) $-x-y-4$ (2) $2x+y-9$ **23** ①

24 $8a-13b$ **25** ①

26 $A=-3x^2+6x$, $B=-2x^2+4x-5$ **27** ⑤

28 (1) $-5x^2y+3$ (2) $3xy-6y$ **29** $-3x+6y^2$

30 $3x^2+16x$ **31** 4 **32** ③

33 $10x^2y+2xy^2$ **34** ① **35** ⑤

36 ④ **37** (1) $-2x^3y^2+3y+4$ (2) $-6x+3y$

38 (1) (나), $2a+3$ (2) (다), $12x-24y$ **39** ⑤

40 $-xy^2+xy$ **41** ① **42** $8a^3+16a^3b$

43 -7 **44** (1) $2x+9y$ (2) $6b-6$ **45** ③, ④

46 ④ **47** ② **48** ⑤ **49** 30

50 (1) $\dfrac{8}{3}x^3-\dfrac{4}{3}x^2$ (2) -84 **51** ② **52** ③

53 $21x-8y$ **54** ④

55 (1) $12x^2+26xy-6y^2$ (2) $18x^2y-6xy^2$ **56** ③

57 $2a-b$ **58** ② **59** $4a+2b$ **60** ①

61 ③ **62** ③ **63** ④, ⑤ **64** ④

65 ② **66** ③ **67** ③ **68** ②

69 $-x^2+5x-1$ **70** -3 **71** $\dfrac{1}{6}a+b$

72 $A=7x^2+x+5$, $B=5x^2-2$, $C=x^2-2x+4$

73 $\left(\dfrac{9}{14}a+\dfrac{2}{7}b\right)$원 **74** ② **75** $14x^2+32x$

76 ② **77** $\dfrac{3}{4}b+\dfrac{1}{2}$

---

01 다항식의 덧셈과 뺄셈

유형 모아 보기 & 완성하기

54~58쪽

01 답 (1) $17x+3y$ (2) $3x+19y$

(1) $3(5x+2y)+(2x-3y)=15x+6y+2x-3y=17x+3y$

(2) $2(3x+2y)-3(x-5y)=6x+4y-3x+15y=3x+19y$

02 답 -3

$(9x^2-2x-7)-2(2x^2+3x-5)=9x^2-2x-7-4x^2-6x+10$
$$=5x^2-8x+3$$
따라서 x^2의 계수는 5, x의 계수는 -8이므로 그 합은
$5+(-8)=-3$

03 답 ②

$6x-4y-[2x-y-\{5x-2y-3(x-y)\}]$
$=6x-4y-\{2x-y-(5x-2y-3x+3y)\}$
$=6x-4y-\{2x-y-(2x+y)\}$
$=6x-4y-(2x-y-2x-y)$
$=6x-4y-(-2y)$
$=6x-4y+2y=6x-2y$
따라서 $a=6$, $b=-2$이므로 $a-b=6-(-2)=8$

04 답 ④

어떤 식을 A라 하면 $A+(-2x^2+5x-4)=3x^2+2x-3$
$\therefore A=(3x^2+2x-3)-(-2x^2+5x-4)$
$\qquad =3x^2+2x-3+2x^2-5x+4=5x^2-3x+1$
따라서 어떤 식은 $5x^2-3x+1$이다.

05 답 $-2x^2+10x-7$

어떤 식을 A라 하면 $A-(2x^2+3x-2)=-6x^2+4x-3$
$\therefore A=(-6x^2+4x-3)+(2x^2+3x-2)=-4x^2+7x-5$
즉, 어떤 식은 $-4x^2+7x-5$이다.
따라서 바르게 계산한 식은
$(-4x^2+7x-5)+(2x^2+3x-2)=-2x^2+10x-7$

06 답 ⑤

① $(5x-4y)+(3x-2y)=8x-6y$

② $(x+2y-1)+(y-x+3)=3y+2$

③ $(5x-4y)-(x+2y-1)=5x-4y-x-2y+1=4x-6y+1$

④ $(3x-2y)-(y-x+3)=3x-2y-y+x-3=4x-3y-3$

⑤ $(4x-6y+1)+(4x-3y-3)=8x-9y-2$

따라서 옳지 않은 것은 ⑤이다.

07 답 ⑤

$4(a-3b)+3(2a-b)=4a-12b+6a-3b=10a-15b$
따라서 $m=10$, $n=-15$이므로 $m-n=10-(-15)=25$

08 답 ①

$(-3x+4y-1)-(2x-3y+7)=-3x+4y-1-2x+3y-7$
$=-5x+7y-8$

따라서 x의 계수는 -5, 상수항은 -8이므로 그 합은
$-5+(-8)=-13$

09 답 ③

$\dfrac{a-3b}{3}+\dfrac{3a-5b}{5}=\dfrac{5(a-3b)+3(3a-5b)}{15}$

$=\dfrac{5a-15b+9a-15b}{15}=\dfrac{14a-30b}{15}$

참고 ▶ 분수 꼴인 다항식의 덧셈과 뺄셈은 분모의 최소공배수로 통분한 후 동류항끼리 모아서 간단히 한다.

10 답 -16

$-3(x^2-3x+4)+(-2x^2+5x+1)$
$=-3x^2+9x-12-2x^2+5x+1=-5x^2+14x-11$

따라서 x^2의 계수는 -5, 상수항은 -11이므로 그 합은
$-5+(-11)=-16$

11 답 ④, ⑤

① $3-2x^2 \Rightarrow x$에 대한 이차식
② $a^2+7-3a+2=a^2-3a+9 \Rightarrow a$에 대한 이차식
③ $2x^2-5x+3+5x=2x^2+3 \Rightarrow x$에 대한 이차식
④ $3a^2+2a^2+6-5a^2=6 \Rightarrow$ 상수
⑤ $(x^2+2x)-(x^2-3)=2x+3 \Rightarrow x$에 대한 일차식

따라서 이차식이 아닌 것은 ④, ⑤이다.

12 답 ②, ④

② $(3x^2+4x+3)+(-x^2-3x+1)=3x^2+4x+3-x^2-3x+1$
$=2x^2+x+4$
④ $(5x^2+4)+(-3x^2+x)=5x^2+4-3x^2+x=2x^2+x+4$

13 답 ②

$\dfrac{4x^2+8x-3}{2}-\dfrac{3x^2+3x-1}{3}=\dfrac{3(4x^2+8x-3)-2(3x^2+3x-1)}{6}$

$=\dfrac{12x^2+24x-9-6x^2-6x+2}{6}$

$=\dfrac{6x^2+18x-7}{6}=x^2+3x-\dfrac{7}{6}$

따라서 x의 계수는 3, 상수항은 $-\dfrac{7}{6}$이므로 $a=3$, $b=-\dfrac{7}{6}$

$\therefore a+6b=3+6\times\left(-\dfrac{7}{6}\right)=3-7=-4$

14 답 2

$(2x^2+x-9)+5(ax^2-3x+1)=(2+5a)x^2-14x-4$

따라서 x^2의 계수는 $2+5a$, 상수항은 -4이므로 ···(i)
$(2+5a)+(-4)=8$, $5a=10$ ∴ $a=2$ ···(ii)

채점 기준	
(i) x^2의 계수와 상수항 구하기	60%
(ii) a의 값 구하기	40%

15 답 ①

$7x-[x+4y-\{-2x+3y-(5x-2y)\}]$
$=7x-\{x+4y-(-2x+3y-5x+2y)\}$
$=7x-\{x+4y-(-7x+5y)\}$
$=7x-(x+4y+7x-5y)=7x-(8x-y)$
$=7x-8x+y=-x+y$

16 답 ②

$6x^2-[5x-\{4x^2+3-2(x-2)\}]$
$=6x^2-\{5x-(4x^2+3-2x+4)\}$
$=6x^2-\{5x-(4x^2-2x+7)\}$
$=6x^2-(5x-4x^2+2x-7)$
$=6x^2-(-4x^2+7x-7)$
$=6x^2+4x^2-7x+7=10x^2-7x+7$

따라서 $a=10$, $b=-7$, $c=7$이므로
$a-b-c=10-(-7)-7=10$

17 답 $4x^2-5x+4$

어떤 식을 A라 하면 $A-(x^2-2x-1)=3x^2-3x+5$
$\therefore A=(3x^2-3x+5)+(x^2-2x-1)=4x^2-5x+4$
따라서 어떤 식은 $4x^2-5x+4$이다.

18 답 ⑤

$(4x-2y+5)-(\boxed{})=-6x-3y+2$에서
$\boxed{}=(4x-2y+5)-(-6x-3y+2)$
$=4x-2y+5+6x+3y-2=10x+y+3$

19 답 $x-2y$

$4x-[5x-4y-\{3x+2y-(\boxed{})\}]$
$=4x-\{5x-4y-3x-2y+(\boxed{})\}$
$=4x-\{2x-6y+(\boxed{})\}$
$=4x-2x+6y-(\boxed{})=2x+6y-(\boxed{})$
따라서 $2x+6y-(\boxed{})=x+8y$이므로
$\boxed{}=(2x+6y)-(x+8y)$
$=2x+6y-x-8y=x-2y$

20 답 $-x-7y$

$3(x+2y)+2A=x-8y$이므로
$3x+6y+2A=x-8y$
$2A=(x-8y)-(3x+6y)=x-8y-3x-6y=-2x-14y$
$\therefore A=\dfrac{-2x-14y}{2}=-x-7y$

21 답 $7x^2-15x+11$

어떤 식을 A라 하면 $A+(-2x^2+7x-5)=3x^2-x+1$
$\therefore A=(3x^2-x+1)-(-2x^2+7x-5)$
$=3x^2-x+1+2x^2-7x+5=5x^2-8x+6$
즉, 어떤 식은 $5x^2-8x+6$이다.
따라서 바르게 계산한 식은
$(5x^2-8x+6)-(-2x^2+7x-5)=5x^2-8x+6+2x^2-7x+5$
$=7x^2-15x+11$

22 답 (1) $-x-y-4$ (2) $2x+y-9$

(1) 어떤 식을 A라 하면 $A-(3x+2y-5)=-4x-3y+1$

$\therefore A=(-4x-3y+1)+(3x+2y-5)=-x-y-4$

따라서 어떤 식은 $-x-y-4$이다. ··· (i)

(2) 바르게 계산한 식은

$(-x-y-4)+(3x+2y-5)=2x+y-9$ ··· (ii)

채점 기준

(i) 어떤 식 구하기	50 %
(ii) 바르게 계산한 식 구하기	50 %

23 답 ①

어떤 식을 A라 하면 $(2x^2-5x+1)+A=6x^2+x-3$

$\therefore A=(6x^2+x-3)-(2x^2-5x+1)$

$\quad =6x^2+x-3-2x^2+5x-1=4x^2+6x-4$

즉, 어떤 식은 $4x^2+6x-4$이다.

따라서 바르게 계산한 식은

$(2x^2-5x+1)-(4x^2+6x-4)=2x^2-5x+1-4x^2-6x+4$

$\qquad\qquad\qquad\qquad\qquad\quad =-2x^2-11x+5$

즉, $a=-2$, $b=-11$, $c=5$이므로

$a+b+c=-2+(-11)+5=-8$

24 답 $8a-13b$

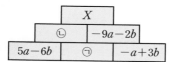

$(2a+5b)+㉠=7a-4b$이므로

$㉠=(7a-4b)-(2a+5b)=7a-4b-2a-5b=5a-9b$

$㉠-㉡=-6a+8b$이므로 $(5a-9b)-㉡=-6a+8b$

$\therefore ㉡=(5a-9b)-(-6a+8b)=5a-9b+6a-8b=11a-17b$

$\therefore X=(-3a+4b)+㉡=(-3a+4b)+(11a-17b)=8a-13b$

25 답 ①

```
        [  X  ]
     [ ㉡ ][-9a-2b]
  [5a-6b][ ㉠ ][-a+3b]
```

$㉠+(-a+3b)=-9a-2b$이므로

$㉠=(-9a-2b)-(-a+3b)=-9a-2b+a-3b=-8a-5b$

$(5a-6b)+㉠=㉡$이므로

$㉡=(5a-6b)+(-8a-5b)=-3a-11b$

$\therefore X=㉡+(-9a-2b)$

$\quad =(-3a-11b)+(-9a-2b)=-12a-13b$

26 답 $A=-3x^2+6x$, $B=-2x^2+4x-5$

$(2x^2-3x)+(7x-x^2)=x^2+4x$이므로

$A+(4x^2-2x)=x^2+4x$

$\therefore A=(x^2+4x)-(4x^2-2x)=x^2+4x-4x^2+2x=-3x^2+6x$

$(3x^2+5)+B=x^2+4x$

$\therefore B=(x^2+4x)-(3x^2+5)=x^2+4x-3x^2-5=-2x^2+4x-5$

유형 모아 보기 & 완성하기 59~64쪽

27 답 ⑤

$-2x(5x^2+3x-1)=-10x^3-6x^2+2x$

따라서 $a=-10$, $b=-6$, $c=2$이므로

$a-b+c=-10-(-6)+2=-2$

28 답 (1) $-5x^2y+3$ (2) $3xy-6y$

(1) $(20x^3y^2-12xy)\div(-4xy)=\dfrac{20x^3y^2-12xy}{-4xy}$

$\qquad\qquad\qquad\qquad\qquad\quad =-5x^2y+3$

(2) $(x^2y^2-2xy^2)\div\dfrac{1}{3}xy=(x^2y^2-2xy^2)\times\dfrac{3}{xy}$

$\qquad\qquad\qquad\qquad\qquad =x^2y^2\times\dfrac{3}{xy}-2xy^2\times\dfrac{3}{xy}$

$\qquad\qquad\qquad\qquad\qquad =3xy-6y$

29 답 $-3x+6y^2$

어떤 다항식을 A라 하면 $A\times\left(-\dfrac{2}{3}x\right)=2x^2-4xy^2$

$\therefore A=(2x^2-4xy^2)\div\left(-\dfrac{2}{3}x\right)$

$\quad =(2x^2-4xy^2)\times\left(-\dfrac{3}{2x}\right)=-3x+6y^2$

따라서 어떤 다항식은 $-3x+6y^2$이다.

30 답 $3x^2+16x$

$2x(11+3x)-(2x^3+4x^2)\div\dfrac{2}{3}x$

$=2x(11+3x)-(2x^3+4x^2)\times\dfrac{3}{2x}$

$=22x+6x^2-3x^2-6x=3x^2+16x$

31 답 4

$\dfrac{4x^2+8xy}{2x}-\dfrac{6y^2-9xy}{3y}=2x+4y-(2y-3x)$

$\qquad\qquad\qquad\qquad\qquad =2x+4y-2y+3x$

$\qquad\qquad\qquad\qquad\qquad =5x+2y$

$\qquad\qquad\qquad\qquad\qquad =5\times2+2\times(-3)=4$

32 답 ③

$4(2A-3B)-6A=8A-12B-6A$

$\qquad\qquad\qquad\quad =2A-12B$

$\qquad\qquad\qquad\quad =2(2x-3y)-12(x+2y)$

$\qquad\qquad\qquad\quad =4x-6y-12x-24y=-8x-30y$

33 답 $10x^2y+2xy^2$

(색칠한 부분의 넓이)

$=$(큰 직사각형의 넓이)$-$(작은 직사각형의 넓이)

$=(5x+4y)\times2xy-2y^2\times3x$

$=10x^2y+8xy^2-6xy^2=10x^2y+2xy^2$

34 답 ①

$12x\left(\dfrac{1}{3}x^2-2x+\dfrac{1}{4}\right)=4x^3-24x^2+3x$

따라서 $a=4$, $b=-24$, $c=3$이므로

$a+b+c=4+(-24)+3=-17$

35 답 ⑤

① $a(-2a+3)=-2a^2+3a$

② $-3x(x+7)=-3x^2-21x$

③ $(a^2-2ab)\times b=a^2b-2ab^2$

④ $-y(x^2+2x+1)=-x^2y-2xy-y$

⑤ $(a+2b-1)\times5a=5a^2+10ab-5a$

따라서 옳은 것은 ⑤이다.

36 답 ④

$-3x(-2x+5)=6x^2-15x$이므로 x^2의 계수는 6이다.

$\therefore a=6$

$-2x(5x-2y+1)=-10x^2+4xy-2x$이므로 xy의 계수는 4이다.

$\therefore b=4$

$\therefore a+b=6+4=10$

37 답 (1) $-2x^3y^2+3y+4$ (2) $-6x+3y$

(1) $\dfrac{-6x^5y^3+9x^2y^2+12x^2y}{3x^2y}=-2x^3y^2+3y+4$

(2) $(8x^2y-4xy^2)\div\left(-\dfrac{4}{3}xy\right)=(8x^2y-4xy^2)\times\left(-\dfrac{3}{4xy}\right)$
$=-6x+3y$

38 답 (1) ㈏, $2a+3$ (2) ㈐, $12x-24y$

(1) $(6a^2+9a)\div3a=\dfrac{6a^2+9a}{3a}=2a+3$

따라서 미소가 처음으로 틀린 곳은 ㈏이고, 바르게 계산한 결과는 $2a+3$이다.

(2) $(6x^2-12xy)\div\dfrac{1}{2}x=(6x^2-12xy)\times\dfrac{2}{x}=12x-24y$

따라서 성재가 처음으로 틀린 곳은 ㈐이고, 바르게 계산한 결과는 $12x-24y$이다.

39 답 ⑤

$(-6x^2y+4xy-2xy^2)\div\left(-\dfrac{2}{5}xy\right)$

$=(-6x^2y+4xy-2xy^2)\times\left(-\dfrac{5}{2xy}\right)=15x+5y-10$

따라서 $a=15$, $b=5$, $c=-10$이므로

$a+b+c=15+5+(-10)=10$

40 답 $-xy^2+xy$

$A\div\dfrac{1}{2}xy=-2y+2$이므로

$A=(-2y+2)\times\dfrac{1}{2}xy=-xy^2+xy$

41 답 ①

$\boxed{}=(x^3y+5x^2y-2xy)\div\left(-\dfrac{1}{3}x\right)$

$=(x^3y+5x^2y-2xy)\times\left(-\dfrac{3}{x}\right)$

$=-3x^2y-15xy+6y$

42 답 $8a^3+16a^3b$

어떤 다항식을 A라 하면 $A\div2a=2a+4ab$

$\therefore A=(2a+4ab)\times2a=4a^2+8a^2b$

즉, 어떤 다항식은 $4a^2+8a^2b$이다.

따라서 바르게 계산한 식은

$(4a^2+8a^2b)\times2a=8a^3+16a^3b$

43 답 -7

㈎에서 $A\div3x=-x+a-\dfrac{4}{x}$이므로

$A=\left(-x+a-\dfrac{4}{x}\right)\times3x=-3x^2+3ax-12$

㈏에서 $A+(x^2+5x+3)=-2x^2+11x+b$이므로

$A=(-2x^2+11x+b)-(x^2+5x+3)$

$=-2x^2+11x+b-x^2-5x-3$

$=-3x^2+6x+b-3$

따라서 $3a=6$, $-12=b-3$이므로 $a=2$, $b=-9$

$\therefore a+b=2+(-9)=-7$

44 답 (1) $2x+9y$ (2) $6b-6$

(1) $\dfrac{6x^2y+8xy^2}{2xy}-\dfrac{xy-5y^2}{y}=3x+4y-(x-5y)$
$=3x+4y-x+5y=2x+9y$

(2) $(9b-6b^2)\div(-3b)+(16b^3-12b^2)\div(-2b)^2$

$=(9b-6b^2)\div(-3b)+(16b^3-12b^2)\div4b^2$

$=\dfrac{9b-6b^2}{-3b}+\dfrac{16b^3-12b^2}{4b^2}$

$=-3+2b+4b-3=6b-6$

45 답 ③, ④

① $3x(-x+2y-4)=-3x^2+6xy-12x$

② $(-9x^2+21xy)\div(-3x)=\dfrac{-9x^2+21xy}{-3x}=3x-7y$

③ $-2x(3x-5y)-(x-2y)\times(-7x)$
$=-6x^2+10xy+7x^2-14xy=x^2-4xy$

④ $(27x^3y-54x^2y)\div(-3x)^2\times\left(-\dfrac{2}{3}xy\right)$

$=(27x^3y-54x^2y)\div9x^2\times\left(-\dfrac{2}{3}xy\right)$

$=\dfrac{27x^3y-54x^2y}{9x^2}\times\left(-\dfrac{2}{3}xy\right)$

$=(3xy-6y)\times\left(-\dfrac{2}{3}xy\right)=-2x^2y^2+4xy^2$

⑤ $(12x^2-15xy)\div3x-2(x-y)$

$=\dfrac{12x^2-15xy}{3x}-2(x-y)$

$=4x-5y-2x+2y=2x-3y$

따라서 옳은 것은 ③, ④이다.

46 답 ④

$$\left(\frac{8}{3}x^3-4x^4\right)\div 2x^2-\left(\frac{3}{2}x^3-6x^2\right)\div\frac{9}{2}x$$

$$=\left(\frac{8}{3}x^3-4x^4\right)\times\frac{1}{2x^2}-\left(\frac{3}{2}x^3-6x^2\right)\times\frac{2}{9x}$$

$$=\frac{4}{3}x-2x^2-\left(\frac{1}{3}x^2-\frac{4}{3}x\right)$$

$$=\frac{4}{3}x-2x^2-\frac{1}{3}x^2+\frac{4}{3}x=-\frac{7}{3}x^2+\frac{8}{3}x$$

따라서 x^2의 계수는 $-\frac{7}{3}$, x의 계수는 $\frac{8}{3}$이므로 $a=-\frac{7}{3}$, $b=\frac{8}{3}$

$$\therefore a+b=-\frac{7}{3}+\frac{8}{3}=\frac{1}{3}$$

47 답 ②

$$(-x^2y)^2\div(-x^3y^2)-\frac{4x^2y-8xy^2}{2xy}$$

$$=x^4y^2\times\left(-\frac{1}{x^3y^2}\right)-(2x-4y)=-x-2x+4y$$

$$=-3x+4y=-3\times(-5)+4\times 2=23$$

48 답 ⑤

$$4x-\{2(x-y)-6\}-3y=4x-(2x-2y-6)-3y$$

$$=4x-2x+2y+6-3y$$

$$=2x-y+6=2\times(-1)-2+6=2$$

49 답 30

$$3x(2x-y)-(x+3y)\times(-2x)=6x^2-3xy-(-2x^2-6xy)$$

$$=6x^2-3xy+2x^2+6xy$$

$$=8x^2+3xy$$

$$=8\times 2^2+3\times 2\times\left(-\frac{1}{3}\right)=30$$

50 답 (1) $\frac{8}{3}x^3-\frac{4}{3}x^2$ (2) -84

(1) $\left(\frac{4}{3}x^3-2x^4\right)\div\left(-\frac{2}{3}x\right)-\left(\frac{3}{2}x^2-3x\right)\times\frac{2}{9}x$

$$=\left(\frac{4}{3}x^3-2x^4\right)\times\left(-\frac{3}{2x}\right)-\left(\frac{3}{2}x^2-3x\right)\times\frac{2}{9}x$$

$$=-2x^2+3x^3-\frac{1}{3}x^3+\frac{2}{3}x^2=\frac{8}{3}x^3-\frac{4}{3}x^2 \qquad \cdots(\mathrm{i})$$

(2) $x=-3$을 $\frac{8}{3}x^3-\frac{4}{3}x^2$에 대입하면

$$\frac{8}{3}\times(-3)^3-\frac{4}{3}\times(-3)^2=-72-12=-84 \qquad \cdots(\mathrm{ii})$$

채점 기준	
(i) 주어진 식 계산하기	50 %
(ii) 주어진 식의 값 구하기	50 %

51 답 ②

$$-3(A-3B)+(2A-5B)=-3A+9B+2A-5B$$

$$=-A+4B$$

$$=-(x-2y)+4(-3x+y)$$

$$=-x+2y-12x+4y$$

$$=-13x+6y$$

52 답 ③

$$5x-2y+7=5x-2(2x-3)+7$$

$$=5x-4x+6+7$$

$$=x+13$$

53 답 $21x-8y$

$$3(A-2B)+5A=3A-6B+5A$$

$$=8A-6B$$

$$=8\times\frac{3x-y}{4}-6\times\frac{-5x+2y}{2}$$

$$=2(3x-y)-3(-5x+2y)$$

$$=6x-2y+15x-6y=21x-8y$$

54 답 ④

(색칠한 부분의 넓이)

$$=6y\times 4x-\frac{1}{2}\times(6y-10)\times 4x-\frac{1}{2}\times 6y\times(4x-8)-\frac{1}{2}\times 10\times 8$$

$$=24xy-12xy+20x-12xy+24y-40$$

$$=20x+24y-40$$

55 답 (1) $12x^2+26xy-6y^2$ (2) $18x^2y-6xy^2$

(1) (직육면체의 겉넓이)

$$=2\times\{3y\times 2x+3y(3x-y)+2x(3x-y)\}$$

$$=2(6xy+9xy-3y^2+6x^2-2xy)$$

$$=2(6x^2+13xy-3y^2)=12x^2+26xy-6y^2$$

(2) (직육면체의 부피)$=3y\times 2x\times(3x-y)$

$$=6xy(3x-y)=18x^2y-6xy^2$$

56 답 ③

(자료 검색실을 제외한 열람실의 넓이)

$=$(열람실 전체의 넓이)$-$(자료 검색실의 넓이)

$$=(3a+2b)\times 5a-\{(3a+2b)-2b\}\times(5a-3a)$$

$$=15a^2+10ab-3a\times 2a$$

$$=15a^2+10ab-6a^2=9a^2+10ab$$

57 답 $2a-b$

$\frac{1}{2}\times\{(\text{윗변의 길이})+(3a+2b)\}\times 2ab^2=5a^2b^2+ab^3$이므로 $\cdots(\mathrm{i})$

$$\{(\text{윗변의 길이})+(3a+2b)\}\times ab^2=5a^2b^2+ab^3$$

$$(\text{윗변의 길이})+(3a+2b)=(5a^2b^2+ab^3)\div ab^2$$

$$=\frac{5a^2b^2+ab^3}{ab^2}=5a+b$$

$$\therefore (\text{윗변의 길이})=(5a+b)-(3a+2b)$$

$$=5a+b-3a-2b=2a-b \qquad \cdots(\mathrm{ii})$$

채점 기준	
(i) 식 세우기	40 %
(ii) 사다리꼴의 윗변의 길이 구하기	60 %

58 답 ②

$\frac{1}{3} \times \{\pi \times (2a)^2\} \times (\text{높이}) = \frac{2}{3}\pi a^3 + 4\pi a^2 b$ 이므로

$\frac{4}{3}\pi a^2 \times (\text{높이}) = \frac{2}{3}\pi a^3 + 4\pi a^2 b$

$\therefore (\text{높이}) = \left(\frac{2}{3}\pi a^3 + 4\pi a^2 b\right) \div \frac{4}{3}\pi a^2$

$\qquad = \left(\frac{2}{3}\pi a^3 + 4\pi a^2 b\right) \times \frac{3}{4\pi a^2} = \frac{1}{2}a + 3b$

59 답 $4a+2b$

$4a \times 3 \times (\text{큰 직육면체의 높이}) = 24a^2 + 36ab$ 이므로

$12a \times (\text{큰 직육면체의 높이}) = 24a^2 + 36ab$

$\therefore (\text{큰 직육면체의 높이}) = (24a^2 + 36ab) \div 12a$

$\qquad\qquad = \frac{24a^2 + 36ab}{12a} = 2a + 3b$

$2a \times 3 \times (\text{작은 직육면체의 높이}) = 12a^2 - 6ab$ 이므로

$6a \times (\text{작은 직육면체의 높이}) = 12a^2 - 6ab$

$\therefore (\text{작은 직육면체의 높이}) = (12a^2 - 6ab) \div 6a$

$\qquad\qquad = \frac{12a^2 - 6ab}{6a} = 2a - b$

따라서 두 직육면체의 높이의 합은

$(2a+3b) + (2a-b) = 4a+2b$

Pick 점검하기 65~66쪽

60 답 ①

$\frac{2(2x-y)}{3} - \frac{3(x-3y)}{2} = \frac{4(2x-y) - 9(x-3y)}{6}$

$\qquad = \frac{8x - 4y - 9x + 27y}{6}$

$\qquad = \frac{-x + 23y}{6} = -\frac{1}{6}x + \frac{23}{6}y$

따라서 $a = -\frac{1}{6}$, $b = \frac{23}{6}$ 이므로

$a - b = -\frac{1}{6} - \frac{23}{6} = -\frac{24}{6} = -4$

61 답 ③

$4x^2 - 3x - \{-2x^2 + 6x - (x^2 - x + 3)\}$

$= 4x^2 - 3x - (-2x^2 + 6x - x^2 + x - 3)$

$= 4x^2 - 3x - (-3x^2 + 7x - 3)$

$= 4x^2 - 3x + 3x^2 - 7x + 3 = 7x^2 - 10x + 3$

따라서 $a = 7$, $b = -10$, $c = 3$ 이므로

$a + b + c = 7 + (-10) + 3 = 0$

62 답 ③

어떤 식을 A라 하면 $A - (8x^2 - 9x + 5) = -5x^2 + 3x - 2$

$\therefore A = (-5x^2 + 3x - 2) + (8x^2 - 9x + 5) = 3x^2 - 6x + 3$

즉, 어떤 식은 $3x^2 - 6x + 3$ 이다.

따라서 바르게 계산한 식은

$(3x^2 - 6x + 3) + (8x^2 - 9x + 5) = 11x^2 - 15x + 8$

63 답 ④, ⑤

① $x(-3x+2) = -3x^2 + 2x$

② $(4x^2 - 10xy) \div (-2x) = \frac{4x^2 - 10xy}{-2x} = -2x + 5y$

③ $\frac{12x^3y^2 - 8xy}{6xy} = 2x^2y - \frac{4}{3}$

④ $-y(x^2 + 2x - 1) = -x^2y - 2xy + y$

⑤ $\left(\frac{1}{3}x^4y^3 + \frac{1}{2}xy^2\right) \div \left(-\frac{1}{6}xy^2\right) = \left(\frac{1}{3}x^4y^3 + \frac{1}{2}xy^2\right) \times \left(-\frac{6}{xy^2}\right)$

$\qquad\qquad = -2x^3y - 3$

따라서 옳은 것은 ④, ⑤이다.

64 답 ④

$\boxed{} = (5a^2b - 4b + 3) \times 3ab = 15a^3b^2 - 12ab^2 + 9ab$

65 답 ②

$\frac{12x^2 - 16xy}{4x} - \frac{15y^2 + 30xy}{5y} = 3x - 4y - (3y + 6x)$

$\qquad\qquad = 3x - 4y - 3y - 6x = -3x - 7y$

66 답 ③

$(-2x^3)^2 \times 3y^2 \div x^5y^2 - (6x^2 - 3xy) \div \frac{3}{2}x$

$= 4x^6 \times 3y^2 \times \frac{1}{x^5y^2} - (6x^2 - 3xy) \times \frac{2}{3x}$

$= 12x - (4x - 2y) = 12x - 4x + 2y$

$= 8x + 2y = 8 \times 2 + 2 \times (-3) = 10$

67 답 ③

$5(A - 2B) + (4A + 5B) = 5A - 10B + 4A + 5B$

$\qquad\qquad = 9A - 5B$

$\qquad\qquad = 9 \times \frac{5x + 2y}{3} - 5 \times \frac{-x + 4y}{5}$

$\qquad\qquad = 3(5x + 2y) - (-x + 4y)$

$\qquad\qquad = 15x + 6y + x - 4y = 16x + 2y$

68 답 ②

(색칠한 부분의 넓이)

$= \frac{1}{2} \times 6x \times (5y - 3x) + \frac{1}{2} \times (6x - 2y) \times 5y$

$= 15xy - 9x^2 + 15xy - 5y^2$

$= -9x^2 + 30xy - 5y^2$

69 답 $-x^2 + 5x - 1$

$(2x^2 - x - 3) + A = -3x^2 + 2x - 3$ 에서

$A = (-3x^2 + 2x - 3) - (2x^2 - x - 3)$

$\quad = -3x^2 + 2x - 3 - 2x^2 + x + 3 = -5x^2 + 3x$ ⋯(ⅰ)

$(4x^2 - 3x + 1) - B = -5x + 2$ 에서

$B = (4x^2 - 3x + 1) - (-5x + 2)$

$\quad = 4x^2 - 3x + 1 + 5x - 2 = 4x^2 + 2x - 1$ ⋯(ⅱ)

$$\therefore A+B=(-5x^2+3x)+(4x^2+2x-1)=-x^2+5x-1 \quad \cdots \text{(iii)}$$

채점 기준

(i) 다항식 A 구하기	40 %
(ii) 다항식 B 구하기	40 %
(iii) $A+B$ 계산하기	20 %

70 답 -3

$$\{3y-(3x-9y)\}\times\frac{2}{3}x-(8xy^2-2x^2y)\div\frac{2}{3}y$$
$$=(-3x+12y)\times\frac{2}{3}x-(8xy^2-2x^2y)\times\frac{3}{2y}$$
$$=-2x^2+8xy-12xy+3x^2=x^2-4xy \quad \cdots \text{(i)}$$

따라서 x^2의 계수는 1, xy의 계수는 -4이므로 $\quad \cdots \text{(ii)}$

그 합은 $1+(-4)=-3$ $\quad \cdots \text{(iii)}$

채점 기준

(i) 주어진 식 계산하기	50 %
(ii) x^2의 계수와 xy의 계수 구하기	30 %
(iii) x^2의 계수와 xy의 계수의 합 구하기	20 %

71 답 $\frac{1}{6}a+b$

$$\{\pi\times(3a)^2\}\times(\text{높이})=\frac{3}{2}\pi a^3+9\pi a^2 b \text{이므로} \quad \cdots \text{(i)}$$
$$9\pi a^2\times(\text{높이})=\frac{3}{2}\pi a^3+9\pi a^2 b$$
$$\therefore (\text{높이})=\left(\frac{3}{2}\pi a^3+9\pi a^2 b\right)\div 9\pi a^2$$
$$=\left(\frac{3}{2}\pi a^3+9\pi a^2 b\right)\times\frac{1}{9\pi a^2}=\frac{1}{6}a+b \quad \cdots \text{(ii)}$$

채점 기준

(i) 식 세우기	40 %
(ii) 높이 구하기	60 %

만점 문제 뛰어넘기

67쪽

72 답 $A=7x^2+x+5$, $B=5x^2-2$, $C=x^2-2x+4$

$A+(3x^2-x+1)+(-x^2-3x-3)=9x^2-3x+3$에서
$A+2x^2-4x-2=9x^2-3x+3$
$\therefore A=(9x^2-3x+3)-(2x^2-4x-2)$
$\quad =9x^2-3x+3-2x^2+4x+2=7x^2+x+5$
$(-3x^2-4x)+A+B=9x^2-3x+3$에서
$(-3x^2-4x)+(7x^2+x+5)+B=9x^2-3x+3$
$4x^2-3x+5+B=9x^2-3x+3$
$\therefore B=(9x^2-3x+3)-(4x^2-3x+5)$
$\quad =9x^2-3x+3-4x^2+3x-5=5x^2-2$
$B+(3x^2-x+1)+C=9x^2-3x+3$에서
$(5x^2-2)+(3x^2-x+1)+C=9x^2-3x+3$
$8x^2-x-1+C=9x^2-3x+3$
$\therefore C=(9x^2-3x+3)-(8x^2-x-1)$
$\quad =9x^2-3x+3-8x^2+x+1=x^2-2x+4$

73 답 $\left(\frac{9}{14}a+\frac{2}{7}b\right)$원

	성인	청소년	어린이
지난 한 달 동안 입장료의 합(원)	$a\times 4n=4an$	$b\times 2n=2bn$	$\dfrac{a}{2}\times n=\dfrac{1}{2}an$

위의 표에서 입장료의 총합은 $4an+2bn+\frac{1}{2}an=\frac{9}{2}an+2bn$(원),

전체 입장객 수는 $4n+2n+n=7n$(명)이므로

지난 한 달 동안의 1인당 입장료의 평균은

$$\left(\frac{9}{2}an+2bn\right)\div 7n=\left(\frac{9}{2}an+2bn\right)\times\frac{1}{7n}=\frac{9}{14}a+\frac{2}{7}b(\text{원})$$

74 답 ②

$8^{x+3}=(2^3)^{x+3}=2^{3x+9}=2^{15}$에서 $3x+9=15$, $3x=6$ $\quad\therefore x=2$

$\dfrac{81^2}{3^y}=\dfrac{(3^4)^2}{3^y}=\dfrac{3^8}{3^y}=3^{8-y}=3^5$에서 $8-y=5$, $-y=-3$ $\quad\therefore y=3$

$\therefore \dfrac{8xy^2-16x^2y}{4xy}-\dfrac{9x^2-15x}{3x}=2y-4x-(3x-5)$
$\quad =2y-4x-3x+5=-7x+2y+5$
$\quad =-7\times 2+2\times 3+5=-3$

75 답 $14x^2+32x$

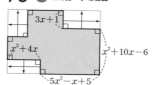

주어진 도형의 둘레의 길이는 위의 그림과 같이
$(\text{가로의 길이})=(x^2+4x)+(5x^2-x+5)=6x^2+3x+5$,
$(\text{세로의 길이})=(3x+1)+(x^2+10x-6)=x^2+13x-5$
인 직사각형의 둘레의 길이와 같다.
$\therefore (\text{둘레의 길이})=2\times\{(6x^2+3x+5)+(x^2+13x-5)\}$
$\quad =2\times(7x^2+16x)=14x^2+32x$

76 답 ②

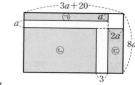

$(\text{㉠의 가로의 길이})=(3a+20)-2a$
$\quad =a+20$
$(\text{㉡의 가로의 길이})=(a+20)-3$
$\quad =a+17$
$(\text{㉡, ㉢의 세로의 길이})=8a-a-a=6a$
$\therefore (\text{색칠한 세 직사각형의 넓이의 합})$
$\quad =(\text{㉠의 넓이})+(\text{㉡의 넓이})+(\text{㉢의 넓이})$
$\quad =(a+20)\times a+(a+17)\times 6a+2a\times 6a$
$\quad =(a^2+20a)+(6a^2+102a)+12a^2=19a^2+122a$

77 답 $\frac{3}{4}b+\frac{1}{2}$

삼각기둥 모양의 그릇에 들어 있는 물의 부피는

$\left\{\dfrac{1}{2}\times 2a\times(3b+2)\right\}\times 3a=(3ab+2a)\times 3a=9a^2b+6a^2$

즉, 직육면체 모양의 그릇으로 옮겨진 물의 부피는 $9a^2b+6a^2$이므로

$4a\times 3a\times(\text{물의 높이})=9a^2b+6a^2$

$12a^2\times(\text{물의 높이})=9a^2b+6a^2$

$\therefore (\text{물의 높이})=(9a^2b+6a^2)\div 12a^2=\dfrac{9a^2b+6a^2}{12a^2}=\dfrac{3}{4}b+\dfrac{1}{2}$

01 ③	02 ㄴ, ㄷ	03 ③	04 ④
05 ③	06 ③, ④	07 ③	08 T
09 ④	10 ②	11 서준	12 ①
13 ③	14 3개	15 ②	16 ⑤
17 ⑤	18 ③	19 ②, ③	20 ②
21 ①	22 14	23 ④	

24 (1) $m=16$, $n=-23$ (2) -7　　25 ④

26 $x>-10$　27 ③　　28 (1) $x\geq-7$ (2) $x>-\dfrac{3}{2}$

29 (1) $x\leq-4$ (2) $x>-1$　30 (1) $x>\dfrac{1}{a}$ (2) $x<\dfrac{1}{a}$

31 ㄴ, ㄷ	32 ③	33 $a\neq-2$	34 ⑤
35 ㄱ, ㄷ	36 ②	37 ③	38 2
39 $x\geq9$	40 ③	41 ④	42 ④
43 ⑤	44 ④	45 10	46 10
47 6	48 ①		

49 유미: ㈐, 지호: ㈑, $x>-8$　　50 10

51 $x\leq4$	52 ④	53 $x<\dfrac{3}{2}$	54 $x>-\dfrac{3}{a}$
55 ④	56 ④	57 $x\leq3$	58 ①
59 9	60 ②	61 $5\leq a<7$	62 1
63 2	64 ②	65 3	66 ①
67 (1) $x>-5$ (2) 4	68 4	69 -3

70 ⑤	71 ③	72 ④	73 $\dfrac{1}{2}\leq a<1$
74 ④	75 ②	76 ⑤	77 ④
78 ③	79 ④	80 ①, ⑤	81 ④
82 ④	83 ③	84 ①	85 ②
86 $x>\dfrac{3}{2}$	87 $\dfrac{3}{4}$	88 ④	89 ②
90 2	91 5개	92 -2	93 ②, ⑤

94 $-\dfrac{1}{2}<x\leq-\dfrac{1}{4}$　　95 ③　　96 $x<4$

97 14　　98 $a\geq-\dfrac{5}{2}$　　99 5

---

01 부등식의 해와 그 성질

유형 모아 보기 & 완성하기　　　70~74쪽

01 답 ③
①, ⑤ 등식
②, ④ 다항식(일차식)
따라서 부등식인 것은 ③이다.

02 답 ㄴ, ㄷ
ㄱ. $10x+50>3x$
따라서 문장을 부등식으로 바르게 나타낸 것은 ㄴ, ㄷ이다.

03 답 ③
각 부등식에 [ ] 안의 수를 대입하면
① $4\times4+5<-3$ (거짓)
② $3\times3-7>2\times3$ (거짓)
③ $-3\leq12-5\times(-3)$ (참)
④ $3\times(-1)+4<-1+1$ (거짓)
⑤ $3+2\times1\geq7+4\times1$ (거짓)
따라서 [ ] 안의 수가 부등식의 해인 것은 ③이다.

04 답 ④
④ $x>y$에서 $3x>3y$이므로
　　$3x-1>3y-1$
⑤ $x>y$에서 $-\dfrac{x}{2}<-\dfrac{y}{2}$이므로
　　$4-\dfrac{x}{2}<4-\dfrac{y}{2}$
따라서 옳지 않은 것은 ④이다.

05 답 ③
$-1\leq x<4$의 각 변에 3을 곱하면
$-3\leq3x<12$　　…㉠
㉠의 각 변에서 5를 빼면
$-8\leq3x-5<7$
∴ $-8\leq A<7$

06 답 ③, ④
③ 다항식(이차식)
④ 등식

07 답 ③
ㄱ. 다항식(이차식)
ㄷ, ㄹ. 등식
따라서 부등식인 것은 ㄴ, ㅁ, ㅂ의 3개이다.

08 답 T

$2x+9=5x$, $2 \times 3-1=5$, $x(x-1)=0$은 등식,

$x-\dfrac{1}{5}$은 다항식(일차식)이므로

주어진 표에서 부등식이 있는 칸을 모두 색칠하면 다음과 같다.

$\dfrac{x}{6} > 15$	$x-3 < 7x$	$8x-2 \geq 8x-7$
$2x+9=5x$	$5x-6 < 0$	$x-\dfrac{1}{5}$
$2 \times 3-1=5$	$-2 > -4$	$x(x-1)=0$

따라서 나타나는 알파벳은 T이다.

09 답 ④

① $8x-1 \leq 2x$ 　　　　② $\dfrac{x}{5}+2 < 3$

③ $x \geq 140$ 　　　　⑤ $x+20 > 3x$

따라서 부등식으로 바르게 나타낸 것은 ④이다.

참고 (속력)×(시간)=(거리)

10 답 ②

(작지 않다.)=(크거나 같다.)이므로 $2x+3 \geq 4x$

11 답 서준

나연: $2x+4=60$

서준: $2x+4 > 60$

태형: $2x+4 \geq 60$

따라서 상황을 바르게 말한 학생은 서준이다.

12 답 ①

$5x+3 \geq 3x-1$에서

① $x=-3$일 때, $5 \times (-3)+3 \geq 3 \times (-3)-1$ (거짓)

② $x=-2$일 때, $5 \times (-2)+3 \geq 3 \times (-2)-1$ (참)

③ $x=-1$일 때, $5 \times (-1)+3 \geq 3 \times (-1)-1$ (참)

④ $x=0$일 때, $5 \times 0+3 \geq 3 \times 0-1$ (참)

⑤ $x=1$일 때, $5 \times 1+3 \geq 3 \times 1-1$ (참)

따라서 부등식 $5x+3 \geq 3x-1$의 해가 아닌 것은 ①이다.

13 답 ③

각 부등식에 $x=1$을 대입하면

ㄱ. $1-1 \leq 0$ (참) 　　　　ㄴ. $3 \times 1-2 < 0$ (거짓)

ㄷ. $5-2 \times 1 \geq 3$ (참) 　　　　ㄹ. $1+3 \times 1 > 3$ (참)

ㅁ. $2 \times (1+1) > 5$ (거짓) 　　　　ㅂ. $4-4 \times 1 < 0$ (거짓)

따라서 $x=1$일 때 참인 것은 ㄱ, ㄷ, ㄹ이다.

14 답 3개

$-2x+1 \geq -5$에 $x=1$, 2, 3, 4, $\cdots$를 차례로 대입하면

$x=1$일 때, $-2 \times 1+1 \geq -5$ (참)

$x=2$일 때, $-2 \times 2+1 \geq -5$ (참)

$x=3$일 때, $-2 \times 3+1 \geq -5$ (참)

$x=4$일 때, $-2 \times 4+1 \geq -5$ (거짓)

$\vdots$

따라서 부등식 $-2x+1 \geq -5$의 해는 1, 2, 3의 3개이다.

15 답 ②

$3x-4=2$에서 $3x=6$ 　　$\therefore$ $x=2$

각 부등식에 $x=2$를 대입하면

① $2+1 > 3$ (거짓) 　　　　② $2 \times 2+5 \geq 9$ (참)

③ $-2+1 > 2+2$ (거짓) 　　　　④ $4-2 < -7$ (거짓)

⑤ $3 \times 2-5 \leq 2-2$ (거짓)

따라서 방정식 $3x-4=2$를 만족시키는 x의 값이 해가 되는 부등식은 ②이다.

16 답 ⑤

① $a+2 < b+2$에서 $a < b$

② $4-a > 4-b$에서 $-a > -b$이므로 $a < b$

③ $\dfrac{a}{7}-3 < \dfrac{b}{7}-3$에서 $\dfrac{a}{7} < \dfrac{b}{7}$이므로 $a < b$

④ $2a-5 < 2b-5$에서 $2a < 2b$이므로 $a < b$

⑤ $\dfrac{4}{3}a+\dfrac{3}{2} > \dfrac{4}{3}b+\dfrac{3}{2}$에서 $\dfrac{4}{3}a > \dfrac{4}{3}b$이므로 $a > b$

따라서 부등호의 방향이 나머지 넷과 다른 하나는 ⑤이다.

17 답 ⑤

① $5-4a < 5-4b$에서 $-4a < -4b$이므로 $a > b$

② $a > b$에서 $-2a < -2b$

③ $a > b$에서 $\dfrac{a}{7} > \dfrac{b}{7}$

④ $a > b$에서 $-\dfrac{a}{5} < -\dfrac{b}{5}$이므로 $1-\dfrac{a}{5} < 1-\dfrac{b}{5}$

⑤ $a > b$에서 $9a > 9b$이므로 $9a+2 > 9b+2$

따라서 옳은 것은 ⑤이다.

18 답 ③

① $a < b$에서 $a \div (-1) > b \div (-1)$

② $a > b$에서 $\dfrac{a}{3} > \dfrac{b}{3}$이므로 $\dfrac{a}{3}+2 > \dfrac{b}{3}+2$

③ $\dfrac{a}{2} < \dfrac{b}{2}$에서 $a < b$이므로 $a-(-1) < b-(-1)$

④ $-\dfrac{a}{5} < -\dfrac{b}{5}$에서 $a > b$이므로 $-6a < -6b$

⑤ $1-a < 1-b$에서 $-a < -b$, 즉 $a > b$이므로

　$3a > 3b$ 　$\therefore$ $3a+4 > 3b+4$

따라서 옳지 않은 것은 ③이다.

19 답 ②, ③

① $a < b$에서 $-a > -b$이므로 $1-a > 1-b$

② $a < b$에서 $a-b < b-b$이므로 $a-b < 0$

③ $a < b$에서 $5a < 5b$이므로 $5a-5 < 5b-5$

　$\therefore$ $\dfrac{5a-5}{3} < \dfrac{5b-5}{3}$

④ $b > a$이고 $a < 0$이므로 $\dfrac{b}{a} < \dfrac{a}{a}$ 　$\therefore$ $\dfrac{b}{a} < 1$

⑤ $a < b$이고 $a < 0$이므로 $a \times a > b \times a$ 　$\therefore$ $a^2 > ab$

따라서 옳은 것은 ②, ③이다.

20 답 ②

$-3<x\le6$의 각 변에 $-\dfrac{1}{3}$을 곱하면 $-2\le-\dfrac{1}{3}x<1$ $\cdots$ ㉠

㉠의 각 변에 2를 더하면 $0\le2-\dfrac{1}{3}x<3$

21 답 ①

$-1<x<2$의 각 변에 2를 곱하면 $-2<2x<4$ $\cdots$ ㉠

㉠의 각 변에서 1을 빼면 $-3<2x-1<3$

따라서 $2x-1$의 값이 될 수 없는 것은 ①이다.

22 답 14

$-3<x\le1$의 각 변에 -2를 곱하면 $-2\le-2x<6$ $\cdots$ ㉠

㉠의 각 변에 5를 더하면 $3\le-2x+5<11$

따라서 $a=3$, $b=11$이므로 $a+b=3+11=14$

23 답 ④

$-1<2x-3\le9$의 각 변에 3을 더하면 $2<2x\le12$ $\cdots$ ㉠

㉠의 각 변을 2로 나누면 $1<x\le6$ $\cdots$ ㉡

㉡의 각 변에 -1을 곱하면 $-6\le-x<-1$ $\cdots$ ㉢

㉢의 각 변에 6을 더하면 $0\le6-x<5$

$\therefore 0\le A<5$

24 답 (1) $m=16$, $n=-23$ (2) -7

(1) $-5\le x<3$의 각 변에 5를 곱하면 $-25\le5x<15$ $\cdots$ ㉠

㉠의 각 변에 2를 더하면 $-23\le5x+2<17$

$\therefore -23\le A<17$ $\cdots$ (ⅰ)

따라서 A의 값이 될 수 있는 수 중 가장 큰 정수는 16, 가장 작은 정수는 -23이므로 $m=16$, $n=-23$ $\cdots$ (ⅱ)

(2) (1)에서 $m=16$, $n=-23$이므로

$m+n=16+(-23)=-7$ $\cdots$ (ⅲ)

채점 기준	
(ⅰ) A의 값의 범위 구하기	60%
(ⅱ) m, n의 값 구하기	20%
(ⅲ) $m+n$의 값 구하기	20%

02 일차부등식의 풀이 (1)

유형 모아 보기 & 완성하기　75~80쪽

25 답 ④

① $x-3<x$에서 $-3<0$ ⇨ 일차부등식이 아니다.

② $x^2+5\ge x^2+3$에서 $2\ge0$ ⇨ 일차부등식이 아니다.

③ $4x-1\le4x+5$에서 $-6\le0$ ⇨ 일차부등식이 아니다.

④ $5x+4<2x-10$에서 $3x+14<0$ ⇨ 일차부등식이다.

⑤ $-2(x+1)>-2x^2+1$에서 $-2x-2>-2x^2+1$

즉, $2x^2-2x-3>0$ ⇨ 일차부등식이 아니다.

따라서 일차부등식인 것은 ④이다.

26 답 $x>-10$

$5x-2<7x+18$에서 $5x-7x<18+2$

$-2x<20$ $\therefore x>-10$

27 답 ③

$-4x+3\le7-6x$에서 $2x\le4$ $\therefore x\le2$

따라서 해를 수직선 위에 나타내면 오른쪽 그림과 같다.

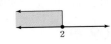

28 답 (1) $x\ge-7$ (2) $x>-\dfrac{3}{2}$

(1) $4(x+1)\ge3(x-1)$에서 $4x+4\ge3x-3$ $\therefore x\ge-7$

(2) $x-3(x+4)<2(x-3)$에서 $x-3x-12<2x-6$

$-2x-12<2x-6$, $-4x<6$ $\therefore x>-\dfrac{3}{2}$

29 답 (1) $x\le-4$ (2) $x>-1$

(1) $0.2x+0.6\ge1+0.3x$의 양변에 10을 곱하면

$2x+6\ge10+3x$, $-x\ge4$ $\therefore x\le-4$

(2) $\dfrac{x-2}{3}-\dfrac{5x-3}{4}<1$의 양변에 12를 곱하면

$4(x-2)-3(5x-3)<12$

$4x-8-15x+9<12$, $-11x<11$ $\therefore x>-1$

30 답 (1) $x>\dfrac{1}{a}$ (2) $x<\dfrac{1}{a}$

$ax-1>0$에서 $ax>1$

(1) $a>0$이므로 $ax>1$의 양변을 a로 나누면 $x>\dfrac{1}{a}$

(2) $a<0$이므로 $ax>1$의 양변을 a로 나누면 $x<\dfrac{1}{a}$

31 답 ㄴ, ㄷ

ㄱ. $6x-4<8-x^2$에서 $x^2+6x-12<0$ ⇨ 일차부등식이 아니다.

ㄴ. $x+5x<7$에서 $6x-7<0$ ⇨ 일차부등식이다.

ㄷ. $(x+4)x\ge x^2-2$에서 $4x+2\ge0$ ⇨ 일차부등식이다.

ㄹ. $\dfrac{1}{x}-3\le2$에서 $\dfrac{1}{x}-5\le0$ ⇨ 일차부등식이 아니다.

└ 분모에 x가 있으므로 일차식이 아니다.

따라서 일차부등식인 것은 ㄴ, ㄷ이다.

32 답 ③

① $3x-5>2$ $\therefore 3x-7>0$

② $\dfrac{x}{60}<1$ $\therefore \dfrac{x}{60}-1<0$

③ $x\times x\ge100$ $\therefore x^2-100\ge0$

④ $250-x>120$ $\therefore -x+130>0$

⑤ $2+3x\le20$ $\therefore 3x-18\le0$

따라서 일차부등식이 아닌 것은 ③이다.

33 답 $a \neq -2$

$3x-7 \geq ax-4+5x$에서 $3x-7-ax+4-5x \geq 0$

$\therefore (-a-2)x-3 \geq 0$

이 부등식이 x에 대한 일차부등식이 되려면

$-a-2 \neq 0$ $\therefore a \neq -2$

34 답 ⑤

① $x-5<1$에서 $x<6$

② $-3x-8<4$에서 $-3x<12$ $\therefore x>-4$

③ $-2x>-8$에서 $x<4$

④ $2x-9<-1$에서 $2x<8$ $\therefore x<4$

⑤ $3-4x>19$에서 $-4x>16$ $\therefore x<-4$

따라서 해가 $x<-4$인 것은 ⑤이다.

35 답 ㄱ, ㄷ

㈎ 부등식의 양변에 3을 더한다. ⇨ ㄱ

㈏ 부등식의 양변을 -4로 나눈다. ⇨ ㄷ

36 답 ②

① $\dfrac{x}{2}>-1$에서 $x>-2$

② $-x>2x+6$에서 $-3x>6$ $\therefore x<-2$

③ $6x-4<8x$에서 $-2x<4$ $\therefore x>-2$

④ $5x+1>4x-1$에서 $x>-2$

⑤ $7x-5<11x+3$에서 $-4x<8$ $\therefore x>-2$

따라서 해가 나머지 넷과 다른 하나는 ②이다.

37 답 ③

$2x+5<-3x-10$에서

$5x<-15$ $\therefore x<-3$

따라서 주어진 부등식을 만족시키는 x의 값 중 가장 큰 정수는 -4이다.

38 답 2

$-3x+8>x$에서

$-4x>-8$ $\therefore x<2$

즉, 일차부등식 $-3x+8>x$를 만족시키는 자연수 x는 1의 1개이므로

$a=1$ $\cdots$ (i)

$2x-8>5x-20$에서

$-3x>-12$ $\therefore x<4$

즉, 일차부등식 $2x-8>5x-20$을 만족시키는 자연수 x는 1, 2, 3의 3개이므로 $b=3$ $\cdots$ (ii)

$\therefore b-a=3-1=2$ $\cdots$ (iii)

채점 기준

(i) a의 값 구하기	40 %
(ii) b의 값 구하기	40 %
(iii) $b-a$의 값 구하기	20 %

39 답 $x \geq 9$

$-5x+6=1$에서 $-5x=-5$ $\therefore x=1$

따라서 $a=1$이므로 주어진 부등식은

$x-1 \leq 2x-10$에서 $-x \leq -9$ $\therefore x \geq 9$

40 답 ③

$3x-7>2x-2$에서 $x>5$

따라서 해를 수직선 위에 나타내면 오른쪽 그림과 같다.

41 답 ④

① $2-x>x$에서 $-2x>-2$ $\therefore x<1$

② $3-5x<-12$에서 $-5x<-15$ $\therefore x>3$

③ $4x+1 \geq 21$에서 $4x \geq 20$ $\therefore x \geq 5$

④ $3x-2<x+6$에서 $2x<8$ $\therefore x<4$

⑤ $6x+1 \leq 7x+9$에서 $-x \leq 8$ $\therefore x \geq -8$

따라서 해를 수직선 위에 바르게 나타낸 것은 ④이다.

42 답 ④

주어진 그림에서 해는 $x<-1$이다.

① $x+2>1$에서 $x>-1$

② $2x>x-1$에서 $x>-1$

③ $3x+6>x+4$에서 $2x>-2$ $\therefore x>-1$

④ $-x+2>2x+5$에서 $-3x>3$ $\therefore x<-1$

⑤ $-3x+3>x-1$에서 $-4x>-4$ $\therefore x<1$

따라서 해를 수직선 위에 나타냈을 때, 주어진 그림과 같은 것은 ④이다.

43 답 ⑤

$3(x-1) \geq -2(x-6)$에서

$3x-3 \geq -2x+12$, $5x \geq 15$ $\therefore x \geq 3$

44 답 ④

$5(x+2)>7x-6$에서

$5x+10>7x-6$, $-2x>-16$ $\therefore x<8$

따라서 주어진 부등식을 만족시키는 자연수 x는 1, 2, 3, 4, 5, 6, 7의 7개이다.

45 답 **10**

$2(x+3)+7\geq4(x+1)$에서

$2x+6+7\geq4x+4,\ 2x+13\geq4x+4$

$-2x\geq-9$ $\therefore x\leq\dfrac{9}{2}\left(=4\dfrac{1}{2}\right)$ $\cdots$ (i)

따라서 주어진 부등식을 만족시키는 자연수 x는 1, 2, 3, 4이므로 구하는 합은 $1+2+3+4=10$ $\cdots$ (ii)

46 답 **10**

$2(3x-1)>-(x-4)$에서

$6x-2>-x+4,\ 7x>6$ $\therefore x>\dfrac{6}{7}$

$x>\dfrac{6}{7}$에서 $7x>6$ $\therefore 7x+3>9$, 즉 $A>9$

따라서 A의 값 중 가장 작은 정수는 10이다.

47 답 **6**

$\dfrac{1}{2}x+1\geq\dfrac{4}{5}(x-1)$의 양변에 10을 곱하면

$5x+10\geq8(x-1)$

$5x+10\geq8x-8,\ -3x\geq-18$ $\therefore x\leq6$

따라서 주어진 부등식을 만족시키는 x의 값 중 가장 큰 정수는 6이다.

48 답 ①

$0.5x-1<0.1(x+2)$의 양변에 10을 곱하면

$5x-10<x+2$

$4x<12$ $\therefore x<3$

따라서 해를 수직선 위에 나타내면 오른쪽 그림과 같다.

49 답 유미: ㈐, 지호: ㈑, $x>-8$

$\dfrac{x}{4}-2<\dfrac{x}{2}$의 양변에 4를 곱하면

$x-8<2x$

$-x<8$ $\therefore x>-8$

따라서 유미와 지호가 처음으로 틀린 곳은 각각 ㈐, ㈑이고, 일차부등식을 바르게 풀면 $x>-8$이다.

50 답 **10**

$x-\dfrac{3x-6}{2}>-3$의 양변에 2를 곱하면

$2x-(3x-6)>-6$

$2x-3x+6>-6,\ -x>-12$

$\therefore x<12$ $\therefore a=12$ $\cdots$ (i)

$1.3x+0.8>0.4x-1$의 양변에 10을 곱하면

$13x+8>4x-10,\ 9x>-18$

$\therefore x>-2$ $\therefore b=-2$ $\cdots$ (ii)

$\therefore a+b=12+(-2)=10$ $\cdots$ (iii)

51 답 $x\leq4$

$0.5(x-2)\leq x-\dfrac{2x+1}{3}$에서 $\dfrac{1}{2}(x-2)\leq x-\dfrac{2x+1}{3}$

이 식의 양변에 6을 곱하면

$3(x-2)\leq6x-2(2x+1)$

$3x-6\leq6x-4x-2,\ 3x-6\leq2x-2$ $\therefore x\leq4$

52 답 ④

$\dfrac{1}{6}x+2.5>0.3x-\dfrac{3}{4}$에서 $\dfrac{1}{6}x+\dfrac{5}{2}>\dfrac{3}{10}x-\dfrac{3}{4}$

이 식의 양변에 60을 곱하면

$10x+150>18x-45$

$-8x>-195$ $\therefore x<\dfrac{195}{8}\left(=24\dfrac{3}{8}\right)$

따라서 주어진 부등식을 만족시키는 자연수 x는 1, 2, 3, $\cdots$, 24의 24개이다.

53 답 $x<\dfrac{3}{2}$

$2(0.6x-0.4)<0.\dot{6}x$에서 $1.2x-0.8<\dfrac{2}{3}x$이므로

$\quad\quad\quad\quad\quad\quad\quad\quad\llcorner0.\dot{6}=\dfrac{6}{9}=\dfrac{2}{3}$

$\dfrac{6}{5}x-\dfrac{4}{5}<\dfrac{2}{3}x$

이 식의 양변에 15를 곱하면

$18x-12<10x,\ 8x<12$ $\therefore x<\dfrac{3}{2}$

54 답 $x>-\dfrac{3}{a}$

$5-ax<8$에서 $-ax<3$

이때 $a>0$에서 $-a<0$이므로

$-ax<3$의 양변을 $-a$로 나누면 $x>-\dfrac{3}{a}$

55 답 ④

$ax+a>0$에서 $ax>-a$

이때 $a<0$이므로 $ax>-a$의 양변을 a로 나누면

$x<\dfrac{-a}{a}$ $\therefore x<-1$

56 답 ④

$a<0$에서 $-2a>0$이므로

$-2ax<4$의 양변을 $-2a$로 나누면

$x<\dfrac{4}{-2a}$ $\therefore x<-\dfrac{2}{a}$

57 답 $x\leq3$

$(a-2)x-3a+6\geq0$에서

$(a-2)x\geq3a-6,\ (a-2)x\geq3(a-2)$

이때 $a<2$에서 $a-2<0$이므로

$(a-2)x\geq3(a-2)$의 양변을 $a-2$로 나누면

$x\leq\dfrac{3(a-2)}{a-2}$ $\therefore x\leq3$

유형 모아 보기 & 완성하기   **81~83쪽**

58 답 ①

$3x+a>x-4$에서 $2x>-a-4$ $\therefore x>\dfrac{-a-4}{2}$

이때 부등식의 해가 $x>5$이므로 $\dfrac{-a-4}{2}=5$

$-a-4=10$ $\therefore a=-14$

59 답 9

$-x+3>2x+1$에서 $-3x>-2$ $\therefore x<\dfrac{2}{3}$

$3(x-2)+a<5$에서 $3x-6+a<5$, $3x<11-a$ $\therefore x<\dfrac{11-a}{3}$

따라서 $\dfrac{11-a}{3}=\dfrac{2}{3}$이므로 $11-a=2$ $\therefore a=9$

60 답 ②

$-3+2x\geq a$에서 $2x\geq a+3$ $\therefore x\geq\dfrac{a+3}{2}$

따라서 $\dfrac{a+3}{2}=1$이므로 $a+3=2$ $\therefore a=-1$

61 답 $5\leq a<7$

$4x-a\leq 2x+1$에서 $2x\leq a+1$ $\therefore x\leq\dfrac{a+1}{2}$ $\cdots$ ㉠

㉠을 만족시키는 자연수 x가 3개, 즉 자연수 x가 1, 2, 3이므로 오른쪽 그림에서

$3\leq\dfrac{a+1}{2}<4$, $6\leq a+1<8$

$\therefore 5\leq a<7$

62 답 1

$7x+a\leq 10x-5$에서 $-3x\leq -a-5$ $\therefore x\geq\dfrac{a+5}{3}$

이때 주어진 그림에서 부등식의 해가 $x\geq 2$이므로 $\dfrac{a+5}{3}=2$

$a+5=6$ $\therefore a=1$

63 답 2

$3x-(2a-5)<4x+3+a$에서

$3x-2a+5<4x+3+a$, $-x<3a-2$

$\therefore x>-3a+2$ $\cdots$ (i)

이때 부등식의 해가 $x>-4$이므로 $-3a+2=-4$

$-3a=-6$ $\therefore a=2$ $\cdots$ (ii)

채점 기준

(i) 일차부등식의 해를 a를 사용하여 나타내기	50 %
(ii) a의 값 구하기	50 %

64 답 ②

$ax-2\geq 3x-7$에서 $(a-3)x\geq -5$

이때 부등식의 해가 $x\leq 1$이므로 $a-3<0$

따라서 $(a-3)x\geq -5$에서 $x\leq -\dfrac{5}{a-3}$이므로

$-\dfrac{5}{a-3}=1$, $a-3=-5$ $\therefore a=-2$

65 답 3

$3a-4x<8-ax$에서 $(a-4)x<8-3a$

이때 주어진 그림에서 부등식의 해가 $x>1$이므로 $a-4<0$

따라서 $(a-4)x<8-3a$에서 $x>\dfrac{8-3a}{a-4}$이므로

$\dfrac{8-3a}{a-4}=1$, $8-3a=a-4$, $-4a=-12$ $\therefore a=3$

66 답 ①

$x-4<2x+2$에서 $-x<6$ $\therefore x>-6$

$5x-a>3(x-1)+4$에서

$5x-a>3x-3+4$, $2x>a+1$ $\therefore x>\dfrac{a+1}{2}$

따라서 $\dfrac{a+1}{2}=-6$이므로 $a+1=-12$ $\therefore a=-13$

67 답 (1) $x>-5$ (2) 4

(1) $\dfrac{x-2}{2}-\dfrac{2x-1}{3}<\dfrac{1}{6}$의 양변에 6을 곱하면

   $3(x-2)-2(2x-1)<1$

   $3x-6-4x+2<1$, $-x<5$ $\therefore x>-5$ $\cdots$ (i)

(2) $2x-1<3x+a$에서 $-x<a+1$ $\therefore x>-a-1$ $\cdots$ (ii)

   이때 주어진 두 부등식의 해가 서로 같으므로

   $-a-1=-5$에서 $a=4$ $\cdots$ (iii)

채점 기준

(i) 일차부등식 $\dfrac{x-2}{2}-\dfrac{2x-1}{3}<\dfrac{1}{6}$의 해 구하기	40 %
(ii) 일차부등식 $2x-1<3x+a$의 해를 a를 사용하여 나타내기	40 %
(iii) a의 값 구하기	20 %

68 답 4

$\dfrac{x-13}{4}\leq\dfrac{x-6}{3}$의 양변에 12를 곱하면

$3(x-13)\leq 4(x-6)$, $3x-39\leq 4x-24$

$-x\leq 15$ $\therefore x\geq -15$

$0.8(x-a)\leq x-0.2$의 양변에 10을 곱하면

$8(x-a)\leq 10x-2$, $8x-8a\leq 10x-2$

$-2x\leq 8a-2$ $\therefore x\geq -4a+1$

따라서 $-4a+1=-15$이므로 $-4a=-16$ $\therefore a=4$

69 답 -3

$9-2x\geq a$에서 $-2x\geq a-9$ $\therefore x\leq -\dfrac{a-9}{2}$

따라서 $-\dfrac{a-9}{2}=6$이므로 $a-9=-12$ $\therefore a=-3$

70 답 ⑤

$\dfrac{x-a}{4} \geq 1.5 - x$에서 $\dfrac{x-a}{4} \geq \dfrac{3}{2} - x$

이 식의 양변에 4를 곱하면

$x - a \geq 6 - 4x$, $5x \geq a + 6$ $\therefore x \geq \dfrac{a+6}{5}$

따라서 $\dfrac{a+6}{5} = 3$이므로 $a + 6 = 15$ $\therefore a = 9$

71 답 ③

$\dfrac{x+3}{2} \leq \dfrac{ax+2}{3}$의 양변에 6을 곱하면

$3(x+3) \leq 2(ax+2)$

$3x + 9 \leq 2ax + 4$ $\therefore (3-2a)x \leq -5$

이때 부등식의 해 중 가장 큰 수가 -1, 즉 주어진 부등식의 해가 $x \leq -1$이므로 $3 - 2a > 0$

따라서 $(3-2a)x \leq -5$에서 $x \leq \dfrac{-5}{3-2a}$이므로

$\dfrac{-5}{3-2a} = -1$, $-5 = 2a-3$, $-2a = 2$ $\therefore a = -1$

72 답 ④

$5x - 3(x+2) < a$에서 $5x - 3x - 6 < a$

$2x < a + 6$ $\therefore x < \dfrac{a+6}{2}$ $\cdots$ ㉠

㉠을 만족시키는 자연수 x가 4개, 즉 자연수 x가 1, 2, 3, 4이므로 오른쪽 그림에서

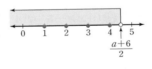

$4 < \dfrac{a+6}{2} \leq 5$, $8 < a + 6 \leq 10$

$\therefore 2 < a \leq 4$

73 답 $\dfrac{1}{2} \leq a < 1$

$3x - a \leq \dfrac{5x+1}{2}$의 양변에 2를 곱하면

$6x - 2a \leq 5x + 1$ $\therefore x \leq 2a + 1$ $\cdots$ ㉠

㉠을 만족시키는 자연수 x가 1, 2뿐이므로 오른쪽 그림에서

$2 \leq 2a + 1 < 3$, $1 \leq 2a < 2$

$\therefore \dfrac{1}{2} \leq a < 1$

74 답 ④

$-6x + 7 \geq 4x - 3a$에서

$-10x \geq -3a - 7$ $\therefore x \leq \dfrac{3a+7}{10}$ $\cdots$ ㉠

㉠을 만족시키는 자연수 x가 존재하지 않으므로 오른쪽 그림에서

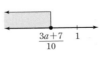

$\dfrac{3a+7}{10} < 1$, $3a + 7 < 10$

$3a < 3$ $\therefore a < 1$

만렙비법 부등식을 만족시키는 자연수가 존재하지 않을 때

(1) 부등식의 해가 $x \leq k$이면 $\Rightarrow k < 1$

(2) 부등식의 해가 $x < k$이면 $\Rightarrow k \leq 1$

75 답 ②

ㄴ. $3(x-2) \leq 20$

ㄹ. $3x > 15$

따라서 부등식으로 바르게 나타낸 것은 ㄱ, ㄷ이다.

76 답 ⑤

각 부등식에 $x = -1$을 대입하면

① $2 \times (-1) + 3 \leq 1$ (참)

② $-1 + 2 > -2$ (참)

③ $3 \times (-1) - 5 < -1$ (참)

④ $-(-1) + 4 \geq 3$ (참)

⑤ $-5 \times (-1) - 3 \leq 0$ (거짓)

따라서 $x = -1$이 해가 아닌 것은 ⑤이다.

77 답 ④

① $a < b$에서 $-2 + a < -2 + b$

② $a < b$에서 $5a < 5b$이므로 $3 + 5a < 3 + 5b$

③ $a < b$에서 $\dfrac{a}{4} < \dfrac{b}{4}$이므로 $\dfrac{a}{4} - 1 < \dfrac{b}{4} - 1$

④ $a < b$에서 $-6a > -6b$이므로 $-6a + 3 > -6b + 3$

⑤ $a < b$에서 $-a > -b$이므로 $1 - a > 1 - b$

　　$\therefore -(1-a) < -(1-b)$

따라서 부등호의 방향이 나머지 넷과 다른 하나는 ④이다.

78 답 ③

$-4 \leq x < 2$의 각 변에 $\dfrac{1}{2}$을 곱하면

$-2 \leq \dfrac{1}{2}x < 1$ $\cdots$ ㉠

㉠의 각 변에서 3을 빼면

$-5 \leq \dfrac{1}{2}x - 3 < -2$

따라서 $\dfrac{1}{2}x - 3$의 값이 될 수 있는 정수는 -5, -4, -3의 3개이다.

79 답 ④

$\dfrac{1}{4}x + 5 > ax + 7 - \dfrac{3}{4}x$에서 $\dfrac{1}{4}x + 5 - ax - 7 + \dfrac{3}{4}x > 0$

$\therefore (1-a)x - 2 > 0$

이 부등식이 x에 대한 일차부등식이 되려면

$1 - a \neq 0$ $\therefore a \neq 1$

80 답 ①, ⑤

① $-4x + 5 \leq 1$에서 $-4x \leq -4$ $\therefore x \geq 1$

② $-3x - 2 \geq 2x + 3$에서 $-5x \geq 5$ $\therefore x \leq -1$

③ $-x + 3 \geq 5x - 3$에서 $-6x \geq -6$ $\therefore x \leq 1$

④ $2x + 3 \geq -2x - 1$에서 $4x \geq -4$ $\therefore x \geq -1$

⑤ $3x - 3 \geq 2x - 2$에서 $x \geq 1$

따라서 해가 $x \geq 1$인 것은 ①, ⑤이다.

81 답 ④

$5x-6\leq 2x+11$에서

$3x\leq 17$ $\quad\therefore x\leq \dfrac{17}{3}\left(=5\dfrac{2}{3}\right)$

따라서 주어진 부등식을 만족시키는 자연수 x는 1, 2, 3, 4, 5이므로 구하는 합은

$1+2+3+4+5=15$

82 답 ④

$3(2x+1)<8x+1$에서

$6x+3<8x+1$, $-2x<-2$ $\quad\therefore x>1$

따라서 해를 수직선 위에 나타내면 오른쪽 그림과 같다.

83 답 ③

$\dfrac{x-2}{2}-\dfrac{2x-1}{3}<-1$의 양변에 6을 곱하면

$3(x-2)-2(2x-1)<-6$

$3x-6-4x+2<-6$, $-x<-2$ $\quad\therefore x>2$

따라서 주어진 부등식을 만족시키는 x의 값 중 가장 작은 정수는 3이다.

84 답 ①

$\dfrac{2}{3}x+2>\dfrac{x-2}{4}$의 양변에 12를 곱하면

$8x+24>3(x-2)$

$8x+24>3x-6$, $5x>-30$ $\quad\therefore x>-6$

$\therefore a=-6$

$0.3(x+6)>0.5x+1.4$의 양변에 10을 곱하면

$3(x+6)>5x+14$

$3x+18>5x+14$, $-2x>-4$ $\quad\therefore x<2$

$\therefore b=2$

$\therefore ab=(-6)\times 2=-12$

85 답 ②

$1-ax<6$에서 $-ax<5$

이때 $a<0$에서 $-a>0$이므로

$-ax<5$의 양변을 $-a$로 나누면 $x<-\dfrac{5}{a}$

86 답 $x>\dfrac{3}{2}$

$2x-a>5$에서 $2x>a+5$ $\quad\therefore x>\dfrac{a+5}{2}$

이때 부등식의 해가 $x>4$이므로 $\dfrac{a+5}{2}=4$

$a+5=8$ $\quad\therefore a=3$

$a=3$을 $3(x+2)<5x+a$에 대입하면

$3(x+2)<5x+3$

$3x+6<5x+3$, $-2x<-3$ $\quad\therefore x>\dfrac{3}{2}$

87 답 $\dfrac{3}{4}$

$3x+2\leq -x+3$에서

$4x\leq 1$ $\quad\therefore x\leq \dfrac{1}{4}$

$\dfrac{x}{3}+\dfrac{2-x}{6}\leq \dfrac{a}{2}$의 양변에 6을 곱하면

$2x+(2-x)\leq 3a$ $\quad\therefore x\leq 3a-2$

따라서 $3a-2=\dfrac{1}{4}$이므로 $3a=\dfrac{9}{4}$ $\quad\therefore a=\dfrac{3}{4}$

88 답 ④

$x-4\leq 3x+a$에서

$-2x\leq a+4$ $\quad\therefore x\geq -\dfrac{a+4}{2}$

따라서 $-\dfrac{a+4}{2}=-3$이므로 $a+4=6$ $\quad\therefore a=2$

89 답 ②

$4(x+1)+a<-3x$에서

$4x+4+a<-3x$, $7x<-a-4$

$\therefore x<\dfrac{-a-4}{7}$ $\quad\cdots$ ㉠

㉠을 만족시키는 자연수 x가 2개, 즉 자연수 x가 1, 2이므로 오른쪽 그림에서

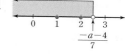

$2<\dfrac{-a-4}{7}\leq 3$, $14<-a-4\leq 21$

$18<-a\leq 25$ $\quad\therefore -25\leq a<-18$

90 답 2

$9-2(x+1)>3(x-2)$에서 $9-2x-2>3x-6$

$-5x>-13$ $\quad\therefore x<\dfrac{13}{5}\left(=2\dfrac{3}{5}\right)$ $\quad\cdots$ (i)

따라서 주어진 부등식을 만족시키는 x의 값 중 가장 큰 정수는 2이다. $\quad\cdots$ (ii)

채점 기준

(i) 일차부등식 풀기	60 %
(ii) 일차부등식을 만족시키는 x의 값 중 가장 큰 정수 구하기	40 %

91 답 5개

$\dfrac{3x-1}{4}\leq 0.3x-\dfrac{x-9}{2}$에서

$\dfrac{3x-1}{4}\leq \dfrac{3}{10}x-\dfrac{x-9}{2}$

이 식의 양변에 20을 곱하면

$5(3x-1)\leq 6x-10(x-9)$ $\quad\cdots$ (i)

$15x-5\leq 6x-10x+90$

$19x\leq 95$ $\quad\therefore x\leq 5$ $\quad\cdots$ (ii)

따라서 주어진 부등식을 만족시키는 자연수 x는 1, 2, 3, 4, 5의 5개이다. $\quad\cdots$ (iii)

채점 기준

(i) 일차부등식의 계수를 모두 정수로 고치기	40 %
(ii) 일차부등식 풀기	30 %
(iii) 일차부등식을 만족시키는 자연수 x는 모두 몇 개인지 구하기	30 %

92 답 -2

$3x-5<a-bx$에서 $(3+b)x<a+5$

이때 주어진 그림에서 부등식의 해가 $x<1$이므로 $3+b>0$

따라서 $(3+b)x<a+5$에서 $x<\dfrac{a+5}{3+b}$이므로 ··· (i)

$\dfrac{a+5}{3+b}=1$, $a+5=3+b$

$\therefore a-b=3-5=-2$ ··· (ii)

채점 기준

(i) 일차부등식의 해를 a, b를 사용하여 나타내기	50 %
(ii) $a-b$의 값 구하기	50 %

만점 문제 뛰어넘기
87쪽

93 답 ②, ⑤

주어진 그림에서 $a<b<0<c$이다.

① $a<b$이므로 $a+c<b+c$

② $a<c$이므로 $-a>-c$

③ $b<c$이고 $a<0$이므로 $ab>ac$

④ $a<b$이고 $c>0$이므로 $\dfrac{a}{c}<\dfrac{b}{c}$

⑤ $a<b$이고 $c>0$이므로 $ac<bc$ $\therefore ac+a<bc+a$

따라서 옳은 것은 ②, ⑤이다.

94 답 $-\dfrac{1}{2}<x\le-\dfrac{1}{4}$

$4x-a+3=0$에서 $4x=a-3$ $\therefore x=\dfrac{a-3}{4}$

$5<3a+2\le8$의 각 변에서 2를 빼면 $3<3a\le6$ ··· ㉠

㉠의 각 변을 3으로 나누면 $1<a\le2$ ··· ㉡

㉡의 각 변에서 3을 빼면 $-2<a-3\le-1$ ··· ㉢

㉢의 각 변을 4로 나누면 $-\dfrac{1}{2}<\dfrac{a-3}{4}\le-\dfrac{1}{4}$

$\therefore -\dfrac{1}{2}<x\le-\dfrac{1}{4}$

95 답 ③

$x+y=5$에서 $y=5-x$

$y=5-x$를 $3x+y$에 대입하면

$3x+(5-x)=2x+5$

$\therefore -3\le2x+5<7$ ··· ㉠

㉠의 각 변에서 5를 빼면

$-8\le2x<2$ ··· ㉡

㉡의 각 변을 2로 나누면 $-4\le x<1$

---

96 답 $x<4$

$(a-b)x+2a-7b>0$에서 $(a-b)x>-2a+7b$

이때 부등식의 해가 $x<\dfrac{1}{2}$이므로 $a-b<0$ ··· ㉠

따라서 $(a-b)x>-2a+7b$에서 $x<\dfrac{-2a+7b}{a-b}$이므로

$\dfrac{-2a+7b}{a-b}=\dfrac{1}{2}$, $a-b=-4a+14b$

$5a=15b$ $\therefore a=3b$ ··· ㉡

㉡을 ㉠에 대입하면 $3b-b<0$, $2b<0$ $\therefore b<0$

㉡을 $(2b-a)x+a+b<0$에 대입하면

$(2b-3b)x+3b+b<0$, $-bx<-4b$

이때 $b<0$에서 $-b>0$이므로

$-bx<-4b$의 양변을 $-b$로 나누면 $x<\dfrac{-4b}{-b}$ $\therefore x<4$

97 답 14

$\dfrac{2x-1}{3}>a$에서 $2x-1>3a$

$2x>3a+1$ $\therefore x>\dfrac{3a+1}{2}$ ··· ㉠

㉠을 만족시키는 가장 작은 정수가 6이므로

오른쪽 그림에서

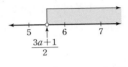

$5\le\dfrac{3a+1}{2}<6$

$10\le3a+1<12$, $9\le3a<11$ $\therefore 3\le a<\dfrac{11}{3}$

따라서 $m=3$, $n=\dfrac{11}{3}$이므로 $m+3n=3+3\times\dfrac{11}{3}=14$

만렙비법 부등식의 해 중 가장 작은 정수가 k일 때

(1) 부등식의 해가 $x\ge a$이면 ⇨ $k-1<a\le k$

(2) 부등식의 해가 $x>a$이면 ⇨ $k-1\le a<k$

98 답 $a\ge-\dfrac{5}{2}$

$6x-2(x+a)\ge3x+5$에서 $6x-2x-2a\ge3x+5$

$4x-2a\ge3x+5$ $\therefore x\ge2a+5$ ··· ㉠

㉠을 만족시키는 음수 x가 존재하지 않으므로

오른쪽 그림에서

$2a+5\ge0$, $2a\ge-5$ $\therefore a\ge-\dfrac{5}{2}$

99 답 5

$\dfrac{x}{3}+a\ge\dfrac{3x+15}{4}$의 양변에 12를 곱하면

$4x+12a\ge3(3x+15)$

$4x+12a\ge9x+45$, $-5x\ge-12a+45$

$\therefore x\le\dfrac{12a-45}{5}$ ··· ㉠

㉠을 만족시키는 자연수 x가 3개 이상이므로

오른쪽 그림에서

$\dfrac{12a-45}{5}\ge3$

$12a-45\ge15$, $12a\ge60$ $\therefore a\ge5$

따라서 a의 값 중 가장 작은 수는 5이다.

5 일차부등식의 활용

01 ③	**02** 93점	**03** 9송이	**04** 6개
05 6일 후	**06** $x \geq 10$	**07** 18000원	**08** 5, 6
09 ①	**10** 26, 27, 28	**11** ②	**12** ⑤
13 ④	**14** ③	**15** ④	**16** 10마리
17 11권	**18** ③	**19** ②	**20** ④
21 11개	**22** ③	**23** ⑤	**24** ④
25 7개월 후	**26** ③	**27** 18 cm	**28** ③
29 25 cm	**30** ②	**31** 17년 후	**32** 5일
33 ③	**34** 150분	**35** ④	**36** 11자루
37 41명	**38** ③	**39** 350 MB	**40** ⑤
41 ⑤	**42** 15000원	**43** ④	**44** 7개
45 ②	**46** 32개월	**47** ⑤	**48** 8명
49 37명	**50** ⑤	**51** 2 km	**52** 21분
53 ⑤	**54** 190 g	**55** 5 km	**56** ⑤
57 ③	**58** ②	**59** 7 km	**60** 720 m
61 ③	**62** ④	**63** 45분	
64 꽃집, 서점, 문구점		**65** ②	**66** 7분 후
67 ⑤	**68** 180 g	**69** $\frac{75}{2}$ g	**70** ⑤
71 100 g	**72** (1) 300 g (2) 850 g		**73** ③
74 ④	**75** ③	**76** 5개	**77** ①, ⑤
78 50일 후	**79** ③	**80** ②	**81** ③
82 ⑤	**83** ④	**84** 29명	**85** ④
86 ②	**87** ④	**88** 4분 후	**89** 18개
90 81곡	**91** 110 g	**92** 25 cm	**93** ④
94 4대	**95** 22 km	**96** 8명	**97** 분속 246 m

유형 모아 보기 & 완성하기　　90~95쪽

01 답 ③

어떤 정수를 x라 하면

$4x + 15 > 72$

$4x > 57$　　$\therefore x > \dfrac{57}{4} \left(= 14\dfrac{1}{4} \right)$

따라서 구하는 가장 작은 정수는 15이다.

02 답 93점

세 번째 시험에서 x점을 받는다고 하면

$\dfrac{86 + 91 + x}{3} \geq 90$

$177 + x \geq 270$　　$\therefore x \geq 93$

따라서 세 번째 시험에서 93점 이상을 받아야 한다.

03 답 9송이

카네이션을 x송이 넣는다고 하면

$2500x + 1500 \leq 25000$

$2500x \leq 23500$　　$\therefore x \leq \dfrac{47}{5} \left(= 9\dfrac{2}{5} \right)$

따라서 카네이션을 최대 9송이까지 넣을 수 있다.

04 답 6개

빵을 x개 산다고 하면 우유는 $(13-x)$개 살 수 있으므로

$800x + 600(13-x) \leq 9000$

$800x + 7800 - 600x \leq 9000$

$200x \leq 1200$　　$\therefore x \leq 6$

따라서 빵을 최대 6개까지 살 수 있다.

05 답 6일 후

x일 후부터라 하면

$5000 + 500x < 3000 + 900x$

$-400x < -2000$　　$\therefore x > 5$

따라서 도윤이의 저금통에 들어 있는 금액이 서진이의 저금통에 들어 있는 금액보다 많아지는 것은 6일 후부터이다.

06 답 $x \geq 10$

$\dfrac{1}{2} \times (6+x) \times 7 \geq 56$이므로

$6 + x \geq 16$　　$\therefore x \geq 10$

07 답 18000원

형에게 x원을 준다고 하면 동생에게는 $(30000-x)$원을 줄 수 있으므로

$2x \leq 3(30000-x)$, $2x \leq 90000 - 3x$

$5x \leq 90000$　　$\therefore x \leq 18000$

따라서 형에게 최대 18000원을 줄 수 있다.

08 답 5, 6

주사위를 던져 나온 눈의 수를 x라 하면
$4x > 2(x+4)$, $4x > 2x+8$
$2x > 8$ ∴ $x > 4$
따라서 구하는 주사위의 눈의 수는 5, 6이다.

09 답 ①

두 자연수를 x, $x+4$라 하면
$x+(x+4) \leq 18$
$2x \leq 14$ ∴ $x \leq 7$
따라서 x의 값이 될 수 있는 가장 큰 수는 7이다.

10 답 26, 27, 28

연속하는 세 자연수를 $x-1$, x, $x+1$이라 하면
$(x-1)+x+(x+1) < 84$
$3x < 84$ ∴ $x < 28$
이때 x의 값 중에서 가장 큰 자연수는 27이다.
따라서 가장 큰 세 자연수는 26, 27, 28이다.

11 답 ②

연속하는 두 짝수를 x, $x+2$라 하면
$5x-4 > 2(x+2)$
$5x-4 > 2x+4$, $3x > 8$ ∴ $x > \dfrac{8}{3}\left(=2\dfrac{2}{3}\right)$
이때 x의 값 중에서 가장 작은 짝수는 4이다.
따라서 가장 작은 두 짝수는 4, 6이므로 그 합은
$4+6=10$

12 답 ⑤

9월 영어 듣기 평가에서 x개를 맞힌다고 하면
$\dfrac{20+13+x}{3} \geq 17$, $x+33 \geq 51$ ∴ $x \geq 18$
따라서 9월 영어 듣기 평가에서 18개 이상을 맞혀야 한다.

13 답 ④

10번째 사격에서 x점을 얻는다고 하면
$\dfrac{9.6 \times 9 + x}{10} \geq 9.5$
$86.4 + x \geq 95$ ∴ $x \geq 8.6$
따라서 10번째 사격에서 최소 8.6점을 얻어야 한다.

14 답 ③

남학생을 x명이라 하면 반 전체 학생은 $(20+x)$명이므로
$\dfrac{46 \times 20 + 58x}{20+x} \geq 50$
$920 + 58x \geq 1000 + 50x$
$8x \geq 80$ ∴ $x \geq 10$
따라서 남학생은 최소 10명이다.

참고 (학생 전체의 평균 몸무게)=$\dfrac{\text{(학생 전체의 몸무게의 합)}}{\text{(전체 학생 수)}}$

15 답 ④

아보카도를 x개 산다고 하면
$1500x + 3000 \leq 21000$
$1500x \leq 18000$ ∴ $x \leq 12$
따라서 아보카도를 최대 12개까지 살 수 있다.

16 답 10마리

열대어를 x마리 산다고 하면
$2000x + 9000 < 30000$
$2000x < 21000$ ∴ $x < \dfrac{21}{2}\left(=10\dfrac{1}{2}\right)$
따라서 열대어를 최대 10마리까지 살 수 있다.

17 답 11권

공책을 x권 산다고 하면
$700x + 100 \times 3 \leq 8000$ ⋯ (i)
$700x \leq 7700$ ∴ $x \leq 11$ ⋯ (ii)
따라서 공책을 최대 11권까지 살 수 있다. ⋯ (iii)

채점 기준	
(i) 일차부등식 세우기	40 %
(ii) 일차부등식 풀기	40 %
(iii) 공책을 최대 몇 권까지 살 수 있는지 구하기	20 %

18 답 ③

상자를 한 번에 x개 운반한다고 하면
$80 + 20x \leq 600$
$20x \leq 520$ ∴ $x \leq 26$
따라서 상자를 한 번에 최대 26개까지 운반할 수 있다.

19 답 ②

어른이 x명 체험한다고 하면 어린이는 $(25-x)$명 체험할 수 있으므로
$1000x + 800(25-x) \leq 24000$
$1000x + 20000 - 800x \leq 24000$
$200x \leq 4000$ ∴ $x \leq 20$
따라서 어른은 최대 20명까지 체험할 수 있다.

20 답 ③

초콜릿을 x개 산다고 하면 젤리는 $(30-x)$개 살 수 있으므로
$15(30-x) + 20x \leq 520$
$450 - 15x + 20x \leq 520$, $5x \leq 70$ ∴ $x \leq 14$
따라서 초콜릿을 최대 14개까지 살 수 있다.

21 답 11개

아이스크림을 x개 산다고 하면 사탕은 $2x$개 살 수 있으므로
$500 \times 2x + 700x \leq 20000$ ⋯ (i)
$1700x \leq 20000$ ∴ $x \leq \dfrac{200}{17}\left(=11\dfrac{13}{17}\right)$ ⋯ (ii)
따라서 아이스크림을 최대 11개까지 살 수 있다. ⋯ (iii)

채점 기준	
(i) 일차부등식 세우기	40 %
(ii) 일차부등식 풀기	40 %
(iii) 아이스크림을 최대 몇 개까지 살 수 있는지 구하기	20 %

22 답 ③

샌드위치를 x개 주문한다고 하면 도넛은 $(10-x)$개 주문할 수 있으므로

$2500(10-x)+4500x+3000<42000$

$25000-2500x+4500x+3000<42000$

$2000x<14000$ $\quad\therefore x<7$

따라서 샌드위치를 최대 6개까지 주문할 수 있다.

23 답 ⑤

x개월 후부터라 하면

$25000+5000x>40000+3000x$

$2000x>15000$ $\quad\therefore x>\dfrac{15}{2}\left(=7\dfrac{1}{2}\right)$

따라서 형의 예금액이 동생의 예금액보다 많아지는 것은 8개월 후부터이다.

24 답 ④

매일 저금하는 금액을 x원이라 하면

$20000+25x\geq 35000$

$25x\geq 15000$ $\quad\therefore x\geq 600$

따라서 매일 저금해야 하는 금액은 최소 600원이다.

25 답 **7개월 후**

x개월 후부터라 하면

$50000+7000x>2(35000+2000x)$

$50000+7000x>70000+4000x$

$3000x>20000$ $\quad\therefore x>\dfrac{20}{3}\left(=6\dfrac{2}{3}\right)$

따라서 유진이의 예금액이 승우의 예금액의 2배보다 많아지는 것은 7개월 후부터이다.

26 답 ③

$\dfrac{1}{2}\times 8\times h\geq 20$이므로

$4h\geq 20$ $\quad\therefore h\geq 5$

27 답 **18 cm**

직사각형의 세로의 길이를 x cm라 하면

$14x\geq 252$ $\quad\therefore x\geq 18$

따라서 세로의 길이는 18 cm 이상이어야 한다.

28 답 ③

원뿔의 높이를 x cm라 하면

$\dfrac{1}{3}\times(\pi\times 5^2)\times x\geq 100\pi$, $\dfrac{25}{3}\pi x\geq 100\pi$

$25\pi x\geq 300\pi$ $\quad\therefore x\geq 12$

따라서 원뿔의 높이는 최소 12 cm이어야 한다.

29 답 **25 cm**

직사각형 ABCD를 $\overline{CD}$를 회전축으로 하여 1회전 시킬 때 생기는 입체도형은 오른쪽 그림과 같이 밑면의 반지름의 길이가 3 cm인 원기둥이다. $\cdots$ (i)

$\overline{AB}=x$ cm라 하면

$(\pi\times 3^2)\times x\leq 225\pi$ $\cdots$ (ii)

$9\pi x\leq 225\pi$ $\quad\therefore x\leq 25$ $\cdots$ (iii)

따라서 $\overline{AB}$의 길이는 25 cm 이하이어야 한다. $\cdots$ (iv)

채점 기준

(i) $\overline{CD}$를 회전축으로 하여 1회전 시킬 때 생기는 입체도형 알기	20 %
(ii) 일차부등식 세우기	40 %
(iii) 일차부등식 풀기	20 %
(iv) $\overline{AB}$의 길이는 몇 cm 이하이어야 하는지 구하기	20 %

30 답 ②

준호가 선재에게 사탕을 x개 준다고 하면

$25-x>2(5+x)$, $25-x>10+2x$

$-3x>-15$ $\quad\therefore x<5$

따라서 준호는 선재에게 사탕을 최대 4개까지 줄 수 있다.

31 답 **17년 후**

x년 후의 아버지의 나이는 $(47+x)$세, 딸의 나이는 $(15+x)$세이므로

$47+x\leq 2(15+x)$, $47+x\leq 30+2x$

$-x\leq -17$ $\quad\therefore x\geq 17$

따라서 17년 후부터 아버지의 나이가 딸의 나이의 2배 이하가 된다.

32 답 **5일**

비가 오지 않는 날이 x일이라 하면 비가 오는 날은 $(15-x)$일이므로

$18x+11(15-x)\geq 200$, $18x+165-11x\geq 200$

$7x\geq 35$ $\quad\therefore x\geq 5$

따라서 비가 오지 않는 날은 적어도 5일이어야 한다.

33 답 ③

처음 기름통에 들어 있던 기름의 양을 x L라 하면

$(x-2)\times\dfrac{1}{4}\geq 15$

$x-2\geq 60$ $\quad\therefore x\geq 62$

따라서 처음 기름통에 들어 있던 기름의 양은 최소 62 L이다.

02 일차부등식의 활용 (2)

유형 모아 보기 & 완성하기 96~98쪽

34 답 **150분**

x분 동안 주차한다고 하면 1분마다 50원씩 요금이 추가되는 주차 시간은 $(x-30)$분이므로

$1000+50(x-30)\leq 7000$

$1000+50x-1500\leq 7000$

$50x\leq 7500$ $\quad\therefore x\leq 150$

따라서 최대 150분 동안 주차할 수 있다.

35 답 ④

물건의 정가를 x원이라 하면

$x \times \left(1 - \dfrac{20}{100}\right) - 12000 \geq 12000 \times \dfrac{30}{100}$

$\dfrac{4}{5}x \geq 15600$ ∴ $x \geq 19500$

따라서 정가를 최소 19500원으로 정해야 한다.

36 답 **11자루**

볼펜을 x자루 산다고 하면

$1000x > 700x + 3000$

$300x > 3000$ ∴ $x > 10$

따라서 볼펜을 11자루 이상 사야 할인 매장에서 사는 것이 유리하다.

참고 볼펜을 10자루 사는 경우 문구점에서는 $1000 \times 10 = 10000$(원), 할인 매장에서는 $700 \times 10 + 3000 = 10000$(원)이 든다.
따라서 이 경우는 문구점에서의 볼펜 구입 비용과 할인 매장에서의 볼펜 구입 비용이 같으므로 할인 매장에서 사는 것이 유리하다고 할 수 없다.

37 답 **41명**

동물원에 x명이 입장한다고 하면

$500x > 500 \times \left(1 - \dfrac{20}{100}\right) \times 50$

∴ $x > 40$

따라서 41명 이상부터 50명의 단체 입장권을 사는 것이 유리하다.

38 답 ③

민속촌에 x명이 입장한다고 하면 1인당 입장료가 800원인 인원은 $(x - 4)$명이므로

$1000 \times 4 + 800(x - 4) \leq 9000$

$4000 + 800x - 3200 \leq 9000$

$800x \leq 8200$ ∴ $x \leq \dfrac{41}{4}\left(= 10\dfrac{1}{4}\right)$

따라서 최대 10명까지 입장할 수 있다.

39 답 **350 MB**

데이터를 x MB 사용한다고 하면 1 MB당 100원의 추가 요금을 내야 하는 데이터는 $(x - 100)$ MB이므로

$35000 + 100(x - 100) \leq 60000$

$35000 + 100x - 10000 \leq 60000$

$100x \leq 35000$ ∴ $x \leq 350$

따라서 데이터를 최대 350 MB 사용할 수 있다.

40 답 ⑤

증명사진을 x장 뽑는다고 하면 한 장당 200원씩 비용이 추가되는 사진은 $(x - 6)$장이므로

$4000 + 200(x - 6) \leq 400x$

$4000 + 200x - 1200 \leq 400x$

$-200x \leq -2800$ ∴ $x \geq 14$

따라서 증명사진을 최소 14장 뽑아야 한다.

41 답 ⑤

호두파이의 정가를 x원이라 하면

$x \times \left(1 - \dfrac{50}{100}\right) - 15000 \geq 15000 \times \dfrac{10}{100}$

$\dfrac{1}{2}x \geq 16500$ ∴ $x \geq 33000$

따라서 정가를 33000원 이상으로 정해야 한다.

42 답 **15000원**

상품의 원가를 x원이라 하면

$\left\{x \times \left(1 + \dfrac{30}{100}\right) - 1500\right\} - x \geq x \times \dfrac{20}{100}$

$\dfrac{13}{10}x - 1500 - x \geq \dfrac{1}{5}x$

$13x - 15000 - 10x \geq 2x$ ∴ $x \geq 15000$

따라서 원가가 15000원 이상이어야 한다.

43 답 ④

운동화의 원가를 A원이라 하고, 정가의 $x\%$를 할인하여 판매한다고 하면

$A \times \left(1 + \dfrac{60}{100}\right) \times \left(1 - \dfrac{x}{100}\right) \geq A$ → 손해를 보지 않으려면 판매 가격이 원가보다 비싸거나 같아야 한다.

$A > 0$이므로 양변을 A로 나누면

$\dfrac{8}{5} \times \left(1 - \dfrac{x}{100}\right) \geq 1$, $1 - \dfrac{x}{100} \geq \dfrac{5}{8}$

$-\dfrac{x}{100} \geq -\dfrac{3}{8}$ ∴ $x \leq 37.5$

따라서 정가의 최대 37.5 %까지 할인하여 판매할 수 있다.

44 답 **7개**

치약을 x개 산다고 하면

$2000x > 1700x + 1800$

$300x > 1800$ ∴ $x > 6$

따라서 치약을 7개 이상 사야 도매 시장에서 사는 것이 유리하다.

45 답 ②

책을 x권 산다고 하면

$8000x > 8000 \times \left(1 - \dfrac{10}{100}\right) \times x + 2500$

$8000x > 7200x + 2500$

$800x > 2500$ ∴ $x > \dfrac{25}{8}\left(= 3\dfrac{1}{8}\right)$

따라서 책을 최소 4권 사야 인터넷 서점을 이용하는 것이 유리하다.

46 답 **32개월**

공기청정기를 x개월 사용한다고 하면

$560000 + 12000x < 30000x$ ⋯ (i)

$-18000x < -560000$ ∴ $x > \dfrac{280}{9}\left(= 31\dfrac{1}{9}\right)$ ⋯ (ii)

따라서 공기청정기를 32개월 이상 사용해야 공기청정기를 구입하는 것이 유리하다. ⋯ (iii)

채점 기준

(i) 일차부등식 세우기		40 %
(ii) 일차부등식 풀기		40 %
(iii) 공기청정기를 몇 개월 이상 사용해야 공기청정기를 구입하는 것이 유리한지 구하기		20 %

47 답 ⑤

A 요금제와 B 요금제의 10초당 통화 요금이 각각 40원, 20원이므로 1분당 통화 요금은 각각

$40 \times 6 = 240$(원), $20 \times 6 = 120$(원)이다.

통화 시간을 x분이라 하면

$12000 + 240x > 18000 + 120x$

$120x > 6000$　∴ $x > 50$

따라서 B 요금제를 이용하는 것이 경제적인 것은 통화 시간이 50분 초과일 때이다.

48 답 8명

자유 이용권을 x명이 산다고 하면

$16000x > 16000 \times \left(1 - \dfrac{25}{100}\right) \times 10$

∴ $x > \dfrac{15}{2}\left(= 7\dfrac{1}{2}\right)$

따라서 8명 이상부터 10명의 단체 자유 이용권을 사는 것이 유리하다.

49 답 37명

연극을 x명이 관람한다고 하면

$30000x > 30000 \times \left(1 - \dfrac{10}{100}\right) \times 40$

∴ $x > 36$

따라서 37명 이상부터 40명의 단체 티켓을 사는 것이 유리하다.

03 일차부등식의 활용 (3)

유형 모아 보기 & 완성하기　　99~103쪽

50 답 ⑤

시속 10 km로 달린 거리를 x km라 하면 시속 8 km로 달린 거리는 $(36 - x)$ km이므로

$\dfrac{x}{10} + \dfrac{36-x}{8} \leq 4$

$4x + 5(36-x) \leq 160$,　$-x + 180 \leq 160$

$-x \leq -20$　∴ $x \geq 20$

따라서 시속 10 km로 달린 거리는 최소 20 km이다.

51 답 2 km

버스 터미널에서 상점까지의 거리를 x km라 하면

$\underset{\underset{1\frac{15}{60}\text{시간}}{\uparrow}}{\dfrac{x}{4} + \dfrac{15}{60} + \dfrac{x}{4} \leq \dfrac{75}{60}}$

$\dfrac{x}{4} + \dfrac{1}{4} + \dfrac{x}{4} \leq \dfrac{5}{4}$,　$x + 1 + x \leq 5$

$2x \leq 4$　∴ $x \leq 2$

따라서 버스 터미널에서 최대 2 km 떨어진 곳에 있는 상점까지 다녀올 수 있다.

52 답 21분

x분 동안 걷는다고 하면

$4 \times \dfrac{x}{60} + 6 \times \dfrac{x}{60} \geq 3.5$

$4x + 6x \geq 210$,　$10x \geq 210$

∴ $x \geq 21$

따라서 지민이와 태형이는 21분 이상 걸어야 한다.

53 답 ⑤

물을 x g 더 넣는다고 하면

$\dfrac{8}{100} \times 500 \leq \dfrac{5}{100} \times (500 + x)$

$4000 \leq 2500 + 5x$,　$-5x \leq -1500$

∴ $x \geq 300$

따라서 최소 300 g의 물을 더 넣어야 한다.

54 답 190 g

식품 B를 x g 섭취한다고 하면

$\dfrac{150}{100} \times 80 + \dfrac{200}{100} \times x \geq 500$

$120 + 2x \geq 500$,　$2x \geq 380$

∴ $x \geq 190$

따라서 식품 B를 190 g 이상 섭취해야 한다.

55 답 5 km

스케이트보드를 타고 간 거리를 x km라 하면 걸어간 거리는 $(8 - x)$ km이므로

$\underset{\underset{1\frac{30}{60}\text{시간}}{\uparrow}}{\dfrac{x}{10} + \dfrac{8-x}{3} \leq \dfrac{90}{60}}$

$\dfrac{x}{10} + \dfrac{8-x}{3} \leq \dfrac{3}{2}$,　$3x + 10(8-x) \leq 45$

$-7x + 80 \leq 45$,　$-7x \leq -35$

∴ $x \geq 5$

따라서 스케이트보드를 타고 간 거리는 최소 5 km이다.

56 답 ⑤

분속 60 m로 걸은 거리를 x m라 하면 분속 80 m로 걸은 거리는 $(9000 - x)$ m이므로

$\dfrac{x}{60} + \dfrac{9000-x}{80} \leq 120$

$4x + 3(9000-x) \leq 28800$,　$x + 27000 \leq 28800$

∴ $x \leq 1800$

따라서 분속 60 m로 걸은 거리는 최대 1800 m, 즉 최대 1.8 km이므로 분속 60 m로 걸은 거리가 될 수 없는 것은 ⑤이다.

57 답 ③

걸어간 거리를 x m라 하면 뛰어간 거리는 $(6000-x)$ m이므로

$\dfrac{x}{50}+\dfrac{6000-x}{150}\le 80$

$3x+6000-x\le 12000,\ 2x\le 6000$

$\therefore x\le 3000$

따라서 걸어간 거리는 최대 3000 m, 즉 최대 3 km이다.

58 답 ②

x km 떨어진 곳까지 갔다 온다고 하면

$\dfrac{x}{3}+\dfrac{x}{2}\le \dfrac{135}{60}$ ← $2\dfrac{15}{60}$시간

$\dfrac{x}{3}+\dfrac{x}{2}\le \dfrac{9}{4},\ 4x+6x\le 27$

$10x\le 27\quad \therefore x\le \dfrac{27}{10}(=2.7)$

따라서 최대 2.7 km 떨어진 곳까지 갔다 올 수 있다.

59 답 7 km

올라간 거리를 x km라 하면 내려온 거리는 $(x+3)$ km이므로

$\dfrac{x}{2}+\dfrac{x+3}{4}\le 6$ ⋯(i)

$2x+x+3\le 24,\ 3x\le 21$

$\therefore x\le 7$ ⋯(ii)

따라서 올라간 거리는 최대 7 km이다. ⋯(iii)

채점 기준	
(i) 일차부등식 세우기	40 %
(ii) 일차부등식 풀기	40 %
(iii) 올라간 거리는 최대 몇 km인지 구하기	20 %

60 답 720 m

집과 서점 사이의 거리를 x m라 하면

$\dfrac{x}{45}-\dfrac{x}{60}<4$

$4x-3x<720\quad \therefore x<720$

따라서 집과 서점 사이의 거리는 720 m 미만이다.

61 답 ③

집에서 편의점까지의 거리를 x km라 하면

$\dfrac{x}{3}+\dfrac{10}{60}+\dfrac{x}{3}\le \dfrac{45}{60}$

$\dfrac{x}{3}+\dfrac{1}{6}+\dfrac{x}{3}\le \dfrac{3}{4},\ 4x+2+4x\le 9$

$8x\le 7\quad \therefore x\le \dfrac{7}{8}$

따라서 집에서 최대 $\dfrac{7}{8}$ km 떨어져 있는 편의점을 이용할 수 있다.

62 답 ④

두 지점 A, B 사이의 거리를 x km라 하면

$\dfrac{x}{80}+\dfrac{25}{60}+\dfrac{x}{120}\le 2$

$\dfrac{x}{80}+\dfrac{5}{12}+\dfrac{x}{120}\le 2,\ 3x+100+2x\le 480$

$5x\le 380\quad \therefore x\le 76$

따라서 두 지점 A, B 사이의 거리는 최대 76 km이다.

63 답 45분

공원에서 x분 동안 논다고 하면

$\dfrac{1}{8}+\dfrac{x}{60}+\dfrac{1}{8}\le 1$

$\dfrac{x}{60}\le \dfrac{3}{4}\quad \therefore x\le 45$

따라서 최대 45분 동안 놀 수 있다.

64 답 꽃집, 서점, 문구점

기차역에서 상점까지의 거리를 x km라 하면

$\dfrac{x}{5}+\dfrac{15}{60}+\dfrac{x}{5}\le 1$ ⋯(i)

$\dfrac{x}{5}+\dfrac{1}{4}+\dfrac{x}{5}\le 1,\ 4x+5+4x\le 20$

$8x\le 15\quad \therefore x\le \dfrac{15}{8}(=1.875)$ ⋯(ii)

따라서 은수는 기차역으로부터 거리가 1.875 km 이하인 꽃집, 서점, 문구점에 갔다 올 수 있다. ⋯(iii)

채점 기준	
(i) 일차부등식 세우기	40 %
(ii) 일차부등식 풀기	40 %
(iii) 갔다 올 수 있는 상점 모두 고르기	20 %

65 답 ②

출발한 지 x분이 지났다고 하면

$200x+150x\ge 2100$

$350x\ge 2100\quad \therefore x\ge 6$

따라서 최소 6분이 지나야 한다.

66 답 7분 후

출발한 지 x분이 지났다고 하면

$3700-(230x+170x)\le 900$

$3700-400x\le 900$

$-400x\le -2800\quad \therefore x\ge 7$

따라서 두 사람 사이의 거리가 900 m 이하가 되는 것은 출발한 지 7분 후부터이다.

67 답 ⑤

물을 x g 더 넣는다고 하면

$\dfrac{12}{100}\times 400\le \dfrac{10}{100}\times (400+x)$

$4800\le 4000+10x$

$-10x\le -800\quad \therefore x\ge 80$

따라서 최소 80 g의 물을 더 넣어야 한다.

68 답 180 g

물을 x g 증발시킨다고 하면

$\dfrac{6}{100}\times 300\ge \dfrac{15}{100}\times (300-x)$

$1800\ge 4500-15x$

$15x\ge 2700\quad \therefore x\ge 180$

따라서 최소 180 g의 물을 증발시켜야 한다.

69 답 $\dfrac{75}{2}$ g

소금을 x g 더 넣는다고 하면

$\dfrac{14}{100} \times 500 + x \geq \dfrac{20}{100} \times (500 + x)$

$7000 + 100x \geq 10000 + 20x$

$80x \geq 3000$ $\therefore x \geq \dfrac{75}{2}$

따라서 최소 $\dfrac{75}{2}$ g의 소금을 더 넣어야 한다.

70 답 ⑤

$8\,\%$의 설탕물을 x g 섞는다고 하면

$\dfrac{5}{100} \times 200 + \dfrac{8}{100} \times x \geq \dfrac{6}{100} \times (200 + x)$

$1000 + 8x \geq 1200 + 6x$

$2x \geq 200$ $\therefore x \geq 100$

따라서 $8\,\%$의 설탕물을 100 g 이상 섞어야 한다.

만렙비법 $a\,\%$의 소금물 x g과 $b\,\%$의 소금물 y g을 섞은 소금물의 농도가 $c\,\%$ 이상이다. → $\left(\dfrac{a}{100} \times x + \dfrac{b}{100} \times y\right) \times \dfrac{1}{x+y} \times 100 \geq c$

$\Rightarrow \dfrac{a}{100} \times x + \dfrac{b}{100} \times y \geq \dfrac{c}{100} \times (x+y)$

71 답 100 g

식품 A를 x g 섭취한다고 하면 식품 B는 $(400-x)$ g 섭취하므로

$\dfrac{15}{100} \times x + \dfrac{5}{100} \times (400 - x) \leq 30$

$15x + 2000 - 5x \leq 3000$

$10x \leq 1000$ $\therefore x \leq 100$

따라서 식품 A를 최대 100 g 섭취할 수 있다.

72 답 (1) 300 g (2) 850 g

(1) 키위를 a g 먹는다고 하면

$\dfrac{31}{100} \times 200 + \dfrac{54}{100} \times a \leq 224$

$6200 + 54a \leq 22400$

$54a \leq 16200$ $\therefore a \leq 300$

따라서 키위를 최대 300 g 먹을 수 있다.

(2) 오렌지를 b g 먹는다고 하면

$\dfrac{46}{100} \times b + \dfrac{38}{100} \times 550 \geq 600$

$46b + 20900 \geq 60000$

$46b \geq 39100$ $\therefore b \geq 850$

따라서 오렌지를 최소 850 g 먹어야 한다.

73 답 ③

합금 B의 양을 x g이라 하면 합금 A의 양은 $(200-x)$ g이므로

$\dfrac{20}{100} \times (200 - x) + \dfrac{25}{100} \times x \geq 45$

$4000 - 20x + 25x \geq 4500$

$5x \geq 500$ $\therefore x \geq 100$

따라서 합금 B는 최소 100 g 필요하다.

74 답 ④

연속하는 세 홀수를 $x-2$, x, $x+2$라 하면

$(x-2) + x + (x+2) > 55$

$3x > 55$ $\therefore x > \dfrac{55}{3}\left(=18\dfrac{1}{3}\right)$

따라서 가운데 수가 될 수 있는 수 중에서 가장 작은 수는 19이다.

75 답 ③

과학 점수를 x점이라 하면

$\dfrac{81 + 77 + 84 + x}{4} \geq 82$

$242 + x \geq 328$ $\therefore x \geq 86$

따라서 과학 점수는 최소 86점이어야 한다.

76 답 5개

상자를 한 번에 x개 운반한다고 하면

$65 \times 2 + 120x \leq 800$

$130 + 120x \leq 800$, $120x \leq 670$ $\therefore x \leq \dfrac{67}{12}\left(=5\dfrac{7}{12}\right)$

따라서 상자를 한 번에 최대 5개까지 운반할 수 있다.

77 답 ①, ⑤

① 샤프펜슬과 메모지를 합하여 15개를 사므로 메모지는 $(15-x)$개 살 수 있다.

② 샤프펜슬은 1개에 500원이므로 샤프펜슬을 모두 사는 데 드는 비용은 $500x$원이다.

③ 메모지는 1개에 300원이므로 메모지를 모두 사는 데 드는 비용은 $300(15-x)$원이다.

④, ⑤ 전체 가격이 5300원 이하가 되어야 하므로

$500x + 300(15 - x) \leq 5300$

$500x + 4500 - 300x \leq 5300$

$200x \leq 800$ $\therefore x \leq 4$

즉, 샤프펜슬은 최대 4개까지 살 수 있다.

따라서 옳지 않은 것은 ①, ⑤이다.

78 답 50일 후

x일 후부터라 하면

$5000 + 700x \geq 40000$

$700x \geq 35000$ $\therefore x \geq 50$

따라서 총금액이 40000원 이상이 되는 것은 50일 후부터이다.

79 답 ③

윗변의 길이를 x cm라 하면 아랫변의 길이는 $(x+6)$ cm이므로

$\dfrac{1}{2} \times \{x + (x+6)\} \times 5 \leq 60$, $\dfrac{5}{2}(2x+6) \leq 60$

$5x + 15 \leq 60$, $5x \leq 45$ $\therefore x \leq 9$

따라서 윗변의 길이는 최대 9 cm이어야 한다.

80 답 ②

처음 병에 들어 있던 주스의 양을 x mL라 하면

$(x-120) \times \dfrac{2}{3} \geq 220$

$2x-240 \geq 660$, $2x \geq 900$ $\therefore x \geq 450$

처음 병에 들어 있던 주스의 양은 최소 450 mL이다.

81 답 ③

티셔츠를 x장 산다고 하면 한 장당 8000원씩 비용이 추가되는 티셔츠는 $(x-3)$장이므로

$29000+8000(x-3) \leq 8500x$

$29000+8000x-24000 \leq 8500x$

$-500x \leq -5000$ $\therefore x \geq 10$

따라서 티셔츠를 최소 10장 사야 한다.

82 답 ⑤

모자의 원가를 x원이라 하면

$\left\{(x+6000) \times \left(1-\dfrac{20}{100}\right)\right\}-x \geq 800$

$\dfrac{4}{5}(x+6000)-x \geq 800$

$4x+24000-5x \geq 4000$

$-x \geq -20000$ $\therefore x \leq 20000$

따라서 원가는 20000원 이하이어야 하므로 원가가 될 수 없는 것은 ⑤이다.

83 답 ④

라면을 x개 산다고 하면

$1500x > 1500 \times \left(1-\dfrac{20}{100}\right) \times x+2400$

$1500x > 1200x+2400$, $300x > 2400$ $\therefore x > 8$

따라서 라면을 최소 9개 사야 대형 마트에서 사는 것이 유리하다.

84 답 29명

테마파크에 x명이 입장한다고 하면

$25000x > 25000 \times \left(1-\dfrac{30}{100}\right) \times 40$

$\therefore x > 28$

따라서 29명 이상부터 40명의 단체 입장권을 사는 것이 유리하다.

85 답 ④

시속 3 km로 걸은 거리를 x km라 하면 시속 5 km로 걸은 거리는 $(6-x)$ km이므로

$\dfrac{6-x}{5}+\dfrac{x}{3} \leq \underbrace{\dfrac{100}{60}}_{1\frac{40}{60}\text{시간}}$

$\dfrac{6-x}{5}+\dfrac{x}{3} \leq \dfrac{5}{3}$, $3(6-x)+5x \leq 25$

$2x+18 \leq 25$, $2x \leq 7$ $\therefore x \leq \dfrac{7}{2}$

따라서 시속 3 km로 걸은 거리는 최대 $\dfrac{7}{2}$ km이다.

86 답 ②

갈 때 걸은 거리를 x km라 하면 올 때 걸은 거리는 $(x+1)$ km이므로

$\dfrac{x}{4}+\dfrac{x+1}{5} \leq 2$

$5x+4(x+1) \leq 40$, $5x+4x+4 \leq 40$

$9x \leq 36$ $\therefore x \leq 4$

따라서 갈 때 걸은 거리는 최대 4 km이다.

87 답 ④

집에서 자전거 대리점까지의 거리를 x km라 하면

$\dfrac{x}{3}+\dfrac{20}{60}+\dfrac{x}{12} \geq 1$

$\dfrac{x}{3}+\dfrac{1}{3}+\dfrac{x}{12} \geq 1$, $4x+4+x \geq 12$

$5x \geq 8$ $\therefore x \geq \dfrac{8}{5}(=1.6)$

따라서 집에서 자전거 대리점까지의 거리는 최소 1.6 km이다.

88 답 4분 후

은정이가 출발한 지 x분이 지났다고 하면 민우는 출발한 지 $(x+8)$분이 지났으므로

$60(x+8)+50x \geq 920$

$110x+480 \geq 920$, $110x \geq 440$ $\therefore x \geq 4$

따라서 두 사람이 920 m 이상 떨어지는 것은 은정이가 출발한 지 4분 후부터이다.

89 답 18개

쿠키 A를 x개 만든다고 하면 쿠키 B는 $(20-x)$개 만들 수 있으므로

$50x+40(20-x) \leq 980$ ⋯ (i)

$50x+800-40x \leq 980$

$10x \leq 180$ $\therefore x \leq 18$ ⋯ (ii)

따라서 쿠키 A를 최대 18개까지 만들 수 있다. ⋯ (iii)

채점 기준	
(i) 일차부등식 세우기	40 %
(ii) 일차부등식 풀기	40 %
(iii) 쿠키 A를 최대 몇 개까지 만들 수 있는지 구하기	20 %

90 답 81곡

음악을 x곡 내려받는다고 하면 A 사이트에서 추가 요금을 내는 음악은 $(x-50)$곡이므로

$3900+100(x-50) > 6900$ ⋯ (i)

$100x-1100 > 6900$ $\therefore x > 80$ ⋯ (ii)

따라서 B 사이트를 이용하는 것이 경제적이려면 음악을 81곡 이상 내려받아야 한다. ⋯ (iii)

채점 기준	
(i) 일차부등식 세우기	40 %
(ii) 일차부등식 풀기	40 %
(iii) B 사이트를 이용하는 것이 경제적이려면 음악을 몇 곡 이상 내려받아야 하는지 구하기	20 %

91 답 110g

식품 A를 x g 섭취한다고 하면 식품 B는 $(300-x)$ g 섭취하므로

$\dfrac{23}{100} \times x + \dfrac{13}{100} \times (300-x) \geq 50$ ⋯ (i)

$23x + 3900 - 13x \geq 5000$

$10x \geq 1100$ ∴ $x \geq 110$ ⋯ (ii)

따라서 식품 A를 최소 110 g 섭취해야 한다. ⋯ (iii)

채점 기준	
(i) 일차부등식 세우기	40 %
(ii) 일차부등식 풀기	40 %
(iii) 식품 A를 최소 몇 g 섭취해야 하는지 구하기	20 %

만점 문제 뛰어넘기
107쪽

92 답 25 cm

(사다리꼴 ABCD의 넓이) $= \dfrac{1}{2} \times (30+70) \times 50 = 2500$ (cm²)

$\overline{BP} = x$ cm라 하면 $\overline{AP} = (50-x)$ cm이므로

(△DPC의 넓이) $= 2500 - \dfrac{1}{2} \times 70 \times x - \dfrac{1}{2} \times 30 \times (50-x)$

$= 2500 - 35x - 750 + 15x$

$= 1750 - 20x$ (cm²)

이때 △DPC의 넓이가 사다리꼴 ABCD의 넓이의 $\dfrac{1}{2}$ 이상이므로

$1750 - 20x \geq \dfrac{1}{2} \times 2500$

$-20x \geq -500$ ∴ $x \leq 25$

따라서 $\overline{BP}$의 길이는 최대 25 cm까지 될 수 있다.

93 답 ④

재영이가 미주보다 큰 수를 x번 뽑았다고 하면 미주는 재영이보다 큰 수를 $(30-x)$번 뽑았으므로

(재영이의 점수) $= 5x + 3(30-x) = 2x + 90$ (점)

(미주의 점수) $= 5(30-x) + 3x = -2x + 150$ (점)

이때 재영이의 점수가 미주의 점수보다 15점 이상 높아야 하므로

$2x + 90 \geq -2x + 150 + 15$

$4x \geq 75$ ∴ $x \geq \dfrac{75}{4} \left(= 18\dfrac{3}{4}\right)$

따라서 재영이는 미주보다 큰 수를 19번 이상 뽑아야 한다.

94 답 4대

전체 일의 양을 1이라 하면

A 기계 1대가 1시간 동안 하는 일의 양은 $\dfrac{1}{10}$,

B 기계 1대가 1시간 동안 하는 일의 양은 $\dfrac{1}{15}$이다.

A 기계를 x대 사용하면 B 기계는 $(13-x)$대 사용하므로

$\dfrac{1}{10}x + \dfrac{1}{15}(13-x) \geq 1$

└→ A 기계 x대, B 기계 $(13-x)$대가 1시간 동안 하는 일의 양

$3x + 2(13-x) \geq 30$, $x + 26 \geq 30$ ∴ $x \geq 4$

따라서 A 기계는 최소 4대가 필요하다.

만렙비법 일에 대한 문제는 전체 일의 양을 1로 놓고, 다음을 이용하여 부등식을 세운다.

• 어떤 일을 혼자서 완성하는 데 a일이 걸린다.

⇨ 하루 동안 하는 일의 양은 $\dfrac{1}{a}$

• 하루 동안 하는 일의 양이 A이다.

⇨ x일 동안 하는 일의 양은 Ax

95 답 22 km

택시 요금은 이동 거리가 2 km를 초과하면 200 m당 150원씩 추가되므로 1 km당 $150 \times 5 = 750$(원)씩 추가된다.

택시를 타고 x km를 간다고 하면 추가 요금이 붙는 거리는 $(x-2)$ km이므로

$\{3800 + 750 \times (x-2)\} + 1400 \times 3 \leq 23000$

$750x + 6500 \leq 23000$, $750x \leq 16500$ ∴ $x \leq 22$

따라서 택시를 타고 최대 22 km까지 갈 수 있다.

96 답 8명

식사를 하는 인원을 x명이라 하면

$16000 \times \left(1 - \dfrac{20}{100}\right) \times x < 16000 \times \left(1 - \dfrac{50}{100}\right) \times 3 + 16000(x-3)$

$\dfrac{4}{5}x < \dfrac{3}{2} + x - 3$, $8x < 15 + 10x - 30$

$-2x < -15$ ∴ $x > \dfrac{15}{2} \left(= 7\dfrac{1}{2}\right)$

따라서 8명 이상이어야 제휴 카드 할인 혜택을 받는 것이 유리하다.

97 답 분속 246 m

정지한 물에서의 유람선의 속력을 분속 x m라 하면

강을 거슬러 올라간 거리는 $30(x-30)$ m,

└→ 강을 거슬러 올라갈 때의 유람선의 속력

강을 따라 내려온 거리는 $20(x+30)$ m이므로

└→ 강을 따라 내려올 때의 유람선의 속력

$30(x-30) + 20(x+30) \leq 12000$

$50x - 300 \leq 12000$, $50x \leq 12300$ ∴ $x \leq 246$

따라서 정지한 물에서의 유람선의 속력은 분속 246 m 이하이다.

만렙비법 배가 강을 거슬러 올라갈 때와 강을 따라 내려올 때의 배의 속력은 다음과 같다.

• (강을 거슬러 올라갈 때의 배의 속력)

⇨ (정지한 물에서의 배의 속력) − (강물의 속력)

• (강을 따라 내려올 때의 배의 속력)

⇨ (정지한 물에서의 배의 속력) + (강물의 속력)

01 ㄷ, ㅁ   **02** ⑤   **03** 4개   **04** 2

05 ㄴ, ㄷ   **06** 1   **07** ③   **08** ③, ⑥, ⑦

09 -1 **10** ②   **11** ⑤   **12** ②

13 ②   **14** ④   **15** 6개   **16** ⑤

17 (1) $30x+15y=180$(또는 $2x+y=12$)

(2) $(1, 10), (2, 8), (3, 6), (4, 4), (5, 2)$

18 ⑤   **19** ②   **20** 1   **21** -7

22 ③   **23** ③   **24** ⑤   **25** ⑤

26 ④   **27** $(3, 5)$ **28** ②   **29** ④

30 -8 **31** 5

32 (1) $x=2, y=12$ (2) $x=-17, y=-6$

33 (1) $x=3, y=\dfrac{1}{2}$ (2) $x=-5, y=-4$

34 $x=-\dfrac{1}{2}, y=2$ **35** $x=3, y=2$

36 -12 **37** ④

38 (차례로) $-4x-2, -4x-2, -1, -1, 2, -1, 2$

39 ②   **40** ④   **41** -7 **42** ①, ④

43 -8 **44** ③, ⑤   **45** 19   **46** ④

47 $x=-57, y=-40$ **48** 9   **49** ⑤

50 ⑤   **51** 1   **52** ④

53 $x=\dfrac{1}{3}, y=1$ **54** ⑤   **55** ⑤

56 $x=-24, y=-8$ **57** $x=-2, y=6$

58 ⑤   **59** ④   **60** $x=-\dfrac{1}{3}, y=-2$

61 ②   **62** 0   **63** ③   **64** -6

65 -2 **66** ③   **67** 2   **68** 8

69 $x=\dfrac{2}{5}, y=-\dfrac{11}{5}$ **70** ②   **71** 6

72 ③   **73** $a=2, b=1$ **74** ③

75 -9 **76** 3   **77** 8   **78** ⑤

79 ④   **80** ③   **81** 6   **82** ⑤

83 ②   **84** -6 **85** ①

86 $a=-7, b=5$ **87** 3

88 $x=-2, y=1$ **89** ③

90 (1) $a=2, b=4$ (2) $x=13, y=20$ **91** -10

92 ②, ④   **93** -4 **94** ③   **95** ②

96 ③   **97** ②   **98** ②, ④   **99** ④

100 3개   **101** ③   **102** 6   **103** ②, ⑤

104 9   **105** ⑤   **106** ②   **107** ⑤

108 ④   **109** -4 **110** ③   **111** 1

112 ⑤   **113** 12   **114** ②   **115** 7

116 3   **117** -3 **118** ②   **119** ④

120 ②   **121** 2   **122** ⑤   **123** ④

01 연립일차방정식

유형 모아 보기 & 완성하기
110~115쪽

01 답 ㄷ, ㅁ

ㄱ. 등식이 아니므로 일차방정식이 아니다.

ㄴ. $x-y^2+y=0$이므로 y의 차수가 2이다.

    즉, 일차방정식이 아니다.

ㄷ. $\dfrac{x}{3}+\dfrac{y}{2}-1=0$이므로 미지수가 2개인 일차방정식이다.

ㄹ. x, y가 분모에 있으므로 일차방정식이 아니다.

ㅁ. $x+3y-3=0$이므로 미지수가 2개인 일차방정식이다.

ㅂ. $3x=0$이므로 미지수가 1개인 일차방정식이다.

따라서 미지수가 2개인 일차방정식은 ㄷ, ㅁ이다.

02 답 ⑤

주어진 x, y의 값을 $-3x+y=6$에 각각 대입하면

① $-3\times 0+6=6$ ② $-3\times 4+18=6$

③ $-3\times \dfrac{1}{3}+7=6$ ④ $-3\times\left(-\dfrac{5}{3}\right)+1=6$

⑤ $-3\times(-3)+3\neq 6$

따라서 $-3x+y=6$의 해가 아닌 것은 ⑤이다.

03 답 4개

$x+3y=15$에 $y=1, 2, 3, \cdots$을 차례로 대입하여 x의 값도 자연수인 해를 구하면 $(12, 1), (9, 2), (6, 3), (3, 4)$의 4개이다.

04 답 2

$x=2, y=3$을 $4x+ay=14$에 대입하면

$8+3a=14, 3a=6$ $\therefore a=2$

05 답 ㄴ, ㄷ

$x=2, y=3$을 주어진 연립방정식에 각각 대입하면

ㄱ. $\begin{cases} 2+3=5 \\ 2\times 2+3\neq -1 \end{cases}$ ㄴ. $\begin{cases} 2+3\times 3=11 \\ -3\times 2+4\times 3=6 \end{cases}$

ㄷ. $\begin{cases} -2+2\times3=4 \\ 2\times2-3\times3=-5 \end{cases}$ ㄹ. $\begin{cases} 2\times2+3\times3=13 \\ 4\times2-3\times3\neq1 \end{cases}$

따라서 해가 $(2, 3)$인 것은 ㄴ, ㄷ이다.

06 답 1
$x=2$, $y=4$를 $ax+y=8$에 대입하면
$2a+4=8$, $2a=4$ ∴ $a=2$
$x=2$, $y=4$를 $bx+2y=6$에 대입하면
$2b+8=6$, $2b=-2$ ∴ $b=-1$
∴ $a+b=2+(-1)=1$

07 답 ③
① x가 분모에 있으므로 일차방정식이 아니다.
② xy는 x, y에 대한 차수가 2이므로 일차방정식이 아니다.
③ $x+y-3=0$이므로 미지수가 2개인 일차방정식이다.
④ 미지수가 1개인 일차방정식이다.
⑤ $-2y+3=0$이므로 미지수가 1개인 일차방정식이다.
따라서 미지수가 2개인 일차방정식인 것은 ③이다.

08 답 ③, ⑥, ⑦
③ $x+3=y$ ⑥ $2x+2y=16$ ⑦ $3x+2y=32$

09 답 −1
$3y=2(x-1)+5$에서 $3y=2x-2+5$ ∴ $2x-3y+3=0$
따라서 $a=2$, $b=-3$이므로
$a+b=2+(-3)=-1$

10 답 ②
$ax^2-3x+2y=4x^2+by-5$에서
$(a-4)x^2-3x+(2-b)y+5=0$
이 등식이 미지수 2개인 일차방정식이 되려면
$a-4=0$, $2-b\neq0$이어야 하므로 $a=4$, $b\neq2$

11 답 ⑤
주어진 순서쌍의 x, y의 값을 $4x-3y=5$에 각각 대입하면
① $4\times(-5)-3\times\left(-\dfrac{23}{3}\right)\neq5$
② $4\times(-3)-3\times\left(-\dfrac{13}{3}\right)\neq5$
③ $4\times1-3\times(-1)\neq5$
④ $4\times2-3\times(-3)\neq5$
⑤ $4\times3-3\times\dfrac{7}{3}=5$
따라서 $4x-3y=5$의 해인 것은 ⑤이다.

12 답 ②
$x=-2$, $y=1$을 주어진 일차방정식에 각각 대입하면
① $-2+1=-1$ ② $2\times(-2)-1\neq-3$
③ $-2+7\times1=5$ ④ $4\times(-2)+3\times1=-5$
⑤ $-2-5\times1=-7$
따라서 순서쌍 $(-2, 1)$이 해가 아닌 것은 ②이다.

13 답 ②
주어진 순서쌍의 x, y의 값을 $3x-y=15$에 각각 대입하면
ㄱ. $3\times1-(-12)=15$
ㄴ. $3\times\dfrac{5}{2}-\left(-\dfrac{5}{2}\right)\neq15$
ㄷ. $3\times7-5\neq15$
ㄹ. $3\times\left(-\dfrac{2}{3}\right)-(-17)=15$
ㅁ. $3\times(-2)-21\neq15$
ㅂ. $3\times\left(-\dfrac{7}{3}\right)-(-22)=15$
따라서 $3x-y=15$의 해는 ㄱ, ㄹ, ㅂ이다.

14 답 ④
$2x+y=17$에 $x=1$, 2, 3, …을 차례로 대입하여 y의 값도 자연수인 해를 구하면 $(1, 15)$, $(2, 13)$, $(3, 11)$, $(4, 9)$, $(5, 7)$, $(6, 5)$, $(7, 3)$, $(8, 1)$의 8개이다.

15 답 6개
$x+3y-16=0$, 즉 $x+3y=16$에 $y=0$, 1, 2, 3, …을 차례로 대입하여 x의 값도 음이 아닌 정수인 해를 구하면 $(16, 0)$, $(13, 1)$, $(10, 2)$, $(7, 3)$, $(4, 4)$, $(1, 5)$의 6개이다.

16 답 ⑤
두 일차방정식에 $y=1$, 2, 3, …을 차례로 대입하여 x의 값도 자연수인 해를 구한다.
$x+4y=18$의 해는 $(14, 1)$, $(10, 2)$, $(6, 3)$, $(2, 4)$의 4개이므로 $a=4$
$2x+5y=29$의 해는 $(12, 1)$, $(7, 3)$, $(2, 5)$의 3개이므로 $b=3$
∴ $a+b=4+3=7$

17 답 (1) $30x+15y=180$(또는 $2x+y=12$)
(2) $(1, 10)$, $(2, 8)$, $(3, 6)$, $(4, 4)$, $(5, 2)$
(1) (30명씩인 모둠의 인원수)+(15명씩인 모둠의 인원수)=180이므로 $30x+15y=180$
(2) $30x+15y=180$에 $x=1$, 2, 3, …을 차례로 대입하여 y의 값도 자연수인 해를 구하면 $(1, 10)$, $(2, 8)$, $(3, 6)$, $(4, 4)$, $(5, 2)$이다.

18 답 ⑤
$x=5$, $y=-3$을 $2x+ay=1$에 대입하면
$10-3a=1$, $-3a=-9$ ∴ $a=3$

19 답 ②
$x=a$, $y=a-1$을 $3x-4y=6$에 대입하면
$3a-4(a-1)=6$, $-a=2$ ∴ $a=-2$

20 답 1

$x=-3$, $y=-2a$를 $-5x+2y=3$에 대입하면

$15-4a=3$, $-4a=-12$ $\therefore a=3$ ⋯(i)

$x=b$, $y=4$를 $-5x+2y=3$에 대입하면

$-5b+8=3$, $-5b=-5$ $\therefore b=1$ ⋯(ii)

$\therefore a-2b=3-2\times1=1$ ⋯(iii)

채점 기준	
(i) a의 값 구하기	40 %
(ii) b의 값 구하기	40 %
(iii) $a-2b$의 값 구하기	20 %

21 답 -7

$x=2$, $y=1$을 $ax-3y+9=0$에 대입하면

$2a-3+9=0$, $2a=-6$ $\therefore a=-3$

따라서 $y=10$을 $-3x-3y+9=0$에 대입하면

$-3x-30+9=0$, $-3x=21$ $\therefore x=-7$

22 답 ③

$x=-1$, $y=12$를 $2x+y=a$에 대입하면

$-2+12=a$ $\therefore a=10$

따라서 $x=b$, $y=8$을 $2x+y=10$에 대입하면

$2b+8=10$, $2b=2$ $\therefore b=1$

또 $x=2$, $y=c$를 $2x+y=10$에 대입하면

$4+c=10$ $\therefore c=6$

$\therefore a+b+c=10+1+6=17$

23 답 ③

$x=1$, $y=-2$를 $3ax-by=17$에 대입하면

$3a+2b=17$

a, b는 자연수이므로 $3a+2b=17$을 만족시키는 순서쌍 (a, b)는

$(1, 7)$, $(3, 4)$, $(5, 1)$의 3개이다.

24 답 ⑤

$x=2$, $y=-1$을 주어진 연립방정식에 각각 대입하면

① $\begin{cases} 2-3\times(-1)=5 \\ 2\times2+(-1)\neq2 \end{cases}$ ② $\begin{cases} -2+2\times(-1)\neq0 \\ 2+5\times(-1)=-3 \end{cases}$

③ $\begin{cases} 2+2\times(-1)\neq-4 \\ 5\times2+(-1)=9 \end{cases}$ ④ $\begin{cases} 2\times2+3\times(-1)=1 \\ -2+8\times(-1)\neq10 \end{cases}$

⑤ $\begin{cases} -2\times2+(-1)=-5 \\ 5\times2+3\times(-1)=7 \end{cases}$

따라서 $x=2$, $y=-1$이 해인 것은 ⑤이다.

25 답 ⑤

어른과 학생을 합하여 8명이 입장했으므로

$x+y=8$

(어른의 전체 입장료)+(학생의 전체 입장료)=8000(원)이므로

$1500x+700y=8000$

따라서 연립방정식으로 나타내면

$\begin{cases} x+y=8 \\ 1500x+700y=8000 \end{cases}$ 이므로 $a=1$, $b=8$, $c=700$

$\therefore a+b+c=1+8+700=709$

26 답 ④

$x=-3$, $y=4$를 주어진 일차방정식에 각각 대입하면

ㄱ. $-(-3)+3\times4\neq9$ ㄴ. $-3+2\times4=5$

ㄷ. $2\times(-3)-3\times4\neq-15$ ㄹ. $2\times(-3)+3\times4=6$

따라서 두 일차방정식 ㄴ, ㄹ을 한 쌍으로 하는 연립방정식의 해가

$x=-3$, $y=4$이다.

27 답 $(3, 5)$

x, y의 값이 자연수일 때,

$2x+y=11$의 해를 모두 구하면

$(1, 9)$, $(2, 7)$, $\underline{(3, 5)}$, $(4, 3)$, $(5, 1)$

$x+3y=18$의 해를 모두 구하면

$(15, 1)$, $(12, 2)$, $(9, 3)$, $(6, 4)$, $\underline{(3, 5)}$

따라서 주어진 연립방정식의 해는 $\underline{(3, 5)}$이다.

└─ 공통의 해

28 답 ②

$x=4$, $y=-3$을 $ax+y=5$에 대입하면

$4a-3=5$, $4a=8$ $\therefore a=2$

$x=4$, $y=-3$을 $x-by=-11$에 대입하면

$4+3b=-11$, $3b=-15$ $\therefore b=-5$

$\therefore a-b=2-(-5)=7$

29 답 ④

$x=3$, $y=b$를 $2x-3y=3$에 대입하면

$6-3b=3$, $-3b=-3$ $\therefore b=1$

즉, 연립방정식의 해가 $x=3$, $y=1$이므로

$x=3$, $y=1$을 $ax+2y=3$에 대입하면

$3a+2=3$, $3a=1$ $\therefore a=\dfrac{1}{3}$

$\therefore ab=\dfrac{1}{3}\times1=\dfrac{1}{3}$

30 답 -8

$y=-5$를 $2x+y=9$에 대입하면

$2x-5=9$, $2x=14$ $\therefore x=7$ ⋯(i)

즉, 연립방정식의 해가 $x=7$, $y=-5$이므로

$x=7$, $y=-5$를 $2x-2y=-3a$에 대입하면

$14+10=-3a$ $\therefore a=-8$ ⋯(ii)

채점 기준	
(i) y의 값이 -5일 때, 연립방정식을 만족시키는 x의 값 구하기	50 %
(ii) a의 값 구하기	50 %

31 답 5

$x=5$, $y=m-2$를 $mx+y=16$에 대입하면

$5m+m-2=16$, $6m=18$ $\therefore m=3$

즉, 연립방정식의 해가 $(5, 1)$이므로

$x=5$, $y=1$을 $x+ny=7$에 대입하면

$5+n=7$ $\therefore n=2$

$\therefore m+n=3+2=5$

32 답 (1) $x=2$, $y=12$ (2) $x=-17$, $y=-6$

(1) $\begin{cases} y=-3x+18 & \cdots \text{㉠} \\ 2x+y=16 & \cdots \text{㉡} \end{cases}$

㉠을 ㉡에 대입하면

$2x+(-3x+18)=16$, $-x=-2$ ∴ $x=2$

$x=2$를 ㉠에 대입하면 $y=-6+18=12$

(2) $\begin{cases} -x+2y=5 & \cdots \text{㉠} \\ x-3y=1 & \cdots \text{㉡} \end{cases}$

㉡에서 $x=3y+1$ ㉢

㉢을 ㉠에 대입하면 $-(3y+1)+2y=5$, $-y=6$ ∴ $y=-6$

$y=-6$을 ㉢에 대입하면 $x=-18+1=-17$

33 답 (1) $x=3$, $y=\dfrac{1}{2}$ (2) $x=-5$, $y=-4$

(1) $\begin{cases} 5x+2y=16 & \cdots \text{㉠} \\ 3x+4y=11 & \cdots \text{㉡} \end{cases}$

㉠×2-㉡을 하면 $7x=21$ ∴ $x=3$

$x=3$을 ㉠에 대입하면 $15+2y=16$, $2y=1$ ∴ $y=\dfrac{1}{2}$

(2) $\begin{cases} 2x+3y=-22 & \cdots \text{㉠} \\ -x+2y=-3 & \cdots \text{㉡} \end{cases}$

㉠+㉡×2를 하면 $7y=-28$ ∴ $y=-4$

$y=-4$를 ㉡에 대입하면 $-x-8=-3$, $-x=5$ ∴ $x=-5$

34 답 $x=-\dfrac{1}{2}$, $y=2$

주어진 연립방정식을 정리하면 $\begin{cases} 2x+3y=5 & \cdots \text{㉠} \\ -2x+6y=13 & \cdots \text{㉡} \end{cases}$

㉠+㉡을 하면 $9y=18$ ∴ $y=2$

$y=2$를 ㉠에 대입하면 $2x+6=5$, $2x=-1$ ∴ $x=-\dfrac{1}{2}$

35 답 $x=3$, $y=2$

$\begin{cases} 0.3x+0.4y=1.7 & \cdots \text{㉠} \\ \dfrac{x}{3}+\dfrac{y}{4}=\dfrac{3}{2} & \cdots \text{㉡} \end{cases}$

㉠×10을 하면 $3x+4y=17$ ㉢

㉡×12를 하면 $4x+3y=18$ ㉣

㉢×4-㉣×3을 하면 $7y=14$ ∴ $y=2$

$y=2$를 ㉢에 대입하면 $3x+8=17$, $3x=9$ ∴ $x=3$

36 답 -12

주어진 방정식을 연립방정식으로 나타내면

$\begin{cases} 3x+4y-1=2x+3y & \cdots \text{㉠} \\ 2x+3y=5x+4y-9 & \cdots \text{㉡} \end{cases}$

㉠을 정리하면 $x+y=1$ ㉢

㉡을 정리하면 $3x+y=9$ ㉣

㉢-㉣을 하면 $-2x=-8$ ∴ $x=4$

$x=4$를 ㉢에 대입하면 $4+y=1$ ∴ $y=-3$

따라서 $a=4$, $b=-3$이므로 $ab=4\times(-3)=-12$

37 답 ④

$\begin{cases} x=2y+3 & \cdots \text{㉠} \\ 3x-2y=11 & \cdots \text{㉡} \end{cases}$

㉠을 ㉡에 대입하면 $3(2y+3)-2y=11$, $4y=2$ ∴ $y=\dfrac{1}{2}$

$y=\dfrac{1}{2}$을 ㉠에 대입하면 $x=1+3=4$

따라서 $a=4$, $b=\dfrac{1}{2}$이므로 $a+b=4+\dfrac{1}{2}=\dfrac{9}{2}$

38 답 (차례로) $-4x-2$, $-4x-2$, -1, -1, 2, -1, 2

39 답 ②

㉠을 ㉡에 대입하면 $5x-3(3x-7)=9$, $-4x=-12$

∴ $a=-4$

40 답 ④

$\begin{cases} y=x+3 & \cdots \text{㉠} \\ 3x-y=1 & \cdots \text{㉡} \end{cases}$

㉠을 ㉡에 대입하면 $3x-(x+3)=1$, $2x=4$ ∴ $x=2$

$x=2$를 ㉠에 대입하면 $y=2+3=5$

∴ $x^2-xy+y^2=2^2-2\times5+5^2=4-10+25=19$

41 답 -7

$\begin{cases} x=2y+3 & \cdots \text{㉠} \\ y=2x+6 & \cdots \text{㉡} \end{cases}$

㉡을 ㉠에 대입하면 $x=2(2x+6)+3$, $-3x=15$ ∴ $x=-5$

$x=-5$를 ㉡에 대입하면 $y=-10+6=-4$

따라서 $x=-5$, $y=-4$를 $3x-2y-k=0$에 대입하면

$-15+8-k=0$ ∴ $k=-7$

42 답 ①, ④

$\begin{cases} x=4y-8 & \cdots \text{㉠} \\ 2x+y=11 & \cdots \text{㉡} \end{cases}$

㉠을 ㉡에 대입하면 $2(4y-8)+y=11$, $9y=27$ ∴ $y=3$

$y=3$을 ㉠에 대입하면 $x=12-8=4$

$x=4$, $y=3$을 주어진 일차방정식에 각각 대입하면

① $-3\times4+5\times3=3$ ② $3\neq-2\times4+13$

③ $2\times4+5\times3\neq16$ ④ $4\times4-3\times3=7$

⑤ $7\times4-3\neq11$

따라서 주어진 연립방정식의 해가 한 해가 되는 것은 ①, ④이다.

43 답 -8

$\begin{cases} 3x-2y=16 & \cdots \text{㉠} \\ 2x+3y=2 & \cdots \text{㉡} \end{cases}$

㉠×3+㉡×2를 하면 $13x=52$ ∴ $x=4$

$x=4$를 ㉡에 대입하면 $8+3y=2$, $3y=-6$ ∴ $y=-2$

따라서 $a=4$, $b=-2$이므로 $ab=4\times(-2)=-8$

44 답 ③, ⑤

x를 없애려면 x의 계수의 절댓값이 같아지도록 ㉠×5, ㉡×4를 한 후 x의 계수의 부호가 같으므로 변끼리 빼면 된다.

즉, x를 없애기 위해 필요한 식은 ㉠×5−㉡×4

y를 없애려면 y의 계수의 절댓값이 같아지도록 ㉠×3, ㉡×5를 한 후 y의 계수의 부호가 다르므로 변끼리 더하면 된다.

즉, y를 없애기 위해 필요한 식은 ㉠×3+㉡×5

45 답 **19**

$$\begin{cases} 3x+2y=7 & \cdots ㉠ \\ -2x+5y=8 & \cdots ㉡ \end{cases}$$

㉠×2+㉡×3을 하면 $19y=38$ $\quad\therefore a=19$

46 답 ④

① $\begin{cases} x+y=4 & \cdots ㉠ \\ x-y=-2 & \cdots ㉡ \end{cases}$

㉠+㉡을 하면 $2x=2$ $\quad\therefore x=1$

$x=1$을 ㉠에 대입하면 $1+y=4$ $\quad\therefore y=3$

② $\begin{cases} 2x-y=-1 & \cdots ㉠ \\ 3x+2y=9 & \cdots ㉡ \end{cases}$

㉠×2+㉡을 하면 $7x=7$ $\quad\therefore x=1$

$x=1$을 ㉠에 대입하면 $2-y=-1$ $\quad\therefore y=3$

③ $\begin{cases} 7x+y=10 & \cdots ㉠ \\ 5x-3y=-4 & \cdots ㉡ \end{cases}$

㉠×3+㉡을 하면 $26x=26$ $\quad\therefore x=1$

$x=1$을 ㉠에 대입하면 $7+y=10$ $\quad\therefore y=3$

④ $\begin{cases} x-5y=-13 & \cdots ㉠ \\ 4x-6y=-10 & \cdots ㉡ \end{cases}$

㉠×4−㉡을 하면 $-14y=-42$ $\quad\therefore y=3$

$y=3$을 ㉠에 대입하면 $x-15=-13$ $\quad\therefore x=2$

⑤ $\begin{cases} 3x+y=6 & \cdots ㉠ \\ x+3y=10 & \cdots ㉡ \end{cases}$

㉠×3−㉡을 하면 $8x=8$ $\quad\therefore x=1$

$x=1$을 ㉠에 대입하면 $3+y=6$ $\quad\therefore y=3$

따라서 해가 나머지 넷과 다른 하나는 ④이다.

47 답 $x=-57$, $y=-40$

그림으로 주어진 연산을 연립방정식으로 나타내면

$$\begin{cases} -3x+4y=11 & \cdots ㉠ \\ 2x-3y=6 & \cdots ㉡ \end{cases}$$

㉠×2+㉡×3을 하면 $-y=40$ $\quad\therefore y=-40$

$y=-40$을 ㉡에 대입하면 $2x+120=6$

$2x=-114$ $\quad\therefore x=-57$

48 답 **9**

$$\begin{cases} 2x-y=2 & \cdots ㉠ \\ 3x-2y=1 & \cdots ㉡ \end{cases}$$

㉠×2−㉡을 하면 $x=3$

$x=3$을 ㉠에 대입하면 $6-y=2$ $\quad\therefore y=4$ $\quad\cdots$ (i)

따라서 $x=3$, $y=4$를 $ax+by=3$에 대입하면

$3a+4b=3$

이 식의 양변에 3을 곱하면 $9a+12b=9$ $\quad\cdots$ (ii)

---

49 답 ⑤

$x=3$, $y=-2$를 $ax+by=5$에 대입하면

$3a-2b=5$ $\quad\cdots ㉠$

$x=-2$, $y=-7$을 $ax+by=5$에 대입하면

$-2a-7b=5$ $\quad\cdots ㉡$

㉠×2+㉡×3을 하면 $-25b=25$ $\quad\therefore b=-1$

$b=-1$을 ㉠에 대입하면 $3a+2=5$, $3a=3$ $\quad\therefore a=1$

$\therefore a-b=1-(-1)=2$

50 답 ⑤

주어진 연립방정식을 정리하면 $\begin{cases} x+4y=-7 & \cdots ㉠ \\ 2x+5y=-8 & \cdots ㉡ \end{cases}$

㉠×2−㉡을 하면 $3y=-6$ $\quad\therefore y=-2$

$y=-2$를 ㉠에 대입하면 $x-8=-7$ $\quad\therefore x=1$

$\therefore x-y=1-(-2)=3$

51 답 **1**

주어진 연립방정식을 정리하면 $\begin{cases} x-2y=1 & \cdots ㉠ \\ 10x+3y=-13 & \cdots ㉡ \end{cases}$

㉠×10−㉡을 하면 $-23y=23$ $\quad\therefore y=-1$

$y=-1$을 ㉠에 대입하면 $x+2=1$ $\quad\therefore x=-1$ $\quad\cdots$ (i)

따라서 $1-a=-1$, $b=-1$이므로

$a=2$, $b=-1$ $\quad\cdots$ (ii)

$\therefore a+b=2+(-1)=1$ $\quad\cdots$ (iii)

52 답 ④

주어진 연립방정식을 정리하면 $\begin{cases} 2x-3y=8 & \cdots ㉠ \\ 5x+3y=-1 & \cdots ㉡ \end{cases}$

㉠+㉡을 하면 $7x=7$ $\quad\therefore x=1$

$x=1$을 ㉠에 대입하면

$2-3y=8$, $-3y=6$ $\quad\therefore y=-2$

따라서 $x=1$, $y=-2$를 $x-3y+1=a$에 대입하면

$1+6+1=a$ $\quad\therefore a=8$

53 답 $x=\dfrac{1}{3}$, $y=1$

$3x:2y=1:2$에서 $2y=6x$ $\quad\therefore y=3x$

$2y+5=3(x+2y)$에서 $2y+5=3x+6y$ $\quad\therefore 3x+4y=5$

즉, $\begin{cases} y=3x & \cdots ㉠ \\ 3x+4y=5 & \cdots ㉡ \end{cases}$에서

㉠을 ㉡에 대입하면 $3x+12x=5$, $15x=5$ $\quad\therefore x=\dfrac{1}{3}$

$x=\dfrac{1}{3}$을 ㉠에 대입하면 $y=1$

54 답 ⑤

$$\begin{cases} 0.5x+0.2y=3 & \cdots \text{㉠} \\ \dfrac{x}{6}+\dfrac{y-8}{3}=1 & \cdots \text{㉡} \end{cases}$$

㉠×10을 하면 $5x+2y=30$ $\cdots$ ㉢

㉡×6을 하면 $x+2(y-8)=6$ $\therefore x+2y=22$ $\cdots$ ㉣

㉢−㉣을 하면 $4x=8$ $\therefore x=2$

$x=2$를 ㉣에 대입하면 $2+2y=22,\ 2y=20$ $\therefore y=10$

따라서 $a=2,\ b=10$이므로 $a+b=2+10=12$

55 답 ⑤

$$\begin{cases} 0.1x+0.3y=1 & \cdots \text{㉠} \\ 0.05x-0.12y=-0.04 & \cdots \text{㉡} \end{cases}$$

㉠×10을 하면 $x+3y=10$ $\cdots$ ㉢

㉡×100을 하면 $5x-12y=-4$ $\cdots$ ㉣

㉢×4+㉣을 하면 $9x=36$ $\therefore x=4$

$x=4$를 ㉢에 대입하면 $4+3y=10,\ 3y=6$ $\therefore y=2$

$\therefore x+y=4+2=6$

56 답 $x=-24,\ y=-8$

$$\begin{cases} \dfrac{x}{6}-\dfrac{y}{4}=-2 & \cdots \text{㉠} \\ \dfrac{x}{4}-\dfrac{3y}{2}=6 & \cdots \text{㉡} \end{cases}$$

㉠×12를 하면 $2x-3y=-24$ $\cdots$ ㉢

㉡×4를 하면 $x-6y=24$ $\cdots$ ㉣

㉢×2−㉣을 하면 $3x=-72$ $\therefore x=-24$

$x=-24$를 ㉣에 대입하면

$-24-6y=24,\ -6y=48$ $\therefore y=-8$

57 답 $x=-2,\ y=6$

$$\begin{cases} \dfrac{1}{2}x-\dfrac{1}{6}y=-2 & \cdots \text{㉠} \\ 2(x-y)=-10-y & \cdots \text{㉡} \end{cases}$$

㉠×6을 하면 $3x-y=-12$ $\cdots$ ㉢

㉡을 정리하면 $2x-y=-10$ $\cdots$ ㉣

㉢−㉣을 하면 $x=-2$

$x=-2$를 ㉣에 대입하면 $-4-y=-10$ $\therefore y=6$

58 답 ⑤

$$\begin{cases} \dfrac{x}{2}-0.6y=1.3 \\ 0.3x+\dfrac{y}{5}=0.5 \end{cases} \text{즉} \begin{cases} \dfrac{x}{2}-\dfrac{3}{5}y=\dfrac{13}{10} & \cdots \text{㉠} \\ \dfrac{3}{10}x+\dfrac{y}{5}=\dfrac{1}{2} & \cdots \text{㉡} \end{cases}$$

㉠×10을 하면 $5x-6y=13$ $\cdots$ ㉢

㉡×10을 하면 $3x+2y=5$ $\cdots$ ㉣

㉢+㉣×3을 하면 $14x=28$ $\therefore x=2$

$x=2$를 ㉣에 대입하면

$6+2y=5,\ 2y=-1$ $\therefore y=-\dfrac{1}{2}$

따라서 $x=2,\ y=-\dfrac{1}{2}$을 $x-2y=k$에 대입하면

$2+1=k$ $\therefore k=3$

59 답 ④

$$\begin{cases} x-\dfrac{y-5}{2}=8 & \cdots \text{㉠} \\ (x+2):3=(y-1):2 & \cdots \text{㉡} \end{cases}$$

㉠×2를 하면 $2x-(y-5)=16$

$\therefore 2x-y=11$ $\cdots$ ㉢

㉡에서 $2(x+2)=3(y-1),\ 2x+4=3y-3$

$\therefore 2x-3y=-7$ $\cdots$ ㉣

㉢−㉣을 하면 $2y=18$ $\therefore y=9$

$y=9$를 ㉢에 대입하면 $2x-9=11,\ 2x=20$ $\therefore x=10$

따라서 $a=10,\ b=9$이므로 $a+b=10+9=19$

60 답 $x=-\dfrac{1}{3},\ y=-2$

$$\begin{cases} 0.0\dot{3}x-0.0\dot{5}y=0.\dot{1} & \cdots \text{㉠} \\ x-y=1.\dot{6} & \cdots \text{㉡} \end{cases}$$

㉠에서 $\dfrac{1}{30}x-\dfrac{1}{18}y=\dfrac{1}{10}$ $\therefore 3x-5y=9$ $\cdots$ ㉢

㉡에서 $x-y=\dfrac{5}{3}$ $\therefore 3x-3y=5$ $\cdots$ ㉣

㉢−㉣을 하면 $-2y=4$ $\therefore y=-2$

$y=-2$를 ㉢에 대입하면 $3x+10=9,\ 3x=-1$ $\therefore x=-\dfrac{1}{3}$

61 답 ②

주어진 방정식을 연립방정식으로 나타내면

$$\begin{cases} 3x-y=5x+y & \cdots \text{㉠} \\ 5x+y=x+2y+10 & \cdots \text{㉡} \end{cases}$$

㉠을 정리하면 $x+y=0$ $\cdots$ ㉢

㉡을 정리하면 $4x-y=10$ $\cdots$ ㉣

㉢+㉣을 하면 $5x=10$ $\therefore x=2$

$x=2$를 ㉢에 대입하면 $2+y=0$ $\therefore y=-2$

$\therefore x-y=2-(-2)=4$

62 답 0

주어진 방정식을 연립방정식으로 나타내면

$$\begin{cases} 5x+7y=-3 & \cdots \text{㉠} \\ -2x+y-8=-3 & \cdots \text{㉡} \end{cases}$$

㉡을 정리하면 $-2x+y=5$ $\cdots$ ㉢

㉠−㉢×7을 하면 $19x=-38$ $\therefore x=-2$

$x=-2$를 ㉢에 대입하면 $4+y=5$ $\therefore y=1$

따라서 $a=-2,\ b=1$이므로 $a+2b=-2+2\times1=0$

63 답 ③

주어진 방정식을 연립방정식으로 나타내면

$$\begin{cases} \dfrac{-x+y}{2}=3 & \cdots \text{㉠} \\ \dfrac{2x+4y}{3}=3 & \cdots \text{㉡} \end{cases}$$

㉠×2를 하면 $-x+y=6$ $\cdots$ ㉢

㉡×3을 하면 $2x+4y=9$ $\cdots$ ㉣

$\textcircled{c} \times 2 + \textcircled{e}$을 하면 $6y=21$ $\quad \therefore y=\dfrac{7}{2}$

$y=\dfrac{7}{2}$을 $\textcircled{e}$에 대입하면

$2x+14=9,\ 2x=-5$ $\quad \therefore x=-\dfrac{5}{2}$

64 답 -6

주어진 방정식을 연립방정식으로 나타내면

$$\begin{cases} x+5y-4=x+y-2 & \cdots \textcircled{\small ㄱ} \\ x+y-2=-x+3y-2 & \cdots \textcircled{\small ㄴ} \end{cases}$$

$\textcircled{\small ㄱ}$을 정리하면 $4y=2$ $\quad \therefore y=\dfrac{1}{2}$

$\textcircled{\small ㄴ}$을 정리하면 $x-y=0$ $\quad \cdots \textcircled{\small ㄷ}$

$y=\dfrac{1}{2}$을 $\textcircled{\small ㄷ}$에 대입하면 $x-\dfrac{1}{2}=0$ $\quad \therefore x=\dfrac{1}{2}$

따라서 $x=\dfrac{1}{2},\ y=\dfrac{1}{2}$을 $2x-ay-4=0$에 대입하면

$1-\dfrac{1}{2}a-4=0,\ -\dfrac{1}{2}a=3$ $\quad \therefore a=-6$

03 연립방정식의 풀이 (2)

유형 모아 보기 & 완성하기 122~127쪽

65 답 -2

$x=-3,\ y=-2$를 주어진 연립방정식에 대입하면

$$\begin{cases} -3a-2b=-1 \\ -3b-2a=-4 \end{cases}, \ 즉 \begin{cases} -3a-2b=-1 & \cdots \textcircled{\small ㄱ} \\ -2a-3b=-4 & \cdots \textcircled{\small ㄴ} \end{cases}$$

$\textcircled{\small ㄱ} \times 3 - \textcircled{\small ㄴ} \times 2$를 하면 $-5a=5$ $\quad \therefore a=-1$

$a=-1$을 $\textcircled{\small ㄱ}$에 대입하면 $3-2b=-1,\ -2b=-4$ $\quad \therefore b=2$

$\therefore ab=-1\times 2=-2$

66 답 ③

주어진 연립방정식의 해는 세 방정식을 모두 만족시키므로

연립방정식 $\begin{cases} x-y=-1 & \cdots \textcircled{\small ㄱ} \\ y=2x & \cdots \textcircled{\small ㄴ} \end{cases}$의 해와 같다.

$\textcircled{\small ㄴ}$을 $\textcircled{\small ㄱ}$에 대입하면 $x-2x=-1,\ -x=-1$ $\quad \therefore x=1$

$x=1$을 $\textcircled{\small ㄴ}$에 대입하면 $y=2$

따라서 $x=1,\ y=2$를 $3x+2y=6-a$에 대입하면

$3+4=6-a$ $\quad \therefore a=-1$

67 답 2

y의 값이 x의 값의 3배이므로 $y=3x$

$$\begin{cases} y=3x & \cdots \textcircled{\small ㄱ} \\ x-2y=10 & \cdots \textcircled{\small ㄴ} \end{cases}$$

$\textcircled{\small ㄱ}$을 $\textcircled{\small ㄴ}$에 대입하면 $x-6x=10,\ -5x=10$ $\quad \therefore x=-2$

$x=-2$를 $\textcircled{\small ㄱ}$에 대입하면 $y=-6$

따라서 $x=-2,\ y=-6$을 $3x-ay=6$에 대입하면

$-6+6a=6,\ 6a=12$ $\quad \therefore a=2$

68 답 8

$$\begin{cases} 4x-3y=2 & \cdots \textcircled{\small ㄱ} \\ 8x+y=-10 & \cdots \textcircled{\small ㄴ} \end{cases}$$

$\textcircled{\small ㄱ} \times 2 - \textcircled{\small ㄴ}$을 하면 $-7y=14$ $\quad \therefore y=-2$

$y=-2$를 $\textcircled{\small ㄴ}$에 대입하면

$8x-2=-10,\ 8x=-8$ $\quad \therefore x=-1$

$x=-1,\ y=-2$를 $x+ay=-11$에 대입하면

$-1-2a=-11,\ -2a=-10$ $\quad \therefore a=5$

$x=-1,\ y=-2$를 $bx+2y=-7$에 대입하면

$-b-4=-7,\ -b=-3$ $\quad \therefore b=3$

$\therefore a+b=5+3=8$

69 답 $x=\dfrac{2}{5},\ y=-\dfrac{11}{5}$

$x=1,\ y=2$는 $\begin{cases} bx+ay=3 \\ ax-by=4 \end{cases}$의 해이므로

$$\begin{cases} b+2a=3 \\ a-2b=4 \end{cases}, \ 즉 \begin{cases} 2a+b=3 & \cdots \textcircled{\small ㄱ} \\ a-2b=4 & \cdots \textcircled{\small ㄴ} \end{cases}$$

$\textcircled{\small ㄱ} \times 2 + \textcircled{\small ㄴ}$을 하면 $5a=10$ $\quad \therefore a=2$

$a=2$를 $\textcircled{\small ㄱ}$에 대입하면 $4+b=3$ $\quad \therefore b=-1$

따라서 처음 연립방정식은 $\begin{cases} 2x-y=3 & \cdots \textcircled{\small ㄷ} \\ -x-2y=4 & \cdots \textcircled{\small ㄹ} \end{cases}$

$\textcircled{\small ㄷ} \times 2 - \textcircled{\small ㄹ}$을 하면 $5x=2$ $\quad \therefore x=\dfrac{2}{5}$

$x=\dfrac{2}{5}$를 $\textcircled{\small ㄷ}$에 대입하면 $\dfrac{4}{5}-y=3$ $\quad \therefore y=-\dfrac{11}{5}$

70 답 ②

$$\begin{cases} x-2y=a & \cdots \textcircled{\small ㄱ} \\ 6x+by=36 & \cdots \textcircled{\small ㄴ} \end{cases}$$

$\textcircled{\small ㄱ} \times 6$을 하면 $6x-12y=6a$ $\quad \cdots \textcircled{\small ㄷ}$

이때 해가 무수히 많으려면 $\textcircled{\small ㄴ}$과 $\textcircled{\small ㄷ}$이 일치해야 하므로

$b=-12,\ 36=6a$ $\quad \therefore a=6,\ b=-12$

$\therefore a+b=6+(-12)=-6$

71 답 6

주어진 연립방정식을 정리하면

$$\begin{cases} ax+2y=1 & \cdots \textcircled{\small ㄱ} \\ 3x+y=-2 & \cdots \textcircled{\small ㄴ} \end{cases}$$

$\textcircled{\small ㄴ} \times 2$를 하면 $6x+2y=-4$ $\quad \cdots \textcircled{\small ㄷ}$

이때 해가 없으려면 $\textcircled{\small ㄱ}$과 $\textcircled{\small ㄷ}$의 $x,\ y$의 계수는 각각 같고 상수항은 달라야 하므로 $a=6$

72 답 ③

$x=1,\ y=2$를 주어진 연립방정식에 대입하면

$$\begin{cases} a+2b=1 \\ b-2a=3 \end{cases}, \ 즉 \begin{cases} a+2b=1 & \cdots \textcircled{\small ㄱ} \\ -2a+b=3 & \cdots \textcircled{\small ㄴ} \end{cases}$$

$\textcircled{\small ㄱ} \times 2 + \textcircled{\small ㄴ}$을 하면 $5b=5$ $\quad \therefore b=1$

$b=1$을 $\textcircled{\small ㄱ}$에 대입하면 $a+2=1$ $\quad \therefore a=-1$

$\therefore a+b=-1+1=0$

73 답 $a=2$, $b=1$

$x=-3$, $y=-5$를 주어진 연립방정식에 대입하면

$\begin{cases} -3a+5b=-1 \\ -9b+5a=1 \end{cases}$, 즉 $\begin{cases} -3a+5b=-1 & \cdots \text{㉠} \\ 5a-9b=1 & \cdots \text{㉡} \end{cases}$

㉠$\times 5+$㉡$\times 3$을 하면 $-2b=-2$ $\therefore b=1$

$b=1$을 ㉡에 대입하면 $5a-9=1$, $5a=10$ $\therefore a=2$

74 답 ③

$\begin{cases} 4x-3y=9 & \cdots \text{㉠} \\ 3x+2y=11 & \cdots \text{㉡} \end{cases}$

㉠$\times 2+$㉡$\times 3$을 하면 $17x=51$ $\therefore x=3$

$x=3$을 ㉠에 대입하면 $12-3y=9$, $-3y=-3$ $\therefore y=1$

즉, $a=3$, $b=1$이므로 연립방정식 $\begin{cases} ax+by=-1 \\ bx+ay=5 \end{cases}$에 대입하면

$\begin{cases} 3x+y=-1 & \cdots \text{㉢} \\ x+3y=5 & \cdots \text{㉣} \end{cases}$

㉢$\times 3-$㉣을 하면 $8x=-8$ $\therefore x=-1$

$x=-1$을 ㉢에 대입하면 $-3+y=-1$ $\therefore y=2$

75 답 -9

$x=2$, $y=-1$을 주어진 방정식에 대입하면

$2a-b-5=4a+2b-2=4$이므로

$\begin{cases} 2a-b-5=4 \\ 4a+2b-2=4 \end{cases}$, 즉 $\begin{cases} 2a-b=9 & \cdots \text{㉠} \\ 2a+b=3 & \cdots \text{㉡} \end{cases}$

㉠$+$㉡을 하면 $4a=12$ $\therefore a=3$

$a=3$을 ㉡에 대입하면 $6+b=3$ $\therefore b=-3$

$\therefore ab=3\times(-3)=-9$

76 답 3

주어진 연립방정식의 해는 세 방정식을 모두 만족시키므로

연립방정식 $\begin{cases} x+y=2 & \cdots \text{㉠} \\ x+2y=8 & \cdots \text{㉡} \end{cases}$의 해와 같다.

㉠$-$㉡을 하면 $-y=-6$ $\therefore y=6$

$y=6$을 ㉠에 대입하면 $x+6=2$ $\therefore x=-4$

따라서 $x=-4$, $y=6$을 $2x+ky=10$에 대입하면

$-8+6k=10$, $6k=18$ $\therefore k=3$

77 답 8

$x=m$, $y=n$은 세 방정식을 모두 만족시키므로

연립방정식 $\begin{cases} 0.4x-0.3y=-0.8 & \cdots \text{㉠} \\ y=\dfrac{3}{2}x+\dfrac{5}{2} & \cdots \text{㉡} \end{cases}$의 해와 같다. $\cdots$ (ⅰ)

㉠$\times 10$을 하면 $4x-3y=-8$ $\cdots$ ㉢

㉡$\times 2$를 하면 $2y=3x+5$ $\therefore 3x-2y=-5$ $\cdots$ ㉣

㉢$\times 2-$㉣$\times 3$을 하면 $-x=-1$ $\therefore x=1$

$x=1$을 ㉣에 대입하면 $3-2y=-5$, $-2y=-8$ $\therefore y=4$

$\therefore m=1$, $n=4$ $\cdots$ (ⅱ)

따라서 $x=1$, $y=4$를 $\dfrac{6x+y}{5}-\dfrac{2x-y}{2}=k$에 대입하면

$\dfrac{6+4}{5}-\dfrac{2-4}{2}=k$, $2-(-1)=k$ $\therefore k=3$ $\cdots$ (ⅲ)

$\therefore m+n+k=1+4+3=8$ $\cdots$ (ⅳ)

채점 기준

(ⅰ) 주어진 연립방정식과 해가 같은 연립방정식 세우기	20 %
(ⅱ) m, n의 값 구하기	40 %
(ⅲ) k의 값 구하기	30 %
(ⅳ) $m+n+k$의 값 구하기	10 %

78 답 ⑤

$\begin{cases} 4x=y-5 & \cdots \text{㉠} \\ x-y=10 & \cdots \text{㉡} \end{cases}$

㉠에서 $4x-y=-5$ $\cdots$ ㉢

㉢$-$㉡을 하면 $3x=-15$ $\therefore x=-5$

$x=-5$를 ㉡에 대입하면 $-5-y=10$ $\therefore y=-15$

따라서 $x=-5$, $y=-15$를 $ax-3y=20$에 대입하면

$-5a+45=20$, $-5a=-25$ $\therefore a=5$

79 답 ④

x의 값이 y의 값의 5배이므로 $x=5y$

$\begin{cases} x=5y & \cdots \text{㉠} \\ 2x-y=9 & \cdots \text{㉡} \end{cases}$

㉠을 ㉡에 대입하면 $10y-y=9$, $9y=9$ $\therefore y=1$

$y=1$을 ㉠에 대입하면 $x=5$

따라서 $x=5$, $y=1$을 $x+3y=a-4$에 대입하면

$5+3=a-4$ $\therefore a=12$

80 답 ③

y의 값이 x의 값보다 3만큼 크므로 $y=x+3$

$\begin{cases} y=x+3 & \cdots \text{㉠} \\ 3x+4y=33 & \cdots \text{㉡} \end{cases}$

㉠을 ㉡에 대입하면 $3x+4(x+3)=33$, $7x=21$ $\therefore x=3$

$x=3$을 ㉠에 대입하면 $y=3+3=6$

따라서 $x=3$, $y=6$을 $\dfrac{2}{3}x+y=2k$에 대입하면

$2+6=2k$, $2k=8$ $\therefore k=4$

81 답 6

x와 y의 값의 비가 $2:3$이므로

$x:y=2:3$ $\therefore 3x=2y$ $\cdots$ (ⅰ)

$\begin{cases} 3x=2y & \cdots \text{㉠} \\ x+2y=8 & \cdots \text{㉡} \end{cases}$

㉠을 ㉡에 대입하면 $x+3x=8$, $4x=8$ $\therefore x=2$

$x=2$를 ㉠에 대입하면 $6=2y$ $\therefore y=3$ $\cdots$ (ⅱ)

따라서 $x=2$, $y=3$을 $ax-3y=3$에 대입하면

$2a-9=3$, $2a=12$ $\therefore a=6$ $\cdots$ (ⅲ)

채점 기준

(ⅰ) 해의 조건을 식으로 나타내기	30 %
(ⅱ) x, y의 값 구하기	40 %
(ⅲ) a의 값 구하기	30 %

82 답 ⑤

$\begin{cases} 3x-y=9 & \cdots \text{㉠} \\ y=5x-13 & \cdots \text{㉡} \end{cases}$

㉡을 ㉠에 대입하면 $3x-(5x-13)=9$, $-2x=-4$ $\therefore x=2$

$x=2$를 ㉡에 대입하면 $y=10-13=-3$

$x=2$, $y=-3$을 $2x+3y=a$에 대입하면 $4-9=a$ $\therefore a=-5$

$x=2$, $y=-3$을 $bx+3y=11$에 대입하면

$2b-9=11$, $2b=20$ $\therefore b=10$

$\therefore b-a=10-(-5)=15$

83 답 ②

$\begin{cases} 2x+3y=-4 & \cdots\ \bigcirc \\ 3x+2y=-1 & \cdots\ \bigcirc\!\!\bigcirc \end{cases}$

$\bigcirc\times3-\bigcirc\!\!\bigcirc\times2$를 하면 $5y=-10$ $\therefore y=-2$

$y=-2$를 $\bigcirc$에 대입하면 $2x-6=-4$, $2x=2$ $\therefore x=1$

$x=1$, $y=-2$를 $mx-3y=7$에 대입하면

$m+6=7$ $\therefore m=1$

$x=1$, $y=-2$, $m=1$을 $nx+my=1$에 대입하면

$n-2=1$ $\therefore n=3$

84 답 -6

$\begin{cases} 3x-5y=4 & \cdots\ \bigcirc \\ 6x+7y=-9 & \cdots\ \bigcirc\!\!\bigcirc \end{cases}$

$\bigcirc\times2-\bigcirc\!\!\bigcirc$을 하면 $-17y=17$ $\therefore y=-1$

$y=-1$을 $\bigcirc$에 대입하면 $3x+5=4$, $3x=-1$ $\therefore x=-\dfrac{1}{3}$

$x=-\dfrac{1}{3}$, $y=-1$을 $3ax+by=-1$에 대입하면

$-a-b=-1$ $\cdots\ \bigcirc\!\!\!\bigcirc\!\!\!\bigcirc$

$x=-\dfrac{1}{3}$, $y=-1$을 $6ax-by=7$에 대입하면

$-2a+b=7$ $\cdots\ \boxdot$

$\bigcirc\!\!\!\bigcirc\!\!\!\bigcirc+\boxdot$을 하면 $-3a=6$ $\therefore a=-2$

$a=-2$를 $\bigcirc\!\!\!\bigcirc\!\!\!\bigcirc$에 대입하면 $2-b=-1$ $\therefore b=3$

$\therefore ab=-2\times3=-6$

85 답 ①

$x=5$, $y=7$은 $\begin{cases} bx-ay=-11 \\ ax-by=1 \end{cases}$의 해이므로

$\begin{cases} 5b-7a=-11 \\ 5a-7b=1 \end{cases}$, 즉 $\begin{cases} -7a+5b=-11 & \cdots\ \bigcirc \\ 5a-7b=1 & \cdots\ \bigcirc\!\!\bigcirc \end{cases}$

$\bigcirc\times5+\bigcirc\!\!\bigcirc\times7$을 하면 $-24b=-48$ $\therefore b=2$

$b=2$를 $\bigcirc\!\!\bigcirc$에 대입하면 $5a-14=1$, $5a=15$ $\therefore a=3$

따라서 처음 연립방정식은 $\begin{cases} 3x-2y=-11 & \cdots\ \bigcirc\!\!\!\bigcirc\!\!\!\bigcirc \\ 2x-3y=1 & \cdots\ \boxdot \end{cases}$

$\bigcirc\!\!\!\bigcirc\!\!\!\bigcirc\times2-\boxdot\times3$을 하면 $5y=-25$ $\therefore y=-5$

$y=-5$를 $\boxdot$에 대입하면 $2x+15=1$, $2x=-14$ $\therefore x=-7$

86 답 $a=-7$, $b=5$

$x=2$, $y=1$은 $\begin{cases} bx+ay=3 \\ ax+by=-9 \end{cases}$의 해이므로

$\begin{cases} 2b+a=3 \\ 2a+b=-9 \end{cases}$, 즉 $\begin{cases} a+2b=3 & \cdots\ \bigcirc \\ 2a+b=-9 & \cdots\ \bigcirc\!\!\bigcirc \end{cases}$

$\bigcirc\times2-\bigcirc\!\!\bigcirc$을 하면 $3b=15$ $\therefore b=5$

$b=5$를 $\bigcirc$에 대입하면 $a+10=3$ $\therefore a=-7$

87 답 3

상수항 2를 k로 잘못 보았다고 하면 $3x-y=k$ $\cdots\ \bigcirc$

$y=3$을 $2x-3y=-5$에 대입하면

$2x-9=-5$, $2x=4$ $\therefore x=2$

$x=2$, $y=3$을 $\bigcirc$에 대입하면 $6-3=k$ $\therefore k=3$

따라서 상수항 2를 3으로 잘못 보고 풀었다.

88 답 $x=-2$, $y=1$

$x=1$, $y=-2$는 $\begin{cases} 5x+ay=3 \\ bx-2y=-1 \end{cases}$의 해이므로

$x=1$, $y=-2$를 $5x+ay=3$에 대입하면

$5-2a=3$, $-2a=-2$ $\therefore a=1$

$x=1$, $y=-2$를 $bx-2y=-1$에 대입하면

$b+4=-1$ $\therefore b=-5$

따라서 처음 연립방정식은 $\begin{cases} x+5y=3 & \cdots\ \bigcirc \\ -2x-5y=-1 & \cdots\ \bigcirc\!\!\bigcirc \end{cases}$

$\bigcirc+\bigcirc\!\!\bigcirc$을 하면 $-x=2$ $\therefore x=-2$

$x=-2$를 $\bigcirc$에 대입하면 $-2+5y=3$, $5y=5$ $\therefore y=1$

89 답 ③

$x=2$, $y=3$은 $bx-y=1$의 해이므로

$2b-3=1$, $2b=4$ $\therefore b=2$

$x=2$, $y=-1$은 $2x+ay=3$의 해이므로

$4-a=3$ $\therefore a=1$

따라서 처음 연립방정식은 $\begin{cases} 2x+y=3 & \cdots\ \bigcirc \\ 2x-y=1 & \cdots\ \bigcirc\!\!\bigcirc \end{cases}$

$\bigcirc+\bigcirc\!\!\bigcirc$을 하면 $4x=4$ $\therefore x=1$

$x=1$을 $\bigcirc$에 대입하면 $2+y=3$ $\therefore y=1$

90 답 (1) $a=2$, $b=4$ (2) $x=13$, $y=20$

(1) a를 b로 잘못 보았으므로

     $x=5$, $y=4$를 $-3x+by=1$에 대입하면

     $-15+4b=1$, $4b=16$ $\therefore b=4$ $\cdots$ (i)

     이때 a의 값이 b의 값보다 2만큼 작으므로

     $a=b-2=4-2=2$ $\cdots$ (ii)

(2) 처음 연립방정식은 $\begin{cases} -3x+2y=1 & \cdots\ \bigcirc \\ 2x-y=6 & \cdots\ \bigcirc\!\!\bigcirc \end{cases}$

     $\bigcirc+\bigcirc\!\!\bigcirc\times2$를 하면 $x=13$

     $x=13$을 $\bigcirc\!\!\bigcirc$에 대입하면 $26-y=6$ $\therefore y=20$ $\cdots$ (iii)

채점 기준

(i) b의 값 구하기	30 %
(ii) a의 값 구하기	30 %
(iii) 처음 연립방정식의 해 구하기	40 %

91 답 -10

$\begin{cases} 6x-3y=b & \cdots\ \bigcirc \\ ax+2y=-4 & \cdots\ \bigcirc\!\!\bigcirc \end{cases}$

$\bigcirc\times2$를 하면 $12x-6y=2b$ $\cdots\ \bigcirc\!\!\!\bigcirc\!\!\!\bigcirc$

$\bigcirc\!\!\bigcirc\times(-3)$을 하면 $-3ax-6y=12$ $\cdots\ \boxdot$

이때 해가 무수히 많으려면 $\bigcirc\!\!\!\bigcirc\!\!\!\bigcirc$과 $\boxdot$이 일치해야 하므로

$12=-3a$, $2b=12$ $\therefore a=-4$, $b=6$

$\therefore a-b=-4-6=-10$

92 답 ②, ④

각 연립방정식에서 두 일차방정식의 x의 계수를 같게 하면

① $\begin{cases} 3x+y=6 \\ 3x+9y=30 \end{cases}$ ② $\begin{cases} 4x-6y=2 \\ 4x-6y=2 \end{cases}$ ③ $\begin{cases} 4x-8y=-4 \\ 4x-8y=1 \end{cases}$

④ $\begin{cases} 2x-4y=10 \\ 2x-4y=10 \end{cases}$ ⑤ $\begin{cases} 3x-y=-2 \\ 3x-y=2 \end{cases}$

따라서 해가 무수히 많은 연립방정식은 두 일차방정식이 일치하는 연립방정식이므로 ②, ④이다.

93 답 -4

$\begin{cases} ax+8y=-16 & \cdots \ \text{㉠} \\ x-2y=4 & \cdots \ \text{㉡} \end{cases}$

㉡ $\times(-4)$를 하면 $-4x+8y=-16$ $\cdots$ ㉢

이때 해가 무수히 많으려면 ㉠과 ㉢이 일치해야 하므로 $a=-4$

94 답 ③

$\begin{cases} (a-1)x-(3-2b)y=7 & \cdots \ \text{㉠} \\ (5b+1)x+(2-a)y=14 & \cdots \ \text{㉡} \end{cases}$

㉠ $\times 2$를 하면 $2(a-1)x-2(3-2b)y=14$ $\cdots$ ㉢

이때 해가 무수히 많으려면 ㉡과 ㉢이 일치해야 하므로

$5b+1=2(a-1),\ 2-a=-2(3-2b)$ → 두 식을 정리한 후 연립방정식으로 나타내기

즉, $\begin{cases} 2a-5b=3 & \cdots \ \text{㉣} \\ a+4b=8 & \cdots \ \text{㉤} \end{cases}$ 에서

㉣ $-$ ㉤ $\times 2$를 하면 $-13b=-13$ $\therefore b=1$

$b=1$을 ㉤에 대입하면 $a+4=8$ $\therefore a=4$

$\therefore a+b=4+1=5$

95 답 ②

$\begin{cases} 3x-2y=2 & \cdots \ \text{㉠} \\ x+ay=1 & \cdots \ \text{㉡} \end{cases}$

㉡ $\times 3$을 하면 $3x+3ay=3$ $\cdots$ ㉢

이때 해가 없으려면 ㉠과 ㉢의 x, y의 계수는 각각 같고 상수항은 달라야 하므로 $-2=3a$ $\therefore a=-\dfrac{2}{3}$

96 답 ③

각 연립방정식에서 두 일차방정식의 x의 계수 또는 y의 계수를 같게 하면

① $\begin{cases} -6x+4y=6 \\ -6x+4y=6 \end{cases}$ ② $\begin{cases} -4x+6y=-26 \\ 5x+6y=-8 \end{cases}$

③ $\begin{cases} 6x+2y=10 \\ 6x+2y=7 \end{cases}$ ④ $\begin{cases} 6x+10y=50 \\ 6x-6y=27 \end{cases}$

⑤ $\begin{cases} 6x-4y=8 \\ 6x-4y=8 \end{cases}$

따라서 해가 없는 연립방정식은 두 일차방정식의 x, y의 계수는 각각 같고 상수항은 다른 연립방정식이므로 ③이다.

97 답 ②

$\begin{cases} -\dfrac{1}{2}x+\dfrac{1}{8}y=a & \cdots \ \text{㉠} \\ 4x-y=2 & \cdots \ \text{㉡} \end{cases}$

㉠ $\times(-8)$을 하면 $4x-y=-8a$ $\cdots$ ㉢

이때 해가 없으려면 ㉡과 ㉢의 x, y의 계수는 각각 같고 상수항은 달라야 하므로 $2\neq-8a$ $\therefore a\neq-\dfrac{1}{4}$

98 답 ②, ④

① x, y가 분모에 있으므로 일차방정식이 아니다.

② $x+\dfrac{y}{2}-3=0$이므로 미지수가 2개인 일차방정식이다.

③ $x^2+y+3=0$이므로 x의 차수가 2이다.

　즉, 일차방정식이 아니다.

④ $x+2y+3=0$이므로 미지수가 2개인 일차방정식이다.

⑤ $-2y-4=0$이므로 미지수가 1개인 일차방정식이다.

따라서 미지수가 2개인 일차방정식인 것은 ②, ④이다.

99 답 ④

주어진 순서쌍의 x, y의 값을 $-5x+3y=1$에 대입하면

① $-5\times(-2)+3\times(-3)=1$ ② $-5\times(-1)+3\times\left(-\dfrac{4}{3}\right)=1$

③ $-5\times1+3\times2=1$ ④ $-5\times2+3\times4\neq1$

⑤ $-5\times3+3\times\dfrac{16}{3}=1$

따라서 $-5x+3y=1$의 해가 아닌 것은 ④이다.

100 답 3개

x, y의 값이 10 이하의 자연수이므로 $3x-2y=16$에 $x=1, 2, 3, \cdots, 10$을 차례로 대입하여 y의 값도 10 이하의 자연수인 해를 구하면 $(6, 1), (8, 4), (10, 7)$의 3개이다.

101 답 ③

③ x, y의 값이 자연수일 때, 해는 $(8, 1), (5, 2), (2, 3)$의 3개이다.

102 답 6

$x=2, y=4$를 $x+by=10$에 대입하면

$2+4b=10, 4b=8$ $\therefore b=2$

따라서 $x=a, y=1$을 $x+2y=10$에 대입하면

$a+2=10$ $\therefore a=8$

$\therefore a-b=8-2=6$

103 답 ②, ⑤

$x=1, y=2$를 주어진 연립방정식에 각각 대입하면

① $\begin{cases} 1-2\neq3 \\ 2\times1-3\times2\neq2 \end{cases}$ ② $\begin{cases} 1-2=-1 \\ 4\times1+3\times2=10 \end{cases}$

③ $\begin{cases} 1-3\times2=-5 \\ 2\times1+2\neq5 \end{cases}$ ④ $\begin{cases} 2\times1+2\neq6 \\ 1+2=3 \end{cases}$

⑤ $\begin{cases} 3\times1+2\times2=7 \\ 1-2\times2=-3 \end{cases}$

따라서 $x=1, y=2$가 해인 것은 ②, ⑤이다.

104 답 9

$x=b, y=-1$을 $3x+y=5$에 대입하면

$3b-1=5, 3b=6$ $\therefore b=2$

즉, 연립방정식의 해가 $x=2, y=-1$이므로

$x=2, y=-1$을 $-x+ay=-9$에 대입하면

$-2-a=-9$ $\therefore a=7$

$\therefore a+b=7+2=9$

105 답 ⑤
㉠을 ㉡에 대입하면 $-4(2y-3)+13y=-8$, $5y=-20$
$\therefore a=-20$

106 답 ②
x를 없애려면 x의 계수의 절댓값이 같아지도록 ㉠$\times 5$, ㉡$\times 2$를 한 후 x의 계수의 부호가 같으므로 변끼리 빼면 된다.
즉, x를 없애기 위해 필요한 식은 ㉠$\times 5-$㉡$\times 2$

107 답 ⑤
$(x+3):(y+2)=5:3$에서 $3(x+3)=5(y+2)$ $\therefore 3x-5y=1$
$3x-(x+5y)=-1$에서 $2x-5y=-1$
즉, $\begin{cases} 3x-5y=1 & \cdots ㉠ \\ 2x-5y=-1 & \cdots ㉡ \end{cases}$에서
㉠$-$㉡을 하면 $x=2$
$x=2$를 ㉡에 대입하면 $4-5y=-1$, $-5y=-5$ $\therefore y=1$
따라서 $a=2$, $b=1$이므로 $a+b=2+1=3$

108 답 ④
$\begin{cases} 0.3x-0.2(y-2)=1 & \cdots ㉠ \\ \dfrac{x}{2}-\dfrac{y+1}{4}=0 & \cdots ㉡ \end{cases}$
㉠$\times 10$을 하면 $3x-2(y-2)=10$ $\therefore 3x-2y=6$ $\cdots$ ㉢
㉡$\times 4$를 하면 $2x-(y+1)=0$ $\therefore 2x-y=1$ $\cdots$ ㉣
㉢$-$㉣$\times 2$를 하면 $-x=4$ $\therefore x=-4$
$x=-4$를 ㉣에 대입하면 $-8-y=1$ $\therefore y=-9$
따라서 $p=-4$, $q=-9$이므로 $p^2+q^2=(-4)^2+(-9)^2=97$

109 답 -4
주어진 방정식을 연립방정식으로 나타내면
$\begin{cases} \dfrac{x-y}{2}=x-\dfrac{2+y}{3} & \cdots ㉠ \\ \dfrac{x-y}{2}=\dfrac{x-3y}{4} & \cdots ㉡ \end{cases}$
㉠$\times 6$을 하면 $3(x-y)=6x-2(2+y)$
$\therefore 3x+y=4$ $\cdots$ ㉢
㉡$\times 4$를 하면 $2(x-y)=x-3y$
$\therefore x+y=0$ $\cdots$ ㉣
㉢$-$㉣을 하면 $2x=4$ $\therefore x=2$
$x=2$를 ㉣에 대입하면 $2+y=0$ $\therefore y=-2$
따라서 $a=2$, $b=-2$이므로 $ab=2\times(-2)=-4$

110 답 ③
$x=1$, $y=-2$를 주어진 연립방정식에 대입하면
$\begin{cases} a+2b=6 \\ 5b-2a=-3 \end{cases}$ 즉 $\begin{cases} a+2b=6 & \cdots ㉠ \\ -2a+5b=-3 & \cdots ㉡ \end{cases}$
㉠$\times 2+$㉡을 하면 $9b=9$ $\therefore b=1$
$b=1$을 ㉠에 대입하면 $a+2=6$ $\therefore a=4$
$\therefore a-b=4-1=3$

111 답 1
주어진 연립방정식의 해는 세 방정식을 모두 만족시키므로
연립방정식 $\begin{cases} -3x+y=7 & \cdots ㉠ \\ x+4y=2 & \cdots ㉡ \end{cases}$의 해와 같다.

㉠$+$㉡$\times 3$을 하면 $13y=13$ $\therefore y=1$
$y=1$을 ㉡에 대입하면 $x+4=2$ $\therefore x=-2$
따라서 $x=-2$, $y=1$을 $2x+5ky=k$에 대입하면
$-4+5k=k$, $4k=4$ $\therefore k=1$

112 답 ⑤
상수항 11을 k로 잘못 보았다고 하면 $x-2y=k$ $\cdots$ ㉠
$x=9$를 $2x+3y=3$에 대입하면
$18+3y=3$, $3y=-15$ $\therefore y=-5$
$x=9$, $y=-5$를 ㉠에 대입하면 $9+10=k$ $\therefore k=19$
따라서 상수항 11을 19로 잘못 보고 풀었다.

113 답 12
$\begin{cases} 2y=x+m \\ -3x+ny=6 \end{cases}$ 즉 $\begin{cases} -x+2y=m & \cdots ㉠ \\ -3x+ny=6 & \cdots ㉡ \end{cases}$
㉠$\times 3$을 하면 $-3x+6y=3m$ $\cdots$ ㉢
이때 해가 무수히 많으려면 ㉡과 ㉢이 일치해야 하므로
$n=6$, $6=3m$ $\therefore m=2$, $n=6$
$\therefore mn=2\times 6=12$

114 답 ②
$\begin{cases} 3x-2y=4 & \cdots ㉠ \\ (a-2)x+3y=b & \cdots ㉡ \end{cases}$
㉠$\times(-3)$을 하면 $-9x+6y=-12$ $\cdots$ ㉢
㉡$\times 2$를 하면 $2(a-2)x+6y=2b$ $\cdots$ ㉣
이때 해가 없으려면 ㉢과 ㉣의 x, y의 계수는 각각 같고 상수항은 달라야 하므로
$-9=2(a-2)$, $-12\neq 2b$ $\therefore a=-\dfrac{5}{2}$, $b\neq -6$

115 답 7
$\begin{cases} y=x-4 & \cdots ㉠ \\ y=-3x+8 & \cdots ㉡ \end{cases}$
㉠을 ㉡에 대입하면 $x-4=-3x+8$, $4x=12$ $\therefore x=3$
$x=3$을 ㉠에 대입하면 $y=3-4=-1$ $\cdots$ (i)
따라서 $x=3$, $y=-1$을 $2x-y=k$에 대입하면
$6-(-1)=k$ $\therefore k=7$ $\cdots$ (ii)

채점 기준

(i) 연립방정식 풀기	60%
(ii) k의 값 구하기	40%

116 답 3
$\begin{cases} 0.\dot{6}x+1.\dot{3}y=8 & \cdots ㉠ \\ (x-3):(x+2y)=1:4 & \cdots ㉡ \end{cases}$
㉠에서 $\dfrac{2}{3}x+\dfrac{4}{3}y=8$ $\therefore x+2y=12$ $\cdots$ ㉢
㉡에서 $4(x-3)=x+2y$ $\therefore 3x-2y=12$ $\cdots$ ㉣ $\cdots$ (i)
㉢$+$㉣을 하면 $4x=24$ $\therefore x=6$
$x=6$을 ㉢에 대입하면
$6+2y=12$, $2y=6$ $\therefore y=3$ $\cdots$ (ii)
$\therefore x-y=6-3=3$ $\cdots$ (iii)

117 답 -3

$$\begin{cases} \dfrac{2}{5}x+y=\dfrac{26}{5} & \cdots \text{㉠} \\ 0.1x-0.3y=-0.9 & \cdots \text{㉡} \end{cases}$$

㉠×5를 하면 $2x+5y=26$ $\cdots$ ㉢

㉡×10을 하면 $x-3y=-9$ $\cdots$ ㉣

㉢$-$㉣×2를 하면 $11y=44$ $\therefore y=4$

$y=4$를 ㉣에 대입하면 $x-12=-9$ $\therefore x=3$ $\cdots$ (i)

$x=3$, $y=4$를 $6x+ay=10$에 대입하면

$18+4a=10$, $4a=-8$ $\therefore a=-2$ $\cdots$ (ii)

$x=3$, $y=4$, $a=-2$를 $ax-by=-2$에 대입하면

$-6-4b=-2$, $-4b=4$ $\therefore b=-1$ $\cdots$ (iii)

$\therefore a+b=-2+(-1)=-3$ $\cdots$ (iv)

만점 문제 뛰어넘기　　131쪽

118 답 ②

$2x+3y=36$에 $y=1$, 2, 3, $\cdots$을 차례로 대입하여 x의 값도 자연수인 해를 구하면

$(15, 2)$, $(12, 4)$, $(9, 6)$, $(6, 8)$, $(3, 10)$

이 중에서 x, y의 최소공배수가 24인 것은 $(6, 8)$이므로

$x=6$, $y=8$

$\therefore x+y=6+8=14$

119 답 ④

$$\begin{cases} 2x+by=7 & \cdots \text{㉠} \\ ax-by=3 & \cdots \text{㉡} \end{cases}$$

㉠$+$㉡을 하면 $(2+a)x=10$ $\therefore x=\dfrac{10}{2+a}$

이때 x, a는 모두 자연수이므로 $a=3$, 8

(i) $a=3$일 때, $x=2$이므로 $x=2$를 ㉠에 대입하면

$4+by=7$, $by=3$ $\therefore y=\dfrac{3}{b}$

이때 y, b는 모두 자연수이므로 $b=1$, 3

(ii) $a=8$일 때, $x=1$이므로 $x=1$을 ㉠에 대입하면

$2+by=7$, $by=5$ $\therefore y=\dfrac{5}{b}$

이때 y, b는 모두 자연수이므로 $b=1$, 5

따라서 순서쌍 (a, b)는 $(3, 1)$, $(3, 3)$, $(8, 1)$, $(8, 5)$의 4개이다.

120 답 ②

$2^x \times 4^y=32$에서 $2^x \times 2^{2y}=2^5$

$2^{x+2y}=2^5$ $\therefore x+2y=5$ $\cdots$ ㉠

$9^x \times 3^y=81$에서 $3^{2x} \times 3^y=3^4$

$3^{2x+y}=3^4$ $\therefore 2x+y=4$ $\cdots$ ㉡

㉠×2$-$㉡을 하면 $3y=6$ $\therefore y=2$

$y=2$를 ㉠에 대입하면 $x+4=5$ $\therefore x=1$

따라서 $x=1$, $y=2$를 $2x-ay-4=0$에 대입하면

$2-2a-4=0$, $-2a=2$ $\therefore a=-1$

121 답 2

x와 y의 값의 합이 3이므로 $x+y=3$

$x+y=3$, 즉 $y=-x+3$을 $\begin{cases} 2x+5y=k+1 \\ 3x+8y=2k \end{cases}$에 대입하면

$\begin{cases} 2x+5(-x+3)=k+1 \\ 3x+8(-x+3)=2k \end{cases}$, 즉 $\begin{cases} 3x+k=14 & \cdots \text{㉠} \\ 5x+2k=24 & \cdots \text{㉡} \end{cases}$

㉠×5$-$㉡×3을 하면 $-k=-2$ $\therefore k=2$

122 답 ⑤

$\begin{cases} 4x+7y=4 \\ 6x+by=28 \end{cases}$의 해를 $x=m$, $y=n$이라 하면

$\begin{cases} 4m+7n=4 & \cdots \text{㉠} \\ 6m+bn=28 & \cdots \text{㉡} \end{cases}$

$\begin{cases} ax+2y=-15 \\ 8x+9y=5 \end{cases}$의 해는 $x=m+1$, $y=n+1$이므로

$\begin{cases} a(m+1)+2(n+1)=-15 \\ 8(m+1)+9(n+1)=5 \end{cases}$, 즉 $\begin{cases} am+2n=-a-17 & \cdots \text{㉢} \\ 8m+9n=-12 & \cdots \text{㉣} \end{cases}$

연립방정식 $\begin{cases} 4m+7n=4 & \cdots \text{㉠} \\ 8m+9n=-12 & \cdots \text{㉣} \end{cases}$에서

㉠×2$-$㉣을 하면 $5n=20$ $\therefore n=4$

$n=4$를 ㉠에 대입하면

$4m+28=4$, $4m=-24$ $\therefore m=-6$

$m=-6$, $n=4$를 ㉡에 대입하면

$-36+4b=28$, $4b=64$ $\therefore b=16$

$m=-6$, $n=4$를 ㉢에 대입하면

$-6a+8=-a-17$, $-5a=-25$ $\therefore a=5$

$\therefore a+b=5+16=21$

123 답 ④

$x=1$, $y=k$를 $4x-y=9$에 대입하면

$4-k=9$ $\therefore k=-5$

a를 b로 잘못 보았으므로

$x=1$, $y=-5$를 $2x+by=7$에 대입하면

$2-5b=7$, $-5b=5$ $\therefore b=-1$

이때 b의 값이 a의 값보다 2만큼 크므로

$-1=a+2$ $\therefore a=-3$

따라서 처음 연립방정식은 $\begin{cases} 2x-3y=7 & \cdots \text{㉠} \\ 4x-y=9 & \cdots \text{㉡} \end{cases}$

㉠×2$-$㉡을 하면 $-5y=5$ $\therefore y=-1$

$y=-1$을 ㉡에 대입하면

$4x+1=9$, $4x=8$ $\therefore x=2$

7 연립일차방정식의 활용

01 ④	**02** 54	**03** 4개	**04** 38세	**05** 6 cm
06 ⑤	**07** 6	**08** 60마리	**09** 9	**10** 35
11 ③	**12** 23	**13** ③	**14** 93	**15** 583
16 ①	**17** ④	**18** 연필: 2자루, 색연필: 6자루		
19 ④	**20** 1200원	**21** ③	**22** ⑤	
23 삼촌: 40세, 준호: 9세			**24** 42세	
25 어머니: 45세, 아들: 15세			**26** 8 cm	**27** 60 cm
28 ②	**29** 긴 변: 7 cm, 짧은 변: 4 cm			**30** ③
31 8	**32** 10	**33** 11	**34** ②	
35 $a=1$, $b=3$		**36** ⑤	**37** 9개	
38 남학생: 12명, 여학생: 8명				
39 노새: 7자루, 당나귀: 5자루			**40** ③	**41** ④
42 5 km	**43** ②			
44 수지: 분속 100 m, 연주: 분속 50 m				
45 배: 시속 7 km, 강물: 시속 1 km		**46** ③		**47** ④
48 150	**49** ③	**50** ①	**51** 9 km	
52 $\frac{20}{9}$ km	**53** ②	**54** 150 m	**55** ④	**56** ③
57 ⑤	**58** 10분 후	**59** ④	**60** 분속 24 m	
61 ③	**62** 500 m	**63** ②	**64** ④	**65** ④
66 371명	**67** ②	**68** 30일	**69** ④	
70 합금 A: 10 kg, 합금 B: 4 kg			**71** ②	
72 나무 위: 7마리, 나무 아래: 5마리		**73** 60명	**74** ③	
75 412 kg	**76** ①	**77** ④	**78** ③	
79 11000원	**80** 16분	**81** ③	**82** 5명	**83** ④
84 45 g	**85** ①	**86** A: 12 %, B: 6 %		**87** 300 g
88 ④	**89** 70 g	**90** ②	**91** 27	**92** ⑤
93 36세	**94** ①	**95** ②		
96 구미호: 9마리, 붕조: 7마리			**97** ④	**98** ⑤
99 ②	**100** 시속 10 km		**101** 20명	**102** ③
103 ①	**104** ②	**105** 55000원		
106 75000원		**107** 564 kg	**108** 8개	**109** ③
110 32 cm	**111** ③	**112** 광수: 6 m, 선화: 4 m		
113 27000원		**114** ②	**115** 11900원	
116 ④	**117** ⑤	**118** 100만 원		

01 연립방정식의 활용 (1)

유형 모아 보기 & 완성하기
134~140쪽

01 답 ④

큰 수를 x, 작은 수를 y라 하면 $\begin{cases} x+y=37 & \cdots\ \bigcirc \\ x=3y+5 & \cdots\ \bigcirc \end{cases}$

ⓛ을 ⊙에 대입하면 $(3y+5)+y=37$, $4y=32$ ∴ $y=8$

$y=8$을 ⓛ에 대입하면 $x=24+5=29$

따라서 큰 수는 29이다.

02 답 54

처음 수의 십의 자리의 숫자를 x, 일의 자리의 숫자를 y라 하면

$\begin{cases} x+y=9 \\ 10y+x=(10x+y)-9 \end{cases}$, 즉 $\begin{cases} x+y=9 & \cdots\ \bigcirc \\ -x+y=-1 & \cdots\ \bigcirc \end{cases}$

⊙+ⓛ을 하면 $2y=8$ ∴ $y=4$

$y=4$를 ⊙에 대입하면 $x+4=9$ ∴ $x=5$

따라서 처음 수는 54이다.

03 답 4개

음료수를 x개, 빵을 y개 샀다고 하면

$\begin{cases} x+y=11 \\ 800x+600y=8000 \end{cases}$, 즉 $\begin{cases} x+y=11 & \cdots\ \bigcirc \\ 4x+3y=40 & \cdots\ \bigcirc \end{cases}$

⊙×3−ⓛ을 하면 $-x=-7$ ∴ $x=7$

$x=7$을 ⊙에 대입하면 $7+y=11$ ∴ $y=4$

따라서 빵을 4개 샀다.

04 답 38세

현재 어머니의 나이를 x세, 딸의 나이를 y세라 하면

$\begin{cases} x+y=51 \\ x+12=2(y+12) \end{cases}$, 즉 $\begin{cases} x+y=51 & \cdots\ \bigcirc \\ x-2y=12 & \cdots\ \bigcirc \end{cases}$

⊙−ⓛ을 하면 $3y=39$ ∴ $y=13$

$y=13$을 ⊙에 대입하면 $x+13=51$ ∴ $x=38$

따라서 현재 어머니의 나이는 38세이다.

05 답 6 cm

직사각형의 가로의 길이를 x cm, 세로의 길이를 y cm라 하면

$\begin{cases} x=y+4 \\ 2(x+y)=16 \end{cases}$, 즉 $\begin{cases} x=y+4 & \cdots\ \bigcirc \\ x+y=8 & \cdots\ \bigcirc \end{cases}$

⊙을 ⓛ에 대입하면 $(y+4)+y=8$, $2y=4$ ∴ $y=2$

$y=2$를 ⊙에 대입하면 $x=6$

따라서 직사각형의 가로의 길이는 6 cm이다.

06 답 ⑤

민지가 맞힌 문제 수를 x, 틀린 문제 수를 y라 하면

$\begin{cases} x+y=20 & \cdots\ \bigcirc \\ 5x-2y=72 & \cdots\ \bigcirc \end{cases}$

⊙×2+ⓛ을 하면 $7x=112$ ∴ $x=16$

$x=16$을 ⊙에 대입하면 $16+y=20$ ∴ $y=4$

따라서 민지가 맞힌 문제 수는 16이다.

07 답 6

혜수가 이긴 횟수를 x, 진 횟수를 y라 하면
소희가 이긴 횟수는 y, 진 횟수는 x이므로

$$\begin{cases} 5x-3y=24 \\ 5y-3x=-8 \end{cases} \text{ 즉 } \begin{cases} 5x-3y=24 & \cdots \text{㉠} \\ -3x+5y=-8 & \cdots \text{㉡} \end{cases}$$

㉠$\times 5+$㉡$\times 3$을 하면 $16x=96$ $\quad \therefore x=6$
$x=6$을 ㉠에 대입하면 $30-3y=24$, $-3y=-6$ $\quad \therefore y=2$
따라서 혜수가 이긴 횟수는 6이다.

08 답 60마리

이 농장에서 기르는 닭을 x마리, 토끼를 y마리라 하면

$$\begin{cases} x+y=180 \\ 2x+4y=600 \end{cases} \text{ 즉 } \begin{cases} x+y=180 & \cdots \text{㉠} \\ x+2y=300 & \cdots \text{㉡} \end{cases}$$

㉠$-$㉡을 하면 $-y=-120$ $\quad \therefore y=120$
$y=120$을 ㉠에 대입하면 $x+120=180$ $\quad \therefore x=60$
따라서 이 농장에서 기르는 닭은 60마리이다.

09 답 9

큰 수를 x, 작은 수를 y라 하면 $\begin{cases} x+y=74 & \cdots \text{㉠} \\ x=7y+2 & \cdots \text{㉡} \end{cases}$

㉡을 ㉠에 대입하면 $8y+2=74$, $8y=72$ $\quad \therefore y=9$
$y=9$를 ㉡에 대입하면 $x=63+2=65$
따라서 작은 수는 9이다.

10 답 35

큰 수를 x, 작은 수를 y라 하면 $\begin{cases} x+y=58 & \cdots \text{㉠} \\ x-y=12 & \cdots \text{㉡} \end{cases}$

㉠$+$㉡을 하면 $2x=70$ $\quad \therefore x=35$
$x=35$를 ㉠에 대입하면 $35+y=58$ $\quad \therefore y=23$
따라서 큰 수는 35이다.

11 답 ③

큰 수를 x, 작은 수를 y라 하면

$$\begin{cases} x+y=48 \\ 3y-x=20 \end{cases} \text{ 즉 } \begin{cases} x+y=48 & \cdots \text{㉠} \\ -x+3y=20 & \cdots \text{㉡} \end{cases}$$

㉠$+$㉡을 하면 $4y=68$ $\quad \therefore y=17$
$y=17$을 ㉠에 대입하면 $x+17=48$ $\quad \therefore x=31$
따라서 두 수의 차는 $31-17=14$

12 답 23

(개)에서 $A=3B+3$ $\quad \cdots \text{㉠}$ $\quad\quad\quad \cdots$ (i)
(내)에서 $2A=7B+1$ $\quad \cdots \text{㉡}$ $\quad\quad\quad \cdots$ (ii)
㉠을 ㉡에 대입하면 $2(3B+3)=7B+1$
$6B+6=7B+1$ $\quad \therefore B=5$
$B=5$를 ㉠에 대입하면 $A=18$ $\quad\quad\quad\quad\quad \cdots$ (iii)
$\therefore A+B=18+5=23$ $\quad\quad\quad\quad\quad\quad\quad \cdots$ (iv)

채점 기준

(i) (개)에서 식 세우기	30 %
(ii) (내)에서 식 세우기	30 %
(iii) 두 식을 연립하여 풀기	30 %
(iv) $A+B$의 값 구하기	10 %

13 답 ③

처음 수의 십의 자리의 숫자를 x, 일의 자리의 숫자를 y라 하면

$$\begin{cases} x+y=10 \\ 10y+x=(10x+y)+18 \end{cases} \text{ 즉 } \begin{cases} x+y=10 & \cdots \text{㉠} \\ -x+y=2 & \cdots \text{㉡} \end{cases}$$

㉠$+$㉡을 하면 $2y=12$ $\quad \therefore y=6$
$y=6$을 ㉠에 대입하면 $x+6=10$ $\quad \therefore x=4$
따라서 처음 수는 46이다.

14 답 93

두 자리의 자연수의 십의 자리의 숫자를 x, 일의 자리의 숫자를 y라 하면

$$\begin{cases} x=3y & \cdots \text{㉠} \\ x+y=12 & \cdots \text{㉡} \end{cases}$$

㉠을 ㉡에 대입하면 $4y=12$ $\quad \therefore y=3$
$y=3$을 ㉠에 대입하면 $x=9$
따라서 이 자연수는 93이다.

15 답 583

비밀번호의 백의 자리의 숫자를 x, 일의 자리의 숫자를 y라 하면

$$\begin{cases} x+y=8 \\ 100y+80+x=(100x+80+y)-198 \end{cases}$$

즉 $\begin{cases} x+y=8 & \cdots \text{㉠} \\ -x+y=-2 & \cdots \text{㉡} \end{cases}$

㉠$+$㉡을 하면 $2y=6$ $\quad \therefore y=3$
$y=3$을 ㉠에 대입하면 $x+3=8$ $\quad \therefore x=5$
따라서 수연이의 학교 사물함의 비밀번호는 583이다.

16 답 ①

어른이 x명, 청소년이 y명 입장했다고 하면

$$\begin{cases} x+y=150 \\ 1000x+500y=117500 \end{cases} \text{ 즉 } \begin{cases} x+y=150 & \cdots \text{㉠} \\ 2x+y=235 & \cdots \text{㉡} \end{cases}$$

㉠$-$㉡을 하면 $-x=-85$ $\quad \therefore x=85$
$x=85$를 ㉠에 대입하면 $85+y=150$ $\quad \therefore y=65$
따라서 입장한 청소년은 65명이다.

17 답 ④

샌드위치와 음료수를 합하여 9개를 샀으므로 $x+y=9$
지불한 금액이 16000원이므로 $2500x+1200y=16000$

따라서 연립방정식을 세우면 $\begin{cases} x+y=9 \\ 2500x+1200y=16000 \end{cases}$

18 답 연필: 2자루, 색연필: 6자루

연필을 x자루, 색연필을 y자루 샀다고 하면

$$\begin{cases} x+y=8 \\ 500x+700y+1000=6200 \end{cases} \text{ 즉 } \begin{cases} x+y=8 & \cdots \text{㉠} \\ 5x+7y=52 & \cdots \text{㉡} \end{cases} \quad \cdots \text{(i)}$$

㉠$\times 5-$㉡을 하면 $-2y=-12$ $\quad \therefore y=6$
$y=6$을 ㉠에 대입하면 $x+6=8$ $\quad \therefore x=2$ $\quad\quad \cdots$ (ii)
따라서 연필을 2자루, 색연필을 6자루 샀다. $\quad\quad \cdots$ (iii)

채점 기준

(i) 연립방정식 세우기	50 %
(ii) 연립방정식 풀기	40 %
(iii) 연필과 색연필을 각각 몇 자루 샀는지 구하기	10 %

19 **답** ④

복숭아를 x개, 자두를 y개 샀다고 하면

$\begin{cases} x+y+5=18 \\ 800x+200y+7500=11900 \end{cases}$ 즉 $\begin{cases} x+y=13 & \cdots \text{㉠} \\ 4x+y=22 & \cdots \text{㉡} \end{cases}$

㉠$-$㉡을 하면 $-3x=-9$ $\therefore x=3$

$x=3$을 ㉠에 대입하면 $3+y=13$ $\therefore y=10$

따라서 자두를 10개 샀다.

20 **답** **1200원**

사과 한 개의 가격을 x원, 배 한 개의 가격을 y원이라 하면

$\begin{cases} 3x+2y=7600 & \cdots \text{㉠} \\ 4x+3y=10800 & \cdots \text{㉡} \end{cases}$

㉠$\times 3-$㉡$\times 2$를 하면 $x=1200$

$x=1200$을 ㉠에 대입하면 $3600+2y=7600$

$2y=4000$ $\therefore y=2000$

따라서 사과 한 개의 가격은 1200원이다.

21 **답** ③

장미 한 송이의 가격을 x원, 백합 한 송이의 가격을 y원이라 하면

$\begin{cases} y=x+600 & \cdots \text{㉠} \\ 8x+5y=14700 & \cdots \text{㉡} \end{cases}$

㉠을 ㉡에 대입하면 $8x+5(x+600)=14700$

$13x=11700$ $\therefore x=900$

$x=900$을 ㉠에 대입하면 $y=1500$

따라서 장미 한 송이와 백합 한 송이의 가격은 각각 900원, 1500원이므로 장미 5송이와 백합 3송이를 합한 가격은

$900\times5+1500\times3=9000$(원)

22 **답** ⑤

현재 아버지의 나이를 x세, 아들의 나이를 y세라 하면

$\begin{cases} x+y=54 \\ x+7=3(y+7) \end{cases}$ 즉 $\begin{cases} x+y=54 & \cdots \text{㉠} \\ x-3y=14 & \cdots \text{㉡} \end{cases}$

㉠$-$㉡을 하면 $4y=40$ $\therefore y=10$

$y=10$을 ㉠에 대입하면 $x+10=54$ $\therefore x=44$

따라서 현재 아버지의 나이는 44세이다.

23 **답** **삼촌: 40세, 준호: 9세**

현재 삼촌의 나이를 x세, 준호의 나이를 y세라 하면

$\begin{cases} x=y+31 \\ x+16=3(y+16)-9 \end{cases}$ 즉 $\begin{cases} x=y+31 & \cdots \text{㉠} \\ x-3y=23 & \cdots \text{㉡} \end{cases}$

㉠을 ㉡에 대입하면 $-2y+31=23$, $-2y=-8$ $\therefore y=4$

$y=4$를 ㉠에 대입하면 $x=35$

따라서 현재 삼촌의 나이는 35세, 준호의 나이는 4세이므로

5년 후의 삼촌의 나이는 $35+5=40$(세),

준호의 나이는 $4+5=9$(세)이다.

24 **답** **42세**

현재 아버지의 나이를 x세, 윤희의 나이를 y세라 하면

$\begin{cases} x=4y \\ x-9=10(y-9)-3 \end{cases}$ 즉 $\begin{cases} x=4y & \cdots \text{㉠} \\ x-10y=-84 & \cdots \text{㉡} \end{cases}$

㉠을 ㉡에 대입하면 $-6y=-84$ $\therefore y=14$

$y=14$를 ㉠에 대입하면 $x=56$

따라서 현재 아버지의 나이는 56세, 윤희의 나이는 14세이므로

구하는 나이의 차는 $56-14=42$(세)

25 **답** **어머니: 45세, 아들: 15세**

현재 어머니의 나이를 x세, 아들의 나이를 y세라 하면

$\begin{cases} x-5=4(y-5) \\ x+10=2(y+10)+5 \end{cases}$ 즉 $\begin{cases} x-4y=-15 & \cdots \text{㉠} \\ x-2y=15 & \cdots \text{㉡} \end{cases}$

㉠$-$㉡을 하면 $-2y=-30$ $\therefore y=15$

$y=15$를 ㉡에 대입하면 $x-30=15$ $\therefore x=45$

따라서 현재 어머니의 나이는 45세, 아들의 나이는 15세이다.

26 **답** **8 cm**

사다리꼴의 윗변의 길이를 x cm, 아랫변의 길이를 y cm라 하면

$\begin{cases} x=y-3 \\ \frac{1}{2}\times(x+y)\times10=95 \end{cases}$ 즉 $\begin{cases} x=y-3 & \cdots \text{㉠} \\ x+y=19 & \cdots \text{㉡} \end{cases}$

㉠을 ㉡에 대입하면 $2y-3=19$

$2y=22$ $\therefore y=11$

$y=11$을 ㉠에 대입하면 $x=8$

따라서 사다리꼴의 윗변의 길이는 8 cm이다.

27 **답** **60 cm**

짧은 줄의 길이를 x cm, 긴 줄의 길이를 y cm라 하면

$\begin{cases} x+y=140 & \cdots \text{㉠} \\ x=\frac{1}{2}y+20 & \cdots \text{㉡} \end{cases}$

㉡을 ㉠에 대입하면 $\frac{3}{2}y+20=140$

$\frac{3}{2}y=120$ $\therefore y=80$

$y=80$을 ㉡에 대입하면 $x=60$

따라서 짧은 줄의 길이는 60 cm이다.

28 **답** ②

처음 직사각형의 가로의 길이를 x cm, 세로의 길이를 y cm라 하면

$\begin{cases} 2(x+y)=56 \\ 2\{(x-3)+2y\}=62 \end{cases}$ 즉 $\begin{cases} x+y=28 & \cdots \text{㉠} \\ x+2y=34 & \cdots \text{㉡} \end{cases}$

㉠$-$㉡을 하면 $-y=-6$ $\therefore y=6$

$y=6$을 ㉠에 대입하면 $x+6=28$ $\therefore x=22$

따라서 처음 직사각형의 가로의 길이는 22 cm, 세로의 길이는 6 cm이므로 구하는 넓이는

$22\times6=132$(cm^2)

29 **답** **긴 변: 7 cm, 짧은 변: 4 cm**

직사각형의 긴 변의 길이를 x cm, 짧은 변의 길이를 y cm라 하면

$\begin{cases} 2x+2y=22 & \cdots \text{㉠} \\ 2x-y=10 & \cdots \text{㉡} \end{cases}$

㉠$-$㉡을 하면 $3y=12$ $\therefore y=4$

$y=4$를 ㉡에 대입하면 $2x-4=10$

$2x=14$ $\therefore x=7$

따라서 직사각형의 긴 변의 길이는 7 cm, 짧은 변의 길이는 4 cm이다.

30 답 ③

은우가 맞힌 문제 수를 x, 틀린 문제 수를 y라 하면

$$\begin{cases} x+y=30 & \cdots \text{㉠} \\ 3x-y=34 & \cdots \text{㉡} \end{cases}$$

㉠+㉡을 하면 $4x=64$ $\quad \therefore x=16$

$x=16$을 ㉠에 대입하면

$16+y=30$ $\quad \therefore y=14$

따라서 은우가 틀린 문제 수는 14이다.

31 답 8

A팀의 승리한 경기 수를 x, 비긴 경기 수를 y라 하면

$$\begin{cases} x+y=18 & \cdots \text{㉠} \\ 4x+2y=56 & \cdots \text{㉡} \end{cases} \qquad \cdots (\text{i})$$

㉠×2$-$㉡을 하면 $-2x=-20$ $\quad \therefore x=10$

$x=10$을 ㉠에 대입하면 $10+y=18$ $\quad \therefore y=8$ $\quad \cdots (\text{ii})$

따라서 A팀의 비긴 경기 수는 8이다. $\quad \cdots (\text{iii})$

채점 기준	
(i) 연립방정식 세우기	50 %
(ii) 연립방정식 풀기	40 %
(iii) A팀의 비긴 경기 수 구하기	10 %

32 답 10

지혜가 맞힌 문제 수를 x, 틀린 문제 수를 y라 하면

$$\begin{cases} y=\dfrac{1}{4}x \\ 100x-50y=700 \end{cases} \text{, 즉 } \begin{cases} x=4y & \cdots \text{㉠} \\ 2x-y=14 & \cdots \text{㉡} \end{cases}$$

㉠을 ㉡에 대입하면 $7y=14$ $\quad \therefore y=2$

$y=2$를 ㉠에 대입하면 $x=8$

따라서 지혜가 푼 전체 문제 수는

$8+2=10$

33 답 11

나리가 이긴 횟수를 x, 진 횟수를 y라 하면

은주가 이긴 횟수는 y, 진 횟수는 x이므로

$$\begin{cases} 6x-4y=26 \\ 6y-4x=16 \end{cases} \text{, 즉 } \begin{cases} 3x-2y=13 & \cdots \text{㉠} \\ -2x+3y=8 & \cdots \text{㉡} \end{cases}$$

㉠×2$+$㉡×3을 하면 $5y=50$ $\quad \therefore y=10$

$y=10$을 ㉠에 대입하면 $3x-20=13$

$3x=33$ $\quad \therefore x=11$

따라서 나리가 이긴 횟수는 11이다.

34 답 ②

준서가 이긴 횟수를 x, 진 횟수를 y라 하면

민호가 이긴 횟수는 y, 진 횟수는 x이므로

$$\begin{cases} x+y=20 \\ 3y-2x=25 \end{cases} \text{, 즉 } \begin{cases} x+y=20 & \cdots \text{㉠} \\ -2x+3y=25 & \cdots \text{㉡} \end{cases}$$

㉠×2$+$㉡을 하면 $5y=65$ $\quad \therefore y=13$

$y=13$을 ㉠에 대입하면 $x+13=20$ $\quad \therefore x=7$

따라서 준서가 이긴 횟수는 7이다.

35 답 $a=1$, $b=3$

주희는 9번 이기고 6번 졌고, 시우는 6번 이기고 9번 졌으므로

$$\begin{cases} 9a-6b=-9 \\ 6a-9b=-21 \end{cases} \text{, 즉 } \begin{cases} 3a-2b=-3 & \cdots \text{㉠} \\ 2a-3b=-7 & \cdots \text{㉡} \end{cases} \qquad \cdots (\text{i})$$

㉠×2$-$㉡×3을 하면 $5b=15$ $\quad \therefore b=3$

$b=3$을 ㉠에 대입하면 $3a-6=-3$, $3a=3$ $\quad \therefore a=1$ $\quad \cdots (\text{ii})$

채점 기준	
(i) 연립방정식 세우기	50 %
(ii) a, b의 값 구하기	50 %

36 답 ⑤

자전거가 x대, 자동차가 y대 있다고 하면

$$\begin{cases} x+y=54 \\ 2x+4y=150 \end{cases} \text{, 즉 } \begin{cases} x+y=54 & \cdots \text{㉠} \\ x+2y=75 & \cdots \text{㉡} \end{cases}$$

㉠$-$㉡을 하면 $-y=-21$ $\quad \therefore y=21$

$y=21$을 ㉠에 대입하면 $x+21=54$ $\quad \therefore x=33$

따라서 자전거는 33대이다.

37 답 9개

2점 슛을 x개, 3점 슛을 y개 성공했다고 하면

$$\begin{cases} x+y=15 & \cdots \text{㉠} \\ 2x+3y=36 & \cdots \text{㉡} \end{cases}$$

㉠×2$-$㉡을 하면 $-y=-6$ $\quad \therefore y=6$

$y=6$을 ㉠에 대입하면 $x+6=15$ $\quad \therefore x=9$

따라서 성공한 2점 슛은 9개이다.

38 답 남학생: 12명, 여학생: 8명

남학생을 x명, 여학생을 y명이라 하면

$$\begin{cases} x+y=20 \\ \dfrac{81x+86y}{20}=83 \end{cases} \text{, 즉 } \begin{cases} x+y=20 & \cdots \text{㉠} \\ 81x+86y=1660 & \cdots \text{㉡} \end{cases}$$

㉠×81$-$㉡을 하면 $-5y=-40$ $\quad \therefore y=8$

$y=8$을 ㉠에 대입하면 $x+8=20$ $\quad \therefore x=12$

따라서 남학생은 12명, 여학생은 8명이다.

39 답 노새: 7자루, 당나귀: 5자루

노새의 짐을 x자루, 당나귀의 짐을 y자루라 하면

$$\begin{cases} x+1=2(y-1) \\ x-1=y+1 \end{cases} \text{, 즉 } \begin{cases} x-2y=-3 & \cdots \text{㉠} \\ x-y=2 & \cdots \text{㉡} \end{cases}$$

㉠$-$㉡을 하면 $-y=-5$ $\quad \therefore y=5$

$y=5$를 ㉡에 대입하면 $x-5=2$ $\quad \therefore x=7$

따라서 노새의 짐은 7자루, 당나귀의 짐은 5자루이다.

40 답 ③

정삼각형을 x개, 정사각형을 y개 만든다고 하면

$$\begin{cases} x+y=14 & \cdots \text{㉠} \\ 3x+4y=48 & \cdots \text{㉡} \end{cases}$$

㉠×3$-$㉡을 하면 $-y=-6$ $\quad \therefore y=6$

$y=6$을 ㉠에 대입하면 $x+6=14$ $\quad \therefore x=8$

따라서 정삼각형은 8개를 만들어야 한다.

41 답 ④

걸어간 거리를 $x\,\mathrm{km}$, 뛰어간 거리를 $y\,\mathrm{km}$라 하면

$\begin{cases} x+y=10 \\ \dfrac{x}{4}+\dfrac{y}{6}=2 \end{cases}$, 즉 $\begin{cases} x+y=10 & \cdots \text{㉠} \\ 3x+2y=24 & \cdots \text{㉡} \end{cases}$

㉠$\times 3-$㉡을 하면 $y=6$

$y=6$을 ㉠에 대입하면 $x+6=10$ $\quad \therefore x=4$

따라서 세호가 뛰어간 거리는 $6\,\mathrm{km}$이다.

42 답 **5 km**

올라간 거리를 $x\,\mathrm{km}$, 내려온 거리를 $y\,\mathrm{km}$라 하면

$\begin{cases} x+y=14 \\ \dfrac{x}{3}+\dfrac{y}{5}=4 \end{cases}$, 즉 $\begin{cases} x+y=14 & \cdots \text{㉠} \\ 5x+3y=60 & \cdots \text{㉡} \end{cases}$

㉠$\times 5-$㉡을 하면 $2y=10$ $\quad \therefore y=5$

$y=5$를 ㉠에 대입하면 $x+5=14$ $\quad \therefore x=9$

따라서 내려온 거리는 $5\,\mathrm{km}$이다.

43 답 ②

동생이 출발한 지 x분 후, 형이 출발한 지 y분 후에 두 사람이 만난다고 하면

$\begin{cases} x=y+15 \\ 50x=100y \end{cases}$, 즉 $\begin{cases} x=y+15 & \cdots \text{㉠} \\ x=2y & \cdots \text{㉡} \end{cases}$

㉡을 ㉠에 대입하면 $2y=y+15$ $\quad \therefore y=15$

$y=15$를 ㉠에 대입하면 $x=30$

따라서 두 사람이 만나는 것은 형이 출발한 지 15분 후이다.

44 답 **수지: 분속 100 m, 연주: 분속 50 m**

수지의 속력을 분속 $x\,\mathrm{m}$, 연주의 속력을 분속 $y\,\mathrm{m}$라 하면

$\begin{cases} 30x-30y=1500 \\ 10x+10y=1500 \end{cases}$, 즉 $\begin{cases} x-y=50 & \cdots \text{㉠} \\ x+y=150 & \cdots \text{㉡} \end{cases}$

㉠$+$㉡을 하면 $2x=200$ $\quad \therefore x=100$

$x=100$을 ㉠에 대입하면 $100-y=50$ $\quad \therefore y=50$

따라서 수지의 속력은 분속 $100\,\mathrm{m}$, 연주의 속력은 분속 $50\,\mathrm{m}$이다.

45 답 **배: 시속 7 km, 강물: 시속 1 km**

정지한 물에서의 배의 속력을 시속 $x\,\mathrm{km}$, 강물의 속력을 시속 $y\,\mathrm{km}$라 하면 강을 거슬러 올라갈 때의 배의 속력은 시속 $(x-y)\,\mathrm{km}$, 강을 따라 내려올 때의 배의 속력은 시속 $(x+y)\,\mathrm{km}$이므로

$\begin{cases} 4(x-y)=24 \\ 3(x+y)=24 \end{cases}$, 즉 $\begin{cases} x-y=6 & \cdots \text{㉠} \\ x+y=8 & \cdots \text{㉡} \end{cases}$

㉠$+$㉡을 하면 $2x=14$ $\quad \therefore x=7$

$x=7$을 ㉡에 대입하면 $7+y=8$ $\quad \therefore y=1$

따라서 정지한 물에서의 배의 속력은 시속 $7\,\mathrm{km}$, 강물의 속력은 시속 $1\,\mathrm{km}$이다.

46 답 ③

기차의 길이를 $x\,\mathrm{m}$, 기차의 속력을 초속 $y\,\mathrm{m}$라 하면 길이가 $1200\,\mathrm{m}$인 터널을 완전히 통과할 때까지 달린 거리는 $(1200+x)\,\mathrm{m}$, 길이가 $600\,\mathrm{m}$인 다리를 완전히 건널 때까지 달린 거리는 $(600+x)\,\mathrm{m}$이므로

$\begin{cases} 1200+x=50y \\ 600+x=30y \end{cases}$, 즉 $\begin{cases} x-50y=-1200 & \cdots \text{㉠} \\ x-30y=-600 & \cdots \text{㉡} \end{cases}$

㉠$-$㉡을 하면 $-20y=-600$ $\quad \therefore y=30$

$y=30$을 ㉡에 대입하면

$x-900=-600$ $\quad \therefore x=300$

따라서 기차의 속력은 초속 $30\,\mathrm{m}$이다.

47 답 ④

자전거를 타고 간 거리를 $x\,\mathrm{km}$, 걸어간 거리를 $y\,\mathrm{km}$라 하면

$\begin{cases} x+y=9 \\ \dfrac{x}{10}+\dfrac{y}{4}=\dfrac{90}{60} \end{cases}$, 즉 $\begin{cases} x+y=9 & \cdots \text{㉠} \\ 2x+5y=30 & \cdots \text{㉡} \end{cases}$

㉠$\times 2-$㉡을 하면 $-3y=-12$ $\quad \therefore y=4$

$y=4$를 ㉠에 대입하면

$x+4=9$ $\quad \therefore x=5$

따라서 자전거를 타고 간 거리는 $5\,\mathrm{km}$이다.

48 답 **150**

$\begin{cases} \dfrac{80}{60}a+b=180 \\ a=b+30 \end{cases}$, 즉 $\begin{cases} 4a+3b=540 & \cdots \text{㉠} \\ a=b+30 & \cdots \text{㉡} \end{cases}$

㉡을 ㉠에 대입하면 $4(b+30)+3b=540$

$7b=420$ $\quad \therefore b=60$

$b=60$을 ㉡에 대입하면 $a=90$

$\therefore a+b=90+60=150$

49 답 ③

걸어간 거리를 $x\,\mathrm{km}$, 뛰어간 거리를 $y\,\mathrm{km}$라 하면

$\begin{cases} x+y=2 \\ \dfrac{x}{2}+\dfrac{10}{60}+\dfrac{y}{6}=\dfrac{54}{60} \end{cases}$, 즉 $\begin{cases} x+y=2 & \cdots \text{㉠} \\ 15x+5y=22 & \cdots \text{㉡} \end{cases}$

㉠$\times 5-$㉡을 하면 $-10x=-12$ $\quad \therefore x=1.2$

$x=1.2$를 ㉠에 대입하면

$1.2+y=2$ $\quad \therefore y=0.8$

따라서 정민이가 걸어간 거리는 $1.2\,\mathrm{km}$이다.

50 답 ①

A 코스의 거리를 $x\,\mathrm{km}$, B 코스의 거리를 $y\,\mathrm{km}$라 하면

$\begin{cases} x+y=8 \\ \dfrac{x}{2}+\dfrac{y}{3}=3 \end{cases}$, 즉 $\begin{cases} x+y=8 & \cdots \text{㉠} \\ 3x+2y=18 & \cdots \text{㉡} \end{cases}$

㉠$\times 2-$㉡을 하면 $-x=-2$ $\quad \therefore x=2$

$x=2$를 ㉠에 대입하면

$2+y=8$ $\quad \therefore y=6$

따라서 A 코스의 거리는 $2\,\mathrm{km}$이다.

51 답 9 km

올라간 거리를 x km, 내려온 거리를 y km라 하면

$$\begin{cases} y=x+6 \\ \dfrac{x}{3}+\dfrac{y}{5}=6 \end{cases}, \ 즉 \begin{cases} y=x+6 & \cdots \ \text{㉠} \\ 5x+3y=90 & \cdots \ \text{㉡} \end{cases} \qquad \cdots \text{(i)}$$

㉠을 ㉡에 대입하면 $5x+3(x+6)=90$

$8x=72$ $\therefore x=9$

$x=9$를 ㉠에 대입하면 $y=15$ $\cdots$ (ii)

따라서 올라간 거리는 9 km이다. $\cdots$ (iii)

채점 기준

(i) 연립방정식 세우기	50 %
(ii) 연립방정식 풀기	40 %
(iii) 올라간 거리 구하기	10 %

52 답 $\dfrac{20}{9}$ km

갈 때 걸은 거리를 x km, 돌아올 때 걸은 거리를 y km라 하면

$$\begin{cases} y=x-5 \\ \dfrac{x}{5}+\dfrac{30}{60}+\dfrac{y}{4}=\dfrac{150}{60} \end{cases}, \ 즉 \begin{cases} y=x-5 & \cdots \ \text{㉠} \\ 4x+5y=40 & \cdots \ \text{㉡} \end{cases}$$

㉠을 ㉡에 대입하면 $4x+5(x-5)=40$

$9x=65$ $\therefore x=\dfrac{65}{9}$

$x=\dfrac{65}{9}$를 ㉠에 대입하면 $y=\dfrac{20}{9}$

따라서 돌아올 때 걸은 거리는 $\dfrac{20}{9}$ km이다.

53 답 ②

공원의 정문까지 가는 데 동생이 걸린 시간을 x분, 언니가 걸린 시간을 y분이라 하면

$$\begin{cases} x=y+60 \\ 60x=180y \end{cases}, \ 즉 \begin{cases} x=y+60 & \cdots \ \text{㉠} \\ x=3y & \cdots \ \text{㉡} \end{cases}$$

㉡을 ㉠에 대입하면 $3y=y+60$

$2y=60$ $\therefore y=30$

$y=30$을 ㉡에 대입하면 $x=90$

따라서 언니가 공원의 정문까지 가는 데 걸린 시간은 30분이다.

54 답 150 m

두 사람이 만날 때까지 재호가 달린 거리를 x m, 미라가 달린 거리를 y m라 하면

$$\begin{cases} x=y+50 \\ \dfrac{x}{6}=\dfrac{y}{4} \end{cases}, \ 즉 \begin{cases} x=y+50 & \cdots \ \text{㉠} \\ 2x=3y & \cdots \ \text{㉡} \end{cases} \qquad \cdots \text{(i)}$$

㉠을 ㉡에 대입하면 $2(y+50)=3y$

$2y+100=3y$ $\therefore y=100$

$y=100$을 ㉠에 대입하면 $x=150$ $\cdots$ (ii)

따라서 두 사람이 만날 때까지 재호가 달린 거리는 150 m이다. $\cdots$ (iii)

채점 기준

(i) 연립방정식 세우기	50 %
(ii) 연립방정식 풀기	40 %
(iii) 두 사람이 만날 때까지 재호가 달린 거리 구하기	10 %

55 답 ④

두 사람이 만날 때까지 연희가 걸은 거리를 x km, 은지가 걸은 거리를 y km라 하면

$$\begin{cases} x+y=14 \\ \dfrac{x}{3}=\dfrac{y}{4} \end{cases}, \ 즉 \begin{cases} x+y=14 & \cdots \ \text{㉠} \\ 4x-3y=0 & \cdots \ \text{㉡} \end{cases}$$

㉠$\times 3$＋㉡을 하면 $7x=42$ $\therefore x=6$

$x=6$을 ㉠에 대입하면

$6+y=14$ $\therefore y=8$

따라서 두 사람이 만날 때까지 은지는 연희보다 $8-6=2$(km)를 더 걸었다.

만렙 비법 A, B 두 사람이 서로 다른 두 지점에서 마주 보고 동시에 출발하여 만나는 경우

$$\Rightarrow \begin{cases} (\text{A가 이동한 거리})+(\text{B가 이동한 거리})=(\text{전체 거리}) \\ (\text{A가 이동한 시간})=(\text{B가 이동한 시간}) \end{cases}$$

56 답 ③

동생이 출발한 지 x분 후, 형이 출발한 지 y분 후에 두 사람이 만난다고 하면

$$\begin{cases} x=y+\dfrac{300}{150} \\ 150x=200y \end{cases}, \ 즉 \begin{cases} x=y+2 & \cdots \ \text{㉠} \\ 3x=4y & \cdots \ \text{㉡} \end{cases}$$

㉠을 ㉡에 대입하면 $3(y+2)=4y$

$3y+6=4y$ $\therefore y=6$

$y=6$을 ㉠에 대입하면 $x=8$

따라서 두 사람이 만나는 것은 동생이 출발한 지 8분 후이다.

57 답 ⑤

현수의 속력을 분속 x m, 진구의 속력을 분속 y m라 하면

$$\begin{cases} 15x+15y=7500 \\ 75x-75y=7500 \end{cases}, \ 즉 \begin{cases} x+y=500 & \cdots \ \text{㉠} \\ x-y=100 & \cdots \ \text{㉡} \end{cases}$$

㉠＋㉡을 하면 $2x=600$ $\therefore x=300$

$x=300$을 ㉠에 대입하면

$300+y=500$ $\therefore y=200$

따라서 현수의 속력은 분속 300 m이다.

58 답 10분 후

찬우가 출발한 지 x분 후, 태균이가 출발한 지 y분 후에 두 사람이 처음으로 만난다고 하면

$$\begin{cases} x=y+10 \\ 50x+80y=1800 \end{cases}, \ 즉 \begin{cases} x=y+10 & \cdots \ \text{㉠} \\ 5x+8y=180 & \cdots \ \text{㉡} \end{cases}$$

㉠을 ㉡에 대입하면 $5(y+10)+8y=180$

$13y=130$ $\therefore y=10$

$y=10$을 ㉠에 대입하면 $x=20$

따라서 태균이가 출발한 지 10분 후에 두 사람이 처음으로 만난다.

59 답 ④

정지한 물에서의 배의 속력을 시속 x km, 강물의 속력을 시속 y km라 하면 강을 거슬러 올라갈 때의 배의 속력은 시속 $(x-y)$ km, 강을 따라 내려올 때의 배의 속력은 시속 $(x+y)$ km이므로

$\begin{cases} 5(x-y)=30 \\ 3(x+y)=30 \end{cases}$, 즉 $\begin{cases} x-y=6 & \cdots \ \bigcirc \\ x+y=10 & \cdots \ \bigcirc \end{cases}$

$\bigcirc+\bigcirc$을 하면 $2x=16$ $\quad \therefore x=8$

$x=8$을 $\bigcirc$에 대입하면 $8+y=10$ $\quad \therefore y=2$

따라서 정지한 물에서의 배의 속력은 시속 8 km이다.

60 답 분속 24 m

정지한 물에서의 유람선의 속력을 분속 x m, 강물의 속력을 분속 y m라 하면 강을 거슬러 올라갈 때의 유람선의 속력은 분속 $(x-y)$ m, 강을 따라 내려올 때의 유람선의 속력은 분속 $(x+y)$ m이므로

$\begin{cases} 25(x-y)=1800 \\ 15(x+y)=1800 \end{cases}$, 즉 $\begin{cases} x-y=72 & \cdots \ \bigcirc \\ x+y=120 & \cdots \ \bigcirc \end{cases}$ ⋯ (i)

$\bigcirc+\bigcirc$을 하면 $2x=192$ $\quad \therefore x=96$

$x=96$을 $\bigcirc$에 대입하면 $96+y=120$ $\quad \therefore y=24$ ⋯ (ii)

따라서 강물의 속력은 분속 24 m이다. ⋯ (iii)

채점 기준

(i) 연립방정식 세우기	50 %
(ii) 연립방정식 풀기	40 %
(iii) 강물의 속력 구하기	10 %

61 답 ③

정지한 물에서의 배의 속력을 시속 x km, 강물의 속력을 시속 y km라 하면 강을 거슬러 올라갈 때의 배의 속력은 시속 $(x-y)$ km, 강을 따라 내려올 때의 배의 속력은 시속 $(x+y)$ km이므로

$\begin{cases} x-y=10 \\ \dfrac{30}{60}(x+y)=10 \end{cases}$, 즉 $\begin{cases} x-y=10 & \cdots \ \bigcirc \\ x+y=20 & \cdots \ \bigcirc \end{cases}$

$\bigcirc+\bigcirc$을 하면 $2x=30$ $\quad \therefore x=15$

$x=15$를 $\bigcirc$에 대입하면 $15+y=20$ $\quad \therefore y=5$

따라서 강물의 속력이 시속 5 km이므로 종이배가 2 km를 떠내려가는 데 걸리는 시간은 $\dfrac{2}{5}$시간, 즉 24분이다.

참고 (강물에서의 종이배의 속력)=(강물의 속력)

62 답 500 m

기차의 길이를 x m, 기차의 속력을 분속 y m라 하면 길이가 3.4 km인 철교를 완전히 통과할 때까지 달린 거리는 $(3400+x)$ m이고, 길이가 0.8 km인 터널을 완전히 통과할 때까지 달린 거리는 $(800+x)$ m이므로

$\begin{cases} 3400+x=3y \\ 800+x=y \end{cases}$, 즉 $\begin{cases} x-3y=-3400 & \cdots \ \bigcirc \\ x-y=-800 & \cdots \ \bigcirc \end{cases}$

$\bigcirc-\bigcirc$을 하면 $-2y=-2600$ $\quad \therefore y=1300$

$y=1300$을 $\bigcirc$에 대입하면 $x-1300=-800$ $\quad \therefore x=500$

따라서 기차의 길이는 500 m이다.

63 답 ②

기차의 길이를 x m, 기차의 속력을 초속 y m라 하면 길이가 360 m인 다리를 완전히 지날 때까지 달린 거리는 $(360+x)$ m이고, 길이가 $3 \times 360 = 1080$(m)인 터널을 완전히 지날 때까지 달린 거리는 $(1080+x)$ m이므로

$\begin{cases} 360+x=24y \\ 1080+x=60y \end{cases}$, 즉 $\begin{cases} x-24y=-360 & \cdots \ \bigcirc \\ x-60y=-1080 & \cdots \ \bigcirc \end{cases}$

$\bigcirc-\bigcirc$을 하면 $36y=720$ $\quad \therefore y=20$

$y=20$을 $\bigcirc$에 대입하면 $x-480=-360$ $\quad \therefore x=120$

따라서 기차의 길이는 120 m, 기차의 속력은 초속 20 m이다.

64 답 ④

다리의 길이를 x m, A 기차의 속력을 초속 y m라 하면 B 기차의 속력은 초속 $2y$ m이고, 길이가 460 m인 A 기차가 다리를 완전히 지날 때까지 달린 거리는 $(460+x)$ m, 길이가 380 m인 B 기차가 다리를 완전히 지날 때까지 달린 거리는 $(380+x)$ m이므로

$\begin{cases} 460+x=32y \\ 380+x=2y \times 15 \end{cases}$, 즉 $\begin{cases} x-32y=-460 & \cdots \ \bigcirc \\ x-30y=-380 & \cdots \ \bigcirc \end{cases}$

$\bigcirc-\bigcirc$을 하면 $-2y=-80$ $\quad \therefore y=40$

$y=40$을 $\bigcirc$에 대입하면 $x-1200=-380$ $\quad \therefore x=820$

따라서 다리의 길이는 820 m이다.

---

03 연립방정식의 활용 (3)

유형 모아 보기 & 완성하기

146~150쪽

65 답 ④

남자 회원을 x명, 여자 회원을 y명이라 하면

$\begin{cases} x+y=42 \\ \dfrac{1}{2}x+\dfrac{3}{4}y=27 \end{cases}$, 즉 $\begin{cases} x+y=42 & \cdots \ \bigcirc \\ 2x+3y=108 & \cdots \ \bigcirc \end{cases}$

$\bigcirc \times 2 - \bigcirc$을 하면 $-y=-24$ $\quad \therefore y=24$

$y=24$를 $\bigcirc$에 대입하면 $x+24=42$ $\quad \therefore x=18$

따라서 여자 회원은 24명이다.

66 답 371명

작년에 남학생이 x명, 여학생이 y명이었다고 하면

$\begin{cases} x+y=750 \\ \dfrac{6}{100}x-\dfrac{3}{100}y=9 \end{cases}$, 즉 $\begin{cases} x+y=750 & \cdots \ \bigcirc \\ 2x-y=300 & \cdots \ \bigcirc \end{cases}$

$\bigcirc+\bigcirc$을 하면 $3x=1050$ $\quad \therefore x=350$

$x=350$을 $\bigcirc$에 대입하면 $350+y=750$ $\quad \therefore y=400$

따라서 올해 남학생은

$350+\dfrac{6}{100} \times 350 = 371$(명)

67 답 ②

A 상품의 원가를 x원, B 상품의 원가를 y원이라 하면

$\begin{cases} x+y=40000 \\ \dfrac{7}{100}x+\dfrac{10}{100}y=3820 \end{cases}$, 즉 $\begin{cases} x+y=40000 & \cdots ㉠ \\ 7x+10y=382000 & \cdots ㉡ \end{cases}$

㉠$\times 7-$㉡을 하면 $-3y=-102000$ ∴ $y=34000$

$y=34000$을 ㉠에 대입하면

$x+34000=40000$ ∴ $x=6000$

따라서 A 상품의 원가는 6000원이다.

68 답 30일

전체 일의 양을 1이라 하고, A, B가 하루에 할 수 있는 일의 양을 각각 x, y라 하면

$\begin{cases} 5(x+y)=1 \\ 4x+10y=1 \end{cases}$ 즉 $\begin{cases} 5x+5y=1 & \cdots ㉠ \\ 4x+10y=1 & \cdots ㉡ \end{cases}$

㉠$\times 2-$㉡을 하면 $6x=1$ ∴ $x=\dfrac{1}{6}$

$x=\dfrac{1}{6}$을 ㉠에 대입하면 $\dfrac{5}{6}+5y=1$

$5y=\dfrac{1}{6}$ ∴ $y=\dfrac{1}{30}$

따라서 B가 혼자 하면 30일이 걸린다.

69 답 ④

3 % 의 소금물의 양을 $x\,\mathrm{g}$, 12 % 의 소금물의 양을 $y\,\mathrm{g}$이라 하면

$\begin{cases} x+y=300 \\ \dfrac{3}{100}x+\dfrac{12}{100}y=\dfrac{9}{100}\times 300 \end{cases}$, 즉 $\begin{cases} x+y=300 & \cdots ㉠ \\ x+4y=900 & \cdots ㉡ \end{cases}$

㉠$-$㉡을 하면 $-3y=-600$ ∴ $y=200$

$y=200$을 ㉠에 대입하면

$x+200=300$ ∴ $x=100$

따라서 12 % 의 소금물의 양은 200 g이다.

70 답 합금 A: 10 kg, 합금 B: 4 kg

필요한 합금 A의 양을 $x\,\mathrm{kg}$, 합금 B의 양을 $y\,\mathrm{kg}$이라 하면

$\begin{cases} \dfrac{60}{100}x+\dfrac{50}{100}y=8 \\ \dfrac{40}{100}x+\dfrac{50}{100}y=6 \end{cases}$, 즉 $\begin{cases} 6x+5y=80 & \cdots ㉠ \\ 4x+5y=60 & \cdots ㉡ \end{cases}$

㉠$-$㉡을 하면 $2x=20$ ∴ $x=10$

$x=10$을 ㉠에 대입하면 $60+5y=80$

$5y=20$ ∴ $y=4$

따라서 합금 A는 10 kg, 합금 B는 4 kg이 필요하다.

71 답 ②

남학생을 x명, 여학생을 y명이라 하면

$\begin{cases} x+y=36 \\ \dfrac{1}{4}x+\dfrac{1}{5}y=36\times\dfrac{2}{9} \end{cases}$ 즉 $\begin{cases} x+y=36 & \cdots ㉠ \\ 5x+4y=160 & \cdots ㉡ \end{cases}$

㉠$\times 5-$㉡을 하면 $y=20$

$y=20$을 ㉠에 대입하면

$x+20=36$ ∴ $x=16$

따라서 남학생은 16명이다.

72 답 나무 위: 7마리, 나무 아래: 5마리

나무 위에 있는 독수리를 x마리, 나무 아래에 있는 독수리를 y마리라 하면

$\begin{cases} y-1=\dfrac{1}{3}(x+y) \\ x-1=y+1 \end{cases}$, 즉 $\begin{cases} -x+2y=3 & \cdots ㉠ \\ x-y=2 & \cdots ㉡ \end{cases}$

㉠$+$㉡을 하면 $y=5$

$y=5$를 ㉡에 대입하면

$x-5=2$ ∴ $x=7$

따라서 나무 위에 있는 독수리는 7마리, 나무 아래에 있는 독수리는 5마리이다.

73 답 60명

남학생을 x명, 여학생을 y명이라 하면

$\begin{cases} x+y=500 \\ \dfrac{15}{100}x+\dfrac{20}{100}y=\dfrac{18}{100}\times 500 \end{cases}$

즉, $\begin{cases} x+y=500 & \cdots ㉠ \\ 3x+4y=1800 & \cdots ㉡ \end{cases}$ $\cdots$ (i)

㉠$\times 3-$㉡을 하면 $-y=-300$ ∴ $y=300$

$y=300$을 ㉠에 대입하면

$x+300=500$ ∴ $x=200$ $\cdots$ (ii)

따라서 봉사 활동에 참여한 여학생은

$\dfrac{20}{100}\times 300=60$(명) $\cdots$ (iii)

채점 기준

(i) 연립방정식 세우기	40 %
(ii) 연립방정식 풀기	40 %
(iii) 봉사 활동에 참여한 여학생은 몇 명인지 구하기	20 %

74 답 ③

작년에 남학생이 x명, 여학생이 y명이었다고 하면

$\begin{cases} x+y=1200 \\ -\dfrac{6}{100}x+\dfrac{8}{100}y=5 \end{cases}$, 즉 $\begin{cases} x+y=1200 & \cdots ㉠ \\ -3x+4y=250 & \cdots ㉡ \end{cases}$

㉠$\times 3+$㉡을 하면 $7y=3850$ ∴ $y=550$

$y=550$을 ㉠에 대입하면

$x+550=1200$ ∴ $x=650$

따라서 올해 남학생은

$650-\dfrac{6}{100}\times 650=611$(명)

75 답 412 kg

작년의 쌀의 생산량을 $x\,\mathrm{kg}$, 보리의 생산량을 $y\,\mathrm{kg}$이라 하면

$\begin{cases} x+y=700 \\ \dfrac{3}{100}x-\dfrac{5}{100}y=-3 \end{cases}$, 즉 $\begin{cases} x+y=700 & \cdots ㉠ \\ 3x-5y=-300 & \cdots ㉡ \end{cases}$

$\quad\rightarrow 697-700=-3$(kg)

㉠$\times 3-$㉡을 하면 $8y=2400$ ∴ $y=300$

$y=300$을 ㉠에 대입하면

$x+300=700$ ∴ $x=400$

따라서 올해 쌀의 생산량은

$400+\dfrac{3}{100}\times 400=412$(kg)

76 답 ①

지난달의 연우의 휴대 전화 요금을 x원, 연서의 휴대 전화 요금을 y원이라 하면

$$\begin{cases} x+y=100000 \\ -\dfrac{5}{100}x+\dfrac{30}{100}y=\dfrac{9}{100}\times100000 \end{cases}$$

즉, $\begin{cases} x+y=100000 & \cdots \text{㉠} \\ -x+6y=180000 & \cdots \text{㉡} \end{cases}$

㉠$+$㉡을 하면 $7y=280000$ $\therefore y=40000$

$y=40000$을 ㉠에 대입하면

$x+40000=100000$ $\therefore x=60000$

따라서 이번 달 연서의 휴대 전화 요금은

$40000+\dfrac{30}{100}\times40000=52000$(원)

77 답 ④

A 상품의 원가를 x원, B 상품의 원가를 y원이라 하면

$$\begin{cases} x+y=50000 \\ \dfrac{15}{100}x+\dfrac{20}{100}y=8600 \end{cases},$$ 즉 $\begin{cases} x+y=50000 & \cdots \text{㉠} \\ 3x+4y=172000 & \cdots \text{㉡} \end{cases}$

㉠$\times3-$㉡을 하면 $-y=-22000$ $\therefore y=22000$

$y=22000$을 ㉠에 대입하면 $x+22000=50000$ $\therefore x=28000$

따라서 A 상품의 판매 가격은

$\left(1+\dfrac{15}{100}\right)\times28000=32200$(원)

78 답 ③

A 제품을 x개, B 제품을 y개 구입했다고 하면

$$\begin{cases} x+y=180 \\ \dfrac{20}{100}\times600x+\dfrac{25}{100}\times400y=19600 \end{cases}$$

즉, $\begin{cases} x+y=180 & \cdots \text{㉠} \\ 6x+5y=980 & \cdots \text{㉡} \end{cases}$

㉠$\times5-$㉡을 하면 $-x=-80$ $\therefore x=80$

$x=80$을 ㉠에 대입하면 $80+y=180$ $\therefore y=100$

따라서 B 제품은 100개 구입하였다.

79 답 11000원

두 개의 음악 CD의 원가를 각각 x원, y원이라 하면 (단, $x>y$)

$$\begin{cases} \left(1+\dfrac{10}{100}\right)x+\left(1+\dfrac{10}{100}\right)y=25300 \\ x-y=1000 \end{cases}$$

즉, $\begin{cases} x+y=23000 & \cdots \text{㉠} \\ x-y=1000 & \cdots \text{㉡} \end{cases}$ $\cdots$ (i)

㉠$+$㉡을 하면 $2x=24000$ $\therefore x=12000$

$x=12000$을 ㉠에 대입하면

$12000+y=23000$ $\therefore y=11000$ $\cdots$ (ii)

따라서 둘 중 더 싼 음악 CD의 원가는 11000원이다. $\cdots$ (iii)

채점 기준	
(i) 연립방정식 세우기	50%
(ii) 연립방정식 풀기	40%
(iii) 더 싼 음악 CD의 원가 구하기	10%

80 답 16분

물탱크에 물을 가득 채웠을 때의 물의 양을 1이라 하고, A, B 두 호스로 1분 동안 넣을 수 있는 물의 양을 각각 x, y라 하면

$$\begin{cases} 12(x+y)=1 \\ 10x+18y=1 \end{cases},$$ 즉 $\begin{cases} 12x+12y=1 & \cdots \text{㉠} \\ 10x+18y=1 & \cdots \text{㉡} \end{cases}$

㉠$\times5-$㉡$\times6$을 하면 $-48y=-1$ $\therefore y=\dfrac{1}{48}$

$y=\dfrac{1}{48}$을 ㉠에 대입하면 $12x+\dfrac{1}{4}=1$, $12x=\dfrac{3}{4}$ $\therefore x=\dfrac{1}{16}$

따라서 A 호스로만 물탱크를 가득 채우는 데 16분이 걸린다.

81 답 ③

전체 일의 양을 1이라 하고, A, B가 하루에 할 수 있는 일의 양을 각각 x, y라 하면

$$\begin{cases} 9x+2y=1 & \cdots \text{㉠} \\ 3x+6y=1 & \cdots \text{㉡} \end{cases}$$

㉠$\times3-$㉡을 하면 $24x=2$ $\therefore x=\dfrac{1}{12}$

$x=\dfrac{1}{12}$을 ㉡에 대입하면 $\dfrac{1}{4}+6y=1$, $6y=\dfrac{3}{4}$ $\therefore y=\dfrac{1}{8}$

따라서 A가 혼자 하면 12일이 걸린다.

82 답 5명

전체 일의 양을 1이라 하면 성인과 청소년이 1시간 동안 할 수 있는 일의 양은 각각 $\dfrac{1}{6}$, $\dfrac{1}{10}$이다.

이 팀에 성인이 x명, 청소년이 y명 있다고 하면

$$\begin{cases} x+y=8 \\ \dfrac{1}{6}x+\dfrac{1}{10}y=1 \end{cases},$$ 즉 $\begin{cases} x+y=8 & \cdots \text{㉠} \\ 5x+3y=30 & \cdots \text{㉡} \end{cases}$

㉠$\times3-$㉡을 하면 $-2x=-6$ $\therefore x=3$

$x=3$을 ㉠에 대입하면 $3+y=8$ $\therefore y=5$

따라서 이 팀에 청소년은 5명 있다.

83 답 ④

10 %의 소금물의 양을 x g, 30 %의 소금물의 양을 y g이라 하면

$$\begin{cases} x+y=400 \\ \dfrac{10}{100}x+\dfrac{30}{100}y=\dfrac{15}{100}\times400 \end{cases},$$ 즉 $\begin{cases} x+y=400 & \cdots \text{㉠} \\ x+3y=600 & \cdots \text{㉡} \end{cases}$

㉠$-$㉡을 하면 $-2y=-200$ $\therefore y=100$

$y=100$을 ㉠에 대입하면 $x+100=400$ $\therefore x=300$

따라서 10 %의 소금물의 양은 300 g, 30 %의 소금물의 양은 100 g 이므로 구하는 차는 $300-100=200$(g)

84 답 45 g

6 %의 소금물의 양을 x g, 8 %의 소금물의 양을 y g이라 하면

$$\begin{cases} x+y+40=150 \\ \dfrac{6}{100}x+\dfrac{8}{100}y=\dfrac{5}{100}\times150 \end{cases},$$ 즉 $\begin{cases} x+y=110 & \cdots \text{㉠} \\ 3x+4y=375 & \cdots \text{㉡} \end{cases}$

㉠$\times3-$㉡을 하면 $-y=-45$ $\therefore y=45$

$y=45$를 ㉠에 대입하면 $x+45=110$ $\therefore x=65$

따라서 8 %의 소금물의 양은 45 g이다.

85 답 ①

10 %의 소금물의 양을 x g, 더 넣은 소금의 양을 y g이라 하면

$\begin{cases} x+y=200 \\ \dfrac{10}{100}x+y=\dfrac{15}{100}\times200 \end{cases}$, 즉 $\begin{cases} x+y=200 & \cdots\ \bigcirc \\ x+10y=300 & \cdots\ \bigcirc\hspace{-0.5em} \end{cases}$

$\bigcirc-\bigcirc$을 하면 $-9y=-100$ $\qquad \therefore y=\dfrac{100}{9}$

$y=\dfrac{100}{9}$을 $\bigcirc$에 대입하면 $x+\dfrac{100}{9}=200$ $\qquad \therefore x=\dfrac{1700}{9}$

따라서 더 넣은 소금의 양은 $\dfrac{100}{9}$ g이다.

86 답 A: 12 %, B: 6 %

소금물 A의 농도를 x %, 소금물 B의 농도를 y %라 하면

$\begin{cases} \dfrac{x}{100}\times100+\dfrac{y}{100}\times200=\dfrac{8}{100}\times300 \\ \dfrac{x}{100}\times200+\dfrac{y}{100}\times100=\dfrac{10}{100}\times300 \end{cases}$

즉, $\begin{cases} x+2y=24 & \cdots\ \bigcirc \\ 2x+y=30 & \cdots\ \bigcirc\hspace{-0.5em} \end{cases}$

$\bigcirc-\bigcirc\times2$를 하면 $-3x=-36$ $\qquad \therefore x=12$

$x=12$를 $\bigcirc$에 대입하면 $12+2y=24$

$2y=12$ $\qquad \therefore y=6$

따라서 소금물 A의 농도는 12 %, 소금물 B의 농도는 6 %이다.

87 답 300 g

섭취해야 하는 식품 A의 양을 x g, 식품 B의 양을 y g이라 하면

$\begin{cases} \dfrac{8}{100}x+\dfrac{2}{100}y=26 \\ \dfrac{1}{100}x+\dfrac{80}{100}y=83 \end{cases}$, 즉 $\begin{cases} 4x+y=1300 & \cdots\ \bigcirc \\ x+80y=8300 & \cdots\ \bigcirc\hspace{-0.5em} \end{cases}$

$\bigcirc-\bigcirc\times4$를 하면 $-319y=-31900$ $\qquad \therefore y=100$

$y=100$을 $\bigcirc$에 대입하면 $4x+100=1300$

$4x=1200$ $\qquad \therefore x=300$

따라서 식품 A는 300 g을 섭취해야 한다.

88 답 ④

사용된 두부의 양을 x g, 오이의 양을 y g이라 하면

$\begin{cases} x+y=220 \\ \dfrac{84}{100}x+\dfrac{10}{100}y=170 \end{cases}$, 즉 $\begin{cases} x+y=220 & \cdots\ \bigcirc \\ 42x+5y=8500 & \cdots\ \bigcirc\hspace{-0.5em} \end{cases}$

$\bigcirc\times5-\bigcirc$을 하면 $-37x=-7400$ $\qquad \therefore x=200$

$x=200$을 $\bigcirc$에 대입하면 $200+y=220$ $\qquad \therefore y=20$

따라서 사용된 두부의 양은 200 g, 오이의 양은 20 g이다.

> **참고** 100 g당 열량이 a kcal이면 $\Rightarrow$ 1 g당 열량은 $\dfrac{a}{100}$ kcal

89 답 70 g

필요한 합금 A의 양을 x g, 합금 B의 양을 y g이라 하면

$\begin{cases} \dfrac{3}{4}x+\dfrac{1}{2}y=\dfrac{2}{3}\times210 \\ \dfrac{1}{4}x+\dfrac{1}{2}y=\dfrac{1}{3}\times210 \end{cases}$, 즉 $\begin{cases} 3x+2y=560 & \cdots\ \bigcirc \\ x+2y=280 & \cdots\ \bigcirc\hspace{-0.5em} \end{cases}$ $\qquad \cdots$ (ⅰ)

$\bigcirc-\bigcirc$을 하면 $2x=280$ $\qquad \therefore x=140$

$x=140$을 $\bigcirc$에 대입하면 $140+2y=280$

$2y=140$ $\qquad \therefore y=70$ $\qquad \cdots$ (ⅱ)

따라서 필요한 합금 B의 양은 70 g이다. $\qquad \cdots$ (ⅲ)

채점 기준

(ⅰ) 연립방정식 세우기	50 %
(ⅱ) 연립방정식 풀기	40 %
(ⅲ) 필요한 합금 B의 양 구하기	10 %

> **참고** 금과 은이 $m:n$의 비율로 포함된 합금 x g에서
> $\Rightarrow$ 금의 양: $\dfrac{m}{m+n}\times x$(g), 은의 양: $\dfrac{n}{m+n}\times x$(g)

Pick 점검하기 151~153쪽

90 답 ②

큰 수를 x, 작은 수를 y라 하면

$\begin{cases} x-y=24 \\ 2y-x=-3 \end{cases}$, 즉 $\begin{cases} x-y=24 & \cdots\ \bigcirc \\ -x+2y=-3 & \cdots\ \bigcirc\hspace{-0.5em} \end{cases}$

$\bigcirc+\bigcirc$을 하면 $y=21$

$y=21$을 $\bigcirc$에 대입하면 $x-21=24$ $\qquad \therefore x=45$

따라서 작은 수는 21이다.

91 답 27

처음 수의 십의 자리의 숫자를 x, 일의 자리의 숫자를 y라 하면

$\begin{cases} 10x+y=3(x+y) \\ 10y+x=(10x+y)+45 \end{cases}$, 즉 $\begin{cases} 7x-2y=0 & \cdots\ \bigcirc \\ -x+y=5 & \cdots\ \bigcirc\hspace{-0.5em} \end{cases}$

$\bigcirc+\bigcirc\times2$를 하면 $5x=10$ $\qquad \therefore x=2$

$x=2$를 $\bigcirc$에 대입하면 $-2+y=5$ $\qquad \therefore y=7$

따라서 처음 수는 27이다.

92 답 ⑤

떡볶이를 x인분, 순대를 y인분 주문했다고 하면

$\begin{cases} x+y=12 \\ 2500x+3500y=33000 \end{cases}$, 즉 $\begin{cases} x+y=12 & \cdots\ \bigcirc \\ 5x+7y=66 & \cdots\ \bigcirc\hspace{-0.5em} \end{cases}$

$\bigcirc\times5-\bigcirc$을 하면 $-2y=-6$ $\qquad \therefore y=3$

$y=3$을 $\bigcirc$에 대입하면 $x+3=12$ $\qquad \therefore x=9$

따라서 세정이가 주문한 떡볶이는 9인분이다.

93 답 36세

현재 이모의 나이를 x세, 보영이의 나이를 y세라 하면

$\begin{cases} x+y=48 \\ x+5=2(y+5)+7 \end{cases}$, 즉 $\begin{cases} x+y=48 & \cdots\ \bigcirc \\ x-2y=12 & \cdots\ \bigcirc\hspace{-0.5em} \end{cases}$

$\bigcirc-\bigcirc$을 하면 $3y=36$ $\qquad \therefore y=12$

$y=12$를 $\bigcirc$에 대입하면 $x+12=48$ $\qquad \therefore x=36$

따라서 현재 이모의 나이는 36세이다.

94 ❶ ①

정삼각형의 한 변의 길이를 x cm, 정사각형의 한 변의 길이를 y cm라 하면

$$\begin{cases} 3x+4y=128 & \cdots \text{㉠} \\ x=3y-5 & \cdots \text{㉡} \end{cases}$$

㉡을 ㉠에 대입하면 $3(3y-5)+4y=128$

$13y=143$ $\therefore y=11$

$y=11$을 ㉡에 대입하면 $x=33-5=28$

따라서 정사각형의 넓이는 $11\times 11=121(\text{cm}^2)$

95 ❶ ②

A가 이긴 횟수를 x, 진 횟수를 y라 하면

B가 이긴 횟수는 y, 진 횟수는 x이므로

$$\begin{cases} 3x-y=16 \\ 3y-x=8 \end{cases} \text{, 즉} \begin{cases} 3x-y=16 & \cdots \text{㉠} \\ -x+3y=8 & \cdots \text{㉡} \end{cases}$$

㉠$\times 3+$㉡을 하면 $8x=56$ $\therefore x=7$

$x=7$을 ㉠에 대입하면 $21-y=16$ $\therefore y=5$

따라서 두 사람이 가위바위보를 한 전체 횟수는

$7+5=12$

96 ❶ 구미호: 9마리, 봉조: 7마리

구미호를 x마리, 봉조를 y마리라 하면

$$\begin{cases} x+9y=72 & \cdots \text{㉠} \\ 9x+y=88 & \cdots \text{㉡} \end{cases}$$

㉠$\times 9-$㉡을 하면 $80y=560$ $\therefore y=7$

$y=7$을 ㉠에 대입하면 $x+63=72$ $\therefore x=9$

따라서 구미호는 9마리, 봉조는 7마리이다.

97 ❶ ④

A 지점에서 B 지점까지의 거리를 x km,

B 지점에서 C 지점까지의 거리를 y km라 하면

$$\begin{cases} x+y=9 \\ \dfrac{x}{4}+\dfrac{y}{6}=\dfrac{100}{60} \end{cases} \text{, 즉} \begin{cases} x+y=9 & \cdots \text{㉠} \\ 3x+2y=20 & \cdots \text{㉡} \end{cases}$$

㉠$\times 2-$㉡을 하면 $-x=-2$ $\therefore x=2$

$x=2$를 ㉠에 대입하면 $2+y=9$ $\therefore y=7$

따라서 B 지점에서 C 지점까지의 거리는 7 km이다.

98 ❶ ⑤

올라간 거리를 x km, 내려온 거리를 y km라 하면

$$\begin{cases} y=x+1 \\ \dfrac{x}{3}+\dfrac{y}{4}=\dfrac{330}{60} \end{cases} \text{, 즉} \begin{cases} y=x+1 & \cdots \text{㉠} \\ 4x+3y=66 & \cdots \text{㉡} \end{cases}$$

㉠을 ㉡에 대입하면 $4x+3(x+1)=66$

$7x=63$ $\therefore x=9$

$x=9$를 ㉠에 대입하면 $y=10$

따라서 서준이가 걸은 전체 거리는

$9+10=19(\text{km})$

99 ❶ ②

민수의 속력을 초속 x m, 승호의 속력을 초속 y m라 하면

$$\begin{cases} 30x+30y=630 \\ 210x-210y=630 \end{cases} \text{, 즉} \begin{cases} x+y=21 & \cdots \text{㉠} \\ x-y=3 & \cdots \text{㉡} \end{cases}$$

㉠$+$㉡을 하면 $2x=24$ $\therefore x=12$

$x=12$를 ㉠에 대입하면 $12+y=21$ $\therefore y=9$

따라서 승호의 속력은 초속 9 m이다.

100 ❶ 시속 10 km

정지한 물에서의 배의 속력을 시속 x km, 강물의 속력을 시속 y km라 하면 강을 거슬러 올라갈 때의 배의 속력은 시속 $(x-y)$ km, 강을 따라 내려올 때의 배의 속력은 시속 $(x+y)$ km이므로

$$\begin{cases} 4(x-y)=32 \\ \dfrac{160}{60}(x+y)=32 \end{cases} \text{, 즉} \begin{cases} x-y=8 & \cdots \text{㉠} \\ x+y=12 & \cdots \text{㉡} \end{cases}$$

㉠$+$㉡을 하면 $2x=20$ $\therefore x=10$

$x=10$을 ㉡에 대입하면 $10+y=12$ $\therefore y=2$

따라서 정지한 물에서의 배의 속력은 시속 10 km이다.

101 ❶ 20명

찬성한 회원을 x명, 반대한 회원을 y명이라 하면

$$\begin{cases} x=y+10 \\ x=\dfrac{3}{4}(x+y) \end{cases} \text{, 즉} \begin{cases} x=y+10 & \cdots \text{㉠} \\ x=3y & \cdots \text{㉡} \end{cases}$$

㉡을 ㉠에 대입하면 $3y=y+10$, $2y=10$ $\therefore y=5$

$y=5$를 ㉡에 대입하면 $x=15$

따라서 찬성한 회원은 15명, 반대한 회원은 5명이므로 이 동아리의 전체 회원은 $15+5=20$(명)

102 ❶ ③

A 상품의 원가를 x원, B 상품의 원가를 y원이라 하면

$$\begin{cases} x+y=45000 \\ \dfrac{10}{100}x+\dfrac{20}{100}y=6500 \end{cases} \text{, 즉} \begin{cases} x+y=45000 & \cdots \text{㉠} \\ x+2y=65000 & \cdots \text{㉡} \end{cases}$$

㉠$-$㉡을 하면 $-y=-20000$ $\therefore y=20000$

$y=20000$을 ㉠에 대입하면

$x+20000=45000$ $\therefore x=25000$

따라서 B 상품의 판매 가격은

$\left(1+\dfrac{20}{100}\right)\times 20000=24000$(원)

103 ❶ ①

전체 일의 양을 1이라 하고, 민서와 진우가 하루에 할 수 있는 양을 각각 x, y라 하면

$$\begin{cases} 3(x+y)=1 \\ 6x+2y=1 \end{cases} \text{, 즉} \begin{cases} 3x+3y=1 & \cdots \text{㉠} \\ 6x+2y=1 & \cdots \text{㉡} \end{cases}$$

㉠$\times 2-$㉡을 하면 $4y=1$ $\therefore y=\dfrac{1}{4}$

$y=\dfrac{1}{4}$을 ㉠에 대입하면 $3x+\dfrac{3}{4}=1$

$3x=\dfrac{1}{4}$ $\therefore x=\dfrac{1}{12}$

따라서 진우가 혼자 하면 4일이 걸린다.

104 답 ②

섭취해야 하는 식품 A의 양을 x g, 식품 B의 양을 y g이라 하면

$$\begin{cases} \dfrac{160}{100}x+\dfrac{80}{100}y=640 \\ \dfrac{6}{100}x+\dfrac{24}{100}y=66 \end{cases}, \ 즉 \begin{cases} 2x+y=800 & \cdots ㉠ \\ x+4y=1100 & \cdots ㉡ \end{cases}$$

㉠$-$㉡$\times 2$를 하면 $-7y=-1400$ $\quad \therefore y=200$

$y=200$을 ㉠에 대입하면 $2x+200=800$

$2x=600$ $\quad \therefore x=300$

따라서 식품 A는 300 g을 섭취해야 한다.

105 답 55000원

모자 한 개의 가격을 x원, 우산 한 개의 가격을 y원이라 하면

$$\begin{cases} y=4x & \cdots ㉠ \\ 4x+3y=80000 & \cdots ㉡ \end{cases} \qquad \cdots (\text{i})$$

㉠을 ㉡에 대입하면 $16x=80000$ $\quad \therefore x=5000$

$x=5000$을 ㉠에 대입하면 $y=20000$ $\qquad \cdots (\text{ii})$

따라서 모자 한 개와 우산 한 개의 가격은 각각 5000원, 20000원이

므로 모자 3개와 우산 2개를 합한 가격은

$5000\times 3+20000\times 2=55000(원)$ $\qquad \cdots (\text{iii})$

채점 기준	
(i) 연립방정식 세우기	40 %
(ii) 연립방정식 풀기	40 %
(iii) 모자 3개와 우산 2개를 합한 가격 구하기	20 %

106 답 75000원

1인용 자전거를 x대, 2인용 자전거를 y대 대여한다고 하면

$$\begin{cases} x+y=17 & \cdots ㉠ \\ x+2y=29 & \cdots ㉡ \end{cases} \qquad \cdots (\text{i})$$

㉠$-$㉡을 하면 $-y=-12$ $\quad \therefore y=12$

$y=12$를 ㉠에 대입하면 $x+12=17$ $\quad \therefore x=5$ $\qquad \cdots (\text{ii})$

따라서 1인용 자전거 5대, 2인용 자전거 12대를 대여해야 하므로 총

대여료는 $3000\times 5+5000\times 12=75000(원)$ $\qquad \cdots (\text{iii})$

채점 기준	
(i) 연립방정식 세우기	40 %
(ii) 연립방정식 풀기	40 %
(iii) 자전거 총대여료 구하기	20 %

107 답 564 kg

작년의 한라봉의 수확량을 x kg, 천혜향의 수확량을 y kg이라 하면

$$\begin{cases} x+y=3000 \\ -\dfrac{6}{100}x+\dfrac{14}{100}y=300 \end{cases}, \ 즉 \begin{cases} x+y=3000 & \cdots ㉠ \\ -3x+7y=15000 & \cdots ㉡ \end{cases} \cdots (\text{i})$$

$\llcorner 3300-3000=300(\text{kg})$

㉠$\times 3+$㉡을 하면 $10y=24000$ $\quad \therefore y=2400$

$y=2400$을 ㉠에 대입하면 $x+2400=3000$ $\quad \therefore x=600$ $\cdots (\text{ii})$

따라서 올해 한라봉의 수확량은

$600-600\times \dfrac{6}{100}=564(\text{kg})$ $\qquad \cdots (\text{iii})$

채점 기준	
(i) 연립방정식 세우기	40 %
(ii) 연립방정식 풀기	40 %
(iii) 올해 한라봉의 수확량 구하기	20 %

108 답 8개

방송 시간이 40분인 프로그램의 전체 광고 시간은

$40\times \dfrac{15}{100}=6(분)$, 즉 $6\times 60=360(초)$

광고 시간이 15초인 상품을 x개, 광고 시간이 20초인 상품을 y개 광

고한다고 하면

$$\begin{cases} x+y=20 \\ 15x+20y=360 \end{cases}, \ 즉 \begin{cases} x+y=20 & \cdots ㉠ \\ 3x+4y=72 & \cdots ㉡ \end{cases}$$

㉠$\times 3-$㉡을 하면 $-y=-12$ $\quad \therefore y=12$

$y=12$를 ㉠에 대입하면 $x+12=20$ $\quad \therefore x=8$

따라서 광고 시간이 15초인 상품은 8개를 광고해야 한다.

109 답 ③

처음 직사각형의 가로의 길이를 x cm, 세로의 길이를 y cm라 하면

$$\begin{cases} 2(x+y)=120 \\ 2\left(\dfrac{20}{100}x-\dfrac{10}{100}y\right)=\dfrac{7}{100}\times 120 \end{cases}, \ 즉 \begin{cases} x+y=60 & \cdots ㉠ \\ 2x-y=42 & \cdots ㉡ \end{cases}$$

㉠$+$㉡을 하면 $3x=102$ $\quad \therefore x=34$

$x=34$를 ㉠에 대입하면 $34+y=60$ $\quad \therefore y=26$

따라서 처음 직사각형의 가로의 길이는 34 cm, 세로의 길이는

26 cm이므로 구하는 넓이는 $34\times 26=884(\text{cm}^2)$

110 답 32 cm

타일 한 장의 긴 변의 길이를 x cm, 짧은 변의 길이를 y cm라 하면

$$\begin{cases} 2\{3x+(x+y)\}=92 \\ 3x=5y \end{cases}, \ 즉 \begin{cases} 4x+y=46 & \cdots ㉠ \\ 3x-5y=0 & \cdots ㉡ \end{cases}$$

㉠$\times 5+$㉡을 하면 $23x=230$ $\quad \therefore x=10$

$x=10$을 ㉠에 대입하면 $40+y=46$ $\quad \therefore y=6$

따라서 타일 한 장의 긴 변의 길이는 10 cm, 짧은 변의 길이는 6 cm

이므로 구하는 둘레의 길이는 $2\times(10+6)=32(\text{cm})$

111 답 ③

B 지점에서 탄 승객을 x명, 내린 승객을 y명이라 하면

$$\begin{cases} 30+x-y=26 \\ 800x+1000y+1200(30-y)=38200 \end{cases}$$

즉, $$\begin{cases} x-y=-4 & \cdots ㉠ \\ 4x-y=11 & \cdots ㉡ \end{cases}$$

㉠$-$㉡을 하면 $-3x=-15$ $\quad \therefore x=5$

$x=5$를 ㉠에 대입하면 $5-y=-4$ $\quad \therefore y=9$

따라서 B 지점에서 탄 승객과 내린 승객은 모두

$5+9=14(명)$

다른 풀이

B 지점에서 탄 승객을 x명, 내린 승객을 y명이라 하면

$$\begin{cases} 30+x-y=26 \\ 800x+1000y+1200(26-x)=38200 \end{cases}$$

즉, $$\begin{cases} x-y=-4 \\ -2x+5y=35 \end{cases} \quad \therefore x=5, \ y=9$$

따라서 B 지점에서 탄 승객과 내린 승객은 모두

$5+9=14(명)$

112 답 광수: 6 m, 선화: 4 m

광수의 속력을 초속 x m, 선화의 속력을 초속 y m라 하면

$\begin{cases} x:y=30:20 \\ 30x+30y=300 \end{cases}$, 즉 $\begin{cases} 2x-3y=0 & \cdots \text{㉠} \\ x+y=10 & \cdots \text{㉡} \end{cases}$

㉠+㉡×3을 하면 $5x=30$ ∴ $x=6$

$x=6$을 ㉡에 대입하면 $6+y=10$ ∴ $y=4$

따라서 광수와 선화의 속력은 각각 초속 6 m, 초속 4 m이므로 광수는 1초에 6 m, 선화는 1초에 4 m를 뛰었다.

113 답 27000원

소미와 다은이가 지난주에 받은 용돈을 각각 $5x$원, $4x$원(x는 자연수)이라 하고, 사용한 용돈을 각각 $2y$원, y원(y는 자연수)이라 하면

$\begin{cases} 5x-2y=1000 & \cdots \text{㉠} \\ 4x-y=5000 & \cdots \text{㉡} \end{cases}$

㉠−㉡×2를 하면 $-3x=-9000$ ∴ $x=3000$

$x=3000$을 ㉡에 대입하면 $12000-y=5000$

∴ $y=7000$

따라서 지난주에 두 사람이 받은 용돈의 총합은

$5x+4x=9x=9\times3000=27000$(원)

다른 풀이

두 사람이 지난주에 받은 용돈의 총합을 x원, 사용한 용돈의 총합을 y원이라 하면

$\begin{cases} \dfrac{5}{9}x-\dfrac{2}{3}y=1000 \\ \dfrac{4}{9}x-\dfrac{1}{3}y=5000 \end{cases}$, 즉 $\begin{cases} 5x-6y=9000 & \cdots \text{㉠} \\ 4x-3y=45000 & \cdots \text{㉡} \end{cases}$

㉠−㉡×2를 하면 $-3x=-81000$ ∴ $x=27000$

$x=27000$을 ㉠에 대입하면 $135000-6y=9000$

$-6y=-126000$ ∴ $y=21000$

따라서 지난주에 두 사람이 받은 용돈의 총합은 27000원이다.

114 답 ②

합격자 중 남자는 $150\times\dfrac{3}{5}=90$(명), 여자는 $150\times\dfrac{2}{5}=60$(명)

입사 지원자 중 남자를 x명, 여자를 y명이라 하면

$\begin{cases} x:y=4:3 \\ (x-90):(y-60)=1:1 \end{cases}$

즉, $\begin{cases} 3x-4y=0 & \cdots \text{㉠} \\ x-y=30 & \cdots \text{㉡} \end{cases}$

㉠−㉡×4를 하면 $-x=-120$ ∴ $x=120$

$x=120$을 ㉡에 대입하면 $120-y=30$ ∴ $y=90$

따라서 입사 지원자는 $120+90=210$(명)

115 답 11900원

할인하기 전 구두의 판매 가격을 x원, 지갑의 판매 가격을 y원이라 하면

$\begin{cases} x+y=54000 \\ \dfrac{20}{100}x+\dfrac{30}{100}y=12500 \end{cases}$, 즉 $\begin{cases} x+y=54000 & \cdots \text{㉠} \\ 2x+3y=125000 & \cdots \text{㉡} \end{cases}$

㉠×2−㉡을 하면 $-y=-17000$ ∴ $y=17000$

$y=17000$을 ㉠에 대입하면

$x+17000=54000$ ∴ $x=37000$

따라서 할인하기 전의 지갑의 판매 가격은 17000원이므로 지갑의 할인된 판매 가격은

$\left(1-\dfrac{30}{100}\right)\times17000=11900$(원)

116 답 ④

A 기계 한 대, B 기계 한 대가 1분 동안 만들 수 있는 물건의 개수를 각각 x, y라 하면

$\begin{cases} (3x+2y)\times4=100 \\ (4x+y)\times5=100 \end{cases}$, 즉 $\begin{cases} 3x+2y=25 & \cdots \text{㉠} \\ 4x+y=20 & \cdots \text{㉡} \end{cases}$

㉠−㉡×2를 하면 $-5x=-15$ ∴ $x=3$

$x=3$을 ㉡에 대입하면 $12+y=20$ ∴ $y=8$

이때 A 기계 2대와 B 기계 3대를 동시에 사용하여 물건 100개를 만드는 데 걸리는 시간을 a분이라 하면

$(2\times3+3\times8)\times a=100$ ∴ $a=\dfrac{10}{3}$

따라서 $\dfrac{10}{3}\left(=3\dfrac{1}{3}=3\dfrac{20}{60}\right)$분, 즉 3분 20초가 걸린다.

117 답 ⑤

4 %의 설탕물의 양을 x g, 6 %의 설탕물의 양을 y g이라 하면 더 넣은 물의 양은 $3x$ g이므로

$\begin{cases} x+y+3x=180 \\ \dfrac{4}{100}x+\dfrac{6}{100}y=\dfrac{3}{100}\times180 \end{cases}$, 즉 $\begin{cases} 4x+y=180 & \cdots \text{㉠} \\ 2x+3y=270 & \cdots \text{㉡} \end{cases}$

㉠−㉡×2를 하면 $-5y=-360$ ∴ $y=72$

$y=72$를 ㉠에 대입하면 $4x+72=180$

$4x=108$ ∴ $x=27$

따라서 더 넣은 물의 양은 $3\times27=81$(g)

118 답 100만 원

제품 A를 x개, 제품 B를 y개 만들었다고 하면

$\begin{cases} 4x+2y=40 \\ 3x+5y=58 \end{cases}$, 즉 $\begin{cases} 2x+y=20 & \cdots \text{㉠} \\ 3x+5y=58 & \cdots \text{㉡} \end{cases}$

㉠×5−㉡을 하면 $7x=42$ ∴ $x=6$

$x=6$을 ㉠에 대입하면 $12+y=20$ ∴ $y=8$

따라서 제품 A는 6개, 제품 B는 8개를 만들었으므로 총이익은

$6\times6+8\times8=100$(만 원)

8 일차함수와 그 그래프

01 ②	**02** -12	**03** ④	**04** 16
05 ㄹ, ㅁ	**06** ②, ④, ⑥, ⑦		**07** ⑤
08 ①, ③	**09** ③, ⑤	**10** $a=36$, $b=-6$	
11 -12	**12** ⑤	**13** ③	**14** $\dfrac{3}{2}$
15 ⑤	**16** ③	**17** ①, ③, ⑤	**18** ②
19 7	**20** ④	**21** 3.52 cm	**22** 9
23 ⑤	**24** ④	**25** 1	**26** ④
27 4	**28** 20	**29** -5	**30** -6
31 ②	**32** ②	**33** ④	**34** ③
35 7	**36** ③	**37** $-\dfrac{1}{14}$	**38** -6
39 ⑤	**40** ①	**41** ④	**42** 3
43 3	**44** -3	**45** ⑤	
46 (1) x절편: 3, y절편: -2 (2) x절편: 2, y절편: 4			
47 ②	**48** -6	**49** -4	**50** 4
51 ①	**52** $\dfrac{24}{5}$	**53** ④	**54** ②
55 ②	**56** ①	**57** 4	**58** ③
59 -3	**60** ②	**61** $\dfrac{4}{3}$	**62** 3
63 $\dfrac{1}{4}$	**64** ②	**65** $\dfrac{7}{2}$	**66** 2
67 ⑤	**68** ③	**69** 4	**70** 3
71 ②	**72** (1) 기울기: $\dfrac{3}{2}$, y절편: 1 (2) 풀이 참조		
73 ⑤	**74** ①	**75** ①	**76** $\dfrac{15}{2}$
77 3	**78** $\dfrac{45}{2}$	**79** ①	**80** $\dfrac{1}{2}$
81 $\dfrac{9}{4}$	**82** ④, ⑤	**83** ⑤	**84** ①, ④
85 ㄴ, ㄹ, ㅁ	**86** ①	**87** ②	**88** ①
89 ④	**90** 4	**91** ③	**92** $\dfrac{9}{4}$
93 ④	**94** ③	**95** ④	**96** 27
97 5	**98** 5	**99** 4	
100 (1) A$(a, 2a)$, $\overline{AB}=2a$ (2) 3 (3) 36			
101 4, 20	**102** ④	**103** 15	**104** ④
105 18			

유형 모아 보기 & 완성하기

158~161쪽

01 📖 ②

①

x	1	2	3	4	…
y	1	2	2	3	…

즉, x의 값 하나에 y의 값이 오직 하나씩 대응하므로 y는 x의 함수이다.

② $x=2$일 때, 2와 서로소인 수는 1, 3, 5, …이다.
즉, x의 값 하나에 y의 값이 오직 하나씩 대응하지 않으므로 y는 x의 함수가 아니다.

③

x	1	2	3	4	…
y	79	78	77	76	…

즉, x의 값 하나에 y의 값이 오직 하나씩 대응하므로 y는 x의 함수이다.

④ $y=\dfrac{36}{x}$ ⇨ 반비례 관계이므로 y는 x의 함수이다.

⑤ $y=5x$ ⇨ 정비례 관계이므로 y는 x의 함수이다.

따라서 y가 x의 함수가 아닌 것은 ②이다.

02 📖 -12

$f(3)=-4\times 3=-12$, $f(1)=-4\times 1=-4$
$\therefore 2f(3)-3f(1)=2\times(-12)-3\times(-4)=-12$

03 📖 ④

① $y=-7$에서 -7은 일차식이 아니므로 y는 x의 일차함수가 아니다.

② $y=\dfrac{2}{x}$에서 $\dfrac{2}{x}$는 분모에 x가 있으므로 y는 x의 일차함수가 아니다.

③ $y=-x^2+6x$에서 $y=(x$에 대한 이차식$)$이므로 y는 x의 일차함수가 아니다.

⑤ $y=\dfrac{2}{3}$에서 $\dfrac{2}{3}$는 일차식이 아니므로 y는 x의 일차함수가 아니다.

따라서 y가 x의 일차함수인 것은 ④이다.

04 📖 16

$f(7)=2\times 7-1=13$, $f(-1)=2\times(-1)-1=-3$
$\therefore f(7)-f(-1)=13-(-3)=16$

05 📖 ㄹ, ㅁ

ㄱ, ㄴ. 정비례 관계이므로 y는 x의 함수이다.

ㄷ. 반비례 관계이므로 y는 x의 함수이다.

ㄹ. $x=1$일 때, 절댓값이 1인 수는 -1, 1이다.
즉, x의 값 하나에 y의 값이 오직 하나씩 대응하지 않으므로 y는 x의 함수가 아니다.

ㅁ. $x=2$일 때, 2와 3의 공배수는 6, 12, 18, …이다.
즉, x의 값 하나에 y의 값이 오직 하나씩 대응하지 않으므로 y는 x의 함수가 아니다.

따라서 y가 x의 함수가 아닌 것은 ㄹ, ㅁ이다.

06 답 ②, ④, ⑥, ⑦

① $x=2$일 때, 2의 배수는 2, 4, 6, …이다.

즉, x의 값 하나에 y의 값이 오직 하나씩 대응하지 않으므로 y는 x의 함수가 아니다.

②

x	1	2	3	4	…
y	2	2	6	4	…

즉, x의 값 하나에 y의 값이 오직 하나씩 대응하므로 y는 x의 함수이다.

③ $x=6$일 때, $6=2\times3$의 소인수는 2, 3이다.

즉, x의 값 하나에 y의 값이 오직 하나씩 대응하지 않으므로 y는 x의 함수가 아니다.

④

x	1	2	3	4	…
y	1	2	0	1	…

즉, x의 값 하나에 y의 값이 오직 하나씩 대응하므로 y는 x의 함수이다.

⑤ $x=5$일 때, 5보다 작은 소수는 2, 3이다.

즉, x의 값 하나에 y의 값이 오직 하나씩 대응하지 않으므로 y는 x의 함수가 아니다.

⑥

x	1	2	3	4	…
y	41	42	43	44	…

즉, x의 값 하나에 y의 값이 오직 하나씩 대응하므로 y는 x의 함수이다.

⑦ $y=4x$ ⇨ 정비례 관계이므로 y는 x의 함수이다.

⑧ 키가 x cm로 같더라도 몸무게는 사람에 따라 다를 수 있다.

즉, x의 값 하나에 y의 값이 오직 하나씩 대응하지 않으므로 y는 x의 함수가 아니다.

따라서 y가 x의 함수인 것은 ②, ④, ⑥, ⑦이다.

07 답 ⑤

$f(-3)=-\dfrac{24}{-3}=8$, $f(4)=-\dfrac{24}{4}=-6$

$\therefore f(-3)-f(4)=8-(-6)=14$

08 답 ①, ③

① $f(0)=5\times0=0$　　② $f(-1)=5\times(-1)=-5$

③ $f(-2)=5\times(-2)=-10$　④ $f\left(\dfrac{2}{5}\right)=5\times\dfrac{2}{5}=2$

⑤ $f(6)=5\times6=30$, $f(-8)=5\times(-8)=-40$

$\therefore f(6)+f(-8)=30+(-40)=-10$

따라서 옳지 않은 것은 ①, ③이다.

09 답 ③, ⑤

① $f(x)=-x$에 대하여 $f(-1)=-(-1)=1$

② $f(x)=-x$에 대하여 $f(3)=-3$

③ $f(x)=\dfrac{3}{x}$에 대하여 $f(1)=\dfrac{3}{1}=3$

④ $f(x)=\dfrac{3}{x}$에 대하여 $f(-1)=\dfrac{3}{-1}=-3$

⑤ $f(x)=-3x$에 대하여 $f(-1)=-3\times(-1)=3$

따라서 짝을 바르게 찾은 것은 ③, ⑤이다.

10 답 $a=36$, $b=-6$

$f\left(\dfrac{1}{3}\right)=12\div\dfrac{1}{3}=12\times3=36$　　$\therefore a=36$

$f(-2)=\dfrac{12}{-2}=-6$　　$\therefore b=-6$

11 답 -12

$f(a)=-\dfrac{a}{4}=2$　　$\therefore a=-8$ … (i)

$f(16)=-\dfrac{16}{4}=-4$　　$\therefore b=-4$ … (ii)

$\therefore a+b=-8+(-4)=-12$ … (iii)

채점 기준

(i) a의 값 구하기	40 %
(ii) b의 값 구하기	40 %
(iii) $a+b$의 값 구하기	20 %

12 답 ⑤

19를 5로 나눈 나머지는 4이므로 $f(19)=4$

62를 5로 나눈 나머지는 2이므로 $f(62)=2$

$\therefore f(19)-f(62)=4-2=2$

13 답 ③

$f(a)=\dfrac{20}{a}=4$　　$\therefore a=5$

$f(2)=\dfrac{20}{2}=10$　　$\therefore b=10$

$\therefore f(a-b)=f(5-10)=f(-5)=\dfrac{20}{-5}=-4$

14 답 $\dfrac{3}{2}$

$f(2)=2a=3$　　$\therefore a=\dfrac{3}{2}$

15 답 ⑤

$f(-1)=\dfrac{a}{-1}=-6$　　$\therefore a=6$

즉, $f(x)=\dfrac{6}{x}$이므로 $f(b)=\dfrac{6}{b}=3$　　$\therefore b=2$

$\therefore a+b=6+2=8$

16 답 ③

ㄱ. $y=\dfrac{2}{5}x-\dfrac{1}{5}$　　　　ㄴ. $y=-\dfrac{7}{x}$

ㄹ. $y=-2$　　　　　　　ㅁ. $y=-x$

ㅂ. $y=x^2-x$

따라서 y가 x의 일차함수인 것은 ㄱ, ㄷ, ㅁ의 3개이다.

17 답 ①, ③, ⑤

① $y=4\pi x^2$　　　　　② $y=24-x$

③ $y=\dfrac{2}{x}$　　　　　④ $y=\dfrac{10}{100}x$에서 $y=\dfrac{1}{10}x$

⑤ $\dfrac{1}{2}xy=10$에서 $y=\dfrac{20}{x}$　⑥ $y=100-5x$

⑦ $y=60x$

따라서 y가 x의 일차함수가 아닌 것은 ①, ③, ⑤이다.

18 답 ②

$y=2x(ax-1)+bx+1$에서 $y=2ax^2+(b-2)x+1$

이 함수가 x에 대한 일차함수가 되려면

$2a=0$, $b-2\neq0$ $\therefore a=0$, $b\neq2$

19 답 **7**

$f(3)=5\times3-7=8$ $\therefore a=8$

$f(b)=5b-7=-2$이므로 $5b=5$ $\therefore b=1$

$\therefore a-b=8-1=7$

20 답 ④

$f(1)=a+3=1$ $\therefore a=-2$

따라서 $f(x)=-2x+3$이므로 $f(2)=-2\times2+3=-1$

21 답 **3.52 cm**

$y=0.176(x-7)$에 $x=27$을 대입하면

$y=0.176\times(27-7)=0.176\times20=3.52$

따라서 유하의 신체에 맞는 구두의 굽 높이는 $3.52\,\mathrm{cm}$이다.

22 답 **9**

$f(-3)=1$이므로 $-3a+b=1$ $\cdots$ ㉠

$f(7)=11$이므로 $7a+b=11$ $\cdots$ ㉡

㉠, ㉡을 연립하여 풀면 $a=1$, $b=4$ $\cdots$ (i)

따라서 $f(x)=x+4$이므로 $f(5)=5+4=9$ $\cdots$ (ii)

채점 기준

(i) a, b의 값 구하기	60 %
(ii) $f(5)$의 값 구하기	40 %

---

02 일차함수의 그래프

유형 모아 보기 & 완성하기

162~168쪽

23 답 ⑤

$y=-3x+5$의 그래프는 $y=-3x$의 그래프를 y축의 방향으로 5만큼 평행이동한 것이다. $\therefore$ ㉠: y, ㉡: 5

24 답 ④

$y=4x-1$에 주어진 점의 좌표를 각각 대입하면

① $13\neq4\times3-1$ ② $5\neq4\times1-1$

③ $0\neq4\times(-1)-1$ ④ $-9=4\times(-2)-1$

⑤ $-19\neq4\times(-5)-1$

따라서 $y=4x-1$의 그래프 위의 점은 ④이다.

25 답 **1**

$y=-x-2$의 그래프를 y축의 방향으로 7만큼 평행이동하면

$y=-x-2+7$ $\therefore y=-x+5$

$y=-x+5$의 그래프가 점 $(m, 4)$를 지나므로

$4=-m+5$ $\therefore m=1$

26 답 ④

$y=-3x+9$에 $y=0$을 대입하면 $0=-3x+9$ $\therefore x=3$

$y=-3x+9$에 $x=0$을 대입하면 $y=-3\times0+9=9$

따라서 $y=-3x+9$의 그래프의 x절편은 3, y절편은 9이므로

$a=3$, $b=9$

$\therefore a+b=3+9=12$

27 답 **4**

$y=-\dfrac{1}{2}x+k$의 그래프의 x절편이 8이면 점 $(8, 0)$을 지나므로

$0=-\dfrac{1}{2}\times8+k$ $\therefore k=4$

따라서 $y=-\dfrac{1}{2}x+4$의 그래프의 y절편은 4이다.

28 답 **20**

$(기울기)=\dfrac{(y의\ 값의\ 증가량)}{1-(-3)}=\dfrac{(y의\ 값의\ 증가량)}{4}=5$이므로

$(y의\ 값의\ 증가량)=20$

29 답 **-5**

$\dfrac{15-k}{2-(-3)}=4$이므로 $15-k=20$ $\therefore k=-5$

30 답 **-6**

세 점이 한 직선 위에 있으므로 세 점 중 어떤 두 점을 택해도 기울기는 모두 같다.

즉, $\dfrac{-2-1}{2-(-4)}=\dfrac{2-(-2)}{a-2}$이므로 $-\dfrac{1}{2}=\dfrac{4}{a-2}$

$a-2=-8$ $\therefore a=-6$

31 답 ②

$y=-\dfrac{1}{2}x$의 그래프를 y축의 방향으로 -3만큼 평행이동하면

$y=-\dfrac{1}{2}x-3$

32 답 ②

$y=\dfrac{4}{5}x-2$의 그래프는 $y=\dfrac{4}{5}x$의 그래프를 y축의 방향으로 -2만큼 평행이동한 직선이므로 ②이다.

33 답 ④

④ $y=8x$의 그래프를 y축의 방향으로 9만큼 평행이동하면 $y=8x+9$의 그래프와 서로 포개어진다.

참고 일차함수 $y=ax+b$의 그래프는 평행이동하여도 그래프의 모양, 즉 a의 값이 변하지 않는다.

34 답 ③

$y=-6x-4$의 그래프를 y축의 방향으로 6만큼 평행이동하면
$y=-6x-4+6$ $\therefore y=-6x+2$

35 답 7

$y=-2x+a$의 그래프를 y축의 방향으로 -7만큼 평행이동하면
$y=-2x+a-7$
따라서 $y=-2x+a-7$과 $y=bx+2$가 같으므로
$-2=b$, $a-7=2$ $\therefore a=9$, $b=-2$
$\therefore a+b=9+(-2)=7$

36 답 ③

$y=-\dfrac{1}{4}x+5$에 주어진 점의 좌표를 각각 대입하면
① $6=-\dfrac{1}{4}\times(-4)+5$ ② $\dfrac{21}{4}=-\dfrac{1}{4}\times(-1)+5$
③ $\dfrac{3}{4}\neq-\dfrac{1}{4}\times1+5$ ④ $4=-\dfrac{1}{4}\times4+5$
⑤ $\dfrac{9}{2}=-\dfrac{1}{4}\times2+5$

따라서 $y=-\dfrac{1}{4}x+5$의 그래프 위의 점이 아닌 것은 ③이다.

37 답 $-\dfrac{1}{14}$

$y=-7x+\dfrac{1}{2}$에 $x=k$, $y=1$을 대입하면
$1=-7k+\dfrac{1}{2}$, $7k=-\dfrac{1}{2}$ $\therefore k=-\dfrac{1}{14}$

38 답 -6

$y=\dfrac{2}{3}x-5$의 그래프가 점 $(-6,\ p)$를 지나므로
$p=\dfrac{2}{3}\times(-6)-5=-9$
$y=\dfrac{2}{3}x-5$의 그래프가 점 $(q,\ -3)$을 지나므로
$-3=\dfrac{2}{3}q-5$, $-\dfrac{2}{3}q=-2$ $\therefore q=3$
$\therefore p+q=-9+3=-6$

39 답 ⑤

$y=ax+2$의 그래프가 점 $(1,\ -2)$를 지나므로
$-2=a+2$ $\therefore a=-4$
$y=5x+b$의 그래프가 점 $(1,\ -2)$를 지나므로
$-2=5\times1+b$ $\therefore b=-7$
$\therefore ab=-4\times(-7)=28$

40 답 ①

$y=\dfrac{3}{2}x+1$의 그래프를 y축의 방향으로 k만큼 평행이동하면
$y=\dfrac{3}{2}x+1+k$
$y=\dfrac{3}{2}x+1+k$의 그래프가 점 $(-2,\ -8)$을 지나므로
$-8=\dfrac{3}{2}\times(-2)+1+k$ $\therefore k=-6$

41 답 ④

$y=3x+7$의 그래프를 y축의 방향으로 -5만큼 평행이동하면
$y=3x+7-5$ $\therefore y=3x+2$
즉, $y=3x+2$에 주어진 점의 좌표를 각각 대입하면
① $-10=3\times(-4)+2$ ② $-1=3\times(-1)+2$
③ $2=3\times0+2$ ④ $12\neq3\times2+2$
⑤ $17=3\times5+2$
따라서 $y=3x+2$의 그래프가 지나지 않는 점은 ④이다.

42 답 3

$y=2x$의 그래프를 y축의 방향으로 m만큼 평행이동하면
$y=2x+m$
$y=2x+m$의 그래프가 점 $(-3,\ -3)$을 지나므로
$-3=2\times(-3)+m$ $\therefore m=3$
따라서 $y=2x+3$의 그래프가 점 $(n,\ 5)$를 지나므로
$5=2n+3$, $2n=2$ $\therefore n=1$
$\therefore mn=3\times1=3$

43 답 3

$y=ax-\dfrac{3}{4}$의 그래프가 점 $\left(\dfrac{1}{2},\ \dfrac{1}{4}\right)$을 지나므로
$\dfrac{1}{4}=\dfrac{1}{2}a-\dfrac{3}{4}$, $-\dfrac{1}{2}a=-1$ $\therefore a=2$
$y=2x-\dfrac{3}{4}$의 그래프를 y축의 방향으로 -1만큼 평행이동하면
$y=2x-\dfrac{3}{4}-1$ $\therefore y=2x-\dfrac{7}{4}$
$y=2x-\dfrac{7}{4}$의 그래프가 점 $\left(k,\ \dfrac{1}{4}\right)$을 지나므로
$\dfrac{1}{4}=2k-\dfrac{7}{4}$, $-2k=-2$ $\therefore k=1$
$\therefore a+k=2+1=3$

44 답 -3

$y=ax-3$의 그래프를 y축의 방향으로 b만큼 평행이동하면
$y=ax-3+b$ $\cdots$ (i)
$y=ax-3+b$의 그래프가 점 $(4,\ 1)$을 지나므로
$1=4a-3+b$
$\therefore 4a+b=4$ $\cdots$ ㉠
$y=ax-3+b$의 그래프가 점 $(-2,\ 4)$를 지나므로
$4=-2a-3+b$
$\therefore -2a+b=7$ $\cdots$ ㉡
㉠, ㉡을 연립하여 풀면 $a=-\dfrac{1}{2}$, $b=6$ $\cdots$ (ii)
$\therefore ab=-\dfrac{1}{2}\times6=-3$ $\cdots$ (iii)

채점 기준

(i) 평행이동한 그래프의 식 구하기	30%
(ii) a, b의 값 구하기	60%
(iii) ab의 값 구하기	10%

45 답 ⑤

① $y=-2x+4$에 $y=0$을 대입하면 $0=-2x+4$ ∴ $x=2$
∴ (x절편)$=2$

② $y=-\dfrac{1}{2}x+1$에 $y=0$을 대입하면 $0=-\dfrac{1}{2}x+1$ ∴ $x=2$
∴ (x절편)$=2$

③ $y=\dfrac{1}{3}x-\dfrac{2}{3}$에 $y=0$을 대입하면 $0=\dfrac{1}{3}x-\dfrac{2}{3}$ ∴ $x=2$
∴ (x절편)$=2$

④ $y=x-2$에 $y=0$을 대입하면 $0=x-2$ ∴ $x=2$
∴ (x절편)$=2$

⑤ $y=4x-\dfrac{1}{2}$에 $y=0$을 대입하면 $0=4x-\dfrac{1}{2}$ ∴ $x=\dfrac{1}{8}$
∴ (x절편)$=\dfrac{1}{8}$

따라서 x절편이 나머지 넷과 다른 하나는 ⑤이다.

46 답 (1) x절편: 3, y절편: -2 (2) x절편: 2, y절편: 4

47 답 ②

$y=\dfrac{5}{6}x-4$의 그래프와 y축 위에서 만나려면 y절편이 같아야 한다.

$y=\dfrac{5}{6}x-4$의 그래프의 y절편은 -4이고, 각 일차함수의 그래프의 y절편을 구하면 다음과 같다.

① -2 ② -4 ③ 4 ④ -3 ⑤ $\dfrac{5}{6}$

따라서 $y=\dfrac{5}{6}x-4$의 그래프와 y축 위에서 만나는 것은 ②이다.

만렙비법 (1) 두 일차함수의 그래프가 x축 위에서 만난다. ⇨ x절편이 같다.
(2) 두 일차함수의 그래프가 y축 위에서 만난다. ⇨ y절편이 같다.

48 답 -6

$y=4x-3$의 그래프를 y축의 방향으로 -5만큼 평행이동하면
$y=4x-3-5$ ∴ $y=4x-8$
$y=4x-8$에 $y=0$을 대입하면 $0=4x-8$ ∴ $x=2$
$y=4x-8$에 $x=0$을 대입하면 $y=4\times0-8=-8$
따라서 x절편은 2, y절편은 -8이므로 구하는 합은
$2+(-8)=-6$

49 답 -4

$y=-7x-(2k-1)$의 그래프의 x절편이 $\dfrac{9}{7}$이면 점 $\left(\dfrac{9}{7},\ 0\right)$을 지나므로 $0=-7\times\dfrac{9}{7}-(2k-1)$, $0=-9-2k+1$
$2k=-8$ ∴ $k=-4$

50 답 4

$y=2x+6$의 그래프의 y절편이 6이므로
$y=-\dfrac{2}{3}x+a$의 그래프의 x절편이 6이다.
따라서 $y=-\dfrac{2}{3}x+a$의 그래프가 점 $(6,\ 0)$을 지나므로
$0=-\dfrac{2}{3}\times6+a$ ∴ $a=4$

다른 풀이

$y=2x+6$의 그래프의 y절편은 6이고,
$y=-\dfrac{2}{3}x+a$의 그래프의 x절편은 $\dfrac{3}{2}a$이므로
$6=\dfrac{3}{2}a$ ∴ $a=4$

51 답 ①

두 그래프가 x축 위에서 만나므로 두 그래프의 x절편이 같다.
즉, $y=3x+1$의 그래프의 x절편이 $-\dfrac{1}{3}$이므로
$y=ax-2$의 그래프의 x절편도 $-\dfrac{1}{3}$이다.
따라서 $y=ax-2$의 그래프가 점 $\left(-\dfrac{1}{3},\ 0\right)$을 지나므로
$0=-\dfrac{1}{3}a-2$ ∴ $a=-6$

52 답 $\dfrac{24}{5}$

$y=ax+5$의 그래프를 y축의 방향으로 b만큼 평행이동하면
$y=ax+5+b$ $\cdots$ (i)
$y=ax+5+b$의 그래프의 y절편이 -3이므로
$5+b=-3$ ∴ $b=-8$ $\cdots$ (ii)
즉, $y=ax-3$의 그래프의 x절편이 -5이다.
따라서 $y=ax-3$의 그래프가 점 $(-5,\ 0)$을 지나므로
$0=-5a-3$ ∴ $a=-\dfrac{3}{5}$ $\cdots$ (iii)
∴ $ab=-\dfrac{3}{5}\times(-8)=\dfrac{24}{5}$ $\cdots$ (iv)

채점 기준

(i) 평행이동한 그래프의 식 구하기	30%
(ii) b의 값 구하기	30%
(iii) a의 값 구하기	30%
(iv) ab의 값 구하기	10%

53 답 ④

(기울기)$=\dfrac{(y\text{의 값의 증가량})}{(x\text{의 값의 증가량})}=\dfrac{3}{2}$

따라서 기울기가 $\dfrac{3}{2}$인 것은 ④이다.

54 답 ②

$y=x-\dfrac{4}{3}$의 그래프의 기울기는 1이므로 $p=1$

$y=x-\dfrac{4}{3}$의 그래프의 x절편은 $\dfrac{4}{3}$, y절편은 $-\dfrac{4}{3}$이므로
$q=\dfrac{4}{3}$, $r=-\dfrac{4}{3}$

∴ $p-q+r=1-\dfrac{4}{3}+\left(-\dfrac{4}{3}\right)=-\dfrac{5}{3}$

55 답 ②

(기차용 선로의 기울어진 정도)

$= \dfrac{(수직\ 거리)}{(수평\ 거리)} = \dfrac{2}{5}$

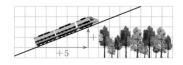

56 답 ①

$(기울기) = a = \dfrac{(y의\ 값의\ 증가량)}{(x의\ 값의\ 증가량)} = \dfrac{-8}{4} = -2$이므로

$\dfrac{(y의\ 값의\ 증가량)}{5} = -2$에서 $(y의\ 값의\ 증가량) = -10$

57 답 4

$(기울기) = \dfrac{(y의\ 값의\ 증가량)}{(x의\ 값의\ 증가량)} = \dfrac{-3-9}{k-2} = \dfrac{-12}{k-2} = -6$이므로

$-6(k-2) = -12$에서 $k-2 = 2$ $\therefore k = 4$

58 답 ③

$\dfrac{f(10)-f(1)}{10-1} = \dfrac{(y의\ 값의\ 증가량)}{(x의\ 값의\ 증가량)} = (기울기) = -\dfrac{1}{2}$

59 답 -3

$(기울기) = \dfrac{(y의\ 값의\ 증가량)}{(x의\ 값의\ 증가량)} = \dfrac{f(3)-f(-2)}{3-(-2)} = \dfrac{-15}{5} = -3$

60 답 ②

$\dfrac{k-4}{-2-1} = 3$이므로 $k-4 = -9$ $\therefore k = -5$

61 답 $\dfrac{4}{3}$

x절편이 6, y절편이 -8이면 두 점 $(6, 0)$, $(0, -8)$을 지나므로

$(기울기) = \dfrac{-8-0}{0-6} = \dfrac{4}{3}$

62 답 3

$y = f(x)$의 그래프가 두 점 $(0, 1)$, $(1, 3)$을 지나므로

$m = \dfrac{3-1}{1-0} = 2$

$y = g(x)$의 그래프가 두 점 $(1, 3)$, $(4, 0)$을 지나므로

$n = \dfrac{0-3}{4-1} = -1$

$\therefore m - n = 2 - (-1) = 3$

63 답 $\dfrac{1}{4}$

$y = -2x+8$의 그래프의 x절편은 4

$y = 3x-1$의 그래프의 y절편은 -1

즉, $y = f(x)$의 그래프의 x절편은 4, y절편은 -1이다.

따라서 $y = f(x)$의 그래프가 두 점 $(4, 0)$, $(0, -1)$을 지나므로

$(기울기) = \dfrac{-1-0}{0-4} = \dfrac{1}{4}$

64 답 ②

세 점이 한 직선 위에 있으므로 세 점 중 어떤 두 점을 택해도 기울기는 모두 같다.

즉, $\dfrac{4-(-2)}{2-(-1)} = \dfrac{a-4}{3-2}$이므로 $2 = a-4$ $\therefore a = 6$

65 답 $\dfrac{7}{2}$

세 점 $(-4, 1)$, $(1, -3)$, $(a, -5)$가 한 직선 위에 있으므로 세 점 중 어떤 두 점을 택해도 기울기는 모두 같다.

즉, $\dfrac{-3-1}{1-(-4)} = \dfrac{-5-(-3)}{a-1}$이므로 $\dfrac{-4}{5} = \dfrac{-2}{a-1}$

$-4a+4 = -10$, $-4a = -14$ $\therefore a = \dfrac{7}{2}$

66 답 2

두 점을 지나는 직선 위에 어떤 점이 있으면 그 세 점이 한 직선 위에 있으므로 세 점 중 어떤 두 점을 택해도 기울기는 모두 같다.

즉, $\dfrac{6-(-9)}{1-(-4)} = \dfrac{4m+1-6}{m-1}$이므로 ⋯ (i)

$3 = \dfrac{4m-5}{m-1}$, $3m-3 = 4m-5$ $\therefore m = 2$ ⋯ (ii)

채점 기준	
(i) 기울기를 이용하여 m의 값을 구하는 식 세우기	60 %
(ii) m의 값 구하기	40 %

67 답 ⑤

세 점이 한 직선 위에 있으므로 세 점 중 어떤 두 점을 택해도 기울기는 모두 같다.

즉, $\dfrac{b-7}{a-(-2)} = \dfrac{2-7}{3-(-2)}$이므로 $\dfrac{b-7}{a+2} = -1$

$a+2 = -b+7$ $\therefore a+b = 5$

03 일차함수의 그래프와 그 응용

유형 모아 보기 & 완성하기
169~171쪽

68 답 ③

$y = 3x+6$의 그래프의 x절편은 -2, y절편은 6이므로 그 그래프는 ③과 같다.

다른 풀이

$y = 3x+6$의 그래프의 y절편은 6이므로 점 $(0, 6)$을 지나고, 기울기는 $3\left(= \dfrac{6}{2}\right)$이므로 x의 값이 2만큼 증가할 때 y의 값이 6만큼 증가한다.

따라서 그 그래프는 ③과 같다.

69 답 4

$y=2x-4$의 그래프의 x절편은 2, y절편은 -4이
므로 그 그래프는 오른쪽 그림과 같다.

따라서 구하는 도형의 넓이는

$\dfrac{1}{2} \times 2 \times 4 = 4$

70 답 3

$y=-4x+2$의 그래프의 x절편은 $\dfrac{1}{2}$,

y절편은 2이고, $y=\dfrac{4}{5}x+2$의 그래프의

x절편은 $-\dfrac{5}{2}$, y절편은 2이므로 그 그래
프는 오른쪽 그림과 같다.

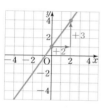

따라서 구하는 도형의 넓이는

$\dfrac{1}{2} \times \left\{ \dfrac{1}{2} - \left(-\dfrac{5}{2} \right) \right\} \times 2 = 3$

71 답 ②

$y=-\dfrac{2}{3}x+2$의 그래프의 x절편은 3, y절편은 2이므로 그 그래프는
②와 같다.

72 답 (1) 기울기: $\dfrac{3}{2}$, y절편: 1   (2) 풀이 참조

(1), (2) $y=\dfrac{3}{2}x+1$의 그래프의 기울기는 $\dfrac{3}{2}$,

y절편은 1이므로 그 그래프는 오른쪽 그림
과 같이 두 점 $(0, 1)$, $(2, 4)$를 지나는 직선
이다.

73 답 ⑤

각 일차함수의 그래프는 다음 그림과 같다.

①   ②   ③

④   ⑤

따라서 제3사분면을 지나지 않는 것은 ⑤이다.

74 답 ①

$y=-5x+3$의 그래프를 y축의 방향으로 -7만큼 평행이동하면

$y=-5x+3-7$ $\therefore y=-5x-4$

즉, $y=-5x-4$의 그래프의 x절편은 $-\dfrac{4}{5}$, y절편은

-4이므로 그 그래프는 오른쪽 그림과 같다.

따라서 제1사분면을 지나지 않는다.

75 답 ①

$y=ax+\dfrac{3}{4}$의 그래프의 x절편이 $-\dfrac{1}{8}$이면 점 $\left(-\dfrac{1}{8}, 0 \right)$을 지나므로

$0=-\dfrac{1}{8}a+\dfrac{3}{4}$ $\therefore a=6$

$y=6x+\dfrac{3}{4}$의 그래프의 y절편이 $\dfrac{3}{4}$이므로 $b=\dfrac{3}{4}$

따라서 $y=\dfrac{3}{4}x+6$의 그래프의 x절편은 -8, y절편은 6이므로 그
그래프는 ①과 같다.

76 답 $\dfrac{15}{2}$

$y=-\dfrac{3}{5}x+3$의 그래프의 x절편은 5, y절편은 3이므로

$A(5, 0)$, $B(0, 3)$

$\therefore \triangle ABO = \dfrac{1}{2} \times 5 \times 3 = \dfrac{15}{2}$

77 답 3

$y=\dfrac{2}{3}ax+6$의 그래프의 y절편이 6이므로 $B(0, 6)$

이때 $\triangle AOB$의 넓이가 9이므로 $\dfrac{1}{2} \times \overline{OA} \times 6 = 9$ $\therefore \overline{OA} = 3$

따라서 $y=\dfrac{2}{3}ax+6$의 그래프가 점 $A(-3, 0)$을 지나므로

$0=\dfrac{2}{3}a \times (-3)+6$, $2a=6$ $\therefore a=3$

다른 풀이

$y=\dfrac{2}{3}ax+6$의 그래프의 x절편은 $-\dfrac{9}{a}$, y절편은 6이므로

$A \left(-\dfrac{9}{a}, 0 \right)$, $B(0, 6)$

이때 $\triangle AOB$의 넓이가 9이므로

$\dfrac{1}{2} \times \dfrac{9}{a} \times 6 = 9$, $\dfrac{27}{a} = 9$ $\therefore a=3$

78 답 $\dfrac{45}{2}$

$y=-x+9$의 그래프의 x절편은 9, y절편은 9이므로

$D(9, 0)$, $A(0, 9)$

$y=-x+9$의 그래프를 y축의 방향으로 -3만큼 평행이동하면

$y=-x+9-3$ $\therefore y=-x+6$

즉, $y=-x+6$의 그래프의 x절편은 6, y절편은 6이므로

$C(6, 0)$, $B(0, 6)$

따라서 사각형 ABCD의 넓이는

$\triangle AOD - \triangle BOC = \dfrac{1}{2} \times 9 \times 9 - \dfrac{1}{2} \times 6 \times 6 = \dfrac{45}{2}$

79 답 ①

$y=-x+4$의 그래프의 x절편은 4, y절편은 4
이고, $y=\dfrac{3}{2}x-6$의 그래프의 x절편은 4, y절
편은 -6이므로 그 그래프는 오른쪽 그림과 같다.

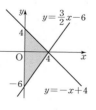

따라서 구하는 도형의 넓이는

$\dfrac{1}{2} \times \{4-(-6)\} \times 4 = 20$

80 답 $\frac{1}{2}$

$y=ax+2$와 $y=-x+2$의 그래프의 y절편은 2이므로 A(0, 2)

$y=-x+2$의 그래프의 x절편은 2이므로 C(2, 0)

이때 △ABC의 넓이가 6이므로

$\frac{1}{2} \times \overline{BC} \times 2 = 6$ ∴ $\overline{BC}=6$

따라서 $y=ax+2$의 그래프가 점 B(-4, 0)을 지나므로

$0=-4a+2$ ∴ $a=\frac{1}{2}$

다른 풀이

$y=ax+2$의 그래프의 x절편은 $-\frac{2}{a}$, y절편은 2이므로

A(0, 2), B$\left(-\frac{2}{a}, 0\right)$

$y=-x+2$의 그래프의 x절편은 2이므로 C(2, 0)

이때 △ABC의 넓이가 6이므로

$\frac{1}{2} \times \left\{2-\left(-\frac{2}{a}\right)\right\} \times 2 = 6$, $2+\frac{2}{a}=6$ ∴ $a=\frac{1}{2}$

81 답 $\frac{9}{4}$

$y=\frac{1}{4}x+1$의 그래프의 x절편은 -4, y절편은 1이므로

A(-4, 0), C(0, 1)

$y=ax+b$의 그래프의 y절편은 b이므로 B(0, b)

이때 △ACB의 넓이가 4이므로

$\frac{1}{2} \times (b-1) \times 4 = 4$, $2(b-1)=4$, $b-1=2$ ∴ $b=3$

따라서 $y=ax+3$의 그래프가 점 A(-4, 0)을 지나므로

$0=-4a+3$ ∴ $a=\frac{3}{4}$

∴ $ab=\frac{3}{4} \times 3=\frac{9}{4}$

Pick 점검하기

172~174쪽

82 답 ④, ⑤

① $x=1$일 때, 1보다 큰 홀수는 3, 5, 7, ⋯이다.

즉, x의 값 하나에 y의 값이 오직 하나씩 대응하지 않으므로 y는 x의 함수가 아니다.

② $x=2$일 때, 2의 약수는 1, 2이다.

즉, x의 값 하나에 y의 값이 오직 하나씩 대응하지 않으므로 y는 x의 함수가 아니다.

③ $x=1.5$일 때, 1.5에 가장 가까운 정수는 1과 2이다.

즉, x의 값 하나에 y의 값이 오직 하나씩 대응하지 않으므로 y는 x의 함수가 아니다.

④ $y=\frac{12}{x}$ ⇨ 반비례 관계이므로 y는 x의 함수이다.

⑤ $y=\frac{x}{300} \times 100 = \frac{x}{3}$ ⇨ 정비례 관계이므로 y는 x의 함수이다.

따라서 y가 x의 함수인 것은 ④, ⑤이다.

83 답 ⑤

① $2>0$이므로 $f(2)=\frac{2}{5} \times 2 = \frac{4}{5}$

② $-3<0$이므로 $f(-3)=-\frac{3}{-3}=1$

③ $-\frac{1}{4}<0$이므로 $f\left(-\frac{1}{4}\right)=-3 \div \left(-\frac{1}{4}\right)=-3 \times (-4)=12$

④ $\frac{1}{2}>0$이므로 $f\left(\frac{1}{2}\right)=\frac{2}{5} \times \frac{1}{2} = \frac{1}{5}$

⑤ $1>0$이므로 $f(1)=\frac{2}{5} \times 1 = \frac{2}{5}$

$-1<0$이므로 $f(-1)=-\frac{3}{-1}=3$

∴ $f(1)-f(-1)=\frac{2}{5}-3=-\frac{13}{5}$

따라서 옳지 않은 것은 ⑤이다.

84 답 ①, ④

① $y=-3$

② $y=\frac{1}{2}x+\frac{1}{2}$

③ $y=-\frac{5}{4}x+30$

⑤ $y=-3x-1$

따라서 y가 x의 일차함수가 아닌 것은 ①, ④이다.

85 답 ㄴ, ㄹ, ㅁ

ㄱ. $y=\frac{200}{x}$

ㄴ. $y=5000-1200x$

ㄷ. $xy=24$에서 $y=\frac{24}{x}$

ㄹ. $y=\frac{1}{2} \times (x+2x) \times 3$에서 $y=\frac{9}{2}x$

ㅁ. $y=280-20x$

따라서 y가 x의 일차함수인 것은 ㄴ, ㄹ, ㅁ이다.

86 답 ①

$f(2)=2a-5=3$, $2a=8$ ∴ $a=4$

따라서 $f(x)=4x-5$에서 $f(b)=4b-5=-9$

$4b=-4$ ∴ $b=-1$

∴ $ab=4 \times (-1)=-4$

87 답 ②

$y=ax-6$의 그래프를 y축의 방향으로 b만큼 평행이동하면

$y=ax-6+b$

따라서 $y=2x+3$과 $y=ax-6+b$가 같으므로

$2=a$, $3=-6+b$ ∴ $a=2$, $b=9$

∴ $a-b=2-9=-7$

88 답 ①

$y=m(x+1)$의 그래프를 y축의 방향으로 4만큼 평행이동하면

$y=m(x+1)+4$ ∴ $y=mx+m+4$

$y=mx+m+4$의 그래프가 점 (2, -2)를 지나므로

$-2=2m+m+4$, $-3m=6$ ∴ $m=-2$

따라서 $y=-2x+2$의 그래프가 점 (-3, n)을 지나므로

$n=-2 \times (-3)+2=8$

∴ $mn=-2 \times 8=-16$

89 답 ④

$y=-\dfrac{2}{5}x+4$의 그래프의 x절편은 10, y절편은 4이므로

$a=10$, $b=4$ ∴ $a+b=10+4=14$

90 답 4

$y=-3x+p$의 그래프를 y축의 방향으로 -1만큼 평행이동하면

$y=-3x+p-1$

$y=-3x+p-1$의 그래프의 x절편은 $\dfrac{p-1}{3}$, y절편은 $p-1$이므로

$\dfrac{p-1}{3}+p-1=4$에서 $p-1+3(p-1)=12$

$4p-4=12$, $4p=16$ ∴ $p=4$

91 답 ③

$(기울기)=\dfrac{(y의\ 값의\ 증가량)}{(x의\ 값의\ 증가량)}=\dfrac{-2}{6}=-\dfrac{1}{3}$

따라서 기울기가 $-\dfrac{1}{3}$인 것은 ③이다.

92 답 $\dfrac{9}{4}$

주어진 그래프가 두 점 $(0,\ 2)$, $(4,\ 5)$를 지나므로

$(기울기)=\dfrac{5-2}{4-0}=\dfrac{3}{4}$

따라서 $\dfrac{(y의\ 값의\ 증가량)}{3}=\dfrac{3}{4}$이므로

$(y의\ 값의\ 증가량)=\dfrac{3}{4}\times3=\dfrac{9}{4}$

93 답 ④

세 점이 한 직선 위에 있으므로 세 점 중 어떤 두 점을 택해도 기울기는 모두 같다.

즉, $\dfrac{k-3}{0-(-1)}=\dfrac{k-2-k}{1-0}$이므로 $k-3=-2$ ∴ $k=1$

94 답 ③

$y=-\dfrac{1}{2}x-3$의 그래프의 x절편은 -6, y절편은 -3이므로 그 그래프는 ③과 같다.

95 답 ④

④   ⇨ 제1, 3, 4사분면을 지난다.

96 답 27

$y=x+6$의 그래프의 x절편은 -6, y절편은 6이고, $y=-2x+6$의 그래프의 x절편은 3, y절편은 6이므로 그 그래프는 오른쪽 그림과 같다.

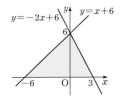

따라서 구하는 도형의 넓이는

$\dfrac{1}{2}\times\{3-(-6)\}\times6=27$

97 답 5

$y=-4x+a$의 그래프가 점 $(-1,\ 7)$을 지나므로

$7=-4\times(-1)+a$ ∴ $a=3$ ⋯(i)

따라서 $y=-4x+3$의 그래프가 점 $(b,\ -5)$를 지나므로

$-5=-4b+3$, $4b=8$ ∴ $b=2$ ⋯(ii)

∴ $a+b=3+2=5$ ⋯(iii)

채점 기준

(i) a의 값 구하기	40%
(ii) b의 값 구하기	40%
(iii) $a+b$의 값 구하기	20%

98 답 5

$\dfrac{f(5)-f(2)}{3}=\dfrac{f(5)-f(2)}{5-2}=\dfrac{(y의\ 값의\ 증가량)}{(x의\ 값의\ 증가량)}=(기울기)=-\dfrac{1}{2}$

∴ $a=-\dfrac{1}{2}$ ⋯(i)

즉, $f(x)=-\dfrac{1}{2}x+b$에서 $f(4)=2$이므로

$-\dfrac{1}{2}\times4+b=2$ ∴ $b=4$ ⋯(ii)

따라서 $f(x)=-\dfrac{1}{2}x+4$이므로

$f(-2)=-\dfrac{1}{2}\times(-2)+4=5$ ⋯(iii)

채점 기준

(i) a의 값 구하기	50%
(ii) b의 값 구하기	30%
(iii) $f(-2)$의 값 구하기	20%

99 답 4

$y=ax-8$의 그래프의 y절편은 -8이고, $(기울기)=a>0$이므로 그 그래프는 오른쪽 그림과 같다.

이때 $\triangle AOB$의 넓이가 8이므로

$\dfrac{1}{2}\times\overline{OA}\times8=8$ ∴ $\overline{OA}=2$ ⋯(i)

따라서 $y=ax-8$의 그래프가 점 $A(2,\ 0)$을 지나므로

$0=2a-8$, $2a=8$ ∴ $a=4$ ⋯(ii)

채점 기준

(i) $\overline{OA}$의 길이 구하기	50%
(ii) a의 값 구하기	50%

다른 풀이

$y=ax-8$의 그래프의 x절편은 $\dfrac{8}{a}$, y절편은 -8이고,

x축, y축으로 둘러싸인 도형의 넓이가 8이므로

$\dfrac{1}{2}\times\dfrac{8}{a}\times8=8$ ⋯(i)

$\dfrac{32}{a}=8$ ∴ $a=4$ ⋯(ii)

채점 기준

(i) x절편, y절편을 이용하여 식 세우기	60%
(ii) a의 값 구하기	40%

100 답 (1) A(a, $2a$), $\overline{\text{AB}}=2a$ (2) **3** (3) **36**

(1) 점 B의 좌표는 (a, 0)이고, 점 A는 $y=2x$의 그래프 위의 점이
  므로 A(a, $2a$) ∴ $\overline{\text{AB}}=2a$

(2) 사각형 ABCD는 정사각형이므로 $\overline{\text{AD}}=2a$
  따라서 점 D의 x좌표는 $a+2a=3a$이고, $\overline{\text{DC}}=\overline{\text{AB}}$이므로
  D($3a$, $2a$)
  이때 점 D($3a$, $2a$)는 $y=-x+15$의 그래프 위의 점이므로
  $2a=-3a+15$, $5a=15$ ∴ $a=3$

(3) 정사각형 ABCD의 한 변의 길이는 $2a=2\times3=6$이므로
  정사각형 ABCD의 넓이는 $6\times6=36$

101 답 **4, 20**

$y=\dfrac{1}{3}x-2$의 그래프의 x절편은 6이므로 P(6, 0)

$y=-2x+a$의 그래프의 x절편은 $\dfrac{a}{2}$이므로 Q$\left(\dfrac{a}{2},\ 0\right)$

이때 $\overline{\text{PQ}}=4$이므로

$\dfrac{a}{2}=2$ 또는 $\dfrac{a}{2}=10$

∴ $a=4$ 또는 $a=20$

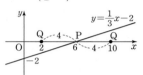

다른 풀이

$y=\dfrac{1}{3}x-2$의 그래프의 x절편은 6이므로 P(6, 0)

이때 $\overline{\text{PQ}}=4$이므로 Q(2, 0) 또는 Q(10, 0)

(i) Q(2, 0)일 때, $y=-2x+a$에 $x=2$, $y=0$을 대입하면
  $0=-4+a$ ∴ $a=4$

(ii) Q(10, 0)일 때, $y=-2x+a$에 $x=10$, $y=0$을 대입하면
  $0=-20+a$ ∴ $a=20$

따라서 (i), (ii)에 의해 $a=4$ 또는 $a=20$

102 답 ④

$y=-2x+p$의 그래프의 x절편은 $\dfrac{p}{2}$, y절편은 p이므로

D$\left(\dfrac{p}{2},\ 0\right)$, A(0, p)

$y=\dfrac{1}{4}x+q$의 그래프의 x절편은 $-4q$, y절편은 q이므로

C($-4q$, 0), B(0, q)

이때 $\overline{\text{AB}}:\overline{\text{BO}}=3:1$에서 $3\overline{\text{BO}}=\overline{\text{AB}}$이므로

$3q=p-q$ ∴ $p=4q$ ···㉠

$\overline{\text{CD}}=18$이므로 $\dfrac{p}{2}-(-4q)=18$ ∴ $p+8q=36$ ···㉡

㉠, ㉡을 연립하여 풀면 $p=12$, $q=3$

∴ $p-q=12-3=9$

103 답 **15**

두 점 $(-5, k)$, $(5, k+3)$을 지나므로

(기울기)$=\dfrac{k+3-k}{5-(-5)}=\dfrac{3}{10}$

이때 $\dfrac{f(100)-f(50)}{100-50}=\dfrac{(y\text{의 값의 증가량})}{(x\text{의 값의 증가량})}=$(기울기)이므로

$\dfrac{f(100)-f(50)}{100-50}=\dfrac{3}{10}$, $\dfrac{f(100)-f(50)}{50}=\dfrac{3}{10}$

∴ $f(100)-f(50)=\dfrac{3}{10}\times50=15$

104 답 ④

(직사각형 ABCD의 넓이)$=(4-1)\times(7-1)=18$이고,

$P:Q=7:5$이므로

$Q=18\times\dfrac{5}{7+5}=\dfrac{15}{2}$

이때 B(1, 1), C(4, 1)이고, 점 E와 점 F는 $y=ax+1$의 그래프
위의 점이므로

E(1, $a+1$), F(4, $4a+1$)

∴ $\overline{\text{BE}}=(a+1)-1=a$, $\overline{\text{CF}}=(4a+1)-1=4a$

따라서 $Q=\dfrac{1}{2}\times(a+4a)\times3=\dfrac{15}{2}$에서

$\underbrace{\dfrac{15}{2}a=\dfrac{15}{2}}$ ∴ $a=1$
     ↳사다리꼴 EBCF의 넓이

105 답 **18**

$y=x+3$의 그래프의 x절편
은 3, y절편은 3, $y=x-3$의 그래프의 x절편은 3, y절
편은 -3, $y=-x+3$의 그래프의 x절편은
3, y절편은 3, $y=-x-3$의 그래프의 x절
편은 -3, y절편은 -3이므로 그 그래프는
오른쪽 그림과 같다.

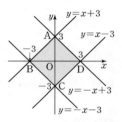

따라서 구하는 도형의 넓이는

$\triangle\text{ABD}+\triangle\text{BCD}=\dfrac{1}{2}\times\{3-(-3)\}\times3+\dfrac{1}{2}\times\{3-(-3)\}\times3$

$\qquad\qquad\qquad\qquad=9+9=18$

9. 일차함수의 그래프의 성질과 활용

01 ③	**02** ⑤	**03** ④	**04** $1 \le a \le 8$
05 ④	**06** ④	**07** ⑤	**08** ①, ⑤
09 ②, ⑦, ⑧	**10** ②	**11** ④, ⑤	**12** ㄹ
13 ①	**14** 제3사분면	**15** ④	**16** ④
17 ⑤	**18** ③	**19** 7	**20** ㄷ, ㄹ	**21** ②
22 $-\dfrac{1}{3}$	**23** 6	**24** $-5 \le a \le -\dfrac{2}{3}$	**25** $\dfrac{23}{15}$
26 ②	**27** ④	**28** $-\dfrac{1}{2}$	**29** $y=3x-4$
30 $y=-\dfrac{3}{5}x-3$	**31** -3	**32** 13	**33** ④
34 $y=-\dfrac{3}{2}x+2$	**35** $y=-\dfrac{1}{3}x+2$	**36** $-\dfrac{2}{3}$
37 $y=-2x+6$	**38** ⑤	**39** ④	**40** -7
41 ②	**42** ⑤	**43** 기울기: -6, y절편: 2
44 $y=\dfrac{5}{7}x+5$	**45** $y=\dfrac{2}{3}x+4$
46 3 km	**47** 75분	**48** 40분	**49** 1.8 km	**50** 4초 후
51 31개	**52** (1) $y=1+\dfrac{1}{10}x$ (2) 86기압	**53** $\dfrac{150}{7}$ ℃
54 ③	**55** (1) $y=4+4x$ (2) 64 ℃ (3) 24분 후
56 80분	**57** (1) $y=10+\dfrac{1}{2}x$ (2) 25 cm	**58** ㄴ, ㄹ
59 (1) $y=30-\dfrac{1}{4}x$ (2) 48분 후
60 (1) $y=900-2x$ (2) 오후 8시 30분
61 (1) $y=30-\dfrac{1}{12}x$ (2) 10 L	**62** 10 L	**63** ④
64 (1) $y=56-2x$ (2) 13초 후
65 (1) $y=60-x$ (2) 60초
66 (1) $y=128-32x$ (2) 2초 후
67 (1) $y=48-4x$ (2) 36 cm² (3) 7 cm
68 6초 후
69 (1) (차례로) 4, 7, 10, 13 (2) $y=3x+1$ (3) 24개
70 $y=3x+2$, 152 cm
71 (1) $y=331+0.6x$ (2) 초속 343 m (3) 35 ℃
72 $y=180-4x$, 45일
73 (1) $y=2000x+7000$ (2) 31000원
74 450 MB	**75** 6시간 후	**76** ①
77 ④	**78** ③	**79** ①	**80** ⑤	**81** $-\dfrac{7}{4}$
82 4	**83** -24	**84** ③	**85** ①	**86** ③, ⑤
87 ①	**88** ②	**89** ④
90 (1) $y=600-15x$ (2) 40시간 후	**91** 9 cm	**92** 0
93 (1) $y=800+180x$ (2) 오후 9시 20분
94 23000원	**95** 제3사분면
96 $a=\dfrac{1}{2}$, $b=2$	**97** 22	**98** 3	**99** $-\dfrac{3}{8}$
100 (1) $y=40-\dfrac{1}{15}x$ (2) 26 L	**101** ②

01 일차함수의 그래프의 성질

유형 모아 보기 & 완성하기

178~182쪽

01 답 ③

그래프가 오른쪽 아래로 향하는 직선이려면 기울기가 음수이어야 하고, y축과 양의 부분에서 만나려면 y절편이 양수이어야 한다.
따라서 오른쪽 아래로 향하는 직선이면서 y축과 양의 부분에서 만나는 것은 ③이다.

02 답 ⑤

$y=ax-b$에서 (기울기)$=a<0$, (y절편)$=-b<0$이므로 그 그래프로 알맞은 것은 ⑤이다.

03 답 ④

$y=2x+7$의 그래프의 기울기는 2이고, y절편은 7이다.
따라서 이 그래프와 평행한 것은 기울기가 같고 y절편이 다른 ④이다.

04 답 $1 \le a \le 8$

$y=ax-3$의 그래프는 y절편이 -3이므로 오른쪽 그림과 같이 항상 점 $(0, -3)$을 지난다.
(i) $y=ax-3$의 그래프가 점 A$(1, 5)$를 지날 때
$5=a-3$ ∴ $a=8$
(ii) $y=ax-3$의 그래프가 점 B$(6, 3)$을 지날 때
$3=6a-3$ ∴ $a=1$
따라서 (i), (ii)에 의해 a의 값의 범위는 $1 \le a \le 8$

05 답 ④

① (기울기)$=3>0$이므로 오른쪽 위로 향하는 직선이다.

② $y=3x-4$에 $x=4$, $y=16$을 대입하면

$16\neq3\times4-4$이므로 점 $(4, 16)$을 지나지 않는다.

③, ④ $y=3x-4$의 그래프의 x절편은 $\dfrac{4}{3}$, y절편

은 -4이므로 그 그래프는 오른쪽 그림과 같

다. 즉, 제1, 3, 4사분면을 지난다.

⑤ $y=3x$의 그래프를 y축의 방향으로 -4만큼

평행이동한 것이다.

따라서 옳은 것은 ④이다.

06 답 ④

각 일차함수의 그래프의 기울기의 절댓값을 구하면 다음과 같다.

① 5　　② 3　　③ $\dfrac{1}{3}$　　④ 9　　⑤ $\dfrac{1}{9}$

기울기의 절댓값이 클수록 그래프는 y축에 가까우므로 y축에 가장 가까운 것은 ④이다.

만렙비법 기울기의 절댓값이 클수록 그래프는 y축에 가깝고, 기울기의 절댓값이 작을수록 그래프는 x축에 가깝다.

07 답 ⑤

$y=ax-1$의 그래프는 오른쪽 아래로 향하는 직선이므로 a는 음수이다.

이때 a의 절댓값이 $y=-\dfrac{5}{2}x-1$의 그래프의 기울기의 절댓값보다 작아야 하므로 a의 값이 될 수 없는 것은 ⑤이다.

08 답 ①, ⑤

① 모든 그래프는 점 $(0, 3)$을 지나므로 y절편은 3이다.

② x절편이 가장 큰 그래프는 ㉠이다.

③ x의 값이 증가할 때, y의 값은 감소하는 그래프는 ㉠, ㉡이다.

④ 두 그래프 ㉠, ㉡의 기울기가 모두 음수이고, ㉡의 그래프의 기울기의 절댓값이 ㉠의 그래프의 기울기의 절댓값보다 크므로 ㉡의 그래프는 ㉠의 그래프보다 기울기가 작다.

⑤ 기울기가 가장 큰 그래프는 기울기가 양수이면서 y축에 가장 가까운 것이므로 ㉢이다.

따라서 옳은 것은 ①, ⑤이다.

09 답 ②, ⑦, ⑧

② $a=-2$이면 오른쪽 아래로 향하는 직선이고, $b=1$이면 y축과 양의 부분에서 만나므로 제3사분면을 지나지 않는다.

③ $b>0$이면 a의 값에 관계없이 제1사분면과 제2사분면을 반드시 지난다.

⑥ 기울기가 $a\left(=\dfrac{a}{1}\right)$이므로 x의 값의 증가량이 1일 때, y의 값의 증가량은 a이다.

⑦ x축과 점 $\left(-\dfrac{b}{a}, 0\right)$에서 만나고, y축과 점 $(0, b)$에서 만난다.

⑧ $b<0$이면 y축과 음의 부분에서 만난다.

따라서 옳지 않은 것은 ②, ⑦, ⑧이다.

10 답 ②

$y=-ax+b$에서

(기울기)$=-a>0$, (y절편)$=b<0$

따라서 $y=-ax+b$의 그래프는 오른쪽 그림과 같으므로 제2사분면을 지나지 않는다.

11 답 ④, ⑤

a, b의 부호에 맞는 일차함수 $y=ax+b$의 그래프를 찾아 나타내면 다음과 같다.

	$a>0$	$a<0$
$b>0$	④	③
$b=0$	⑥	②
$b<0$	⑤	①

따라서 옳지 않은 것은 ④, ⑤이다.

12 답 ㄹ

ㄱ. (기울기)$=a>0$, (y절편)$=b<0$이므로 제1, 3, 4사분면을 지난다.

ㄴ. (기울기)$=a>0$, (y절편)$=-b>0$이므로 제1, 2, 3사분면을 지난다.

ㄷ. (기울기)$=-a<0$, (y절편)$=b<0$이므로 제2, 3, 4사분면을 지난다.

ㄹ. (기울기)$=-a<0$, (y절편)$=-b>0$이므로 제1, 2, 4사분면을 지난다.

따라서 제3사분면을 지나지 않는 것은 ㄹ이다.

13 답 ①

$ab>0$에서 a와 b의 부호는 서로 같고, $a+b>0$이므로 $a>0$, $b>0$

따라서 $y=ax+b$에서 (기울기)$=a>0$, (y절편)$=b>0$이므로 그 그래프로 알맞은 것은 ①이다.

14 답 제3사분면

$ab<0$에서 a와 b의 부호는 서로 다르고, $ac>0$에서 a와 c의 부호는 서로 같으므로 b와 c의 부호는 서로 다르다.

즉, $\dfrac{b}{a}<0$, $\dfrac{c}{b}<0$이므로 $y=\dfrac{b}{a}x-\dfrac{c}{b}$에서

(기울기)$=\dfrac{b}{a}<0$, (y절편)$=-\dfrac{c}{b}>0$

따라서 $y=\dfrac{b}{a}x-\dfrac{c}{b}$의 그래프는 오른쪽 그림과 같으므로 제3사분면을 지나지 않는다.

15 답 ④

$y=-ax+b$의 그래프가 오른쪽 위로 향하는 직선이므로

(기울기)$=-a>0$ ∴ $a<0$

y축과 음의 부분에서 만나므로 (y절편)$=b<0$

16 답 ④

$y=ax+b$의 그래프가 오른쪽 아래로 향하는 직선이므로
(기울기)$=a<0$
y축과 양의 부분에서 만나므로 (y절편)$=b>0$
즉, $a<0$, $b>0$이므로 $y=bx-a$에서
(기울기)$=b>0$, (y절편)$=-a>0$
따라서 $y=bx-a$의 그래프는 오른쪽 그림과 같으
므로 제4사분면을 지나지 않는다.

17 답 ⑤

$y=-ax+b$의 그래프가 제2, 3, 4사분면을 지
나면 오른쪽 그림과 같이 오른쪽 아래로 향하는
직선이고, y축과 음의 부분에서 만나므로
(기울기)$=-a<0$, (y절편)$=b<0$
$\therefore a>0$, $b<0$
따라서 $y=\dfrac{1}{ab}x+a$에서 (기울기)$=\dfrac{1}{ab}<0$, (y절편)$=a>0$이므로
그 그래프로 알맞은 것은 ⑤이다.

18 답 ③

$y=-\dfrac{1}{4}x+5$의 그래프의 기울기는 $-\dfrac{1}{4}$이고, y절편은 5이다.
따라서 이 그래프와 만나지 않는 것, 즉 평행한 것은 기울기가 같고
y절편이 다른 ③이다.

만렙비법 두 일차함수의 그래프가 만나지 않는다.
⇨ 두 일차함수의 그래프가 서로 평행하다.

19 답 7

$y=ax+1$과 $y=3x+\dfrac{1}{2}$의 그래프가 서로 평행하므로
$a=3$ ⋯ (i)
따라서 $y=3x+1$의 그래프가 점 $(1, b)$를 지나므로
$b=3\times1+1=4$ ⋯ (ii)
$\therefore a+b=3+4=7$ ⋯ (iii)

채점 기준

(i) a의 값 구하기	40%
(ii) b의 값 구하기	40%
(iii) $a+b$의 값 구하기	20%

20 답 ㄷ, ㄹ

주어진 일차함수의 그래프의 기울기는 $\dfrac{3}{4}$이고, y절편은 3이다.
ㄱ. 두 점 $(4, 0)$, $(0, -3)$을 지나는 직선의 기울기는
$\dfrac{-3-0}{0-4}=\dfrac{3}{4}$이고, y절편은 -3이다.
ㄴ. 직선의 기울기는 $\dfrac{9-6}{4-0}=\dfrac{3}{4}$이고, y절편은 6이다.

ㄷ. 두 점 $(6, 4)$, $(0, 3)$을 지나는 직선의 기울기는
$\dfrac{3-4}{0-6}=\dfrac{1}{6}$이고, y절편은 3이다.
ㄹ. 직선의 기울기는 $-\dfrac{3}{4}$이고, y절편은 1이다.
따라서 주어진 일차함수의 그래프와 평행하지 않은 것은 ㄷ, ㄹ이다.

21 답 ②

두 직선이 서로 평행하면 기울기가 같으므로
$\dfrac{2k+8-(k-4)}{1-(-1)}=6$
$\dfrac{k+12}{2}=6$, $k+12=12$ $\therefore k=0$

22 답 $-\dfrac{1}{3}$

$y=4ax-2$와 $y=\dfrac{2}{3}x+b$의 그래프가 일치하므로
$4a=\dfrac{2}{3}$, $-2=b$ $\therefore a=\dfrac{1}{6}$, $b=-2$
$\therefore ab=\dfrac{1}{6}\times(-2)=-\dfrac{1}{3}$

23 답 6

$y=ax+4$의 그래프를 y축의 방향으로 -3만큼 평행이동하면
$y=ax+4-3$ $\therefore y=ax+1$ ⋯ (i)
따라서 $y=ax+1$과 $y=5x+b$의 그래프가 일치하므로
$a=5$, $b=1$ ⋯ (ii)
$\therefore a+b=5+1=6$ ⋯ (iii)

채점 기준

(i) 평행이동한 그래프의 식 구하기	40%
(ii) a, b의 값 구하기	40%
(iii) $a+b$의 값 구하기	20%

24 답 $-5\le a\le-\dfrac{2}{3}$

$y=ax-2$의 그래프는 y절편이 -2이므로 오
른쪽 그림과 같이 항상 점 $(0, -2)$를 지난다.
(i) $y=ax-2$의 그래프가 점 $A(-2, 8)$을
지날 때
$8=-2a-2$ $\therefore a=-5$
(ii) $y=ax-2$의 그래프가 점 $B(-6, 2)$를
지날 때
$2=-6a-2$ $\therefore a=-\dfrac{2}{3}$
따라서 (i), (ii)에 의해 a의 값의 범위는 $-5\le a\le-\dfrac{2}{3}$

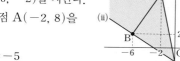

25 답 $\dfrac{23}{15}$

$y=ax+2$의 그래프는 y절편이 2이므로 오른
쪽 그림과 같이 항상 점 $(0, 2)$를 지난다.
(i) $y=ax+2$의 그래프가 점 $A(3, 6)$을 지날
때
$6=3a+2$ $\therefore a=\dfrac{4}{3}$

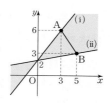

(ii) $y=ax+2$의 그래프가 점 $B(5, 3)$을 지날 때

$\quad 3=5a+2 \quad \therefore a=\dfrac{1}{5}$

따라서 (i), (ii)에 의해 a의 값의 범위는 $\dfrac{1}{5} \leq a \leq \dfrac{4}{3}$이므로

$m=\dfrac{1}{5}$, $n=\dfrac{4}{3}$

$\therefore m+n=\dfrac{1}{5}+\dfrac{4}{3}=\dfrac{23}{15}$

26 답 ②

$y=ax+1$의 그래프는 y절편이 1이므로 오른쪽 그림과 같이 항상 점 $(0, 1)$을 지난다.

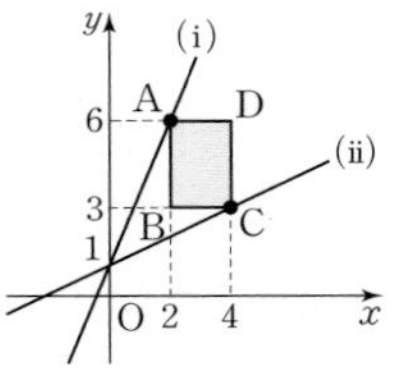

(i) $y=ax+1$의 그래프가 점 $A(2, 6)$을 지날 때

$\quad 6=2a+1 \quad \therefore a=\dfrac{5}{2}$

(ii) $y=ax+1$의 그래프가 점 $C(4, 3)$을 지날 때

$\quad 3=4a+1 \quad \therefore a=\dfrac{1}{2}$

따라서 (i), (ii)에 의해 a의 값의 범위는 $\dfrac{1}{2} \leq a \leq \dfrac{5}{2}$

02 일차함수의 식 구하기

유형 모아 보기 & 완성하기

183~185쪽

27 답 ④

기울기가 5이고, y절편이 -8이므로 일차함수의 식은 $y=5x-8$

④ $y=5x-8$에 $x=3$, $y=8$을 대입하면 $8 \neq 5 \times 3-8$이므로 점 $(3, 8)$은 $y=5x-8$의 그래프 위의 점이 아니다.

28 답 $-\dfrac{1}{2}$

$y=\dfrac{3}{2}x+1$의 그래프와 평행하므로 (기울기)$=a=\dfrac{3}{2}$

따라서 $y=\dfrac{3}{2}x+b$에 $x=2$, $y=1$을 대입하면

$1=\dfrac{3}{2} \times 2+b \quad \therefore b=-2$

$\therefore a+b=\dfrac{3}{2}+(-2)=-\dfrac{1}{2}$

29 답 $y=3x-4$

두 점 $(2, 2)$, $(5, 11)$을 지나므로

(기울기)$=\dfrac{11-2}{5-2}=3$

일차함수의 식을 $y=3x+b$로 놓고 $x=2$, $y=2$를 대입하면

$2=3 \times 2+b \quad \therefore b=-4$

$\therefore y=3x-4$

일차함수의 식을 $y=ax+b$로 놓으면

$y=ax+b$의 그래프가 점 $(2, 2)$를 지나므로 $2=2a+b$ ⋯㉠

$y=ax+b$의 그래프가 점 $(5, 11)$을 지나므로 $11=5a+b$ ⋯㉡

㉠, ㉡을 연립하여 풀면 $a=3$, $b=-4$

$\therefore y=3x-4$

30 답 $y=-\dfrac{3}{5}x-3$

주어진 그래프가 두 점 $(-5, 0)$, $(0, -3)$을 지나므로

(기울기)$=\dfrac{-3-0}{0-(-5)}=-\dfrac{3}{5}$

이때 y절편은 -3이므로

$y=-\dfrac{3}{5}x-3$

31 답 -3

(기울기)$=\dfrac{(y의 \ 값의 \ 증가량)}{(x의 \ 값의 \ 증가량)}=\dfrac{-6}{2}=-3$

이때 y절편은 1이므로

$y=-3x+1$

따라서 $a=-3$, $b=1$이므로

$ab=-3 \times 1=-3$

32 답 13

점 $(0, -6)$을 지나므로 y절편은 -6이다.

이때 기울기는 $\dfrac{1}{4}$이므로

$y=\dfrac{1}{4}x-6$

이 그래프가 점 $(8a, a+7)$을 지나므로

$a+7=\dfrac{1}{4} \times 8a-6$, $a+7=2a-6 \quad \therefore a=13$

33 답 ④

두 점 $(7, -6)$, $(8, -2)$를 지나는 직선과 평행하므로

(기울기)$=\dfrac{-2-(-6)}{8-7}=4$

이때 y절편은 5이므로

$y=4x+5$

34 답 $y=-\dfrac{3}{2}x+2$

두 점 $(2, 0)$, $(0, 3)$을 지나는 직선과 평행하므로

(기울기)$=\dfrac{3-0}{0-2}=-\dfrac{3}{2}$ ⋯(i)

$y=-x+2$의 그래프와 y축 위에서 만나면 y절편이 같으므로 y절편은 2이다. ⋯(ii)

따라서 구하는 일차함수의 식은 $y=-\dfrac{3}{2}x+2$ ⋯(iii)

채점 기준

(i) 기울기 구하기	40%
(ii) y절편 구하기	30%
(iii) 일차함수의 식 구하기	30%

35 답 $y=-\dfrac{1}{3}x+2$

㈎에서 (기울기)$=\dfrac{(y\text{의 값의 증가량})}{(x\text{의 값의 증가량})}=\dfrac{-1}{3}=-\dfrac{1}{3}$

㈏에서 일차함수의 식을 $y=-\dfrac{1}{3}x+b$로 놓고

$x=-6$, $y=4$를 대입하면

$4=-\dfrac{1}{3}\times(-6)+b$ $\therefore b=2$

$\therefore y=-\dfrac{1}{3}x+2$

36 답 $-\dfrac{2}{3}$

기울기가 -3이므로 일차함수의 식을 $y=-3x+b$로 놓고

$x=-\dfrac{4}{3}$, $y=2$를 대입하면

$2=-3\times\left(-\dfrac{4}{3}\right)+b$ $\therefore b=-2$

$y=-3x-2$에 $y=0$을 대입하면

$0=-3x-2$ $\therefore x=-\dfrac{2}{3}$

따라서 $y=-3x-2$의 그래프의 x절편은 $-\dfrac{2}{3}$이다.

37 답 $y=-2x+6$

두 점 $(2, 1)$, $(4, -3)$을 지나는 직선과 평행하므로

(기울기)$=\dfrac{-3-1}{4-2}=-2$

일차함수의 식을 $y=-2x+b$로 놓고 $x=1$, $y=4$를 대입하면

$4=-2\times1+b$ $\therefore b=6$

$\therefore y=-2x+6$

38 답 ⑤

(기울기)$=\dfrac{f(a)-f(5)}{a-5}=4$이므로

일차함수의 식을 $y=4x+b$로 놓고 $x=-2$, $y=2$를 대입하면

$2=4\times(-2)+b$ $\therefore b=10$

따라서 $f(x)=4x+10$이므로

$f(4)=4\times4+10=26$

39 답 ④

주어진 그래프가 두 점 $(-6, -1)$, $(2, 3)$을 지나므로

(기울기)$=\dfrac{3-(-1)}{2-(-6)}=\dfrac{1}{2}$

일차함수의 식을 $y=\dfrac{1}{2}x+b$로 놓고 $x=2$, $y=3$을 대입하면

$3=\dfrac{1}{2}\times2+b$ $\therefore b=2$

$\therefore y=\dfrac{1}{2}x+2$

40 답 -7

두 점 $(-2, 8)$, $(4, -4)$를 지나는 그래프에서

(기울기)$=\dfrac{-4-8}{4-(-2)}=-2$

일차함수의 식을 $y=-2x+b$로 놓고 $x=-2$, $y=8$을 대입하면

$8=-2\times(-2)+b$ $\therefore b=4$

$\therefore y=-2x+4$

$y=-2x+4$의 그래프를 y축의 방향으로 -5만큼 평행이동하면

$y=-2x+4-5$ $\therefore y=-2x-1$

따라서 $y=-2x-1$의 그래프가 점 $(3, k)$를 지나므로

$k=-2\times3-1=-7$

41 답 ②

두 점 $(-3, 4)$, $(6, -2)$를 지나므로

(기울기)$=\dfrac{-2-4}{6-(-3)}=-\dfrac{2}{3}$

일차함수의 식을 $y=-\dfrac{2}{3}x+b$로 놓고 $x=6$, $y=-2$를 대입하면

$-2=-\dfrac{2}{3}\times6+b$ $\therefore b=2$

$\therefore y=-\dfrac{2}{3}x+2$

① $y=-\dfrac{2}{3}x+2$에 $y=0$을 대입하면 $0=-\dfrac{2}{3}x+2$ $\therefore x=3$

   즉, x절편은 3이다.

② $y=-\dfrac{2}{3}x+2$에 $x=1$, $y=\dfrac{2}{3}$를 대입하면

   $\dfrac{2}{3}\ne-\dfrac{2}{3}\times1+2$이므로 점 $\left(1, \dfrac{2}{3}\right)$를 지나지 않는다.

③ $y=-\dfrac{2}{3}x+2$와 $y=-\dfrac{2}{3}x$의 그래프는 기울기가 같고, y절편이

   다르므로 서로 평행하다.

④ (기울기)$=\dfrac{(y\text{의 값의 증가량})}{6}=-\dfrac{2}{3}$

   $\therefore (y\text{의 값의 증가량})=-4$

   즉, x의 값이 6만큼 증가할 때, y의 값은 4만큼 감소한다.

따라서 옳지 않은 것은 ②이다.

42 답 ⑤

두 점 $(4, 0)$, $(0, 3)$을 지나므로

(기울기)$=\dfrac{3-0}{0-4}=-\dfrac{3}{4}$

이때 y절편은 3이므로

$y=-\dfrac{3}{4}x+3$

이 그래프가 점 $(-8, k)$를 지나므로

$k=-\dfrac{3}{4}\times(-8)+3=9$

43 답 기울기: -6, y절편: 2

주어진 그래프가 두 점 $(3, 0)$, $(0, -6)$을 지나므로

(기울기)$=\dfrac{-6-0}{0-3}=2$

이때 y절편은 -6이므로

$y=2x-6$

$\therefore a=2$, $b=-6$

따라서 $y=-6x+2$의 그래프의 기울기는 -6, y절편은 2이다.

다른 풀이

$y=ax+b$의 그래프의 y절편이 -6이므로 $b=-6$

이때 $y=ax-6$의 그래프가 점 $(3, 0)$을 지나므로

$0=3a-6$ $\therefore a=2$

따라서 $y=-6x+2$의 그래프의 기울기는 -6, y절편은 2이다.

44 답 $y=\dfrac{5}{7}x+5$

구하는 일차함수의 그래프는

$y=-2x-14$의 그래프와 x절편이 같으므로 x절편은 -7이고,

$y=\dfrac{1}{4}x+5$의 그래프와 y절편이 같으므로 y절편은 5이다. $\cdots$ (ⅰ)

즉, 구하는 일차함수의 그래프는 두 점 $(-7,\ 0)$, $(0,\ 5)$를 지난다.

$\therefore$ (기울기)$=\dfrac{5-0}{0-(-7)}=\dfrac{5}{7}$ $\cdots$ (ⅱ)

따라서 구하는 일차함수의 식은 $y=\dfrac{5}{7}x+5$ $\cdots$ (ⅲ)

채점 기준	
(ⅰ) x절편, y절편 구하기	40 %
(ⅱ) 기울기 구하기	30 %
(ⅲ) 일차함수의 식 구하기	30 %

45 답 $y=\dfrac{2}{3}x+4$

두 점 A, B를 지나는 직선과 x축, y축으로 둘러
싸인 삼각형의 넓이가 12이고, x절편이 $a\,(a<0)$,
y절편은 4이므로 오른쪽 그림에서

$\dfrac{1}{2}\times(-a)\times4=12$ $\therefore a=-6$

즉, 두 점 A$(-6,\ 0)$, B$(0,\ 4)$를 지나므로

(기울기)$=\dfrac{4-0}{0-(-6)}=\dfrac{2}{3}$

$\therefore y=\dfrac{2}{3}x+4$

---

03 일차함수의 활용

유형 모아 보기 & 완성하기
186~191쪽

46 답 3 km

높이가 x km씩 높아질 때마다 기온은 $6x$ ℃씩 내려가므로

$y=15-6x$

이 식에 $y=-3$을 대입하면

$-3=15-6x$ $\therefore x=3$

따라서 기온이 -3 ℃인 곳의 지면으로부터 높이는 3 km이다.

47 답 75분

양초의 길이가 5분마다 2 cm씩 짧아지므로 1분마다 $\dfrac{2}{5}$ cm씩 짧아진다.

즉, x분 후에 $\dfrac{2}{5}x$ cm만큼 양초의 길이가 짧아지므로

$y=30-\dfrac{2}{5}x$

이 식에 $y=0$을 대입하면

$0=30-\dfrac{2}{5}x$ $\therefore x=75$

따라서 양초가 모두 타는 데 75분이 걸린다.

48 답 40분

5분에 30 L씩 물을 넣으므로 1분에 6 L씩 물을 넣는다.

즉, x분에 $6x$ L의 물을 넣으므로

$y=60+6x$

이 식에 $y=300$을 대입하면

$300=60+6x$ $\therefore x=40$

따라서 물통에 물을 가득 채우는 데 40분이 걸린다.

49 답 1.8 km

태구는 분속 40 m, 즉 분속 0.04 km로 걸어가고 있다.

즉, x분 동안 걸어간 거리는 $0.04x$ km이므로

$y=5-0.04x$

1시간 20분은 80분이므로 이 식에 $x=80$을 대입하면

$y=5-0.04\times80=1.8$

따라서 출발한 지 1시간 20분 후에 B 지점까지 남은 거리는 1.8 km이다.

50 답 4초 후

x초 후에 $\overline{\text{BP}}=2x$ cm, $\overline{\text{PC}}=\overline{\text{BC}}-\overline{\text{BP}}=12-2x$ (cm)이므로

$y=\dfrac{1}{2}\times\{12+(12-2x)\}\times10$ $\therefore y=120-10x$

이 식에 $y=80$을 대입하면

$80=120-10x$ $\therefore x=4$

따라서 사각형 APCD의 넓이가 80 cm²가 되는 것은 점 P가 점 B를 출발한 지 4초 후이다.

51 답 31개

첫 번째 정삼각형을 만드는 데 필요한 성냥개비는 3개이고, 정삼각형이 1개씩 늘어날 때마다 성냥개비가 2개씩 늘어나므로

$y=3+2(x-1)$ $\therefore y=2x+1$

이 식에 $x=15$를 대입하면

$y=2\times15+1=31$

따라서 정삼각형 15개를 만드는 데 필요한 성냥개비는 31개이다.

52 답 ⑴ $y=1+\dfrac{1}{10}x$ ⑵ 86기압

⑴ 해수면에서 물속으로 10 m 내려갈 때마다 압력이 1기압씩 높아지므로 물속으로 1 m 내려갈 때마다 압력이 $\dfrac{1}{10}$기압씩 높아진다.

즉, 해수면에서 물속으로 x m만큼 내려가면 압력은 $\dfrac{1}{10}x$기압만큼 높아지므로

$y=1+\dfrac{1}{10}x$

⑵ ⑴의 식에 $x=850$을 대입하면 $y=1+\dfrac{1}{10}\times850=86$

따라서 수심이 850 m인 지점의 압력은 86기압이다.

53 답 $\dfrac{150}{7}$ ℃

주어진 그래프가 두 점 $(35, 0)$, $(0, 50)$을 지나므로

$(기울기)=\dfrac{50-0}{0-35}=-\dfrac{10}{7}$

이때 y절편은 50이므로

$y=-\dfrac{10}{7}x+50$

이 식에 $x=20$을 대입하면

$y=-\dfrac{10}{7}\times20+50=\dfrac{150}{7}$

따라서 냉동실에 넣은 지 20분 후의 물의 온도는 $\dfrac{150}{7}$ ℃이다.

54 답 ③

지면으로부터 $100\,$m씩 높아질 때마다 기온은 0.6 ℃씩 내려가므로 $1\,$m씩 높아질 때마다 기온은 0.006 ℃씩 내려간다.

따라서 $y=24-0.006x$, 즉 $y=-0.006x+24$

55 답 (1) $y=4+4x$ (2) 64 ℃ (3) 24분 후

(1) 처음 물의 온도는 4 ℃이고, 1분마다 물의 온도가 4 ℃씩 올라가므로 x분 후의 물의 온도는 $4x$ ℃만큼 올라간다.

$\therefore y=4+4x$

(2) (1)의 식에 $x=15$를 대입하면 $y=4+4\times15=64$

따라서 가열한 지 15분 후의 물의 온도는 64 ℃이다.

(3) (1)의 식에 $y=100$을 대입하면 $100=4+4x$ $\therefore x=24$

따라서 이 물은 가열한 지 24분 후에 끓기 시작한다.

56 답 80분

(i) 3분마다 온도가 9 ℃씩 올라가므로 1분마다 온도가 3 ℃씩 올라간다.

물을 데우기 시작한 지 x분 후의 물의 온도를 y ℃라 하면 x분 동안 온도는 $3x$ ℃만큼 올라가므로

$y=20+3x$

이 식에 $y=80$을 대입하면 $80=20+3x$ $\therefore x=20$

(ii) 4분마다 온도가 2 ℃씩 내려가므로 1분마다 온도가 $\dfrac{1}{2}$ ℃씩 내려간다.

바닥에 내려놓아 물을 식히기 시작한 지 x분 후의 물의 온도를 y ℃라 하면 x분 동안 온도는 $\dfrac{1}{2}x$ ℃만큼 내려가므로

$y=80-\dfrac{1}{2}x$

이 식에 $y=50$을 대입하면 $50=80-\dfrac{1}{2}x$ $\therefore x=60$

따라서 (i), (ii)에 의해 전체 걸리는 시간은

$20+60=80$(분)

57 답 (1) $y=10+\dfrac{1}{2}x$ (2) $25\,$cm

(1) $4\,$g의 추를 매달 때마다 용수철의 길이가 $2\,$cm씩 늘어나므로 $1\,$g을 매달 때마다 용수철의 길이가 $\dfrac{1}{2}\,$cm씩 늘어난다.

즉, $x\,$g의 추를 매달면 용수철의 길이는 $\dfrac{1}{2}x\,$cm만큼 늘어나므로

$y=10+\dfrac{1}{2}x$

(2) (1)의 식에 $x=30$을 대입하면 $y=10+\dfrac{1}{2}\times30=25$

따라서 $30\,$g의 추를 매달았을 때의 용수철의 길이는 $25\,$cm이다.

58 답 ㄴ, ㄹ

ㄱ, ㄴ. 붓꽃은 2일마다 $4\,$cm씩 자라므로 하루에 $2\,$cm씩 자란다.

x일 후에 붓꽃의 높이는 $2x\,$cm만큼 자라므로

$y=4+2x$

ㄷ. $y=4+2x$에 $x=15$를 대입하면 $y=4+2\times15=34$

즉, 15일 후의 붓꽃의 높이는 $34\,$cm이다.

ㄹ. $y=4+2x$에 $y=30$을 대입하면 $30=4+2x$ $\therefore x=13$

즉, 붓꽃의 높이가 $30\,$cm가 되는 것은 13일 후이다.

따라서 옳은 것은 ㄴ, ㄹ이다.

59 답 (1) $y=30-\dfrac{1}{4}x$ (2) 48분 후

(1) 길이가 $30\,$cm인 양초가 모두 타는 데 120분이 걸리므로 1분에 $\dfrac{30}{120}=\dfrac{1}{4}$(cm)씩 양초의 길이가 짧아진다.

즉, x분 후에 $\dfrac{1}{4}x\,$cm만큼 양초의 길이가 짧아지므로

$y=30-\dfrac{1}{4}x$

(2) (1)의 식에 $y=18$을 대입하면 $18=30-\dfrac{1}{4}x$ $\therefore x=48$

따라서 남은 양초의 길이가 $18\,$cm가 되는 것은 양초에 불을 붙인 지 48분 후이다.

60 답 (1) $y=900-2x$ (2) 오후 8시 30분

(1) 링거액이 5분에 $10\,$mL씩 들어가므로 1분에 $2\,$mL씩 들어간다.

즉, x분 후에 링거액이 $2x\,$mL만큼 들어가므로

$y=900-2x$

(2) (1)의 식에 $y=0$을 대입하면

$0=900-2x$ $\therefore x=450$

따라서 링거 주사를 맞기 시작한 지 450분 후, 즉 7시간 30분 후인 오후 8시 30분에 링거 주사를 다 맞았다.

61 답 (1) $y=30-\dfrac{1}{12}x$ (2) $10\,$L

(1) $1\,$L의 휘발유로 $12\,$km를 달리므로 $1\,$km를 달리는 데 필요한 휘발유의 양은 $\dfrac{1}{12}\,$L이다.

즉, $x\,$km를 달리는 데 휘발유 $\dfrac{1}{12}x\,$L가 필요하므로

$y=30-\dfrac{1}{12}x$

(2) (1)의 식에 $x=240$을 대입하면 $y=30-\dfrac{1}{12}\times240=10$

따라서 $240\,$km를 달린 후에 남아 있는 휘발유의 양은 $10\,$L이다.

62 답 10 L

5분 동안 물의 양이 20 L만큼 늘어났으므로 1분마다 4 L씩 물의 양이 늘어난다.

즉, x분 후에 $4x$ L만큼 물의 양이 늘어난다.

이때 처음 물통에 들어 있던 물의 양을 a L라 하면

$y=a+4x$

이 식에 $x=5$, $y=30$을 대입하면

$30=a+20$ ∴ $a=10$

따라서 처음 물통에 들어 있던 물의 양은 10 L이다.

63 답 ④

자동차를 타고 x분 동안 달린 거리는 $1.2x$ km이므로

$y=240-1.2x$

이 식에 $y=150$을 대입하면

$150=240-1.2x$ ∴ $x=75$

따라서 하연이네 집까지 남은 거리가 150 km가 되는 것은 출발한 지 75분 후이다.

64 답 (1) $y=56-2x$ (2) 13초 후

(1) x초 동안 엘리베이터는 $2x$ m만큼 내려오므로

$y=56-2x$ ··· (i)

(2) (1)의 식에 $y=30$을 대입하면 $30=56-2x$ ∴ $x=13$

따라서 지면으로부터 엘리베이터의 바닥까지의 높이가 30 m가 되는 것은 출발한 지 13초 후이다.   ··· (ii)

채점 기준

| (i) y를 x에 대한 식으로 나타내기 | 60 % |
| (ii) 지면으로부터 엘리베이터의 바닥까지의 높이가 30 m가 되는 것은 출발한 지 몇 초 후인지 구하기 | 40 % |

65 답 (1) $y=60-x$ (2) 60초

(1) x초 동안 나연이가 달린 거리는 $4x$ m, 민주가 달린 거리는 $3x$ m이므로

$y=(60+3x)-4x$ ∴ $y=60-x$

(2) (1)의 식에 $y=0$을 대입하면 → 나연이가 민주를 따라잡는 순간 민주가 나연이보다 앞서 있는 거리는 0 m이다.

$0=60-x$ ∴ $x=60$

따라서 나연이가 민주를 따라잡는 데 60초가 걸린다.

66 답 (1) $y=128-32x$ (2) 2초 후

(1) x초 후에 $\overline{BP}=4x$ cm, $\overline{PC}=\overline{BC}-\overline{BP}=16-4x$ (cm)이므로

$y=\dfrac{1}{2}\times(16-4x)\times16$ ∴ $y=128-32x$

(2) (1)의 식에 $y=64$를 대입하면

$64=128-32x$ ∴ $x=2$

따라서 △APC의 넓이가 64 cm²가 되는 것은 점 P가 점 B를 출발한 지 2초 후이다.

67 답 (1) $y=48-4x$ (2) 36 cm² (3) 7 cm

(1) $\overline{BP}=\overline{BC}-\overline{PC}=12-x$ (cm)이므로

$y=\dfrac{1}{2}\times(12-x)\times8$ ∴ $y=48-4x$ ··· (i)

(2) (1)의 식에 $x=3$을 대입하면

$y=48-4\times3=36$

따라서 $\overline{PC}=3$ cm일 때, △ABP의 넓이는 36 cm²이다.   ··· (ii)

(3) (1)의 식에 $y=20$을 대입하면 $20=48-4x$ ∴ $x=7$

따라서 △ABP의 넓이가 20 cm²일 때, $\overline{PC}$의 길이는 7 cm이다.   ··· (iii)

채점 기준

(i) y를 x에 대한 식으로 나타내기	40 %
(ii) $\overline{PC}=3$ cm일 때, △ABP의 넓이 구하기	30 %
(iii) △ABP의 넓이가 20 cm²일 때, $\overline{PC}$의 길이 구하기	30 %

68 답 6초 후

x초 후에 $\overline{BP}=3x$ cm, $\overline{PC}=\overline{BC}-\overline{BP}=30-3x$ (cm)이므로

$y=\dfrac{1}{2}\times3x\times12+\dfrac{1}{2}\times(30-3x)\times18$

∴ $y=270-9x$

이 식에 $y=216$을 대입하면 $216=270-9x$ ∴ $x=6$

따라서 △ABP와 △DPC의 넓이의 합이 216 cm²가 되는 것은 점 P가 점 B를 출발한 지 6초 후이다.

69 답 (1) (차례로) 4, 7, 10, 13 (2) $y=3x+1$ (3) 24개

(1) 첫 번째 정사각형을 만드는 데 필요한 빨대는 4개이고, 정사각형이 1개씩 늘어날 때마다 빨대가 3개씩 늘어나므로

x	1	2	3	4	···
y	4	7	10	13	···

(2) $y=4+3(x-1)$이므로 $y=3x+1$

(3) (2)의 식에 $y=73$을 대입하면

$73=3x+1$ ∴ $x=24$

따라서 73개의 빨대로 만들 수 있는 정사각형은 24개이다.

70 답 $y=3x+2$, 152 cm

1개의 블록으로 만든 도형의 둘레의 길이는 5 cm이고, 블록이 1개씩 늘어날 때마다 도형의 둘레의 길이가 3 cm씩 늘어나므로

$y=5+3(x-1)$ ∴ $y=3x+2$

이 식에 $x=50$을 대입하면 $y=3\times50+2=152$

따라서 50개의 블록으로 만든 도형의 둘레의 길이는 152 cm이다.

71 답 (1) $y=331+0.6x$ (2) 초속 343 m (3) 35 ℃

(1) 기온이 x ℃씩 올라갈 때마다 소리의 속력은 초속 $0.6x$ m씩 증가하므로

$y=331+0.6x$

(2) (1)의 식에 $x=20$을 대입하면

$y=331+0.6\times20=343$

따라서 기온이 20 ℃일 때의 소리의 속력은 초속 343 m이다.

(3) (1)의 식에 $y=352$를 대입하면

$352=331+0.6x$ ∴ $x=35$

따라서 소리의 속력이 초속 352 m일 때의 기온은 35 ℃이다.

72 답 $y=180-4x$, 45일

하루에 4쪽씩 x일 동안 $4x$쪽을 풀었으므로

$y=180-4x$

이 식에 $y=0$을 대입하면

$0=180-4x$ ∴ $x=45$

따라서 45일 동안 풀면 이 문제집을 다 풀 수 있다.

73 답 (1) $y=2000x+7000$ (2) 31000원

(1) 차량의 견인 거리가 x km일 때, 4 km까지는 기본요금 15000원 이고 $(x-4)$ km는 1 km당 2000원의 추가 요금을 내야 하므로

$y=15000+(x-4)\times2000$

∴ $y=2000x+7000$

(2) (1)의 식에 $x=12$를 대입하면

$y=2000\times12+7000=31000$

따라서 차량의 견인 거리가 12 km일 때의 견인 요금은 31000원 이다.

74 답 450 MB

주어진 그래프가 두 점 $(80, 0)$, $(0, 720)$을 지나므로

$(기울기)=\dfrac{720-0}{0-80}=-9$

이때 y절편은 720이므로

$y=-9x+720$

이 식에 $x=30$을 대입하면

$y=-9\times30+720=450$

따라서 파일을 내려받기 시작한 지 30초 후에 남은 파일의 용량은 450 MB이다.

75 답 6시간 후

주어진 그래프가 두 점 $(2, 300)$, $(0, 400)$을 지나므로

$(기울기)=\dfrac{400-300}{0-2}=-50$

이때 y절편은 400이므로

$y=-50x+400$

이 식에 $y=100$을 대입하면

$100=-50x+400$ ∴ $x=6$

따라서 가습기에 남은 물의 양이 100 mL가 되는 것은 가습기를 사용하기 시작한 지 6시간 후이다.

76 답 ①

주어진 그래프가 두 점 $(60, 0)$, $(300, 3)$을 지나므로

$(기울기)=\dfrac{3-0}{300-60}=\dfrac{1}{80}$

일차함수의 식을 $y=\dfrac{1}{80}x+b$로 놓고

$x=60$, $y=0$을 대입하면

$0=\dfrac{1}{80}\times60+b$ ∴ $b=-\dfrac{3}{4}$

∴ $y=\dfrac{1}{80}x-\dfrac{3}{4}$

이때 화물, 승객, 연료를 합한 무게가 1000 kg이므로

$230+370+(연료의 무게)=1000$

∴ $(연료의 무게)=400$ (kg)

$y=\dfrac{1}{80}x-\dfrac{3}{4}$에 $x=400$을 대입하면

$y=\dfrac{1}{80}\times400-\dfrac{3}{4}=\dfrac{17}{4}$

따라서 이 비행기의 최대 비행시간은 $\dfrac{17}{4}$시간, 즉 4시간 15분이다.

$\underset{\llcorner\ 4\frac{1}{4}=4\frac{15}{60}}{}$

Pick 점검하기

192~194쪽

77 답 ④

x의 값이 증가할 때, y의 값도 증가하려면 기울기가 양수이어야 한다.

기울기가 양수이면서 제2사분면을 지나지 않으려면 y절편이 0 또는 음수이어야 한다.

따라서 x의 값이 증가할 때, y의 값도 증가하면서 제2사분면을 지나지 않는 것은 ④이다.

78 답 ③

$y=-\dfrac{1}{2}x$의 그래프를 y축의 방향으로 3만큼 평행이동하면

$y=-\dfrac{1}{2}x+3$

ㄱ. x절편은 6, y절편은 3이다.

ㄴ. $(기울기)=-\dfrac{1}{2}<0$이므로 오른쪽 아래로 향하는 직선이다.

ㄷ. 그래프는 오른쪽 그림과 같으므로 제1, 2, 4 사분면을 지난다.

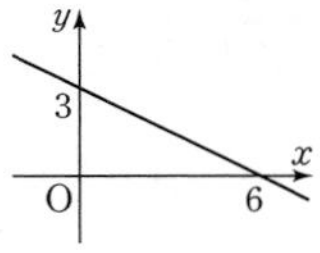

ㄹ. x의 값이 2만큼 증가할 때, y의 값은 1만큼 감소한다.

따라서 옳은 것은 ㄴ, ㄷ이다.

79 답 ①

$ab<0$에서 a와 b의 부호는 서로 다르고, $a-b<0$이므로 $a<0$, $b>0$

$y=ax-b$에서 $(기울기)=a<0$, $(y절편)=-b<0$

따라서 $y=ax-b$의 그래프는 오른쪽 그림과 같으므로 제1사분면을 지나지 않는다.

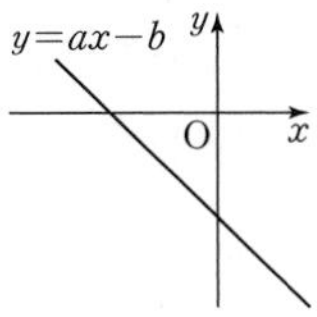

80 답 ⑤

$y=\dfrac{b}{a}x-b$의 그래프가 오른쪽 위로 향하는 직선이므로

$(기울기)=\dfrac{b}{a}>0$

y축과 양의 부분에서 만나므로 $(y절편)=-b>0$

$\therefore a<0, b<0$

따라서 $y=bx+ab$에서 (기울기)$=b<0$, (y절편)$=ab>0$이므로 그 그래프로 알맞은 것은 ⑤이다.

81 답 $-\dfrac{7}{4}$

$y=ax-3$과 $y=-4x+1$의 그래프가 서로 평행하므로 $a=-4$

이때 $y=-4x-3$의 그래프의 x절편이 $-\dfrac{3}{4}$이므로

$y=3x+b$의 그래프의 x절편도 $-\dfrac{3}{4}$이다.

따라서 $y=3x+b$의 그래프가 점 $\left(-\dfrac{3}{4},\ 0\right)$을 지나므로

$0=3\times\left(-\dfrac{3}{4}\right)+b$ $\therefore b=\dfrac{9}{4}$

$\therefore a+b=-4+\dfrac{9}{4}=-\dfrac{7}{4}$

82 답 4

두 점 $(4,\ 0)$, $(0,\ 2)$를 지나는 직선과 평행하므로

(기울기)$=\dfrac{2-0}{0-4}=-\dfrac{1}{2}$

이때 y절편은 k이므로

$y=-\dfrac{1}{2}x+k$

따라서 $y=-\dfrac{1}{2}x+k$의 그래프가 점 $(k,\ 2)$를 지나므로

$2=-\dfrac{1}{2}k+k$ $\therefore k=4$

83 답 -24

두 점 $(0,\ -4)$, $(3,\ 2)$를 지나는 직선과 평행하므로

(기울기)$=\dfrac{2-(-4)}{3-0}=2$ $\therefore a=2$

$y=2x+b$의 그래프의 x절편이 6이면 점 $(6,\ 0)$을 지나므로

$0=2\times6+b$ $\therefore b=-12$

$\therefore ab=2\times(-12)=-24$

84 답 ③

① 두 점 $(-6,\ -6)$, $(-4,\ -3)$을 지나므로

(기울기)$=\dfrac{-3-(-6)}{-4-(-6)}=\dfrac{3}{2}$

일차함수의 식을 $y=\dfrac{3}{2}x+b$로 놓고 $x=-4$, $y=-3$을 대입하면

$-3=\dfrac{3}{2}\times(-4)+b$, $b=3$ $\therefore y=\dfrac{3}{2}x+3$

② 두 점 $(0,\ -6)$, $(4,\ 6)$을 지나므로

(기울기)$=\dfrac{6-(-6)}{4-0}=3$

이때 y절편은 -6이므로

$y=3x-6$

③ 두 점 $(-6,\ 3)$, $(3,\ 0)$을 지나므로

(기울기)$=\dfrac{0-3}{3-(-6)}=-\dfrac{1}{3}$

일차함수의 식을 $y=-\dfrac{1}{3}x+b$로 놓고 $x=3$, $y=0$을 대입하면

$0=-\dfrac{1}{3}\times3+b$, $b=1$ $\therefore y=-\dfrac{1}{3}x+1$

④ 두 점 $(0,\ 5)$, $(4,\ -5)$를 지나므로

(기울기)$=\dfrac{-5-5}{4-0}=-\dfrac{5}{2}$

이때 y절편은 5이므로

$y=-\dfrac{5}{2}x+5$

⑤ 두 점 $(-5,\ 6)$, $(-4,\ 4)$를 지나므로

(기울기)$=\dfrac{4-6}{-4-(-5)}=-2$

일차함수의 식을 $y=-2x+b$로 놓고 $x=-5$, $y=6$을 대입하면

$6=-2\times(-5)+b$, $b=-4$ $\therefore y=-2x-4$

따라서 바르게 연결한 것은 ③이다.

85 답 ①

두 점 $(2,\ 1)$, $(5,\ 4)$를 지나므로

(기울기)$=\dfrac{4-1}{5-2}=1$

일차함수의 식을 $y=x+b$로 놓고 $x=2$, $y=1$을 대입하면

$1=2+b$ $\therefore b=-1$

$y=x-1$의 그래프의 x절편은 1, y절편은 -1
이므로 그 그래프는 오른쪽 그림과 같다.
따라서 구하는 도형의 넓이는

$\dfrac{1}{2}\times1\times1=\dfrac{1}{2}$

86 답 ③, ⑤

① 주어진 그래프가 두 점 $(-3,\ 0)$, $(0,\ 2)$를 지나므로

(기울기)$=\dfrac{2-0}{0-(-3)}=\dfrac{2}{3}$

② 주어진 그래프의 기울기가 $\dfrac{2}{3}$이고 y절편이 2이므로

$y=\dfrac{2}{3}x+2$

이 식에 $x=-9$, $y=-6$을 대입하면 $-6\neq\dfrac{2}{3}\times(-9)+2$

즉, 점 $(-9,\ -6)$을 지나지 않는다.

③ 주어진 그래프의 x절편은 -3이고, $y=-4x-12$의 그래프의 x절편도 -3이므로 주어진 그래프는 $y=-4x-12$의 그래프와 x축 위에서 만난다.

④ (기울기)$=\dfrac{(y\text{의 값의 증가량})}{6}=\dfrac{2}{3}$

$\therefore (y\text{의 값의 증가량})=4$

즉, x의 값이 6만큼 증가할 때, y의 값은 4만큼 증가한다.

⑤ 주어진 그래프는 $y=\dfrac{2}{3}x+5$의 그래프와 기울기는 같고, y절편은 다르므로 평행하다.

따라서 옳은 것은 ③, ⑤이다.

87 답 ①

$y=ax+b$의 그래프가 두 점 $(3, 0)$, $(0, -2)$를 지나므로

$a=$(기울기)$=\dfrac{-2-0}{0-3}=\dfrac{2}{3}$

y절편이 -2이므로 $b=-2$

따라서 $y=abx+a+b$의 그래프에서

(기울기)$=ab=\dfrac{2}{3}\times(-2)=-\dfrac{4}{3}$,

(y절편)$=a+b=\dfrac{2}{3}+(-2)=-\dfrac{4}{3}$이므로

구하는 합은 $-\dfrac{4}{3}+\left(-\dfrac{4}{3}\right)=-\dfrac{8}{3}$

88 답 ②

아이스크림의 높이가 4분마다 $3\,\text{cm}$씩 낮아지므로 1분마다 $\dfrac{3}{4}\,\text{cm}$씩 낮아진다.

처음 아이스크림의 높이는 $18\,\text{cm}$이고, x분 후에 $\dfrac{3}{4}x\,\text{cm}$만큼 높이가 낮아지므로

$y=18-\dfrac{3}{4}x$ $\therefore\ y=-\dfrac{3}{4}x+18$

89 답 ④

① 2초에 $16\,\text{mL}$씩 마시므로 1초에 $8\,\text{mL}$씩 마신다.

  즉, x초 후에 $8x\,\text{mL}$만큼 마시므로 $y=1200-8x$

② $y=1200-8x$에 $x=20$을 대입하면

  $y=1200-8\times20=1040$

③ 우유를 다 마시면 남아 있는 우유의 양은 $0\,\text{mL}$이므로

  $y=1200-8x$에 $y=0$을 대입하면

  $0=1200-8x$ $\therefore\ x=150$

  즉, 우유를 다 마시는 데 걸리는 시간은 150초이다.

④ 1초 동안 $8\,\text{mL}$의 우유를 마실 수 있으므로 1분, 즉 60초 동안 $8\times60=480\,(\text{mL})$의 우유를 마실 수 있다.

⑤ $y=1200-8x$에 $x=40$을 대입하면

  $y=1200-8\times40=880$

  즉, 40초 후에 남아 있는 우유의 양은 $880\,\text{mL}$이다.

따라서 옳은 것은 ④이다.

90 답 (1) $y=600-15x$ (2) 40시간 후

(1) A 지점과 B 지점 사이의 거리는 $600\,\text{km}$이고, 태풍이 x시간 동안 이동한 거리는 $15x\,\text{km}$이므로

  $y=600-15x$

(2) 태풍이 B 지점에 도달하면 태풍과 B 지점 사이의 거리는 $0\,\text{km}$이므로

  $y=600-15x$에 $y=0$을 대입하면

  $0=600-15x$ $\therefore\ x=40$

  따라서 태풍이 B 지점에 도달하는 것은 A 지점을 출발한 지 40시간 후이다.

91 답 9 cm

x초 후에 $\overline{AP}=2x\,\text{cm}$, $\overline{BQ}=3x\,\text{cm}$,

$\overline{QC}=\overline{BC}-\overline{BQ}=15-3x\,(\text{cm})$이고, 사각형 AQCP는 사다리꼴이므로

$y=\dfrac{1}{2}\times\{2x+(15-3x)\}\times6$

$\therefore\ y=45-3x$

이 식에 $y=36$을 대입하면

$36=45-3x$ $\therefore\ x=3$

따라서 사각형 AQCP의 넓이가 $36\,\text{cm}^2$가 될 때, $\overline{BQ}$의 길이는

$\overline{BQ}=3\times3=9\,(\text{cm})$

92 답 0

㈎에서 $y=3x+5$의 그래프와 평행하므로 $y=f(x)$의 그래프의 기울기는 3이다.

㈏에서 $y=\dfrac{1}{2}x-\dfrac{1}{3}$의 그래프와 y절편이 같으므로 $y=f(x)$의 그래프의 y절편은 $-\dfrac{1}{3}$이다.

따라서 $f(x)=3x-\dfrac{1}{3}$이므로 $\cdots$ (i)

$f\left(\dfrac{1}{9}\right)=3\times\dfrac{1}{9}-\dfrac{1}{3}=0$ $\cdots$ (ii)

채점 기준

(i) $f(x)$ 구하기	60 %
(ii) $f\left(\dfrac{1}{9}\right)$의 값 구하기	40 %

93 답 (1) $y=800+180x$ (2) 오후 9시 20분

(1) 20분당 60톤의 물을 일정하게 흘려보내므로 1시간에 180톤의 물을 일정하게 흘려보낸다.

  즉, x시간이 지나면 $180x$톤의 물을 흘려보내므로

  $y=800+180x$ $\cdots$ (i)

(2) (1)의 식에 $y=1760$을 대입하면

  $1760=800+180x$ $\therefore\ x=\dfrac{16}{3}\left(=5\dfrac{1}{3}\right)$ $\cdots$ (ii)

  따라서 흘려보낸 물의 전체 양이 1760톤이 되는 시각은 오후 4시에서 5시간 20분 후인 오후 9시 20분이다. $\cdots$ (iii)

채점 기준

(i) y를 x에 대한 식으로 나타내기	40 %
(ii) $y=1760$일 때, x의 값 구하기	40 %
(iii) 흘려보낸 물의 전체 양이 1760톤이 되는 시각 구하기	20 %

94 답 23000원

주어진 그래프가 두 점 $(0, 3000)$, $(5, 13000)$을 지나므로

(기울기)$=\dfrac{13000-3000}{5-0}=2000$

이때 y절편은 3000이므로

$y=2000x+3000$ $\cdots$ (i)

이 식에 $x=10$을 대입하면

$y=2000\times10+3000=23000$

따라서 무게가 $10\,\text{kg}$인 물건의 배송 가격은 23000원이다. $\cdots$ (ii)

채점 기준

(i) y를 x에 대한 식으로 나타내기	60 %
(ii) 무게가 $10\,\text{kg}$인 물건의 배송 가격 구하기	40 %

95 답 제3사분면

$y=abx+b$의 그래프가 제1사분면을 지나지 않으므로 오른쪽 그림과 같이 오른쪽 아래로 향하는 직선이고 y절편이 0 또는 음수이어야 한다.

즉, (기울기)$=ab<0$, (y절편)$=b\le0$이고 $y=abx+b$가 일차함수이므로 $ab\ne0$

$\therefore a>0$, $b<0$

$y=bx+a-b$에서

(기울기)$=b<0$, (y절편)$=a-b>0$

따라서 $y=bx+a-b$의 그래프는 오른쪽 그림과 같으므로 제3사분면을 지나지 않는다.

96 답 $a=\dfrac{1}{2}$, $b=2$

$y=\dfrac{1}{2}x-2$와 $y=ax+b$의 그래프가 서로 평행하므로

$a=\dfrac{1}{2}$

$y=\dfrac{1}{2}x-2$에 $y=0$을 대입하면

$0=\dfrac{1}{2}x-2$에서 $x=4$ $\therefore$ P$(4,\,0)$

또 $y=\dfrac{1}{2}x+b$에 $y=0$을 대입하면

$0=\dfrac{1}{2}x+b$에서 $x=-2b$ $\therefore$ Q$(-2b,\,0)$

이때 $\overline{PQ}=8$이고 $b>0$에서 $-2b<0$이므로 두 일차함수의 그래프는 오른쪽 그림과 같다.

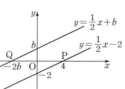

따라서 $\overline{PQ}=4-(-2b)=8$이므로

$2b=4$ $\therefore b=2$

97 답 22

(i) $y=-3x+a$의 그래프가 △ABC와 만나면서 y절편인 a의 값이 가장 클 때는 점 A$(4,\,5)$를 지날 때이므로

$5=-3\times4+a$ $\therefore a=17$

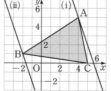

(ii) $y=-3x+a$의 그래프가 △ABC와 만나면서 y절편인 a의 값이 가장 작을 때는 점 B$(-2,\,1)$을 지날 때이므로

$1=-3\times(-2)+a$ $\therefore a=-5$

따라서 (i), (ii)에 의해 a의 값 중 가장 큰 값은 17, 가장 작은 값은 -5이므로 그 차는 $17-(-5)=22$

98 답 3

건후는 y절편 b를 바르게 보았고, 은호는 기울기 a를 바르게 보았다.

건후: 두 점 $(1,\,3)$, $(2,\,8)$을 지나므로

(기울기)$=\dfrac{8-3}{2-1}=5$

즉, $y=5x+b$에 $x=1$, $y=3$을 대입하면

$3=5\times1+b$ $\therefore b=-2$

은호: 두 점 $(0,\,-1)$, $(2,\,3)$을 지나므로

$a=$ (기울기) $=\dfrac{3-(-1)}{2-0}=2$

따라서 $y=2x-2$의 그래프가 점 $(k,\,4)$를 지나므로

$4=2k-2$ $\therefore k=3$

99 답 $-\dfrac{3}{8}$

y절편이 x절편의 3배이므로 x절편을 $a(a\ne0)$라 하면 y절편은 $3a$이다.

두 점 $(a,\,0)$, $(0,\,3a)$를 지나므로

(기울기)$=\dfrac{3a-0}{0-a}=-3$

$\therefore y=-3x+3a$

$y=-3x+3a$의 그래프가 점 $(1,\,k)$를 지나므로

$k=-3+3a$ $\cdots$ ㉠

$y=-3x+3a$의 그래프가 점 $(3k,\,6)$을 지나므로

$6=-9k+3a$ $\cdots$ ㉡

㉠$-$㉡을 하면 $k-6=-3+9k$

$-8k=3$ $\therefore k=-\dfrac{3}{8}$

100 답 (1) $y=40-\dfrac{1}{15}x$ (2) 26 L

(1) 30 L의 휘발유를 넣었더니 눈금이 $\dfrac{4}{5}-\dfrac{1}{5}=\dfrac{3}{5}$만큼 움직였으므로 눈금이 $\dfrac{4}{5}$를 가리킬 때 자동차에 들어 있는 휘발유의 양은 40 L이다.

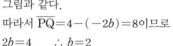

이때 1 L의 휘발유로 15 km를 달리므로 1 km를 달리는 데 필요한 휘발유의 양은 $\dfrac{1}{15}$ L이다.

즉, x km를 달리는 데 휘발유 $\dfrac{1}{15}x$ L가 필요하므로

$y=40-\dfrac{1}{15}x$

(2) (1)의 식에 $x=210$을 대입하면

$y=40-\dfrac{1}{15}\times210=26$

따라서 210 km를 달린 후에 남아 있는 휘발유의 양은 26 L이다.

101 답 ②

식탁을 1개만 놓았을 때 필요한 의자는 4개이고, 식탁이 1개씩 늘어날 때마다 의자가 2개씩 늘어나므로 식탁을 x개 놓을 때, 필요한 의자를 y개라 하면

$y=4+2(x-1)$ $\therefore y=2x+2$

이 식에 $x=30$을 대입하면

$y=2\times30+2=62$

따라서 식탁을 30개 놓을 때, 필요한 의자는 62개이다.

10 일차함수와 일차방정식

01 일차함수와 일차방정식

유형 모아 보기 & 완성하기
198~203쪽

01 답 ③

$5x-2y+8=0$에서 y를 x에 대한 식으로 나타내면

$2y=5x+8$ $\therefore y=\dfrac{5}{2}x+4$

①, ② (기울기)$=\dfrac{5}{2}>0$이므로 오른쪽 위로 향하는 직선이다.

③ x절편은 $-\dfrac{8}{5}$, y절편은 4이다.

④ 그래프는 오른쪽 그림과 같으므로 제1, 2, 3사
분면을 지난다.

⑤ $y=\dfrac{5}{2}x-4$의 그래프와 기울기가 같고 y절편이
다르므로 평행하다. 즉, 만나지 않는다.

따라서 옳지 않은 것은 ③이다.

02 답 ②

$2x-3y=6$에 주어진 점의 좌표를 각각 대입하면

① $2\times(-3)-3\times(-4)=6$

② $2\times(-1)-3\times(-3)\neq 6$

③ $2\times 0-3\times(-2)=6$

④ $2\times 3-3\times 0=6$

⑤ $2\times 6-3\times 2=6$

따라서 $2x-3y=6$의 그래프 위의 점이 아닌 것은 ②이다.

03 답 -2

$x-ay=4$의 그래프가 점 $(2, 1)$을 지나므로

$x-ay=4$에 $x=2$, $y=1$을 대입하면

$2-a=4$ $\therefore a=-2$

04 답 $a>0$, $b<0$

$ax+by+3=0$에서 y를 x에 대한 식으로 나타내면

$by=-ax-3$ $\therefore y=-\dfrac{a}{b}x-\dfrac{3}{b}$

주어진 그래프에서 (기울기)$=-\dfrac{a}{b}>0$, (y절편)$=-\dfrac{3}{b}>0$이므로

$\dfrac{a}{b}<0$, $\dfrac{3}{b}<0$ $\therefore a>0$, $b<0$

05 답 ②

$y=\dfrac{1}{3}x+4$의 그래프와 평행하므로 기울기는 $\dfrac{1}{3}$이다.

$y=\dfrac{1}{3}x+b$로 놓고 $x=3$, $y=6$을 대입하면

$6=\dfrac{1}{3}\times 3+b$ $\therefore b=5$

$\therefore y=\dfrac{1}{3}x+5$, 즉 $x-3y+15=0$

06 답 $y=7$

점 $(-5, 7)$을 지나고 x축에 평행한 직선은 y의 값이 7로 일정하므로 $y=7$

07 답 8

직선 $x=0$은 y축, 직선 $y=0$은 x축이므로 네 직선 $x=2$, $y=4$, $x=0$, $y=0$은 오른쪽 그림과 같다.
따라서 구하는 도형의 넓이는
$2 \times 4 = 8$

08 답 ②, ③

$4x+3y-6=0$에서 y를 x에 대한 식으로 나타내면
$3y=-4x+6$ $\therefore y=-\dfrac{4}{3}x+2$

① x절편은 $\dfrac{3}{2}$이다.

② y절편은 2이다.

③ (기울기)$=-\dfrac{4}{3}<0$이므로 오른쪽 아래로 향하는 직선이다.

④ 그래프는 오른쪽 그림과 같으므로 제3사분면을
   지나지 않는다.

⑤ $y=-\dfrac{3}{4}x+7$의 그래프와 기울기가 다르므로
   평행하지 않다.

따라서 옳은 것은 ②, ③이다.

09 답 ⑤

$\dfrac{x}{2}-\dfrac{y}{3}=1$에서 y를 x에 대한 식으로 나타내면
$-\dfrac{y}{3}=-\dfrac{x}{2}+1$ $\therefore y=\dfrac{3}{2}x-3$

따라서 $y=\dfrac{3}{2}x-3$의 그래프는 x절편이 2, y절편이 -3인 직선이므로 ⑤와 같다.

10 답 제4사분면

$5x-y+4=0$에서 y를 x에 대한 식으로 나타내면
$y=5x+4$

$y=5x+4$의 그래프의 x절편은 $-\dfrac{4}{5}$, y절편은 4이
므로 그 그래프는 오른쪽 그림과 같다.
따라서 일차방정식 $5x-y+4=0$의 그래프가 지나지
않는 사분면은 제4사분면이다.

11 답 $-\dfrac{1}{4}$

$3x+2y+1=0$에서 y를 x에 대한 식으로 나타내면
$2y=-3x-1$ $\therefore y=-\dfrac{3}{2}x-\dfrac{1}{2}$

따라서 $y=-\dfrac{3}{2}x-\dfrac{1}{2}$의 그래프의 기울기는 $-\dfrac{3}{2}$, x절편은 $-\dfrac{1}{3}$,
y절편은 $-\dfrac{1}{2}$이므로 $a=-\dfrac{3}{2}$, $b=-\dfrac{1}{3}$, $c=-\dfrac{1}{2}$

$\therefore abc = -\dfrac{3}{2} \times \left(-\dfrac{1}{3}\right) \times \left(-\dfrac{1}{2}\right) = -\dfrac{1}{4}$

12 답 ③

$8x-4y+b=0$에서 y를 x에 대한 식으로 나타내면
$4y=8x+b$ $\therefore y=2x+\dfrac{b}{4}$

따라서 $y=2x+\dfrac{b}{4}$와 $y=ax-2$의 그래프가 일치하므로
$2=a$, $\dfrac{b}{4}=-2$ $\therefore a=2$, $b=-8$

$\therefore a+b=2+(-8)=-6$

13 답 ④

각 일차방정식에 $x=-2$, $y=2$를 대입하면

① $-2-2 \neq 4$ ② $-2-3 \times 2 \neq -4$

③ $3 \times (-2)+2 \neq 8$ ④ $4 \times (-2)+7 \times 2 = 6$

⑤ $5 \times (-2)-6 \times 2 \neq 2$

따라서 점 $(-2, 2)$를 지나는 것은 ④이다.

14 답 2

$x-2y-8=0$의 그래프가 점 $(a, -3)$을 지나므로
$x-2y-8=0$에 $x=a$, $y=-3$을 대입하면
$a-2 \times (-3)-8=0$ $\therefore a=2$

15 답 -1

$4x-3y=-1$에 $x=a$, $y=2a+1$을 대입하면
$4a-3(2a+1)=-1$, $-2a=2$ $\therefore a=-1$

16 답 6

$2x+y=7$에 $x=-1$, $y=a$를 대입하면
$-2+a=7$ $\therefore a=9$ $\cdots$ (i)
$2x+y=7$에 $x=b$, $y=1$을 대입하면
$2b+1=7$ $\therefore b=3$ $\cdots$ (ii)
$\therefore a-b=9-3=6$ $\cdots$ (iii)

채점 기준	
(i) a의 값 구하기	40%
(ii) b의 값 구하기	40%
(iii) $a-b$의 값 구하기	20%

17 답 3

$ax+by-4=0$의 그래프가 두 점 $(4, 0)$, $(0, 2)$를 지나므로
$ax+by-4=0$에 $x=4$, $y=0$을 대입하면 $4a-4=0$ $\therefore a=1$
$ax+by-4=0$에 $x=0$, $y=2$를 대입하면 $2b-4=0$ $\therefore b=2$
$\therefore a+b=1+2=3$

다른 풀이

$ax+by-4=0$에서 y를 x에 대한 식으로 나타내면
$by=-ax+4$ $\therefore y=-\dfrac{a}{b}x+\dfrac{4}{b}$

주어진 그래프가 두 점 $(4, 0)$, $(0, 2)$를 지나므로
(기울기)$=\dfrac{2-0}{0-4}=-\dfrac{1}{2}$, ($y$절편)$=2$

따라서 $-\dfrac{a}{b}=-\dfrac{1}{2}$, $\dfrac{4}{b}=2$이므로 $a=1$, $b=2$
$\therefore a+b=1+2=3$

18 답 **15**

$ax-by-5=0$에서 y를 x에 대한 식으로 나타내면

$by=ax-5$ ∴ $y=\dfrac{a}{b}x-\dfrac{5}{b}$

즉, $y=\dfrac{a}{b}x-\dfrac{5}{b}$의 그래프의 기울기가 4, y절편이 1이므로

$\dfrac{a}{b}=4$, $-\dfrac{5}{b}=1$ ∴ $a=-20$, $b=-5$

∴ $b-a=-5-(-20)=15$

19 답 **−9**

$mx-3y+7=0$에서 y를 x에 대한 식으로 나타내면

$3y=mx+7$ ∴ $y=\dfrac{m}{3}x+\dfrac{7}{3}$

주어진 그래프가 두 점 $(2, 0)$, $(0, 6)$을 지나므로

$(기울기)=\dfrac{6-0}{0-2}=-3$

따라서 $\dfrac{m}{3}=-3$이므로 $m=-9$

20 답 **⑤**

$3x+by=18$에 $x=2$, $y=2$를 대입하면

$6+2b=18$ ∴ $b=6$

따라서 $3x+6y=18$에 $x=-2$, $y=a$를 대입하면

$-6+6a=18$ ∴ $a=4$

∴ $a+b=4+6=10$

21 답 **①**

$ax+y+b=0$에서 y를 x에 대한 식으로 나타내면

$y=-ax-b$

주어진 그래프에서 $(기울기)=-a<0$, $(y절편)=-b<0$이므로

$a>0$, $b>0$

22 답 **②**

$ax-by+c=0$에서 y를 x에 대한 식으로 나타내면

$by=ax+c$ ∴ $y=\dfrac{a}{b}x+\dfrac{c}{b}$

이때 $(기울기)=\dfrac{a}{b}>0$, $(y절편)=\dfrac{c}{b}<0$

따라서 그래프는 오른쪽 그림과 같으므로
제2사분면을 지나지 않는다.

23 답 **제1사분면**

점 $(a-b, ab)$가 제4사분면 위의 점이므로 $a-b>0$, $ab<0$

$ab<0$에서 a와 b의 부호는 서로 다르고, $a-b>0$에서 $a>b$이므로

$a>0$, $b<0$ ⋯ (ⅰ)

$x+ay-b=0$에서 y를 x에 대한 식으로 나타내면

$ay=-x+b$ ∴ $y=-\dfrac{1}{a}x+\dfrac{b}{a}$

이때 $(기울기)=-\dfrac{1}{a}<0$, $(y절편)=\dfrac{b}{a}<0$ ⋯ (ⅱ)

따라서 그래프는 오른쪽 그림과 같으므로
제1사분면을 지나지 않는다. ⋯ (ⅲ)

채점 기준

(ⅰ) a, b의 부호 정하기	30 %
(ⅱ) 그래프의 기울기, y절편의 부호 정하기	30 %
(ⅲ) 그래프가 지나지 않는 사분면 구하기	40 %

24 답 **③**

$ax+by+c=0$에서 y를 x에 대한 식으로 나타내면

$by=-ax-c$ ∴ $y=-\dfrac{a}{b}x-\dfrac{c}{b}$

주어진 그래프에서 $(기울기)=-\dfrac{a}{b}>0$, $(y절편)=-\dfrac{c}{b}<0$이므로

$\dfrac{a}{b}<0$, $\dfrac{c}{b}>0$

$\dfrac{a}{b}<0$에서 a와 b의 부호는 서로 다르고, $\dfrac{c}{b}>0$에서 b와 c의 부호는

서로 같으므로 a와 c의 부호는 서로 다르다.

따라서 $y=\dfrac{c}{a}x-\dfrac{b}{a}$에서 $(기울기)=\dfrac{c}{a}<0$, $(y절편)=-\dfrac{b}{a}>0$이므

로 그 그래프로 알맞은 것은 ③이다.

25 답 **①**

두 점 $(4, 0)$, $(0, 3)$을 지나는 직선과 평행하므로

$(기울기)=\dfrac{3-0}{0-4}=-\dfrac{3}{4}$

$y=-\dfrac{3}{4}x+b$로 놓고 $x=4$, $y=-1$을 대입하면

$-1=-\dfrac{3}{4}\times4+b$ ∴ $b=2$

∴ $y=-\dfrac{3}{4}x+2$, 즉 $3x+4y-8=0$

26 답 **(1) $2x+3y-12=0$ (2) $4x+y-6=0$**

(1) $(기울기)=\dfrac{-2}{3}=-\dfrac{2}{3}$

$5x+2y=8$에 $x=0$을 대입하면 $2y=8$ ∴ $y=4$

즉, y절편은 4이다.

∴ $y=-\dfrac{2}{3}x+4$, 즉 $2x+3y-12=0$

(2) $(기울기)=\dfrac{-2-2}{2-1}=-4$이므로

$y=-4x+k$로 놓고 $x=1$, $y=2$를 대입하면

$2=-4\times1+k$ ∴ $k=6$

∴ $y=-4x+6$, 즉 $4x+y-6=0$

27 답 **②**

두 점 $(3, 0)$, $(0, -6)$을 지나므로 $(기울기)=\dfrac{-6-0}{0-3}=2$

이때 y절편은 -6이므로

$y=2x-6$, 즉 $2x-y-6=0$

이때 $2x-y-6=0$과 $(2a+6)x-(1-b)y-6=0$이 같으므로

$2=2a+6$, $-1=-(1-b)$ $\therefore a=-2$, $b=0$

$\therefore a+b=-2+0=-2$

다른 풀이

두 점 $(3, 0)$, $(0, -6)$을 지나므로

$(2a+6)x-(1-b)y-6=0$에 $x=3$, $y=0$을 대입하면

$6a+18-6=0$ $\therefore a=-2$

$(2a+6)x-(1-b)y-6=0$에 $x=0$, $y=-6$을 대입하면

$6(1-b)-6=0$ $\therefore b=0$

$\therefore a+b=-2+0=-2$

28 답 ②

점 $(-4, -6)$을 지나고 y축에 평행한 직선은 x의 값이 -4로 일정하므로 $x=-4$

29 답 ②, ④

x축에 평행한 직선의 방정식은 $y=n(n\neq0)$ 꼴이다.

③ $4x+1=0$에서 $x=-\dfrac{1}{4}$

④ $-2y=3$에서 $y=-\dfrac{3}{2}$

⑤ $6x=0$에서 $x=0$

따라서 x축에 평행한 직선의 방정식은 ②, ④이다.

30 답 2

y축에 수직인 직선 위의 점은 y좌표가 모두 같으므로

$-3+a=5-3a$, $4a=8$ $\therefore a=2$

31 답 ③, ⑤

$-2x=10$에서 $x=-5$

① y축에 평행하다.

② 직선 $x=5$와 평행하다.

④ 그래프가 지나는 모든 점의 x좌표는 -5이므로 점 $(5, -3)$을 지나지 않는다.

따라서 옳은 것은 ③, ⑤이다.

32 답 2

주어진 그래프는 점 $(0, -3)$을 지나고 x축에 평행한 직선이므로

$y=-3$ $\cdots\ \bigcirc$

$ax-by=-6$에서 y를 x에 대한 식으로 나타내면

$by=ax+6$ $\therefore y=\dfrac{a}{b}x+\dfrac{6}{b}$ $\cdots\ \bigcirc$

$\bigcirc$, $\bigcirc$이 같으므로 $\dfrac{a}{b}=0$, $\dfrac{6}{b}=-3$ $\therefore a=0$, $b=-2$

$\therefore a-b=0-(-2)=2$

33 답 ④

$3x-9=0$에서 $x=3$

$y-2=0$에서 $y=2$

즉, 네 일차방정식 $x=3$, $x=-1$, $y=2$, $y=7$의 그래프는 오른쪽 그림과 같다.

따라서 구하는 도형의 넓이는

$\{3-(-1)\}\times(7-2)=20$

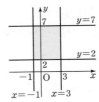

34 답 6

네 일차방정식 $y=a$, $y=-a$, $x=-2$, $x=4$의 그래프로 둘러싸인 도형의 넓이가 72이므로

$\{a-(-a)\}\times\{4-(-2)\}=72$

$12a=72$ $\therefore a=6$

---

02 연립방정식의 해와 그래프 (1)

유형 모아 보기 & 완성하기 204~208쪽

35 답 ②

연립방정식 $\begin{cases} 2x+3y=8 \\ 4x-y=-5 \end{cases}$를 풀면 $x=-\dfrac{1}{2}$, $y=3$이므로

두 그래프의 교점의 좌표는 $\left(-\dfrac{1}{2}, 3\right)$이다.

36 답 -8

두 그래프의 교점의 좌표가 $(1, 3)$이므로

연립방정식 $\begin{cases} x+y=a \\ bx+y=1 \end{cases}$의 해는 $x=1$, $y=3$이다.

$x+y=a$에 $x=1$, $y=3$을 대입하면 $1+3=a$ $\therefore a=4$

$bx+y=1$에 $x=1$, $y=3$을 대입하면 $b+3=1$ $\therefore b=-2$

$\therefore ab=4\times(-2)=-8$

37 답 ②

연립방정식 $\begin{cases} 2x+y=3 \\ x+y=2 \end{cases}$를 풀면 $x=1$, $y=1$이므로

두 직선의 교점의 좌표는 $(1, 1)$이다.

이때 직선 $x+3y=5$, 즉 $y=-\dfrac{1}{3}x+\dfrac{5}{3}$와 평행하므로

기울기는 $-\dfrac{1}{3}$이다.

따라서 구하는 직선의 방정식을 $y=-\dfrac{1}{3}x+b$로 놓고

$x=1$, $y=1$을 대입하면 $1=-\dfrac{1}{3}+b$ $\therefore b=\dfrac{4}{3}$

$\therefore y=-\dfrac{1}{3}x+\dfrac{4}{3}$

38 답 ④

연립방정식 $\begin{cases} x+y=3 \\ x-y=7 \end{cases}$을 풀면 $x=5$, $y=-2$이므로

두 일차방정식 $x+y=3$, $x-y=7$의 그래프의 교점의 좌표는 $(5, -2)$이다.

따라서 $ax-4y=23$의 그래프가 점 $(5,\ -2)$를 지나므로

$5a+8=23$ $\qquad \therefore a=3$

39 답 (1) $a\neq-2$ (2) $a=-2,\ b\neq3$ (3) $a=-2,\ b=3$

$ax+y-3=0$에서 $y=-ax+3$

$2x-y+b=0$에서 $y=2x+b$

(1) 해가 한 쌍이려면 두 그래프가 한 점에서 만나야 하므로

$\qquad -a\neq2$ $\qquad \therefore a\neq-2$

(2) 해가 없으려면 두 그래프가 서로 평행해야 하므로

$\qquad -a=2,\ 3\neq b$ $\qquad \therefore a=-2,\ b\neq3$

(3) 해가 무수히 많으려면 두 그래프가 일치해야 하므로

$\qquad -a=2,\ 3=b$ $\qquad \therefore a=-2,\ b=3$

다른 풀이

(1) 해가 한 쌍이려면 $\dfrac{a}{2}\neq\dfrac{1}{-1}$ $\qquad \therefore a\neq-2$

(2) 해가 없으려면 $\dfrac{a}{2}=\dfrac{1}{-1}\neq\dfrac{-3}{b}$ $\qquad \therefore a=-2,\ b\neq3$

(3) 해가 무수히 많으려면 $\dfrac{a}{2}=\dfrac{1}{-1}=\dfrac{-3}{b}$ $\qquad \therefore a=-2,\ b=3$

40 답 ①

연립방정식 $\begin{cases}3x+2y=7 \\ x-2y=-3\end{cases}$ 을 풀면 $x=1,\ y=2$이므로

두 그래프의 교점의 좌표는 $(1,\ 2)$이다.

따라서 $a=1,\ b=2$이므로 $a-b=1-2=-1$

41 답 (1) 직선 l: $y=-x+2$, 직선 m: $y=2x-3$

$\qquad$ (2) $\left(\dfrac{5}{3},\ \dfrac{1}{3}\right)$

(1) 직선 l은 두 점 $(0,\ 2),\ (2,\ 0)$을 지나므로

$\qquad$ (기울기)$=\dfrac{0-2}{2-0}=-1$

이때 y절편은 2이므로 $y=-x+2$ $\qquad \cdots$ (i)

직선 m은 두 점 $(0,\ -3),\ (2,\ 1)$을 지나므로

$\qquad$ (기울기)$=\dfrac{1-(-3)}{2-0}=2$

이때 y절편은 -3이므로 $y=2x-3$ $\qquad \cdots$ (ii)

(2) 연립방정식 $\begin{cases}y=-x+2 \\ y=2x-3\end{cases}$ 을 풀면 $x=\dfrac{5}{3},\ y=\dfrac{1}{3}$

따라서 두 직선 $l,\ m$의 교점의 좌표는 $\left(\dfrac{5}{3},\ \dfrac{1}{3}\right)$이다. $\qquad \cdots$ (iii)

채점 기준

(i) 직선 l의 방정식 구하기	30 %
(ii) 직선 m의 방정식 구하기	30 %
(iii) 두 직선 $l,\ m$의 교점의 좌표 구하기	40 %

42 답 ②

연립방정식 $\begin{cases}3x+y-2=0 \\ 5x-y+10=0\end{cases}$ 을 풀면 $x=-1,\ y=5$이므로

두 그래프의 교점의 좌표는 $(-1,\ 5)$이다.

따라서 직선 $y=ax-1$이 점 $(-1,\ 5)$를 지나므로

$5=-a-1$ $\qquad \therefore a=-6$

43 답 ⑤

두 그래프의 교점의 좌표가 $(3,\ -2)$이므로

연립방정식 $\begin{cases}ax-y-8=0 \\ -x+by+7=0\end{cases}$ 의 해는 $x=3,\ y=-2$이다.

$ax-y-8=0$에 $x=3,\ y=-2$를 대입하면

$3a+2-8=0,\ 3a=6$ $\qquad \therefore a=2$

$-x+by+7=0$에 $x=3,\ y=-2$를 대입하면

$-3-2b+7=0,\ -2b=-4$ $\qquad \therefore b=2$

$\therefore ab=2\times2=4$

44 답 ④

두 직선의 교점의 좌표가 $(-2,\ b)$이므로

연립방정식 $\begin{cases}5x+y+9=0 \\ ax+3y+1=0\end{cases}$ 의 해는 $x=-2,\ y=b$이다.

$5x+y+9=0$에 $x=-2,\ y=b$를 대입하면

$-10+b+9=0$ $\qquad \therefore b=1$

$ax+3y+1=0$에 $x=-2,\ y=1$을 대입하면

$-2a+3+1=0$ $\qquad \therefore a=2$

$\therefore a+b=2+1=3$

45 답 1

두 직선의 교점이 x축 위에 있으면 교점의 y좌표가 0이므로

$2x-y=4$에 $y=0$을 대입하면

$2x=4$ $\qquad \therefore x=2$

따라서 두 그래프의 교점의 좌표가 $(2,\ 0)$이므로

$ax-y=2$에 $x=2,\ y=0$을 대입하면

$2a=2$ $\qquad \therefore a=1$

46 답 $\dfrac{3}{2}$

두 직선의 교점의 x좌표가 2이므로

$y=-2x+6$에 $x=2$를 대입하면 $y=-2\times2+6=2$

즉, 직선 $y=ax+b$가 점 $(2,\ 2)$를 지나고 y절편이 1이므로

$2=2a+b,\ b=1$ $\qquad \therefore a=\dfrac{1}{2},\ b=1$

$\therefore a+b=\dfrac{1}{2}+1=\dfrac{3}{2}$

47 답 ③

연립방정식 $\begin{cases}4x+y=7 \\ x+y=4\end{cases}$ 를 풀면 $x=1,\ y=3$이므로

두 그래프의 교점의 좌표는 $(1,\ 3)$이다.

이때 $x+2y=10$, 즉 $y=-\dfrac{1}{2}x+5$의 그래프와 만나지 않으므로 _{평행하므로}

기울기는 $-\dfrac{1}{2}$이다.

따라서 구하는 직선의 방정식을 $y=-\dfrac{1}{2}x+b$로 놓고

$x=1,\ y=3$을 대입하면 $3=-\dfrac{1}{2}+b$ $\qquad \therefore b=\dfrac{7}{2}$

$\therefore y=-\dfrac{1}{2}x+\dfrac{7}{2}$, 즉 $x+2y-7=0$

참고 두 일차방정식의 그래프가 만나지 않는다.

$\Rightarrow$ 두 일차방정식의 그래프가 서로 평행하다.

48 답 $y=-2$

연립방정식 $\begin{cases} 3x-y-2=0 \\ x-3y-6=0 \end{cases}$ 을 풀면 $x=0$, $y=-2$이므로

두 그래프의 교점의 좌표는 $(0, -2)$이다.

따라서 점 $(0, -2)$를 지나고 x축에 평행한 직선의 방정식은

$y=-2$

49 답 $y=2x-1$

연립방정식 $\begin{cases} x+y=5 \\ x-y=-1 \end{cases}$ 을 풀면 $x=2$, $y=3$이므로

두 직선의 교점의 좌표는 $(2, 3)$이다. ··· (i)

즉, 두 점 $(2, 3)$, $(0, -1)$을 지나는 직선이므로

(기울기)$=\dfrac{-1-3}{0-2}=2$, (y절편)$=-1$ ··· (ii)

따라서 구하는 직선의 방정식은 $y=2x-1$ ··· (iii)

채점 기준

(i) 두 직선의 교점의 좌표 구하기	50 %
(ii) 직선의 기울기 구하기	30 %
(iii) 직선의 방정식 구하기	20 %

50 답 ⑤

연립방정식 $\begin{cases} 2x+y-12=0 \\ 3x-4y-7=0 \end{cases}$ 을 풀면 $x=5$, $y=2$이므로

두 직선의 교점의 좌표는 $(5, 2)$이다.

즉, 직선 $y=ax+b$가 두 점 $(5, 2)$, $(3, -2)$를 지나므로

$a=\dfrac{-2-2}{3-5}=2$

따라서 $y=2x+b$에 $x=3$, $y=-2$를 대입하면

$-2=2\times 3+b$ $\quad\therefore b=-8$

$\therefore a-b=2-(-8)=10$

51 답 ⑤

연립방정식 $\begin{cases} x+y=4 \\ x-2y=1 \end{cases}$ 을 풀면 $x=3$, $y=1$이므로

두 직선 $x+y=4$, $x-2y=1$의 교점의 좌표는 $(3, 1)$이다.

따라서 직선 $4x-ay=a+2$가 점 $(3, 1)$을 지나므로

$12-a=a+2$ $\quad\therefore a=5$

52 답 -2

두 직선의 교점을 다른 한 직선이 지나므로 세 직선은 한 점에서 만난다.

연립방정식 $\begin{cases} 2x-y=3 \\ x+y=6 \end{cases}$ 을 풀면 $x=3$, $y=3$이므로

두 그래프의 교점의 좌표는 $(3, 3)$이다.

따라서 직선 $y=ax+9$가 점 $(3, 3)$을 지나므로

$3=3a+9$ $\quad\therefore a=-2$

53 답 (1) -4, -2 (2) $-\dfrac{3}{2}$ (3) -4, -2, $-\dfrac{3}{2}$

(1) $x-y-3=0$에서 $y=x-3$

$2x-y+5=0$에서 $y=2x+5$

$ax+2y+10=0$에서 $y=-\dfrac{a}{2}x-5$

세 직선 중 어느 두 직선이 서로 평행한 경우는

두 직선 $y=x-3$, $y=-\dfrac{a}{2}x-5$가 서로 평행하거나

두 직선 $y=2x+5$, $y=-\dfrac{a}{2}x-5$가 서로 평행한 경우이므로

$1=-\dfrac{a}{2}$ 또는 $2=-\dfrac{a}{2}$

$\therefore a=-2$ 또는 $a=-4$

(2) 연립방정식 $\begin{cases} x-y-3=0 \\ 2x-y+5=0 \end{cases}$ 을 풀면 $x=-8$, $y=-11$이므로

두 직선의 교점의 좌표는 $(-8, -11)$이다.

따라서 직선 $ax+2y+10=0$이 점 $(-8, -11)$을 지나므로

$-8a-22+10=0$, $-8a=12$

$\therefore a=-\dfrac{3}{2}$

(3) 세 직선에 의해 삼각형이 만들어지지 않으려면 두 직선이 서로 평행하거나 세 직선이 한 점에서 만나야 하므로 (1), (2)에 의해

$a=-4$, -2, $-\dfrac{3}{2}$

54 답 1

$ax+2y-2=0$에서 $y=-\dfrac{a}{2}x+1$

$6x-4y+b=0$에서 $y=\dfrac{3}{2}x+\dfrac{b}{4}$

연립방정식의 해가 무수히 많으려면 두 일차방정식의 그래프가 일치해야 하므로

$-\dfrac{a}{2}=\dfrac{3}{2}$, $1=\dfrac{b}{4}$ $\quad\therefore a=-3$, $b=4$

$\therefore a+b=-3+4=1$

다른 풀이

$\dfrac{a}{6}=\dfrac{2}{-4}=\dfrac{-2}{b}$ $\quad\therefore a=-3$, $b=4$

$\therefore a+b=-3+4=1$

55 답 ④

① 두 직선의 기울기가 같으면 연립방정식의 해가 없거나 해가 무수히 많다.

② 두 직선이 일치하면 연립방정식의 해가 무수히 많다.

③ 두 직선이 평행하면 연립방정식의 해가 없다.

⑤ 두 직선의 기울기가 같고 y절편이 다르면 연립방정식의 해가 없다.

따라서 옳은 것은 ④이다.

56 답 ⑤

연립방정식을 이루는 각 일차방정식에서 y를 x에 대한 식으로 나타내면 다음과 같다.

① $\begin{cases} y=2x-2 \\ y=3x-\dfrac{5}{2} \end{cases}$ ② $\begin{cases} y=-2x+4 \\ y=-2x+\dfrac{3}{2} \end{cases}$ ③ $\begin{cases} y=2x-5 \\ y=-x+2 \end{cases}$

④ $\begin{cases} y=2x-2 \\ y=-4x+3 \end{cases}$ ⑤ $\begin{cases} y=2x+6 \\ y=2x+6 \end{cases}$

연립방정식의 해가 무수히 많으려면 두 일차방정식의 그래프가 일치해야 하므로 기울기가 같고 y절편도 같은 ⑤이다.

57 답 (1) ①과 ②, ②와 ③ (2) ①과 ③

직선 ①은 두 점 $(-2, -1)$, $(0, 3)$을 지나므로

$(기울기)=\dfrac{3-(-1)}{0-(-2)}=2$

이때 y절편은 3이므로 $y=2x+3$

직선 ②는 두 점 $(0, -2)$, $(2, 3)$을 지나므로

$(기울기)=\dfrac{3-(-2)}{2-0}=\dfrac{5}{2}$

이때 y절편은 -2이므로 $y=\dfrac{5}{2}x-2$

직선 ③은 두 점 $(1, -4)$, $(3, 0)$을 지나는 직선이므로

$(기울기)=\dfrac{0-(-4)}{3-1}=2$

즉, $y=2x+b$로 놓고 $x=3$, $y=0$을 대입하면

$0=2\times3+b$, $b=-6$ ∴ $y=2x-6$

(1) 연립방정식의 해가 한 쌍이려면 두 일차방정식의 그래프가 한 점에서 만나야 한다.

따라서 한 점에서 만나는 두 직선은 기울기가 다른 ①과 ②, ②와 ③이다.

(2) 연립방정식의 해가 없으려면 두 일차방정식의 그래프가 서로 평행해야 한다.

따라서 서로 평행한 두 직선은 기울기가 같고 y절편이 다른 ①과 ③이다.

58 답 ④

$x-6y=4$에서 $y=\dfrac{1}{6}x-\dfrac{2}{3}$

$ax+12y=-1$에서 $y=-\dfrac{a}{12}x-\dfrac{1}{12}$

연립방정식의 해가 없으려면 두 일차방정식의 그래프가 서로 평행해야

하므로 $\dfrac{1}{6}=-\dfrac{a}{12}$ ∴ $a=-2$

> 다른 풀이

$\dfrac{1}{a}=\dfrac{-6}{12}\neq\dfrac{4}{-1}$ ∴ $a=-2$

59 답 ③

$2x-y=a$에서 $y=2x-a$

$bx-y=-3$에서 $y=bx+3$

두 직선의 교점이 존재하지 않으려면 두 직선이 서로 평행해야 하므로

$2=b$, $-a\neq3$ ∴ $a\neq-3$, $b=2$

> 다른 풀이

연립방정식 $\begin{cases} 2x-y=a \\ bx-y=-3 \end{cases}$ 의 해가 없어야 하므로

$\dfrac{2}{b}=\dfrac{-1}{-1}\neq\dfrac{a}{-3}$ ∴ $a\neq-3$, $b=2$

유형 모아 보기 & 완성하기 209~211쪽

60 답 16

두 직선 $y=-x+6$, $y=x+2$의 x절편은

각각 6, -2이고,

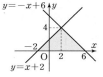

연립방정식 $\begin{cases} y=-x+6 \\ y=x+2 \end{cases}$를 풀면

$x=2$, $y=4$

이므로 두 직선의 교점의 좌표는 $(2, 4)$이다.

따라서 구하는 도형의 넓이는

$\dfrac{1}{2}\times\{6-(-2)\}\times4=16$

61 답 -2

$2x-y+8=0$의 그래프가 x축, y축과 만나는 점

을 각각 A, B라 하면 $2x-y+8=0$의 그래프의

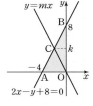

x절편은 -4, y절편은 8이므로

A$(-4, 0)$, B$(0, 8)$

∴ $\triangle AOB=\dfrac{1}{2}\times4\times8=16$

이때 두 직선 $y=mx$와 $2x-y+8=0$의 교점을 C라 하고, 점 C의

y좌표를 k라 하면

$\triangle CAO=\dfrac{1}{2}\triangle AOB$이므로

$\dfrac{1}{2}\times4\times k=\dfrac{1}{2}\times16$ ∴ $k=4$

$2x-y+8=0$에 $y=4$를 대입하면

$2x-4+8=0$ ∴ $x=-2$

따라서 직선 $y=mx$가 점 C$(-2, 4)$를 지나므로

$4=-2m$ ∴ $m=-2$

62 답 오후 1시 40분

희주: 두 점 $(0, 0)$, $(80, 6)$을 지나는 직선이므로

$(기울기)=\dfrac{6-0}{80-0}=\dfrac{3}{40}$

이때 직선이 원점을 지나므로 $y=\dfrac{3}{40}x$

은수: 두 점 $(20, 0)$, $(60, 6)$을 지나는 직선이므로

$(기울기)=\dfrac{6-0}{60-20}=\dfrac{3}{20}$

즉, $y=\dfrac{3}{20}x+b$로 놓고 $x=20$, $y=0$을 대입하면

$0=\dfrac{3}{20}\times20+b$, $b=-3$ ∴ $y=\dfrac{3}{20}x-3$

희주와 은수가 만나는 것은 y의 값이 같을 때이므로

연립방정식 $\begin{cases} y=\dfrac{3}{40}x \\ y=\dfrac{3}{20}x-3 \end{cases}$ 을 풀면 $x=40$, $y=3$

따라서 희주와 은수는 오후 1시에서 40분 후인 오후 1시 40분에 만난다.

63 답 ③

$y=-x+1$, $y=\dfrac{1}{2}x-5$의 그래프의 y절편은 각각 1, -5이고,

연립방정식 $\begin{cases} y=-x+1 \\ y=\dfrac{1}{2}x-5 \end{cases}$를 풀면 $x=4$, $y=-3$이므로

두 그래프의 교점의 좌표는 $(4, -3)$이다.

따라서 두 그래프는 오른쪽 그림과 같으므로
구하는 도형의 넓이는

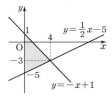

$\dfrac{1}{2}\times\{1-(-5)\}\times 4=12$

64 답 (1) A(0, 4), B(−4, 0), C(2, 0), D(0, 1), P(−2, 2)
(2) △PBC=6, △APD=3

(1) $x-y+4=0$의 그래프의 x절편은 -4, y절편은 4이므로
   B$(-4, 0)$, A$(0, 4)$
   $x+2y-2=0$의 그래프의 x절편은 2, y절편은 1이므로
   C$(2, 0)$, D$(0, 1)$
   연립방정식 $\begin{cases} x-y+4=0 \\ x+2y-2=0 \end{cases}$을 풀면 $x=-2$, $y=2$이므로
   P$(-2, 2)$

(2) $\triangle \text{PBC}=\dfrac{1}{2}\times\{2-(-4)\}\times 2=6$

   $\triangle \text{APD}=\dfrac{1}{2}\times(4-1)\times 2=3$

65 답 18

$x-y=1$에서 $y=x-1$, $2x+6=0$에서
$x=-3$, $3y-6=0$에서 $y=2$이므로 세
직선 $y=x-1$, $x=-3$, $y=2$는 오른쪽
그림과 같다.

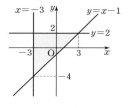

두 직선 $x=-3$, $y=2$의 교점의 좌표는
$(-3, 2)$이다. ············(ⅰ)

$y=x-1$에 $x=-3$을 대입하면 $y=-4$이므로
두 직선 $y=x-1$, $x=-3$의 교점의 좌표는 $(-3, -4)$이다. ···(ⅱ)

$y=x-1$에 $y=2$를 대입하면 $x=3$이므로
두 직선 $y=x-1$, $y=2$의 교점의 좌표는 $(3, 2)$이다. ············(ⅲ)

따라서 구하는 도형의 넓이는

$\dfrac{1}{2}\times\{3-(-3)\}\times\{2-(-4)\}=18$ ············(ⅳ)

채점 기준

(ⅰ) 두 직선 $x=-3$, $y=2$의 교점의 좌표 구하기	20 %
(ⅱ) 두 직선 $y=x-1$, $x=-3$의 교점의 좌표 구하기	20 %
(ⅲ) 두 직선 $y=x-1$, $y=2$의 교점의 좌표 구하기	20 %
(ⅳ) 세 직선으로 둘러싸인 도형의 넓이 구하기	40 %

66 답 ③

직선 $y=2x+3$의 x절편은 $-\dfrac{3}{2}$, y절편은 3이고,

$y=2x$에 $y=3$을 대입하면 $x=\dfrac{3}{2}$이므로 두 직선 $y=2x$, $y=3$의 교

점의 좌표는 $\left(\dfrac{3}{2}, 3\right)$이다.

따라서 주어진 세 직선과 x축으로 둘러싸인
도형은 오른쪽 그림과 같이 평행사변형이므로
구하는 도형의 넓이는

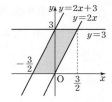

$\dfrac{3}{2}\times 3=\dfrac{9}{2}$

67 답 $-\dfrac{3}{2}$

두 직선 $y=ax+8$, $y=x-2$의 y절편은 각각 8, -2이고,
두 직선의 교점의 x좌표를 k라 하면 두 직선과 y축으로 둘러싸인 도
형의 넓이가 20이므로

$\dfrac{1}{2}\times\{8-(-2)\}\times k=20$ ∴ $k=4$

$y=x-2$에 $x=4$를 대입하면 $y=2$

따라서 두 직선의 교점의 좌표가 $(4, 2)$이므로
$y=ax+8$에 $x=4$, $y=2$를 대입하면

$2=4a+8$ ∴ $a=-\dfrac{3}{2}$

68 답 2

오른쪽 그림과 같이 직선 $x-y+3=0$
이 y축과 만나는 점을 D라 하자.
직선 $x-3y+3=0$의 x절편은 -3, y
절편은 1이므로
A$(-3, 0)$, B$(0, 1)$

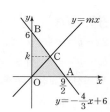

직선 $x-y+3=0$의 y절편은 3이므로 D$(0, 3)$

연립방정식 $\begin{cases} x-y+3=0 \\ x+y-1=0 \end{cases}$을 풀면 $x=-1$, $y=2$이므로

C$(-1, 2)$

∴ $\triangle \text{ABC}=\triangle \text{ABD}-\triangle \text{BDC}$

$\qquad =\dfrac{1}{2}\times(3-1)\times 3-\dfrac{1}{2}\times(3-1)\times 1=2$

69 답 $\dfrac{4}{3}$

$y=-\dfrac{4}{3}x+6$의 그래프가 x축, y축과 만나는

점을 각각 A, B라 하면 $y=-\dfrac{4}{3}x+6$의 그

래프의 x절편은 $\dfrac{9}{2}$, y절편은 6이므로

A$\left(\dfrac{9}{2}, 0\right)$, B$(0, 6)$

∴ $\triangle \text{ABO}=\dfrac{1}{2}\times\dfrac{9}{2}\times 6=\dfrac{27}{2}$

이때 두 직선 $y=mx$와 $y=-\dfrac{4}{3}x+6$의 교점을 C라 하고, 점 C의

y좌표를 k라 하면

$\triangle \text{COA}=\dfrac{1}{2}\triangle \text{ABO}$이므로

$\dfrac{1}{2}\times\dfrac{9}{2}\times k=\dfrac{1}{2}\times\dfrac{27}{2}$ ∴ $k=3$

$y=-\dfrac{4}{3}x+6$에 $y=3$을 대입하면

$3=-\dfrac{4}{3}x+6$ ∴ $x=\dfrac{9}{4}$

따라서 직선 $y=mx$가 점 $C\left(\dfrac{9}{4},\ 3\right)$을 지나므로

$3=\dfrac{9}{4}m$ $\therefore m=\dfrac{4}{3}$

70 답 (1) $y=x$ (2) $y=\dfrac{1}{3}x+2$

오른쪽 그림과 같이 직사각형의 두 대각선의
교점을 M이라 하면 직사각형의 넓이를 이등
분하는 직선은 점 M을 지나는 직선이다.

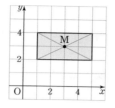

이때 점 M의 좌표는 $(3,\ 3)$이다.

(1) 원점을 지나는 직선의 방정식을 $y=ax$로
놓고 $x=3$, $y=3$을 대입하면

$3=3a$ $\therefore a=1$

$\therefore y=x$

(2) 기울기가 $\dfrac{1}{3}$인 직선의 방정식을 $y=\dfrac{1}{3}x+b$로 놓고

$x=3$, $y=3$을 대입하면 $3=\dfrac{1}{3}\times3+b$ $\therefore b=2$

$\therefore y=\dfrac{1}{3}x+2$

참고 직사각형의 넓이를 이등분하는 직선은 직사각형의 두 대각선의
교점을 지난다.

71 답 ⑤

연립방정식 $\begin{cases}x-y+1=0\\2x+y-10=0\end{cases}$을 풀면

$x=3$, $y=4$이므로 두 직선의 교점 P의 좌
표는 $(3,\ 4)$이다.

또 두 직선 $x-y+1=0$, $2x+y-10=0$
의 x절편은 각각 -1, 5이므로

$A(-1,\ 0)$, $B(5,\ 0)$

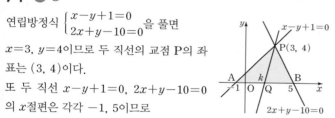

$\therefore \triangle PAB=\dfrac{1}{2}\times\{5-(-1)\}\times4=12$

이때 점 P를 지나는 직선이 x축과 만나는 점을 $Q(k,\ 0)$이라 하면

$\triangle PAQ=\dfrac{1}{2}\triangle PAB$이므로

$\dfrac{1}{2}\times\{k-(-1)\}\times4=\dfrac{1}{2}\times12$ $\therefore k=2$

$\therefore Q(2,\ 0)$

따라서 두 점 $P(3,\ 4)$, $Q(2,\ 0)$을 지나므로

$(기울기)=\dfrac{0-4}{2-3}=4$

즉, $y=4x+b$로 놓고 $x=2$, $y=0$을 대입하면 $b=-8$

$\therefore y=4x-8$

72 답 ④

① 형에 대한 직선은 두 점 $(0,\ 0)$, $(50,\ 400)$을 지나므로

$(기울기)=\dfrac{400-0}{50-0}=8$ $\therefore y=8x$

② 동생에 대한 직선은 두 점 $(0,\ 100)$, $(50,\ 250)$을 지나므로

$(기울기)=\dfrac{250-100}{50-0}=3$이고, y절편은 100이므로

$y=3x+100$

③, ④, ⑤ 연립방정식 $\begin{cases}y=8x\\y=3x+100\end{cases}$을 풀면 $x=20$, $y=160$

즉, 두 직선의 교점의 좌표는 $(20,\ 160)$이므로 두 사람이 동시에
달리기 시작한 지 20초 후에 형의 출발선으로부터 $160\ m$ 떨어진
지점에서 형과 동생이 처음으로 만난다.

따라서 옳은 것은 ④이다.

73 답 2분 후

물통 A: 두 점 $(0,\ 40)$, $(4,\ 0)$을 지나는 직선의 방정식은

$(기울기)=\dfrac{0-40}{4-0}=-10$이고, y절편은 40이므로

$y=-10x+40$

물통 B: 두 점 $(0,\ 30)$, $(6,\ 0)$을 지나는 직선의 방정식은

$(기울기)=\dfrac{0-30}{6-0}=-5$이고, y절편은 30이므로

$y=-5x+30$

두 물통에 남아 있는 물의 양이 같아지는 것은 y의 값이 같을 때이므로

연립방정식 $\begin{cases}y=-10x+40\\y=-5x+30\end{cases}$을 풀면 $x=2$, $y=20$

따라서 두 물통에 남아 있는 물의 양이 같아지는 것은 물을 빼내기
시작한 지 2분 후이다.

Pick 점검하기 212~214쪽

74 답 ④

$x+2y-4=0$에서 y를 x에 대한 식으로 나타내면

$2y=-x+4$ $\therefore y=-\dfrac{1}{2}x+2$

따라서 그래프가 일치하는 것은 ④이다.

75 답 ①, ④, ⑥

$2x-5y-10=0$에서 y를 x에 대한 식으로 나타내면

$5y=2x-10$ $\therefore y=\dfrac{2}{5}x-2$

② x절편은 5, y절편은 -2이다.

③ x의 값이 5만큼 증가할 때, y의 값은 2만큼 증가한다.

⑤ 그래프는 오른쪽 그림과 같으므로 제1, 3, 4
사분면을 지난다.

⑦ 일차함수 $y=\dfrac{2}{5}x$의 그래프를 y축의 방향으
로 -2만큼 평행이동한 것이다.

따라서 옳은 것은 ①, ④, ⑥이다.

76 답 $\dfrac{16}{3}$

$3x-4y=2$에 $x=a$, $y=2$를 대입하면 $3a-8=2$ $\therefore a=\dfrac{10}{3}$

$3x-4y=2$에 $x=-2$, $y=b$를 대입하면 $-6-4b=2$ $\therefore b=-2$

$\therefore a-b=\dfrac{10}{3}-(-2)=\dfrac{16}{3}$

77 답 ④

$2x+ay=4$의 그래프가 두 점 $(0, 4)$, $(b, 0)$을 지나므로

$2x+ay=4$에 $x=0$, $y=4$를 대입하면 $4a=4$ ∴ $a=1$

따라서 $2x+y=4$에 $x=b$, $y=0$을 대입하면 $2b=4$ ∴ $b=2$

∴ $a+b=1+2=3$

78 답 ③

$ax-by+c=0$에서 y를 x에 대한 식으로 나타내면

$by=ax+c$ ∴ $y=\dfrac{a}{b}x+\dfrac{c}{b}$

$y=\dfrac{a}{b}x+\dfrac{c}{b}$의 그래프가 제1, 3, 4사분면을 지나
면 오른쪽 그림과 같이 오른쪽 위로 향하는 직선
이고, y축과 음의 부분에서 만나므로

(기울기)$=\dfrac{a}{b}>0$, (y절편)$=\dfrac{c}{b}<0$

따라서 $y=-\dfrac{a}{b}x-\dfrac{c}{b}$의 그래프는

(기울기)$=-\dfrac{a}{b}<0$, (y절편)$=-\dfrac{c}{b}>0$이므로

오른쪽 그림과 같다.

즉, 제3사분면을 지나지 않는다.

79 답 ④

$2x+3y-15=0$에서 y를 x에 대한 식으로 나타내면

$3y=-2x+15$ ∴ $y=-\dfrac{2}{3}x+5$

즉, $y=-\dfrac{2}{3}x+5$의 그래프와 평행하므로 (기울기)$=-\dfrac{2}{3}$

$y=-\dfrac{2}{3}x+b$로 놓고 x절편이 3이므로

$x=3$, $y=0$을 대입하면

$0=-\dfrac{2}{3}\times3+b$ ∴ $b=2$

∴ $y=-\dfrac{2}{3}x+2$, 즉 $2x+3y-6=0$

80 답 ③

각 직선의 방정식을 구하면

① $y=2$ ② $y=3$ ③ $x=3$

④ $x=-1$ ⑤ $y=-3$

따라서 $x=3$의 그래프인 것은 ③이다.

81 답 3

$x-3p=0$에서 $x=3p$, $y-5=0$에서 $y=5$
$p>0$이므로 네 일차방정식 $x=p$, $x=3p$,
$y=-2$, $y=5$의 그래프는 오른쪽 그림과
같다.

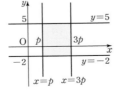

이때 네 일차방정식의 그래프로 둘러싸인
도형의 넓이가 42이므로

$(3p-p)\times\{5-(-2)\}=42$, $14p=42$ ∴ $p=3$

82 답 ②

기울기가 $\dfrac{2}{3}$이고 y절편이 4인 직선의 방정식은

$y=\dfrac{2}{3}x+4$, 즉 $2x-3y+12=0$

연립방정식 $\begin{cases} 2x-3y+12=0 \\ x-2y+7=0 \end{cases}$을 풀면 $x=-3$, $y=2$이므로

두 그래프의 교점의 좌표는 $(-3, 2)$이다.

따라서 $a=-3$, $b=2$이므로 $ab=-3\times2=-6$

83 답 ②

$x=-3$의 그래프가 두 일차함수의 그래프의 교점을 지나므로 교점의
x좌표는 -3이다.

$y=-\dfrac{1}{3}x+1$에 $x=-3$을 대입하면

$y=-\dfrac{1}{3}\times(-3)+1=2$

따라서 두 일차함수의 그래프의 교점의 좌표는 $(-3, 2)$이므로

$y=ax+5$에 $x=-3$, $y=2$를 대입하면

$2=-3a+5$ ∴ $a=1$

84 답 ③

연립방정식 $\begin{cases} x+2y-5=0 \\ 2x-3y-3=0 \end{cases}$을 풀면 $x=3$, $y=1$이므로

두 직선의 교점의 좌표는 $(3, 1)$이다.

기울기가 -4이므로 직선의 방정식을 $y=-4x+b$로 놓고

$x=3$, $y=1$을 대입하면

$1=-4\times3+b$ ∴ $b=13$

∴ $y=-4x+13$

85 답 $\dfrac{3}{2}$

두 직선의 교점을 다른 한 직선이 지나므로 세 직선은 한 점에서 만
난다.

두 점 $(-2, 7)$, $(4, -5)$를 지나는 직선의 방정식을 구하면

(기울기)$=\dfrac{-5-7}{4-(-2)}=-2$

$y=-2x+b$로 놓고 $x=-2$, $y=7$을 대입하면

$7=-2\times(-2)+b$ ∴ $b=3$

∴ $y=-2x+3$

이때 연립방정식 $\begin{cases} y=-2x+3 \\ x-y-3=0 \end{cases}$을 풀면 $x=2$, $y=-1$이므로 두 직
선의 교점의 좌표는 $(2, -1)$이다.

따라서 직선 $mx+y-2=0$이 점 $(2, -1)$을 지나므로

$2m-1-2=0$ ∴ $m=\dfrac{3}{2}$

86 답 $a\neq1$

$x-y=3$에서 $y=x-3$

$ax-y=7$에서 $y=ax-7$

연립방정식의 해가 오직 한 쌍이려면 두 일차방정식의 그래프가 한
점에서 만나야 하므로 $a\neq1$

87 답 ②

$2x-y-3=0$에서 $y=2x-3$

$x-y+1=0$에서 $y=x+1$

$y-1=0$에서 $y=1$

연립방정식 $\begin{cases} y=2x-3 \\ y=x+1 \end{cases}$을 풀면 $x=4,\ y=5$이므로

두 직선 $y=2x-3,\ y=x+1$의 교점의 좌표는 $(4,\ 5)$

$y=2x-3$에 $y=1$을 대입하면 $x=2$이므로

두 직선 $y=2x-3,\ y=1$의 교점의 좌표는 $(2,\ 1)$

$y=x+1$에 $y=1$을 대입하면 $x=0$이므로

두 직선 $y=x+1,\ y=1$의 교점의 좌표는
$(0,\ 1)$

따라서 세 직선 $y=2x-3,\ y=x+1$,
$y=1$은 오른쪽 그림과 같으므로 구하는
도형의 넓이는

$\dfrac{1}{2} \times 2 \times (5-1) = 4$

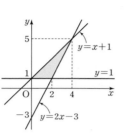

88 답 ④

과자 A: 두 점 $(0,\ 2000),\ (10,\ 6000)$을 지나므로

$(\text{기울기}) = \dfrac{6000-2000}{10-0} = 400$이고, y절편은 2000이므로

$y = 400x + 2000$

과자 B: 두 점 $(0,\ 0),\ (15,\ 12000)$을 지나므로

$(\text{기울기}) = \dfrac{12000-0}{15-0} = 800$ $\quad \therefore y=800x$

두 과자 A, B의 총판매량이 같아지는 것은 y의 값이 같을 때이므로

연립방정식 $\begin{cases} y=400x+2000 \\ y=800x \end{cases}$를 풀면 $x=5,\ y=4000$

따라서 두 과자 A, B의 총판매량이 같아지는 것은 과자 B가 판매되기 시작한 지 5개월 후이다.

89 답 $x=-17$

y축에 평행한 직선 위의 점은 x좌표가 모두 같으므로

$5a+3=2a-9,\ 3a=-12$ $\quad \therefore a=-4$ $\qquad \cdots$ (i)

따라서 구하는 직선의 방정식은 $x=5a+3$에 $a=-4$를 대입하면

$x=5 \times (-4)+3 = -17$, 즉 $x=-17$ $\qquad \cdots$ (ii)

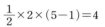

채점 기준	
(i) a의 값 구하기	60 %
(ii) 직선의 방정식 구하기	40 %

90 답 제1사분면

$ax-2y=8$에서 $y=\dfrac{a}{2}x-4$, $9x+6y=b$에서 $y=-\dfrac{3}{2}x+\dfrac{b}{6}$

연립방정식의 해가 무수히 많으려면 두 일차방정식의 그래프가 일치해야 하므로

$\dfrac{a}{2} = -\dfrac{3}{2},\ -4=\dfrac{b}{6}$ $\quad \therefore a=-3,\ b=-24$ $\qquad \cdots$ (i)

따라서 $y=ax+b$, 즉 $y=-3x-24$의 그래프는 x절
편이 -8, y절편이 -24이므로 오른쪽 그림과 같다.

즉, 제1사분면을 지나지 않는다. $\qquad \cdots$ (ii)

채점 기준	
(i) a, b의 값 구하기	60 %
(ii) 그래프가 지나지 않는 사분면 구하기	40 %

91 답 2

두 직선 $4x-3y-6=0$, $ax+3y-12=0$의 y절편은 각각 $-2,\ 4$이고, $\qquad \cdots$ (i)

두 직선의 교점의 x좌표를 k라 하면 두 직선과 y축으로 둘러싸인 도형의 넓이가 9이므로

$\dfrac{1}{2} \times \{4-(-2)\} \times k = 9,\ 3k=9$ $\quad \therefore k=3$

$4x-3y-6=0$에 $x=3$을 대입하면

$12-3y-6=0,\ -3y=-6$ $\quad \therefore y=2$

따라서 두 직선의 교점의 좌표가 $(3,\ 2)$이므로 $\qquad \cdots$ (ii)

$ax+3y-12=0$에 $x=3,\ y=2$를 대입하면

$3a+6-12=0,\ 3a=6$ $\quad \therefore a=2$ $\qquad \cdots$ (iii)

채점 기준	
(i) 두 직선의 y절편 구하기	20 %
(ii) 두 직선의 교점의 좌표 구하기	50 %
(iii) a의 값 구하기	30 %

만점 문제 뛰어넘기 215쪽

92 답 8π

$3x-y+6=0$의 그래프의 x절편은 -2, y절편은 6
이므로 그래프는 오른쪽 그림과 같다.

따라서 $3x-y+6=0$의 그래프와 x축, y축으로 둘러
싸인 도형을 y축을 회전축으로 하여 1회전 시킬 때
생기는 입체도형은 오른쪽 그림과 같이 밑면의 반지
름의 길이가 2이고, 높이가 6인 원뿔이므로

$(\text{구하는 부피}) = \dfrac{1}{3} \times (\pi \times 2^2) \times 6 = 8\pi$

93 답 제3사분면

연립방정식 $\begin{cases} y=ax-b & \cdots \ \bigcirc \\ y=bx-a & \cdots \ \bigcirc \end{cases}$에서

$\bigcirc$을 $\bigcirc$에 대입하면 $ax-b=bx-a,\ (a-b)x=b-a$

$\therefore x = \dfrac{b-a}{a-b} = \dfrac{-(a-b)}{a-b} = -1\ (\because a \neq b)$

$x=-1$을 $\bigcirc$에 대입하면

$y=-a-b$

즉, 두 일차함수의 그래프의 교점의 좌표는 $(-1,\ -a-b)$이고,
이 점이 제2사분면 위에 있으므로 $-a-b>0$

이때 $ab>0$이므로 $a<0,\ b<0$

따라서 점 $(a,\ b)$는 제3사분면 위의 점이다.

94 답 ②

세 직선은 다음과 같은 경우에 삼각형이 만들어지지 않는다.

(i) 세 직선 중 어느 두 직선이 서로 평행한 경우

$x+6y-4=0$에서 $y=-\dfrac{1}{6}x+\dfrac{2}{3}$

$x-2y+4=0$에서 $y=\dfrac{1}{2}x+2$

$ax+2y+8=0$에서 $y=-\dfrac{a}{2}x-4$

두 직선 $y=-\dfrac{1}{6}x+\dfrac{2}{3}$, $y=-\dfrac{a}{2}x-4$가 서로 평행하면

$-\dfrac{1}{6}=-\dfrac{a}{2}$ $\therefore a=\dfrac{1}{3}$

두 직선 $y=\dfrac{1}{2}x+2$, $y=-\dfrac{a}{2}x-4$가 서로 평행하면

$\dfrac{1}{2}=-\dfrac{a}{2}$ $\therefore a=-1$

(ii) 세 직선이 한 점에서 만나는 경우

연립방정식 $\begin{cases} x+6y-4=0 \\ x-2y+4=0 \end{cases}$을 풀면 $x=-2$, $y=1$이므로

두 직선의 교점의 좌표는 $(-2, 1)$이다.

즉, 직선 $ax+2y+8=0$이 점 $(-2, 1)$을 지나므로

$-2a+2+8=0$, $-2a=-10$ $\therefore a=5$

따라서 (i), (ii)에 의해 a의 값은 -1, $\dfrac{1}{3}$, 5이므로 그 합은

$-1+\dfrac{1}{3}+5=\dfrac{13}{3}$

만렙비법 서로 다른 세 직선에 의해 삼각형이 만들어지지 않는 경우는 다음과 같다.

(1) 어느 두 직선이 서로 평행하거나 세 직선이 모두 평행한 경우

(2) 세 직선이 한 점에서 만나는 경우

95 답 ①

$\overline{AB} /\!/ \overline{CD}$, 즉 두 직선 $y=2x+2$와 $y=ax+b$가 평행하므로

$a=2$

점 B는 두 직선 $y=2x+2$, $y=-2$의 교점이므로

$B(-2, -2)$

이때 사각형 ABCD의 넓이가 24이므로

$\overline{BC}\times\{4-(-2)\}=24$, $6\overline{BC}=24$ $\therefore \overline{BC}=4$

$\therefore C(2, -2)$

따라서 직선 $y=2x+b$가 점 $C(2, -2)$를 지나므로

$-2=2\times2+b$ $\therefore b=-6$

$\therefore ab=2\times(-6)=-12$

96 답 $-\dfrac{1}{3}$

(정사각형 OABC의 넓이)$=6\times6=36$

$y=ax+4$의 그래프와 y축의 교점을 D라 하면 $D(0, 4)$

$y=ax+4$의 그래프와 $\overline{AB}$의 교점을 E라 하면 $E(6, 6a+4)$

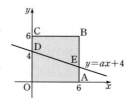

이때 (사각형 DOAE의 넓이)$=\dfrac{1}{2}\times$(사각형 OABC의 넓이)이므로

$\dfrac{1}{2}\times\{4+(6a+4)\}\times6=\dfrac{1}{2}\times36$

$18a+24=18$, $18a=-6$ $\therefore a=-\dfrac{1}{3}$

97 답 -4

$ax-y+4=0$과 $x-y+b=0$의 그래프의 y절편은 각각 4, b이므로

$A(0, 4)$, $B(0, b)$

$\triangle AOC$와 $\triangle BCO$의 넓이의 비가 2 : 1이므로

$\triangle AOC=2\triangle BCO$

$\dfrac{1}{2}\times\overline{AO}\times\overline{CO}=2\times\dfrac{1}{2}\times\overline{BO}\times\overline{CO}$

$\overline{AO}=2\overline{BO}$

$4=2\times(-b)$ $\therefore b=-2$

└─ 길이는 양수이므로 $\overline{BO}=|b|=-b$

즉, $x-y-2=0$에 $y=0$을 대입하면 $x=2$

따라서 $ax-y+4=0$의 그래프가 점 $C(2, 0)$을 지나므로

$2a+4=0$ $\therefore a=-2$

$\therefore a+b=-2+(-2)=-4$

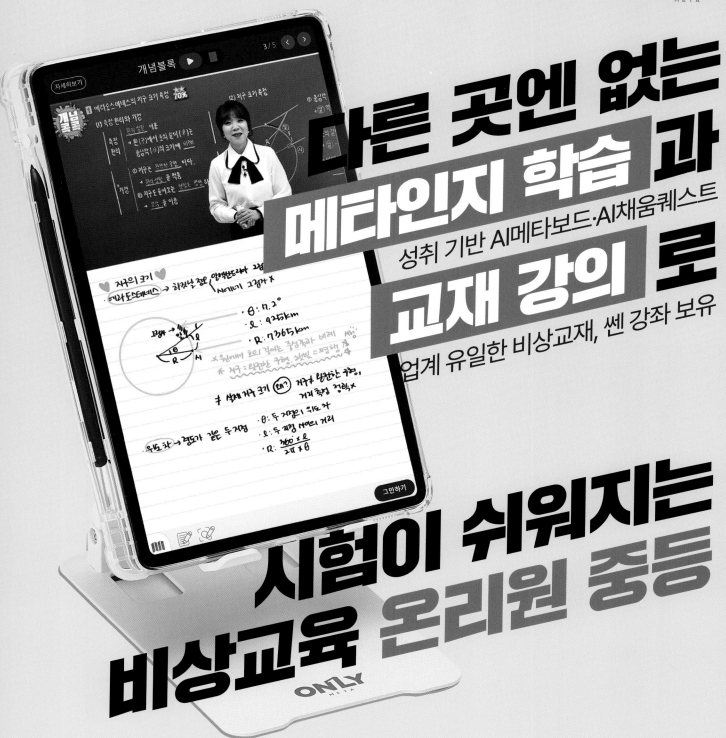

만렙 출제율 높은 문제로 내 수학 성적을 'Level up'합니다.

대표전화 1544-0554
주소 경기도 과천시 과천대로2길 54(갈현동, 그라운드브이)
협의 없는 무단 복제는 법으로 금지되어 있습니다.